中国农业科学院果树研究所 所志

The Research Institute of Pomology of CAAS

1958—2020

中国农业科学院果树研究所 编

中国农业科学技术出版社

China Agricultural Science and Technology Press

图书在版编目（CIP）数据

中国农业科学院果树研究所所志：1958—2020 / 中国
农业科学院果树研究所编 . -- 北京：中国农业科学技术
出版社，2022.1
　　ISBN 978-7-5116-5586-8

　　Ⅰ. ①中… 　Ⅱ. ①中… 　Ⅲ. ①中国农业科学院 —
果树 — 研究所 — 概况 — 1958-2020 　Ⅳ. ① S66-242.313

中国版本图书馆 CIP 数据核字（2021）第 233337 号

责任编辑　张国锋
责任校对　马广洋
责任印制　姜义伟　王思文

出 版 者　中国农业科学技术出版社
　　　　　北京市中关村南大街 12 号　　邮编：100081
电　　话　（010）82106625（编辑室）　（010）82109702（发行部）
　　　　　（010）82109709（读者服务部）
传　　真　（010）82106625
网　　址　http:// www.castp.cn
经 销 者　各地新华书店
印 刷 者　北京地大彩印有限公司
开　　本　210mm×285mm　1/16
印　　张　20.75
字　　数　560 千字
版　　次　2022 年 1 月第 1 版　2022 年 1 月第 1 次印刷
定　　价　298.00 元

前 言

中国农业科学院果树研究所
The Research Institute of Pomology of CAAS

我国是世界果业大国，果树种植面积和总产量均居世界第一，果业从业人员 1.5 亿人，市场规模近 2.5 万亿元，与芯片产业市场规模相当。作为国家果树战略科技力量，中国农业科学院果树研究所为我国果业的快速发展提供了强有力的科技支撑，作出了巨大贡献。

60 多年风雨兼程，60 多年砥砺奋进，60 多年春华秋实，我们见证和参与了我国果业的发展壮大。我们秉承"求是创新、追求卓越"的所训、"人为本、和为贵、变则通"的发展理念和"为果业增产增效，为果乡增绿添彩，为果农增收致富，为国家创造财富，为人民创造美好，为社会创造价值"的价值观，开展了果树新思想、新理论、新方法、新基因、新种质、新品种、新技术、新模式、新产品和新服务研发，艰苦奋斗，自立自强，取得了'华红'苹果、'早酥'梨、'锦丰'梨、梨矮化砧木、种质资源保护和利用技术、营养与肥料高效利用技术、病虫综合防控技术、脱毒技术、贮藏保鲜技术等一大批具有自主知识产权的原创性成果，培养造就了一大批高层次果树专业人才，孕育了黄河故道精神，创造了陕西苹果故事，有力地促进了我国果树品种的更新换代和产业的转型升级。

凡是过往，皆为序章，凡是未来，皆有可期。我们将面向世界科技前沿、面向国家重大需求、面向现代农业建设主战场、面向人民生命健康，加快建设世界一流学科和一流研究所，为果业强国建设和乡村振兴作出新的更大贡献。

曹永生

中国农业科学院果树研究所所长

2020 年 12 月 30 日

凡　例

中国农业科学院果树研究所
The Research Institute of Pomology of CAAS

一、《中国农业科学院果树研究所所志（1958—2020）》的记述起于 1958 年，止于 2020 年。为保证研究所发展历程的完整性，记述上限有一定突破，对 1958 年建所前的历史事件多采用概述。

二、本志运用述、记、传、志、图、表、录 7 种体裁，采用章节与条目相结合的结构形式。以第三人称表述，除各章概述外，一般只记不议。大事记以编年体为主。编纂每节的工作人员姓名附在相应章节末尾。

三、本志的篇目设计以体现果树所 62 年改革发展历程为主体，采取章节体式，横分门类，纵向记述，遵照"以横为主、横中有纵，按时叙述、详近略远"的原则，全面、准确、简洁、规范地记述果树所在机构沿革、科技创新、成果转化、人才队伍、教育培训、国际合作、平台基地等方面的发展历程或成就，突出其时代特点。

四、本志中使用的有关数字，原则以档案记载为准，档案未做统计的，按各部门的统计实录。

五、入志资料以档案、文献、实物、声像资料为主，口述资料为辅。资料主要来源于果树所档案室、各有关档案馆及图书馆，科技创新内容由各研究中心提供，管理及后勤服务工作内容由各职能部门和科技服务中心提供。入志资料除引用原文外，一般不注明出处。

六、本志的语体、纪年、称谓、计量的使用，遵循国家有关行文规定。

目　录

中国农业科学院果树研究所
The Research Institute of Pomology of CAAS

第一章 沿 革

第一节 概 述

中国农业科学院果树研究所（以下简称"果树所"）于 1958 年 3 月 29 日在辽宁省兴城县成立，1970 年迁至陕西省眉县，1978 年迁回辽宁省兴城县（现兴城市）。

果树所是以苹果、梨、葡萄、桃、李、杏、草莓、蓝莓、猕猴桃、樱桃、枣等果树为研究对象的国家级科研机构（地师级），是国家果树战略科技力量。经过 60 多年的发展，形成了涵盖种质资源、遗传育种、栽培生理、植物保护、贮藏加工、质量安全、科技信息等学科体系，创建了种类齐全、学科完整、特色鲜明、优势明显的研究体系。

研究所面向世界农业科技前沿、面向国家重大需求、面向现代农业建设主战场、面向人民生命健康，重点开展应用和应用基础研究，着力解决我国果树产业发展中长期性、基础性、战略性、全局性、前瞻性重大科技问题，为保障国家食物安全、食品安全、生态安全，促进乡村振兴和果业可持续发展，推进美丽中国、健康中国建设和农业供给侧结构性改革提供强有力的科技支撑。

截至 2020 年 12 月，果树所共有 7 个研究中心、6 个职能处室和 2 个支撑部门。科研人员 400 余人，其中在职职工 189 人。在职职工中：硕士以上学位 110 人。人才队伍中：享受国务院特殊津贴 1 人，农业农村部有突出贡献中青年专家 1 人，国家现代农业产业技术体系岗位专家和试验站长 7 人，省部级各类人才称号 30 余人。建有中国农业科学院科技创新工程创新团队 7 个。拥有果树学、植物病理学、农业昆虫与害虫防治等博士、硕士学位授予点和博士后科研流动站。

建有国家苹果种质资源圃、国家梨种质资源圃、国家苹果育种中心、国家落叶果树脱毒中心、国家植物保护兴城观测实验站、农业农村部园艺作物种质资源利用重点实验室、农业农村部果品质量安全风险评估实验室、农业农村部果品及苗木质量监督检验测试中心、农业农村部作物基因资源与种质创制辽宁科学观测实验站、农业农村部兴城北方落叶果树资源重点野外科学观测试验站、中国—意大利果树科学联合实验室等省、部级科技平台。截至 2020 年 12 月，全所占地面积 260 公顷，其中试验用地 125 公顷。现有实验室和办公室 12 000 余米^2，温室与日光温室 22 251 米^2，网室 22 673 米^2，10 万元以上仪器设备 135 台（套）。主办《中国果树》和《果树实用技术与信息》等科技期刊。中国园艺学会果树专业委员会挂靠果树所。

研究所共取得各类科技成果奖励 114 项，其中，获国家级成果奖励 7 项，省部级成果奖励 86 项，培育果树新品种 150 余个，形成了一批具有自主知识产权的新基因、新种质、新品种、新技术和新产品，在河北、辽宁、山东、江苏、云南、新疆等地区的 200 余个市县，示范推广新技术 90 余项、新品种 50 余个、新产品 40 余个，产生了巨大的社会经济效益。

60 多年来，果树所积极开展国际合作交流，通过专家互访、学术交流、合作共建、召开国际会议和举办国际培训班等形式，先后与俄罗斯、日本、美国、英国、意大利、加拿大等 21 个国家的 31 家科研单位和高校建立了长期合作关系，并签署了双边、多边合作协议。

面向未来，果树所将紧紧围绕探索建立现代科研院所制度和文化，早日建成世界一流果树学科和一流果树研究所的总体目标，大力实施科技创新工程，加快推进现代科研院所建设，全面提升学术水平和影响力，突显果业科技创新国家队、改革排头兵、产业驱动器和决策智囊团使命，为建设创新型国家作出新的更大贡献。

（曹永生）

图 1-1　果树所大门（2020 年至今）

图 1-2　果树所办公区全景

图 1-3　果树所综合楼

图 1-4 春天的办公区绿地

图 1-5 夏天的办公区一角

图 1-6 秋天办公区的银杏树

图 1-7 冬天的办公区一角

图 1-8 温泉试验基地西侧

图 1-9 砬山试验基地

图 1-10　春天的砬山试验基地梨园

图 1-11　夏天的砬山试验基地西区水库

图 1-12　秋天的砬山试验基地苹果示范园

图 1-13　冬天的砬山试验基地

图 1-14　春天的砬山试验基地国家梨种质资源圃

第二节　机构沿革

果树所的前身是 1927 年建立的"兴城温泉果树试验地"。1934 年 4 月伪满时期，改称"兴城园艺试验场"。1937 年 4 月，改称"国立农事试验场"。1939 年改称"国立锦州农事试验场兴城分场"。其后，因伪满农业试验研究机构统一由"国立公主岭农事试验场"领导，改称"国立公主岭农事试验场兴城支场"。1946 年 1 月，改称"辽宁省兴城园艺试验场"。1949 年 1 月，"辽宁省兴城园艺试验场"由东北行政委员会农业部农业处接管，命名为"东北行政委员会农业部兴城园艺试验场"。1949 年 10 月起，由东北农业部特产处领导。1952 年 1 月，改由东北农业科学研究所领导，改称"东北农业科学研究所兴城园艺试验场"。1958 年 3 月 29 日，以东北农业科学研究所兴城园艺试验场为基础，加上原华北农业科学研究所园艺系果树室，在兴城正式成立"中国农业科学院果树研究所"。

1959 年 5 月，根据中国农业科学院批复，果树所内设机构设置如下：行政部门设办公室，下设秘书计划组、情报资料组，另设人事科、行政科。研究部门设果树栽培研究室、果树育种研究室、果树植保研究室、瓜类研究室、土肥研究室、果品加工研究室，以及韩家沟试验农场和金城试验农场。

1960 年 3 月，在河南省郑州市南郊尚庄设立果树所郑州分所。

1960 年 5 月 14 日，经中国农业科学院批复果树所成立果树专科学校。

1961 年 3 月 18 日，中国农业科学院将果树所金城试验农场移交给辽宁省农业厅金城原种繁育场。

1964 年，果树所设置行政机构：行政、人事、计划、秘书科（组）；研究机构：果树栽培、育种、植保、土肥、生理 5 个研究室，农机、农经两个研究组；生产机构：温泉、砬山、韩家沟、秦家屯 4 处试验场地。

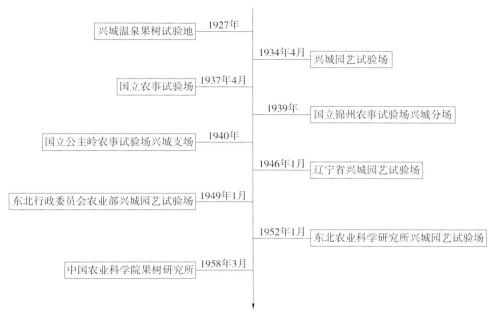

图 1-15　1927—1958 年机构沿革

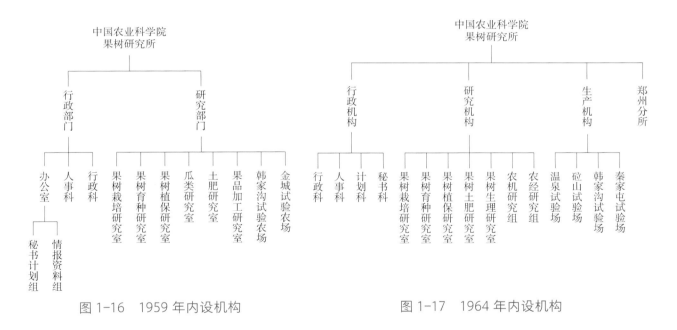

图 1-16　1959 年内设机构　　　　　　图 1-17　1964 年内设机构

1969 年 4 月 7 日，经中国农业科学院请示农业部同意，果树所将秦家屯试验场移交给辽宁省军区后勤部。

1969 年 7 月 1 日，果树所成立中国农业科学院兴城"五七"劳动学校革命领导小组；8 月 1 日，正式启用中国农业科学院兴城"五七"劳动学校印章。

1970 年，果树所将韩家沟试验场移交给地方（兴城县）。

1970 年，果树所下放搬迁至陕西省眉县，与陕西省果树研究所合并。同年郑州分所下放到河南省。

1973 年 2 月，未随果树所下放陕西的职工，在果树所原址成立中国农林科学院果树试验站，下设政工科（人事、组织、保卫、宣传）、生产科（植保室、栽培室、育种室、计划资料室、综合化验室、拖拉机组）、办公室、温泉试验场、砬山试验场。

1978 年 8 月，果树所从陕西省眉县迁回辽宁省兴城县，与中国农林科学院果树试验站合并，恢复中国农业科学院果树研究所建制，地师级单位。下设办公室、政治处、科研管理处、栽培研究室、育种研究室、植保研究室、生理研究室、土肥研究室、情报资料室、温泉试验场、砬山试验场。

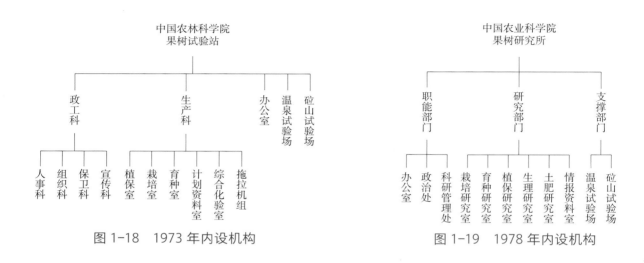

图 1-18　1973 年内设机构　　　　　图 1-19　1978 年内设机构

1981 年 6 月，果树所经中国农业科学院人事局批准刻制人事处印章，行使独立的人事管理职能，与政治处合署办公。1982 年 12 月，按照中国农业科学院统一要求，政治处更名为党委办公室，与人事处合署办公。

1988 年 3 月，对研究室的设置进行了调整，原育种研究室为第一研究室；原生理研究室与果品贮藏组合并为第二研究室；原栽培研究室与小果组及原土肥研究室部分项目合并为第三研究室，原植物保护研究室为第四研究室；原情报资料室为第五研究室；成立综合实验室，隶属于科研管理处。

1992 年 1 月，根据实际工作需要，经中国农业科学院同意，果树所成立科技开发处，为所职能部门。

2003 年 8 月 1 日，果树所内设机构调整，党委办公室与所长办公室合并为办公室（党委办公室），人事处更名为人力资源部，科研处与科技开发处合并成立研究发展部，成立财务部。

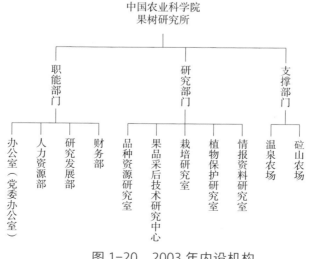

图 1-20　2003 年内设机构

2006 年 12 月 27 日，果树所内设机构调整，将原研究室改称为研究中心，下设果树资源与育种研究中心、果树应用技术研究中心、果树植物保护研究中心、果品采后技术研究中心、果品经济与信息技术研究中心 5 个研究部门。

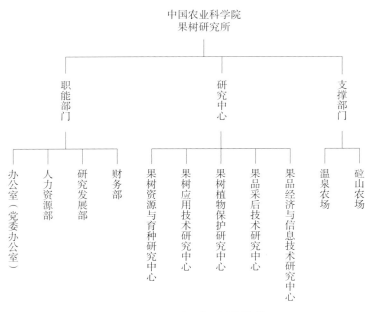

图 1-21　2006 年内设机构

2007 年 3 月 5 日，果树所内设机构调整，研究发展部更名为科技处，人力资源部更名为人事处，财务部更名为计划财务处，成立后勤服务中心，温泉农场和砬山农场统一由后勤服务中心管理。调整后内设机构数为职能部门 4 个，研究部门 5 个，支撑部门 1 个。

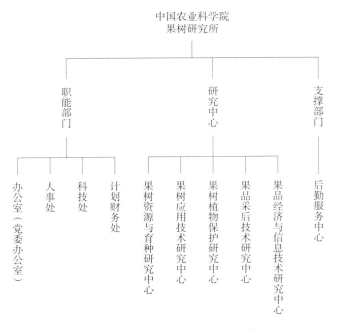

图 1-22　2007 年内设机构

2008 年 4 月 30 日，果树所内设机构调整，新成立果品质量安全研究中心（农业部果品及苗木质量监督检验测试中心）。

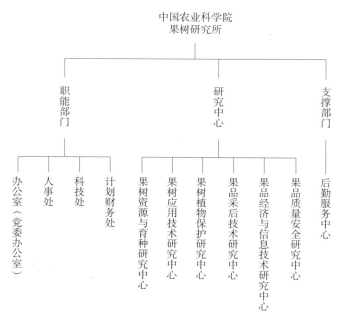

图 1-23　2008 年内设机构

2012 年 6 月 27 日，果树所内设机构调整，党委办公室与办公室分离，与人事处合并成立党办人事处，科技处更名为科研管理处，撤销后勤服务中心，增设成果转化处。调整后，职能处室为 5 个，分别是办公室、科研管理处、党办人事处、计划财务处、成果转化处。

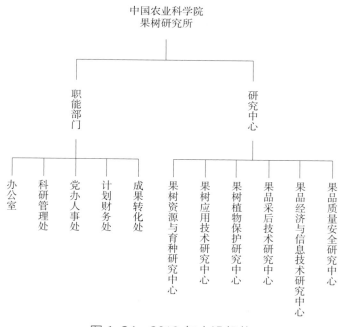

图 1-24　2012 年内设机构

2017 年 8 月 3 日，果树所内设机构调整，科研管理处更名为科技管理处，计划财务处更名为财务处，党办人事处分设为党委办公室和人事处，撤销成果转化处。果树应用技术研究中心更名为果树栽培与生理研究中心，果品经济与信息技术研究中心更名为果树期刊与信息技术中心，增设科技服务中心。调整后内设机构为 12 个，5 个职能部门，6 个研究中心，1 个支撑部门。

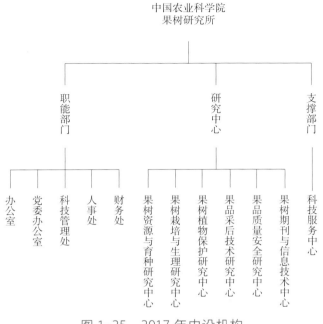

图 1-25 2017 年内设机构

2019 年 12 月 27 日，果树所内设机构由原来的 12 个调整为 15 个。

调整后内设机构如下：综合处、党委办公室、科技管理处、人事处、财务资产处、成果转化处等 6 个职能部门；果树种质资源研究中心、果树遗传育种研究中心、果树栽培生理研究中心、果树植物保护研究中心、果品贮藏加工研究中心、果品质量安全研究中心、果树科技信息研究中心等 7 个研究中心；科技服务中心和砬山试验站 2 个支撑部门。

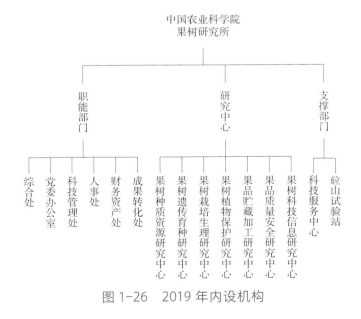

图 1-26 2019 年内设机构

（康霞珠、刘会连）

图 1-27　1958 年果树所大门

图 1-28　20 世纪 70 年代的果树所大门

图 1-29　20 世纪 80—90 年代的
　　　　果树所大门

图 1-30　21 世纪初的果树所大门

图 1-31　2020 年的果树所大门

第三节　历届所领导班子

果树所历届领导班子成员见表1-1。

表1-1　1958—2020年所领导班子成员

时　间	所　长	副所长	党委书记	党委副书记
1958—1959	张存实	张子明、沈　隽	张海峰	
1959—1964	张存实	张子明、沈　隽	张子明	
1964—1968		张子明[1]、沈　隽	张子明	白如海
1968—1970	高永杰[2] 顾忠福[2]	王兴意[3]、朱圣法[3]、张炳祥[3]、龙玉环[3]		
1970—1973	王　晓[4]	王志杰、王庆山[5]		
1973—1978	王子章[6]	王庆山[5]		
1978—1979	王兴意	郭洪儒	王兴意	郭洪儒
1979—1983	徐一行	时国卿、张万镒、蒲富慎、王兴意、陈　策、费开伟	徐一行	时国卿
1983—1984	蒲富慎	陈　策、周厚基、杨立文	陈　策	杨立文、张玉波
1984—1986	蒲富慎	陈　策、周厚基、杨立文、王汝谦	陈　策	杨立文、张玉波、孙秉钧
1986—1988	王汝谦	周厚基、孙英林	孙秉钧	
1988—1989	王汝谦	董启凤、郑世平	孙秉钧	
1989—1990	王汝谦	董启凤、郑世平、孙秉钧	孙秉钧	
1990—1992	孙秉钧	董启凤、郑世平、宋壮兴	孙秉钧	
1992—1993	孙秉钧	董启凤、郑世平、宋壮兴	孙秉钧	郑世平
1993—1995	董启凤	王国平、孙秉钧、李宝海	孙秉钧	
1995—1996		王国平[1]、李宝海、冯明祥	史贵文	
1996—1997		王国平[1]、李宝海、窦连登	史贵文	
1997—1999		窦连登[1]、李宝海、任金领		李宝海[7][8]
1999—2000		窦连登[1]、李宝海[7]、刘凤之、唐国玉		任金领[8]、李宝海[7]
2000—2002		李建国[1]、刘凤之、唐国玉、陆致成、李宝海[7]		李建国[8]
2002—2005	李建国	刘凤之、唐国玉、陆致成、李宝海[7]	李建国	李宝海[7]
2005—2007	沈贵银	刘凤之、丛佩华、李宝海[7]		沈贵银[8]、项伯纯、李宝海[7]
2007—2008	沈贵银	刘凤之、丛佩华		沈贵银[8]、项伯纯
2008—2010	刘凤之	丛佩华、程存刚		丛佩华[8]、项伯纯
2010—2016	刘凤之	丛佩华、陆致成、郝志强、程存刚	郝志强	丛佩华
2016—2018	刘凤之	丛佩华、陆致成、程存刚	丛佩华	李建才
2018—2019	刘凤之	丛佩华、程存刚	丛佩华	李建才
2019—2020	曹永生	丛佩华、程存刚	丛佩华	曹永生、李建才

注：①副所长主持全面工作；②果树研究所革委会主任；③果树研究所革委会副主任；④"五七"干校校长；⑤中国农林科学院果树试验站副站长；⑥中国农林科学院果树试验站站长；⑦1998年7月至2008年5月挂职西藏农牧科学院副书记、副院长，2008年5月正式调至西藏农牧科学院任职；⑧副书记主持党委工作。

（仇贵生、康霞珠）

图 1-32　2005 年所领导班子合影

图 1-33　2008 年所领导班子合影

图 1-34　2010 年所领导班子合影

图 1-35　2017 年所领导班子合影

图 1-36　2020 年所领导班子合影

第四节　学术委员会沿革

果树所历届学术委员会委员见表1-2。

表1-2　学术委员会沿革

届 数	时 间（年）	主任委员	副主任委员	委 员	秘 书
第一届	1979—1990	沈 隽	蒲富慎	陈 策、费开伟、潘建裕、李世奎、周厚基、刘福昌、向治安、张慈仁、汪景彦、牛健哲	潘建裕
第二届	1991—1993	蒲富慎	潘建裕	孙秉钧、董启凤、宋壮兴、林 衍、汪景彦、李培华、贾敬贤、王为民、薛光荣、王国平、刘志民	刘志民
第三届	1994—2002	贾敬贤	王国平	董启凤、孙秉钧、潘建裕、汪景彦、薛光荣、王金友、林 衍、李培华、周学明、贾定贤、杨克钦、朴春树、刘志民	刘志民
第四届	2003—2005	李建国	刘凤之 陆致成 丛佩华	方成泉、王伟东、米文广、孙希生、李 莹、汪景彦、曹玉芬、程存刚、董启凤、董雅凤、薛光荣	王伟东
第五届	2006—2007	沈贵银	刘凤之 丛佩华 王 强	方成泉、王伟东、米文广、贾敬贤、王金友、汪景彦、李立会、钱永忠、李世访、王文辉、程存刚、曹玉芬、董雅凤	王伟东
	2008—2009	沈贵银	刘凤之 丛佩华 王 强	王文辉、仇贵生、方成泉、米文广、李立会、李世访、李宝聚、杨振锋、周宗山、钱永忠、聂继云、曹玉芬、程存刚	仇贵生
	2010	刘凤之	丛佩华 王 强	王文辉、仇贵生、任庆棉、米文广、沈贵银、李宝聚、李天忠、张志宏、杨振锋、周宗山、姜淑苓、聂继云、曹玉芬、程存刚	仇贵生
第六届	2011—2018	刘凤之	丛佩华 王 强	王文辉、仇贵生、米文广、沈贵银、李宝聚、李天忠、张志宏、陆致成、杨振锋、周宗山、郝志强、姜淑苓、聂继云、曹玉芬、程存刚、魏灵玲	仇贵生
第七届	2019	刘凤之	韩振海 程存刚	王力荣、王文辉、王海波、仇贵生、丛佩华、李志霞、张开春、张志宏、张彩霞、杨振锋、周宗山、赵德英、郝玉金、姜淑苓、聂继云、曹玉芬	杨振锋
	2019—2020	曹永生	韩振海 程存刚	王力荣、王文辉、王海波、仇贵生、丛佩华、刘凤之、张开春、张志宏、张彩霞、杨振锋、周宗山、赵德英、郝玉金、姜淑苓、聂继云、曹玉芬	杨振锋

第五节　土地沿革

1958年3月建所之初，果树所占地总面积497.4公顷，分布在温泉所本部、砬子山试验区、秦家屯试验区、韩家沟试验区、东窑站试验区等，详见表1-3。

表 1-3 中国农业科学院果树研究所土地情况（1958 年）

地址	与本所距离（千米）	面积（公顷）		
		果园	耕地	小计
温泉所本部	0.00	34.70	40.40	75.10
砬子山试验区	12.00	46.90	108.10	155.00
秦家屯试验区	6.00	11.00	11.00	22.00
韩家沟试验区	6.00	98.20	46.30	144.50
东窑站试验区	14.00	59.60	41.20	100.80
合计		250.40	247.00	497.40

1959 年 1 月 25 日，辽宁省人民委员会下发辽（59）农仇字第 51 号文件，将省第一种马繁殖场金城分厂移交给果树所，占地面积 420.7 垧（1 垧 =15 亩）。

1960 年 3 月 10 日，河南省人民委员会下发《中国农业科学院果树研究所郑州分所的通知》（豫林字第 20 号），在郑州市南郊建立果树研究所郑州分所，占地面积 3.56 公顷。

1961 年，果树所将东窑站试验区移交给 1493 部队。

1961 年 3 月 18 日，中国农业科学院决定将果树研究所占地面积 420.7 垧的金城试验农场（省第一种马繁殖场金城分厂）移交给辽宁省农业厅金城原种繁育场。

1967 年 4 月 7 日，中国农业科学院下发《同意拨给七五四矿一部分土地由》（67 农院办研山字第 13 号），将秦家屯农场东部公路以西 4 800 米^2 土地拨给七五四矿。

1969 年 4 月 7 日，中国农业科学院下发《关于果树所拟将秦家屯果园移交辽宁省军区后勤部办‘五·七’干校的意见》（69 农科生字第 21 号），将秦家屯果园移交给辽宁省军区后勤部办‘五·七’干校，移交面积 13.33 公顷。

1969 年 11 月 19 日，经兴城县革命委员会、中国农业科学院果树研究所革命委员会、韩家沟农场革命委员会三方充分协商，决定自 1969 年 11 月 19 日起，将韩家沟农场移交给兴城县革命委员会领导管理。1970 年 4 月 4 日，中国农业科学院下发《同意韩家沟农场移交地方领导由》（70 农科革字第 118 号）。

1972 年 12 月 20 日，辽宁省军区"五七"干校遵照省军区指示，将秦家屯农场土地、房屋、果树等退还中国农林科学院兴城"五七"干校。同日，中国农林科学院兴城"五七"干校直接将秦家屯农场土地无偿移交给辽宁省兴城县。

1995 年 9 月 14 日，获农业部《关于中国农业科学院兴城果树所与兴城市建委共同开发部分土地的批复》（农计函〔1995〕81 号），同意果树所与兴城市建委共同开发果树所西墙内 33 333.5 米^2 土地。1996 年 9 月 16 日，与兴城市建委签订协议书，将西墙内 33 733.5 米^2 用于住宅建设。

1996 年 11 月 28 日，果树所与兴城市建设委员会签订土地使用权出让合同，出让果树所川北路东侧试验地西北角土地 1 936.68 米^2。

1999 年 9 月 1 日，果树所根据中国农业科学院下发《关于果树研究所被占用土地的批复》（农科院计财字〔1999〕326 号），将所大门东侧临时简易门市房改建为欧式商业门市房 6 000 米^2，占地东西长 200 米，南北 20 米，共计 4 000 米^2。

1999 年 10 月 18 日，果树所与兴城市兴海建筑公司签订协议，将果树所住宅区大门以北临街 1 866.68 米^2 土地（南北长 78 米，东西宽 24 米）开发，建设综合楼。

2000 年 5 月 11 日，果树所与辽宁兴城与丰房地产开发有限公司签订土地使用权转让协议，转让住宅区 7 866.71 米^2 土地，用于建设二层商品楼。

2001 年 4 月 12 日，农业部下发"关于中国农业科学院果树研究所有偿转让土地使用权的批复"

（农财国基函〔2001〕12 号），批复同意果树所转让土地 2 666.68 米² 给兴城市国土资源局。2001 年 4 月 28 日，与兴城市国土资源局签订土地使用权转让协议；2001 年 12 月 18 日，签订补充协议，土地转让面积增加 666.67 米²。

2001 年 11 月 1 日，果树所与兴城市大兴房地产开发有限公司签订征用土地协议，征用果树所南区东侧土地 19 779.43 米²，用于建设商品住宅。

2003 年 4 月，兴城市政府以《关于向恒兴公司出让土地使用权的批复》（兴政地字〔2003〕11 号），收回果树所北院平房住宅区 3 0581.1 米² 划拨土地使用权，出让给恒兴公司。

2003 年 8 月 21 日，果树所与兴城恒兴房地产开发有限公司签订补偿协议，拆迁改造果树所大门东侧土地 1 968.68 米²，用于建设商业门市房。

2004 年 1 月 6 日，果树所与兴城恒兴房地产开发有限公司签订协议书，开发果树所大门西侧土地 16.724 亩，用于建设商业门市房。

2020 年 12 月 9 日，果树所栖霞苹果试验站 15 005 米² 试验站建设用地划归果树所永久使用。

截至 2020 年 12 月，果树所占地总面积 2 600 522.51 米²，分布在温泉试验基地南区、温泉试验基地北区东、砬山试验基地、住宅区和栖霞苹果试验站等，详见表 1-4。

表 1-4　中国农业科学院果树研究所土地情况（2020 年）

序号	基地名称	面积（米²）	土地类型	备注
1	温泉试验基地南区	309 485.70	科研设计	
2	温泉试验基地北区东	118 854.30	科研设计	
3	砬山试验基地	2 097 875.00	科研设计	
4	住宅区	59 302.51	科研用地	
5	栖霞苹果试验站	15 005	科教用地	
	合计	2 600 522.51		

（魏继昌、齐峥）

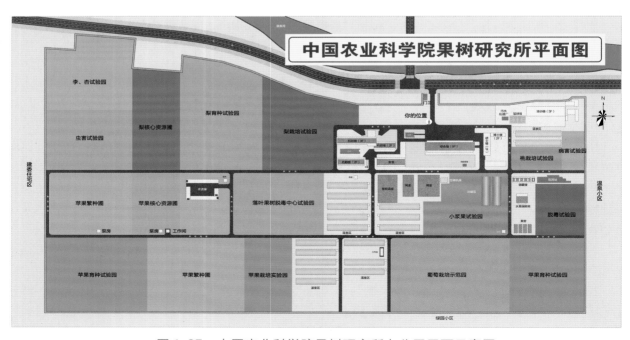

图 1-37　中国农业科学院果树研究所办公区平面示意图

图 1-38　1958 年果树所办公区

图 1-39　2008 年落成的综合楼

图 1-40　2020 年温泉试验基地北区东

图 1-41　住宅区

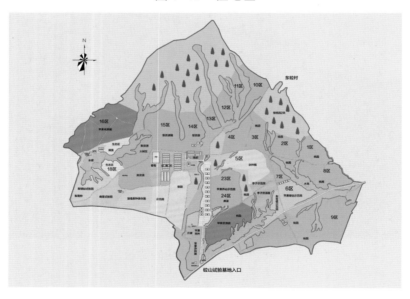

图 1-42　砬山试验基地平面示意图

图 1-43　砬山试验基地

图 1-44 20 世纪 50 年代的砬山试验基地

图 1-45 砬山试验基地场部办公室

图 1-46 观测台站工作用房

图 1-47 基地科研辅助用房

图 1-48 砬山试验基地场部

第六节 基建沿革

一、基建沿革

1958—2000 年，果树所分年度报送基本建设计划，中国农业科学院审批后下达预算，详见表 1-5。

表 1-5 中国农业科学院果树研究所基本建设实施情况（1958—2000 年）

年 度	主要内容	投资（万元）	备 注
1958	建设招待所 2 400 米²，养虫室 80 米² 等土建工程，购置了仪器设备	40.12	
1960	建设锅炉房 330 米²、职工宿舍 120 米² 及木桥 1 座等；仪器设备购置	15.5	锅炉房在用
1962	建设职工宿舍 650 米²	5	在用
1964	建设住宅 1 634.62 米²，锅炉房 1 个（含锅炉 1 台、水泵 2 台、除污器 1 台）	18.92	住宅在用
1973	修建试验区围墙 3 000 米	7.5	
1976	建设桥梁 1 座	6	
1978	建设宿舍 2 400 米²	24	在用
1979	建设试验楼 3 188 米²，植保实验室 1 065 米²，锅炉房（含设备）300 米² 等建设内容	109	试验楼、植保楼在用
1980	砬子山试验场灌溉第一期工程；修建砬子山试验场职工浴室（含锅炉等设备）100 米²；所区 4 000 米² 宿舍楼抗震加固工程	25.25	所区 4 000 米² 宿舍楼在用
1981	建设 1000 米² 砬子山农场宿舍、品种园建设、电力工程等	21	部分在用
1982	受农业部委托修建老干部休养用房 2 172.63 米²	98	在用
1983	修建离休干部住房 280 米²，果园围墙 1 200 米	20.7	在用
1984	购置大轿车 1 台	4.5	
1986	规划设计职工住宅，修建 200 米² 液化气站	19.4	
1987	建设 5 340 米² 职工住宅，安装程控电话	49	职工住宅在用
1988	续建 5 340 米² 职工住宅，安装城市集中供热	88	职工住宅在用
1989	续建 5 340 米² 职工住宅，拆建 250 米² 幼儿园	75.5	职工住宅在用
1990	安装集中供热及电话，改造液化气站	41	
1991	安装集中供热，维修房屋、道路、围墙及上水管线（救灾项目）	46.5	
1996	新装电话总机	40	
1998	建设职工住宅 5 289.7 米²	505	在用
2000	购置车辆 1 台	20	

2000—2020 年，果树所实施基本建设项目共 13 项，完成投资 9 896.18 万元，详见表 1-6。

表 1-6 中国农业科学院果树研究所基本建设实施情况（2000—2020 年）

序号	项目名称	实施年度	主要建设内容	完成投资（万元）
1	兴城果树所落叶果树脱毒中心项目	2000—2005	改造实验室 2 415 米²、低温库 117.5 米²、苗木温室 666 米²、日光温室 3 200 米²、网室 597 米²，购置仪器设备 188 台（套）	498.5
2	兴城果树所电力增容及线路改造项目	2002—2005	改造科研区、生活区用电，科研区电力增容 100 千伏安，生活区电力增容 600 千伏安	118
3	苹果、梨种质资源保护和开发利用项目	2002—2005	建设低温冷库 203 米²、网室 1 176.4 米²，建设田间围栏、道路、管线等，购置仪器设备及农机具 47 台（件）	405.31
4	国家苹果育种中心项目	2002—2005	改造实验室 1 042.3 米²、改造科研楼 716 米²、建设温室 666 米²、土壤改造 61 333.64 米²、滴管系统 61 333.64 米²、水泵房 24 米²，购置仪器设备 197 台（套）	850.03
5	中国农业科学院果树研究所综合科研实验楼项目	2004—2010	建设 6 127 米²综合实验楼 1 栋，建筑总高度 23.35 米，局部 6 层，其中第一、第六层层高 3.9 米，第二至第五层层高 3.6 米	1 200
6	中国农业科学院果树研究所所区基础设施改造项目	2006—2010	翻建传达室 43.25 米²，新建农机具库、车库、热交换站等 746.9 米²，维修所区道路 8 000 米²，购置仪器设备等	607
7	中国农业科学院果树研究所兴城北方落叶果树资源重点野外科学观测试验站项目	2007—2011	建设工作用房 760 米²，改造锅炉房等 165 米²，建设场区混凝土道路 1 125 米²、田间混凝土道路 4 596 米²、砂石道路 7 480 米²、围墙 238 延长米等，购置仪器设备及农机具 26 台（套）	510
8	区域性果品及苗木质量安全监督检验中心项目	2008—2013	改造实验室 1 209 米²，购置仪器设备 131 台（套）	1 332
9	国家瓜果改良中心兴城分中心二期建设项目	2011—2013	建设高效节能日光温室 4 845.36 米²、灌溉机井 8 眼、围栏 600 米；购置仪器设备 11 台（套）	435
10	中国农业科学院果树研究所砬山综合试验基地项目	2012—2017	建设科研及辅助用房 1 168.44 米²、日光温室 12 867.96 米²、网室 3 840 米²，配套建设道路 803.42 米²、绿化 613.22 米²，以及供电线路、路灯、平整及护坡等场区工程。土地平整 61 080.31 米²，新建田间灌溉系统 373 335.2 米²，改造水塘 1 座，铺设混凝土主干道路 2 515 米、次干道路 2 408 米、田间道路 572.65 米，新建泵房 1 座、围栏 6 985.75 米、排水沟渠 3 307.24 米、过路涵洞 14 座、供水干线 531 米、田间监控系统 1 套、彩板房简易仓库 160 米²、碎石插拼通道 137 米。购置田间农机具 6 台（套），其中：挖掘机、拖拉机、风送气送结合式高效精细果园弥雾机各 1 台、泵房设备 2 台，更换潜水泵 1 台	2 160
11	国家种质资源辽宁兴城梨苹果圃改扩建项目	2015—2019	建设水泥路 5 712 米²、砂石路 1 400 米²、涵洞桥 2 座，土地平整 105 333.86 米²、土壤改良 58 666.96 米²，建围栏 5 725 米、机井 1 眼、输水管线 3 519 米、看护房 54 米²、装配式冷库 1 座（450 米²）、标志石 1 块；购置仪器设备 36 台（套）	905

续表

序号	项目名称	实施年度	主要建设内容	完成投资（万元）
12	农业部园艺作物种质资源利用重点实验室建设项目	2016—2019	完成实验室改造 585.14 米²，购置了全自动电泳仪、超高效液相 - 三重四极杆串联质谱仪、激光共聚焦显微镜、荧光定量 PCR 仪、生物大分子分析仪、遗传分析系统、人工气候室、植物荧光成像仪、凯氏定氮仪（含石墨消解炉）、超低温冰箱各 1 台（套），共计购置仪器设备 10 台（套）	823
13	果树所大门	2020	新建独立基础框架结构大门，主体外挂大理石，安装道闸系统、照明系统，门卫房改造	52.34

二、修缮购置沿革

2006—2020 年，果树所获得中央级科学事业单位修缮购置专项资金支持项目共计 24 项，经费 6 000 万元，详见表 1-7。

表 1-7 中国农业科学院果树研究所修缮购置项目实施情况（2006—2020 年）

序号	项目名称	项目类型	实施年度	项目内容	项目经费（万元）
1	科研楼及辅助用房修缮项目	房屋修缮	2006	修缮果品采后技术中心 488.87 米²、情报资料信息中心 602 米²、物资仓库 150.73 米²、温泉试验场办公用房及农机具库 598.83 米²	75
2	果树种质资源野外观测工作用房修缮项目	房屋修缮	2006	修缮野外观测工作用房 432 米²	20
3	砬子山试验场水库及泄洪甬道桥改造项目	基础设施改造	2006	改造砬子山试验场水库及泄洪甬道：水库清理 2 000 米²，大堤加固、加宽 200 米长 ×7 米宽 ×8 米高、加固及设施改造；改造泄洪甬道桥（宽 3 米，长 8 米），甬道桥加宽，护坡改造 100 延长米 ×1.5 米宽	40
4	所区河堤加固及围墙改造项目	基础设施改造	2006	维修河堤 600 延长米，内外护坡修补 3 600 米²，4 个泄洪甬道安装闸门和 60 延长米围墙的修复	45
5	农业部果品及苗木监督检验测试中心设备购置项目	仪器设备购置	2006	购置台式高速离心机、马弗炉、原子吸收分光光度计、智能电位滴定仪、真空干燥箱、气相色谱仪、可携式色差仪等仪器设备 7 台（套）	120
6	植物病毒血清学实验设备购置项目	仪器设备购置	2007	购置 POTTER 喷雾塔、显微成像系统、微量点滴器等仪器设备 25 台（套）	210
7	电力增容及配套设施改造项目	基础设施改造	2008	更新 GGX2-12 型高压开关柜 8 面，GGD1 低压柜 8 面；更新 S11-M-400/10kV 节能型变压器两台；更新接地网 1 组、工作接地两组；匹配高、低压电缆及线路安装及调试等；拆除原非节能型 315 变压器及台架 1 处	190
8	科研、植保楼及果品加工车间修缮项目	房屋修缮	2009	修缮科研楼 3 201 米²、植保楼 1 088 米²、果品楼 156.2 米²	210
9	温泉基地实验设施改造项目	基础设施改造	2009	改造低温库 94 米²、果树苗木储藏窖 361.64 米²、大棚 960 米²、温室 594.98 米²、节水灌溉系统 166 667.5 米²、田间道路 7 723.42 米²、果园架材 33 333.5 米²、围栏 1 282.26 延长米，更换杀虫灯 15 套，改良土壤 33 333.5 米²	305

续表

序号	项目名称	项目类型	实施年度	项目内容	项目经费（万元）
10	碙山试验基地（东区）田间基础设施改造	基础设施改造	2010	改扩建方塘 12 600 米³、维修改造水池一座、改造带刺铁丝网围栏 2 040 米、更换室外供水管线 1 660 米、安装电力电缆 1 800 米等	225
11	农业部果树种质资源利用重点开放实验室仪器设备购置	仪器设备购置	2010	购置光合作用测定系统、植物冠层图像分析仪（含连接管）、叶绿素荧光成像系统等仪器设备 19 台（套）	275
12	国家苹果育种中心实验室改造	房屋修缮	2011	改造国家苹果育种中心实验室改造 2 100 米²	278
13	所区供水、供暖、供电管路改造	基础设施改造	2011	改造室外供水管线 908 米、室外供暖管线 1 196 米、室外消防管道 300 米、室外电缆敷设 390 米、消防供电控制线 300 米	130
14	果树品质遗传实验室仪器设备购置	仪器设备购置	2011	购置气相色谱 / 质谱联用仪、超高效液相色谱仪等仪器设备 12 台套	278
15	温泉试验基地（南区）排涝工程	基础设施改造	2012	改造室外毛石排水明渠 1 389 米（盖板）、室外水管道 630 米、室外沉淀池 1 座、室外水井 15 座	185
16	所区科研及辅助用房修缮（2 年）	房屋修缮	2013	改造旧科研楼 1 048 米²；改造实验室仓库 131 米²；改造果品采后技术实验室 525 米²；改造辅助用房 662 米²；建设种子苗木处理及农机库 780 米²；改造田间管理办公室 114 米²；场地硬化 650 米²	410
17	果树营养与生理仪器设备购置项目	仪器设备购置	2013	购置微波消解仪、物性测试仪、便携式乙烯气体分析仪、高速冷冻离心机、冷冻研磨机等仪器设备 11 台（套）	269
18	现代果园省力化小型农机设备升级改造项目	仪器设备升级改造	2013	改造橡胶履带拖拉机、埋藤防寒机、防寒土清除机等设备 7 台（套）	55
19	所区基础设施改造（2 年）	基础设施改造	2014	改造日光温室 2 880 米²；改造冷棚 2 163 米²；改造防鸟网室 17 077 米²；改造人行道 1 921.4 米²；道路修复（硬化）1 703.6 米²；完成路灯 17 盏（包含太阳能路灯 7 盏、路灯 10 盏）；完成道路标志牌 3 个；更换围栏 909 米；修缮围网 2108 延长米；平整土地 1 620 米²；土地整理及更换种植土 3 621 米²	520
20	果树有害生物防控仪器设备购置项目	仪器设备购置	2015	购置微波消解仪、物性测试仪、冷冻研磨机等仪器设备 11 台（套）	245
21	温泉试验基地基础设施改造（2 年）	基础设施改造	2016	改造原有水泥道路为沥青路面 11 780 米²、改造 5 米宽砂石道路为沥青路面 800 米、改造日光温室 1178 米²、维修网室 1 756 米²、维修院墙 596 米、维修水果保鲜库 280 米² 等	430
22	果树矿质营养与施肥及有害生物防治重点实验室仪器设备购置项目	仪器设备购置	2018	购置连续流动分析仪、高效液相色谱仪、超速冷冻离心机、总有机碳分析仪等仪器设备 21 台（套）	535
23	院所共享设备平台：果品质量安全与品质控制重点实验室仪器设备购置项目	仪器设备购置	2019	购置超高效液相色谱 - 四极杆 - 飞行时间串联质谱仪、气调试验箱及其控制系统、液质联用仪、多维气相质谱联用仪 4 台（套），GraphPad Prism version 8 软件 1 套	580
24	院所共享设施：所区科技创新试验基地（北区）基础设施改造	基础设施改造	2020	执行中	370

（齐峰、魏继昌）

第二章　科技创新

第一节　概　况

　　果树所自建所以来，持续开展果树种质资源、遗传育种、栽培生理、植物保护、采后保鲜、质量安全、科技信息等科技创新工作，在种质资源收集和精准鉴定、优异特色果树品种选育、高效绿色栽培技术、病虫害防控、采后贮运保鲜与加工、果品质量安全与检测技术等方面做了大量研究工作并形成一批科技成果。

　　1958年建所以前，在果树资源调查和分类方面取得重要研究进展，初步建立果树原始材料圃。开展了苹果、梨等果树的常规杂交育种、诱变育种和远源杂交育种等研究。同时，承担了涉及粮食、蔬菜、果树等作物相关病虫和病毒研究项目，针对蔬菜地蛆和梨树主要害虫形成了有效的防治措施。

　　1958—1969年，开展了不同区域果树资源的调查、收集、保存和引进工作，基本完成全国果树资源调查；开展了苹果、梨、葡萄等果树的引种、地方品种筛选、诱变育种、杂交育种及主要经济性状遗传理论等研究；开展了果树砧木筛选及苗木繁育、幼树抚育及整形修剪技术、花果管理与连年丰产技术、矿质营养吸收与土肥管理技术等研究；开展了苹果冻害研究，在不同苹果品种冻害发生规律方面取得重要研究进展；开展了苹果、梨、葡萄、柑橘病虫和病毒病的发生规律及防治研究，梨大食心虫研究获得中国农业科学院成果奖；编写出版《中国果树科学研究文摘》（1～5集）和《中国果树》（共9期）。

　　1970—1978年，开展了苹果、梨等果树的引种、芽变选种、辐射诱变育种和杂交育种等研究，选育'八月红''锦香'等梨新品种7个，苹果新品种选育初具规模，推广50余个优良品种或株系，覆盖我国18个省（市）56个县；开展了苹果矮砧与短枝型品种密植栽培技术、梨幼树早期丰产栽培技术、苹果花果管理与品质调控技术、果树施肥制度和施用技术以及核桃、苹果、枣树病虫害防控技术等研究；组建"陕西省苹果土窑洞贮藏协作组"，主持开展苹果土窑洞贮藏技术研究；梨新品种'早酥''锦丰'获得全国科技大会奖，3项成果获得辽宁省科学大会奖、辽宁省重大科技成果奖；编写出版《中国果树科学研究文摘》（第6～11集）、《中国果树科技文摘》、《中国果树》（共22期）、《果树科技资料》、《国外果树科技动态》等。

　　1979—1990年，开展了不同区域资源考察收集、鉴定评价和优异资源挖掘等研究，完成"国家果树种质兴城梨、苹果圃"建设；开展了苹果、梨等果树品种和砧木选育，以及梨砧木育种和紧凑型性状的遗传规律研究；首次利用花药培养技术选育出苹果新品种，"苹果花药培养技术及八个主栽品种花粉植株培育成功"获得国家科技进步奖三等奖；开展了苹果和梨适宜生态区划等研究，明确了苹果和梨不同种经济栽培区的农业气候指标值，划分了全国苹果栽培适宜区和梨栽培适宜区；开展了苹果和梨矮化砧木选择利用与光合生理生态、苹果和葡萄等果树整形修剪和丰产栽培技术、苹果等果树的花芽分化机理和化学疏花疏果等研究；开展了苹果等果树的杂草防治、节水保墒、营养诊断等研究，研发出强力注射铁肥对果树缺铁失绿的矫治技术；开展了苹果、梨等果树病虫害防治和草莓病毒鉴定等研究，首次制定我国桃小食心虫防治标准，"苹果树腐烂病发生规律和防治技术"获得国家科技进步奖三等奖；开展了元帅系苹果、秋白梨等产地节能贮藏保鲜技术、果品采后病害防控技术及配套贮藏设施研究与示范推广，"红香蕉苹果产地贮藏系列技术"获得国家科技进步奖三等奖。

　　1991—2000年，开展了不同区域果树资源考察收集、鉴定评价和优异资源挖掘等研究，"果树资源性状鉴定和优异种质筛选"获得国家科技进步奖二等奖；开展了苹果、梨等果树的杂交育种、实生选种、砧木育种和紧凑型性状的遗传规律等研究，以及苹果、梨等果树花芽分化、花药培养、原生质体再生等研究，"苹果花芽分化激素调节机理及控制技术"获得国家科技进步奖三等奖，苹果原生质体再生技术体系达到国际先进水平；开展了新老果园建设技术和苹果优质丰产配套技术、苹果幼树早果丰产优质配套技术研究；开展了苹果果实套袋、铺反光膜、喷施生长调节剂等提高苹果品质配套技术研究，研发出高桩素、增红剂等产品；开展了苹果受精着果机理及技术研究，研发出显著提高坐果率的 GA+B+N 的混剂处理技术和产品；开展了渤海湾地区苹果病虫害综合防治技术研究和苹果、梨病毒研究，"苹果病毒脱除、检测技术新进展和苹果无病毒苗木繁育体系的建立"获得农业部科技进步奖三等奖，"苹果脱病毒、病毒鉴定及繁殖技术"获得辽宁省科技进步奖二等奖；开展了苹果、梨、葡萄、枣、哈密瓜等水果气调冷藏保鲜技术研究；制定农业行业标准 6 项。

2001—2010 年，开展了果树资源考察收集、编目、农艺性状鉴定、品质鉴定、抗逆性鉴定、遗传多样性评价和优异资源挖掘等研究，参加完成的"中国农作物种质资源本底多样性和技术指标体系及应用"获得国家科技进步奖二等奖；开展了主要果树植物染色体研究，参加完成的"中国主要植物染色体研究"获得国家自然科学奖二等奖；开展了苹果、梨、葡萄等果树的杂交育种、花药培养、梨矮化砧木育种和分子标记开发、重要性状基因标记等研究，登记 / 备案苹果新品种 5 个、梨新品种 3 个、梨矮化砧木新品种 1 个，3 个梨新品种和 1 个梨矮化砧木获得植物新品种权，苹果花药培养技术获得国家发明专利；开展了苹果、梨、葡萄等果园轻简化栽培模式、果园土肥水高效利用、花果管理与品质调控、果树设施栽培、果树盆栽等技术集成创新；开展了苹果叶螨、轮纹病、病毒病分子生物学以及苹果、梨、葡萄等果树无害化生产过程中病虫害防控技术研究；开展了果品生产与销售全程质量控制体系的研究与示范、苹果加工特性研究及品质评价指标体系的构建、新型保鲜剂 1- 甲基环丙烯应用技术、梨综合贮藏保鲜技术等研究；开展了苹果中的农药残留、苹果安全生产关键控制技术、苹果规范化技术的引进与示范、苹果加工特性的研究与品质评价等研究，承担农业部果品质量安全普查任务；制修订国家标准 4 项、农业行业标准 28 项。

2011—2020 年，开展了果树种质资源考察收集、繁种更新、性状鉴定评价与编目、苹果、梨种质资源遗传多样性、起源演化等研究；开展了苹果、梨、葡萄等果树杂交育种、苹果花药培养、梨矮化砧木育种等研究，开展了参考基因组组装、矮生、红色等重要性状基因定位研究，登记 / 备案苹果新品种 43 个、梨新品种 34 个、梨矮化砧木新品种 5 个、葡萄新品种 8 个、桃新品种 15 个、李新品种 1 个，获植物新品种权 7 项，获得国家发明专利 12 项；开展了苹果、梨、葡萄、桃等果树轻简化栽培模式及配套关键技术研究，在砧木组培快繁、高光效省力化树形和叶幕形、轻简化修剪等方面取得了重要研究进展，建立苹果和桃等果树砧木的组培快繁技术体系，研发出露地鲜食葡萄简化修剪技术、配套修剪机械和剪锯口愈合剂、发枝素等产品；开展了苹果、梨、葡萄、桃、蓝莓等果园土壤改良、果树养分需求规律、专用配方肥研发和节水灌溉等研究，提出适于果树的"5416"营养与施肥研究方案，研发出果树同步全营养配方肥、含氨基酸水溶性肥料以及果园土肥水管理配套机械；开展了苹果、梨、葡萄、桃、蓝莓等果树的品质发育规律及花果管理关键技术研究，研发出专用果袋、富硒叶面肥等果实品质调控产品；开展了葡萄等果树的设施栽培原理与技术研究，建立设施葡萄适宜品种与砧木的评价体系，研发出设施葡萄模式化整形修剪关键技术和配套产品，研发出休眠调控、果实成熟期调控和叶片抗衰老等果实产期调控关键技术和产品；开展了果园生态区划、自然灾害防御等研究，明确了苹果最适宜区、适宜区、次适宜区和可适宜生态指标，研发出葡萄机械化越冬防寒技术及配套机械；开展了新病原（真菌 / 病毒）鉴定、病虫生物防治产品和绿色防控技术研发、病虫综合防控与农药减施增效、抗病虫资源鉴定、农药高效利用、有害生物分子生物学等研究；开展了梨果贮藏期主要生理病害的防控技术研究与示范，延长鲜梨供应期的贮藏、运输关键技术研究与示范、梨采后商品化处理及精深加工关键技术、特色优质苹果采后品质提升与贮运保鲜技术研究，桑葚果酒与果醋、真空冷冻干燥桃脆皮、富硒葡萄酒、低温冷冻果汁等加工工艺研究；开展了果品中未知危害因子识别与已知危害因子安全性评估、果品中外源性生长激素与潜在危害因子排查评估、果品产地质量安全风险隐患排查与专项评估、生鲜果品质量安全风险评估和鲜食枣典型杀菌剂残留风险评估等研究；开展了苹果生产过程中农药化肥减施增效所产生的环境效应综合评价研究，在苹果质量安全监测、营养品质评价、苹果农药化肥减施增效所带来的环境效应评价、减施模式优选等方面取得重要进展；开展了水果中营养成分和功能成分含量检测技术标准、果树生产技术规程、果树主要病虫害防治技术规范、果树种质资源描述规范、果品贮运技术规程等研究，制修订农业行业标准36项。

（杨振锋、吕鑫）

第二节　十大标志性成果

一、果树基础研究

苹果、梨等大部分果树作物为多年生植物，与粮食、蔬菜作物相比，有特殊的生命属性、长周期性和自然环境约束性，要阐明其生命遗传规律、生长发育机制、果实性状形成机理等，需要开展长期深入的基础研究。果树所持续开展果树科学领域的基础研究，在主要果树植物染色体研究、苹果花芽分化的激素控制机理研究、苹果和梨果皮着色分子机制研究、梨抗逆性和抗病性形成的分子机制研究等方面取得了重大成果和突破性进展。

1. 中国主要果树植物染色体研究取得重大成果。从细胞水平对我国苹果属、梨属、柑橘属、李属等主要栽培植物的分类、起源、进化提出了新认识。创建了植物染色体标本制备的去壁低渗法（WDII法），创新了植物染色体研究技术，建立了我国植物染色体信息学研究平台。对我国植物染色体研究工作作出了开创性和奠基性贡献，带动了我国植物染色体及其相关领域的发展，研究成果达到了植物染色体研究的国际先进水平。参加完成的"中国主要植物染色体研究"获得国家自然科学奖二等奖（2003年）。

2. 苹果花芽分化激素控制机理研究获得原创性成果。主要研究苹果花芽分化与激素的关系，明确了花芽分化的激素控制机理。研究了几种生长调节剂对苹果花芽分化和产量的影响，以及苹果无果短枝和有果短枝芽组织中 RNA、DNA 及内源激素（GA、ABA、CTK）含量与花原基发生的关系。主持完成的"苹果花芽分化的激素控制机理及控制技术研究"获得国家科技进步奖三等奖（1992年）。

3. 苹果和梨高质量参考基因组组装及重要形状形成机制解析取得突破性进展。基于'寒富'花培纯系 HFTH1，组装了世界上最完整的苹果全基因组序列，揭示了反转录转座子控制红苹果着色的分子调控机制，开发的红色相关特异分子标记，能够在苹果幼苗期对果色进行精准预先选择，为解析苹果重要经济性状形成的分子基础和分子育种提供了基因组学数据资源。以山西杜梨和'中矮1号'梨矮化砧木为试验材料，结合 PacBio 三代、Bionano 光学图谱和 Hi-C 测序技术，组装了高质量野生杜梨和梨矮化砧木参考基因组，解读了梨属植物驯化过程中果实风味、抗性等重要性状形成的遗传密码，鉴定出'早酥'梨红色芽变变异的关键位点及基因，对梨矮化和红色性状进行了基因定位，为梨起源进化、遗传育种、比较基因组及矮化、抗性和红色等果实相关重要经济性状的形成机制解析等研究奠定了基础。

研究成果获得国家自然科学奖二等奖1项、国家科技进步奖三等奖1项、农业部科技进步奖二等奖1项，在《中国农业科学》《园艺学报》《植物生理学报》，*Nature Communications*、*Plant Biotechnology Journal*、*Scientific Data* 等国内外期刊发表高水平论文20余篇。部分研究成果达到了国际先进水平，填补了多项国内空白，为我国果树领域相关学科的发展奠定了坚实基础。

二、种质资源保护和利用

种质资源是国家的战略资源，是科学研究、新品种选育的物质基础和产业高质量发展的基石。中国是苹果、梨等果树的起源中心，种质资源极为丰富。针对我国果树种质资源保存多样性不够丰富、

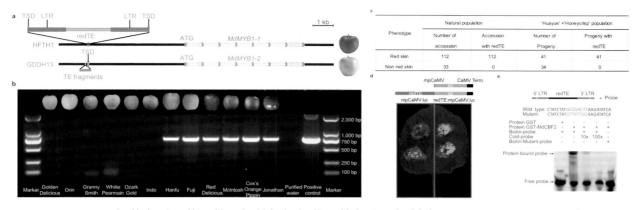

图 2-1　组装高质量苹果基因组并解析红苹果着色分子机制（*Nature Communications*）

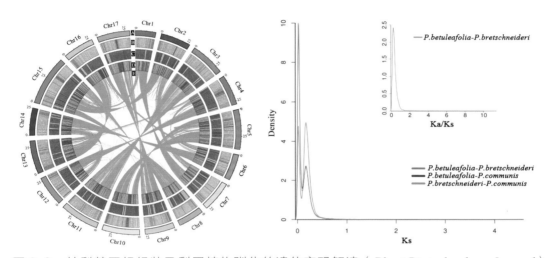

图 2-2　杜梨基因组组装及梨属植物驯化的遗传密码解读（*Plant Biotechnology Journal*）

鉴定评价标准化程度不高、利用效率低等问题，果树所在果树种质资源收集保存、鉴定评价和创新利用等方面做了大量工作，取得了重大进展，有力地支撑了我国果业高质量发展。

1. 建圃历史最为悠久，保存数量位居世界前列。"国家果树种质兴城梨、苹果圃"从始建于 1953 年的 "果树原始材料圃" 历时近 70 年扩建而来。1981 年承担农业部 "国家果树种质梨、苹果圃（兴城）"建设任务，1988 年通过验收，是我国首批建成的国家种质资源圃之一。至 2020 年底，资源圃保存梨资源 14 个种 1 293 份、苹果资源 24 个种 1 297 份，分别居世界第 2 位和第 8 位。

2. 首次系统规范了苹果和梨种质资源鉴定评价技术指标，统一全国度量。果树所牵头出版《苹果种质资源描述规范和数据标准》《梨种质资源描述规范和数据标准》，以及相关农业行业标准 8 个，建立了国内苹果和梨种质资源统一描述、统一编目、科学分类和评价技术规范体系。

3. 鉴定评价成效显著，提高了苹果和梨种质资源利用效率。完成了 1 290 份苹果和 1 280 份梨种质资源的数据采集、规范化评价和标准化整理，挖掘出优异苹果和梨种质资源 300 余份，创新优异种质杂交群体 50 000 余株，创制优质、矮化、抗旱、抗寒、耐盐碱和高功能成分的苹果和梨新种质 126 个，登记花色、果色、果个、树型、品质、抗性等多样化的苹果和梨新品种 32 个。累计向国内 150 余所大学、科研机构、地方政府和企业等单位，提供实物资源 2 万余份次，为苹果和梨的科学研究、突破性品种选育和生产提供坚实的物质基础。

研究成果获得国家科技进步奖二等奖 1 项，出版《中国果树志·梨》（第三卷）、《中国果树志·苹果卷》《中国梨遗传资源》等专著和编著 9 部，发表论文 200 余篇，获授权国家发明专利 3 项、软件著作权 14 件。经过 70 余年不断建设与发展，"国家果树种质兴城梨、苹果圃"已成为我国苹果和梨种质资源保存、研究、共享利用平台。

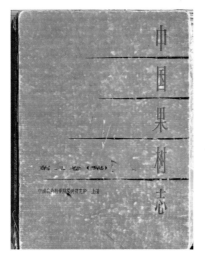

图 2-3 《中国果树志·第三卷 梨》《中国果树志·苹果卷》

图 2-4 《中国梨遗传资源》　　图 2-5 国家科技进步奖获奖证书

图 2-6 国家苹果种质资源圃

图 2-7　国家梨种质资源圃

三、'华红'苹果选育与应用

我国是世界上最大的苹果生产国，2019 年苹果栽培面积近 3 000 万亩，产量 4 242 万吨，生产和消费规模均占全球 50% 以上，在我国农业种植业中居重要地位。针对目前苹果生产上优异基因资源缺乏，自育品种发展比例低、品种多元化不足，良种良法配套不完善等突出问题，重点开展苹果优异新品种培育及配套高效栽培技术创建等工作，为苹果产业的提质增效提供了技术支撑。

1. 通过种间远缘杂交，创制高类黄酮、抗病、抗逆等优异种质 36 份，筛选果实性状优良且成熟期、外观特异新种质 27 个，为新品种的选育奠定材料基础。

2. 育成鲜食加工兼用'华红'系列苹果新品种，优化了苹果品种结构。以'金冠'为母本，'惠'为父本，历经 22 年育成大型、优质、晚熟苹果新品种'华红'。'华红'苹果风味酸甜浓郁，有香气，鲜切后不易褐变，还具有高抗、适应性广等优点，为鲜食加工兼用优质品种。以'华红'为亲本，连续多年开展新品种选育，现已获得优系 23 个，并通过芽变方式育成'华红 2 号'等系列新品种。

图 2-8　华红苹果

图 2-9　华红 2 号苹果

3. 创新优质高效苹果生产关键技术，实现良种良法配套、苹果生产高效、节本，进一步改善了苹果栽培技术落后问题。针对我国苹果主产区苗木质量较差、乔砧苹果园郁闭、果品质量不高、管理技术烦琐、病虫害发生严重等问题，以'华红'苹果为试材，创建并示范推广了乔砧'华红'苹果简单化整形修剪、疏花疏果、果实套袋、果园生草、病虫害防控等一系列技术规范。"苹果新品种选育及无公害优质生产关键技术研究与示范""苹果新品种选育及无公害生产关键技术研究与推广"先后获得中国农业科学院科学技术成果奖、辽宁省科技进步奖。

'华红'苹果于 2017 年列入科技部农业科技成果转化项目，2021 年入选《辽宁省农作物优良品种推介名录》。'华红'系列品种已在辽、吉、冀、豫、鲁、陕、甘、滇、川等 16 个省（自治区）示范推广，累计推广面积 50 余万亩，新增产值 10 余亿元，有力支撑了苹果产业高质量发展。'华红'苹果作为研究试材，被国内 12 所大学和科研院所引进利用，现已发表学术论文 60 余篇。'华红'苹果选育及示范应用，在优化我国苹果品种结构、促进产学研结合等方面起到重要推动作用，也为果农增收、果业增效作出了重要贡献。

四、梨新品种培育与应用

梨是我国三大水果之一，2019 年栽培面积 1 411 万亩，产量 1 731 万吨，占世界总面积和产量的 2/3 以上，在我国果树产业中居重要地位。本成果针对我国梨优质特色种质资源缺乏、优质抗寒品种少、早中熟品种占比小、果色较单一、缺乏高效育种及新品种配套栽培技术等突出问题，开展了优质特色梨新品种选育及配套高效栽培技术研究，取得了突破性成果。

1. 提出了梨高效亲本选配方法，提出梨双早熟、软脆肉亲本种间远缘杂交的高效亲本选配方法，创建了梨种间远缘杂交育种技术体系，突破了香气与脆肉、红色与脆肉基因聚合的技术瓶颈，创制了优质特色梨种质 104 份，率先创制浓香脆肉种质 3 份、果皮全红脆肉种质 5 份，填补了我国浓香脆肉、全红脆肉种质的空白；创制的 05-3-16 等早熟种质，熟期提早 30～45 天；创制的 09-3-89 等高糖种质，可溶性固形物含量最高达 22%；创制的 90-4-58 等抗寒种质，在 -32℃ 下可安全越冬；创制的 92-5-22 等优质耐贮种质，室温下可存放 30 天以上，品质不变、风味更佳，为优质特色梨新品种选育奠定了坚实基础。

2. 培育出'早酥''锦丰'等熟期配套的优质特色梨新品种 9 个，优化了我国梨品种结构，实现了品种更新换代。利用创建的种间远缘杂交育种技术体系和培育的新种质，育成'早酥''锦丰'等熟期配套的优质特色梨新品种 9 个。'早酥'具早熟、优质、广适等突出优点，早熟：果实发育期 100 天左右，是我国选育的首个早熟品种，已成为早熟梨标杆品种和育种骨干亲本；优质：肉质细、酥脆、味甜多汁，多次获中国农业博览会金奖；广适：栽培区域 25°N～44°N，跨 19 个纬度，占我国北方早熟梨栽培面积 40% 以上。'锦丰'具优质、耐贮、高抗、耐寒等优点，是我国冷凉地区主栽品种之一。'早金香'聚合了西洋梨风味浓郁和中国梨抗病抗寒的特点，早果丰产，克服了西洋梨结果晚、抗性差等问题。'五九香'果个大、果形美观、肉细、酸甜适口、丰产稳产，为我国选育的首个免疏花疏果中熟品种。'华蜜'果心小，肉质细、脆、汁多，味甜，有香气，向阳面淡红色，实现了优质、脆肉、红色与香气的完美聚合。育成品种作为亲本被 67 家单位利用，育成新品种 47 个。新品种全面优化了我国梨品种结构，实现了品种更新换代。

3. 创建了优质特色梨新品种配套高效栽培技术，实现了新品种大面积推广应用。针对育成品种的生长与结果特性，创建了与之配套的栽培管理技术，实现了良种与良法的配套。创建了'早金香'温室促早栽培技术，使梨鲜果上市期提早 45 天以上，填补了市场 4—6 月梨鲜果销售的空白。新品种和新技术在全国累计推广面积 200 余万亩，其中早熟品种占我国北方早熟梨面积的 50% 以上，社会经济效益显著。本成果通过国家和省级审定（备案）新品种 9 个，获植物新品种权 4 项，国家标准、农业行业标准和地方标准各 1 项，出版著作 2 部，发表论文 80 余篇，获全国科学大会奖重大科学技术奖和中国农业科学院科学技术成果奖杰出科技创新奖各 1 项。新品种在全国累计推广面积 100 余万亩，每年可产生社会经济效益 45 亿元。该成果极大地推动了我国梨产业的发展，整体处于国际领先水平。

图 2-10 早酥

图 2-11 锦丰

图 2-12 五九香

图 2-13 中矮红梨

图 2-14 早金香

五、矮化梨品种和砧木培育与应用

梨矮化密植栽培具有早果、丰产、优质、节本、增效等优点，是现代梨树栽培发展的必然趋势。利用矮化品种和矮化砧木是实现梨矮化密植栽培的最佳途径，而我国可利用的梨矮化品种和矮化砧木资源匮乏，国外引进的矮化砧木抗性较差，且与我国主栽的东方梨品种不亲和，限制了现代梨矮化密植栽培模式的发展。针对这一问题，本成果开展了优异矮化梨新品种和矮化砧木的培育利用研究，取得了突破性进展。

1. 解析梨矮化性状的遗传规律，创新矮化育种理论，创制出果实品质优良的矮生型梨新种质26个，为矮化梨新品种和砧木的选育奠定了坚实的理论与物质基础。解析了梨矮化型杂交群体中矮化型子代的遗传规律，提出了梨矮化性状可能受2对隐形主基因控制的遗传理论，筛选出'南果''古高''甜秋子''巴梨''五九香'等梨品种携带矮化隐性基因，可作为矮化育种的亲本，建立了矮化型梨早期鉴定的回归方程，极大地提高了矮化型梨和矮化砧木新品种的育种效率。通过广泛远缘多代杂交，创制出果实品质优良的矮生型梨新种质26个，作中间砧具有矮化潜力的砧木新种质36个，其中，矮生型种质96-3-78株型矮化紧凑，成花容易，果实肉质酥脆，味甜多汁，阳面着红色，是培育矮生型梨新品种的极佳材料；矮生型种质10-9-71，1年生植株平均株高62.2厘米，作中间砧嫁接'早酥'梨株高仅为对照的58.35%，且显著促进嫁接树成花，是培育梨矮化砧木的重要材料。

2. 育成果实品质优良的矮化梨新品种 3 个，培育出嫁接亲和性和矮化效果好的梨矮化砧木新品种 5 个，填补了我国矮化梨品种和自育梨矮化砧木品种的空白。培育出'锦香''矮香'和'中矮红梨' 3 个矮化梨品种，使利用矮化品种进行梨矮化密植栽培这一最佳栽培方式得以实现，节省了矮化砧木的嫁接成本，是省力化栽培的首选品种。'锦香'不仅株型矮化紧凑，果实肉质细腻，柔软多汁，融合了西洋梨和秋子梨浓郁的香气而形成了独特的风味，鲜食和加工品质俱佳，是我国培育的首个矮化型梨新品种，是矮化品种和砧木育种的极佳亲本；'矮香'树体矮化开张，丰产性好，果实柔软多汁，香甜适口，品质极上；'中矮红梨'树体矮化，果皮红色，酸甜适口，香味浓郁，还是一个不可多得的红梨品种。以'锦香'等矮化资源为亲本，培育出'中矮 1～5 号'系列矮化砧木，这些砧木植株均矮化紧凑，不仅抗性和适应性较强，且作中间砧与基砧和我国主栽的东方梨品种嫁接亲和性好，矮化效果为无中间砧对照的 51.7%～76.0%，使其他梨品种的矮化密植栽培得以完美实现。

3. 提出与矮化梨新品种和矮化砧木新品种配套的矮化密植栽培技术，实现了梨传统栽培模式的根本性变革。利用矮化品种和中矮系列矮化砧木进行梨矮化密植栽培，梨园树体矮化，较传统梨园单位面积用工节省 38.3%～50.1%，果实采收工效提高 1～3 倍，提早丰产 1～2 年，优质果率提升 10.2%～20.3%。

该成果通过国家和省级审定（备案）新品种 8 个，获植物新品种权 3 项，制定农业行业标准 1 项，出版著作 2 部，发表论文 30 余篇，获得省部级奖励 2 项。新品种和新技术在全国累计推广面积 10 万亩以上，每年可产生经济效益 4.5 亿元。该成果极大地推动了我国梨矮化密植栽培模式的发展，整体处于国内领先水平。

图 2-15　创制矮生梨新种质

图 2-16　中矮 1 号定植 7 年生树

图 2-17　中矮 2 号嫁接树定植 6 年后开花状　　　　图 2-18　中矮 3 号母本树

图 2-19　中矮 4 号 1 年生嫁接苗　　　　　　图 2-20　中矮 5 号 2 年生嫁接苗

六、苹果高质量发展技术创新与集成应用

我国是世界第一大苹果生产国。针对我国苹果消费结构升级和果品供应结构性失衡，资源环境约束趋紧与绿色生产技术体系不完善，高质量发展目标与品质提升技术不配套，高光效树体结构优化，树体生长调控，水肥药协同增效和免套袋栽培等轻简化技术缺乏，严重影响了我国苹果产业的健康可持续发展。针对上述问题，围绕苹果全产业链，开展苹果绿色高质量发展关键技术研发，取得了突破性进展，推动了苹果产业转型升级和高质量发展，为苹果产业健康可持续发展提供了技术支撑。

1. 研发了苹果矮砧密植栽培关键技术。引进 M 系、MM 系、P 系等苹果矮化砧木，开创了我国苹果矮化密植栽培的先河；选育出 CX 系列苹果矮化砧木；构建了不同矮化砧木的压条和组培快繁技术体系；阐明了矮化中间砧致矮的生理和分子机制，筛选出 8 个苹果品种的矮化、早果、丰产中间砧组合。"苹果矮化砧木的引进和利用"获得农业部科学技术进步奖三等奖。

2. 界定了苹果高质量发展的内涵，提出了"一新"（科技创新）驱动、"两优"（优化产业布局、优化种植结构）先行、"三产"融合、"四品"（品种、品质、品味、品牌）提升、"五减"（减水、减肥、减药、减人、减树）支撑、"六化"（绿色化、优质化、特色化、标准化、品牌化、工业化）同步的苹果高质量发展路径。

3. 集成创新了优良砧穗组合、无病毒苗木、无袋化栽培、负载量精准调控、肥水精准控制、病虫害精准防控、高标准建园、高光效树形、高质量改土、高效益改园的"一优两无三精四高"十大技术。"乔砧苹果树节本省工高效生产关键技术研究与示范""苹果集约矮化栽培技术研究与示范推广"先后获得中国农业科学院科学技术成果奖、全国农牧渔业丰收奖成果奖。

该成果累计推广面积230万亩，总经济效益36.9亿元，极大带动了我国苹果产业的转型升级和乡村振兴。基于本成果，获得省部级奖励10项，制定辽宁省地方标准5项，获得国家专利14项，编写著作10部，发表论文139篇，被引用下载2.28万次。

图2-21　苹果高质量发展技术创新与集成应用获得主要奖励

七、果树营养和肥料高效利用技术创新与应用

我国果树种植面积和产量居世界首位，果业已成为我国农业的重要组成部分，产量和产值在种植业中仅次于粮食、蔬菜，是促进乡村振兴的重要支柱产业之一。本项目针对我国果树营养基础研究薄弱，肥料高效利用技术和产品落后，化肥过量及不均衡施用，致使果园土壤酸化、板结、盐渍化和面源污染加重，导致果树树体营养失调、生理病害普遍发生，造成果品质量差等突出问题，历时61年，开展了果树营养基础理论研究和肥料高效利用技术研发，取得了突破性进展，推动了我国果树施肥技术的变革，为果业的绿色高质量发展提供了技术支撑。

1. 系统明确了我国苹果、梨、葡萄、桃和草莓等主要果树矿质营养的吸收、分配、运转与需求规律，推动了我国果树营养基础理论研究。绘制了我国首幅果树矿质营养年需求规律图。发现了生长前期，果树营养与生殖器官需求的矿质营养少部分来源于贮藏器官调运，大部分来源于外界吸收，例如'巨峰'葡萄从萌芽至初花，吸收量占需求的69%以上；花期是果树的矿质营养需求临界期；幼果发育期是果树的矿质营养需求最大期，例如'巨峰'葡萄本阶段养分需求量占全年的40%以上。明确了果树的矿质营养分配中心。植株吸收的大部分矿质营养随落叶和修剪枝条离开母体,例如'巨峰'葡萄为47%～67%。果树对氮、磷、钾、钙、镁5个元素的需求量较大,例如'巨峰'葡萄,从高到低依次为钙＞氮＞钾＞磷＞镁。设施果树肥料的农学利用效率显著低于露地果树,例如设施87-1葡萄氮、磷、钾、钙、镁的农学利用效率仅为露地的37%～59%。上述研究结果为肥料高效利用技术和产品研发方案的制定提供了理论依据。

2. 首次提出了基于矿质营养年需求规律的果树全年"5416"测土配方施肥研究方案,制定了植株与土壤采样标准,开创了我国果树矿质营养与施肥研究的新途径。基于主要果树矿质营养的吸收、分配与需求规律研究,充分考虑了各关键生育期之间以及各矿质营养之间的相互影响,提出了果树全年"5416"测土配方施肥研究方案并获发明专利(专利号:ZL201710052213.2);制定了植株营养诊断的取样标准;制定了基于根系集中分布层的土壤营养诊断的取样标准,即根据根系分布情况确定取样位置和比例。上述研究方案和采样标准的制定为肥料高效利用技术和产品的研发奠定了基础。

3. 创建了果树的肥料高效利用技术体系,出版了我国第一部果树营养诊断专著——《果树营养诊断法》,技术得到了大规模推广应用。确定了根域管理的适宜宽度与深度,制定了基于果实产量、果实品质的植株与土壤的营养诊断标准,实现了精准施肥;研发了果树同步全营养配方肥和水肥一体化技术,实现了按需、高效施肥;研发了根域(行内)生草、有机无机微生物肥配施、枝条落叶还田等技术,实现了化肥替代;基于上述关键技术,创建了果树的肥料高效利用技术体系,以鲜食葡萄为例,该技术体系不仅使化学肥料减施20%～60%;而且果实品质显著提升,品质指数增加32.6%～106.0%。该技术体系推广面积在我国果树主产区实现全覆盖。

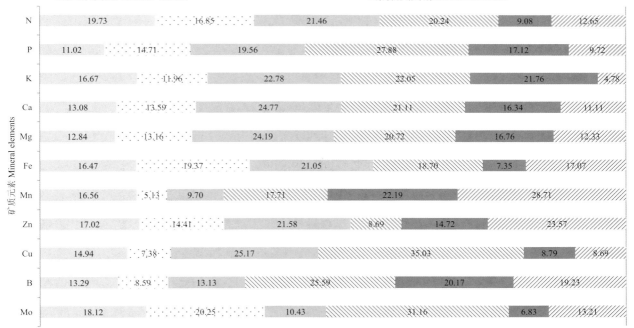

图2-22 露地栽培'巨峰'葡萄矿质营养年需求规律(2012—2018年)

该成果授权发明专利5项;发表论文61篇,出版专著2部;获省部级成果奖励6项。填补了我国果树营养与施肥技术的空白,有效提高了肥料利用率,减少化肥用量,减轻面源污染,显著提高果树产量、改善果实品质,为果树产业的绿色高质量发展提供了技术支撑,为果树产业的健康可持续发展作出了突出贡献。

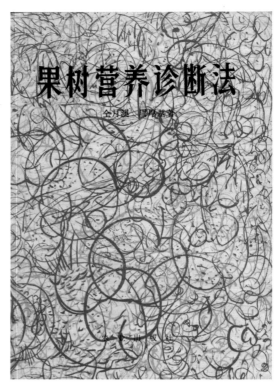

图 2-23　果树营养和肥料高效利用技术创新与应用获得主要发明专利和出版著作

八、苹果病虫综合防控技术创新与应用

苹果是我国最重要的水果之一，一直以来都是我国北方和部分南方山地栽培面积最大的果树，目前苹果栽培面积和产量占世界的 40% 以上，是我国农村地区的重要支撑产业。苹果病虫一直伴随和制约着我国苹果产业的健康发展，苹果树腐烂病、桃小食心虫等重大病虫持续为害，半个多世纪以来，一些苹果病虫的暴发经常在部分时段和区域造成毁灭性危害，产量和效益损失巨大，对病虫的化学防控又造成农药对环境的面源污染。70 多年来，本项目针对苹果病虫种类和发生规律不明、高效防控技术匮乏、防控技术单一和农药污染等问题，开展苹果病虫的致害机理和绿色高效综合防控技术研究，取得了多项重要的成果，保障了我国苹果产业的果品生产安全和环境安全。

1. 调研明晰了我国苹果病虫种类及其为害和流行规律，奠定了我国苹果病虫防控研究的基石。自 20 世纪 40 年代开始，重点开展了病虫种类调研，明确了苹果树腐烂病、斑点落叶病、褐斑病、桃小食心虫、梨小食心虫、苹果害螨等我国苹果产区发生的主要病虫种类，采集保存病虫标本 30 000 余号，编写了《中国果树病虫志》等专著。重点针对苹果树腐烂病、桃小食心虫等重大病虫开展了为害和流行规律研究，明确了苹果树腐烂病菌的弱寄生特性及其特殊的"潜伏侵染"和"跨年发病"流行规律，明确了桃小食心虫的生命表及其于不同地区的发生规律、生物学特性和测报方法，为这些为害重、防治难的重大病虫的有效治理奠定了理论基础。

2. 研发和验证了一批苹果病虫防控关键技术，保障了苹果生产的安全。针对苹果树腐烂病、轮纹病、桃小食心虫、苹果害螨等持续为害且容易造成重大损失的病虫开展了专项研究，明晰其发病和流行规律，确定了生态和栽培预防措施及化防指标，筛选高效药剂，研发了腐烂病生防菌剂，验证了桃小食心虫、苹果害螨、卷叶蛾等的生物防治技术和果实套袋、膜剂保护等物理防控技术，将腐烂病发生率降低到 10% 以下，免套袋苹果桃小食心虫发生率由 20 世纪 90 年代的 80% 以上虫果率下降到 5% 以下，避免了腐烂病周期性暴发时对区域产业的毁灭性危害和每年度桃小食心虫造成的巨大产量损失，在多年的实践中挽回苹果产业损失上万亿元。

3. 集成了苹果病虫的绿色高效综合防控技术体系，保障了果品的绿色高效生产和生态安全。针对新时期苹果产业绿色高效发展和果区生态发展需求，开展了苹果病虫综合防控技术集成创新，集成了以生态调控和栽培预防为基础、以生物和物理防控为常规手段、以精准测报和精准施药为最后防线的果园病虫绿色综合防控技术体系，经实践检验，农药减施 40% 以上，"十三五"期间培训果农 6 万余人次，累计推广应用综合防控和农药减施技术 100 万亩以上，为新时期的生态发展和果业绿色可持续发展奠定了理论、技术和产品支撑。

在半个多世纪的持续研究和实践中，相关研究获得国家科技进步奖三等奖和省部级科技进步奖及成果奖等共 9 项，编制《中国果树病虫志》等专著和技术推广著作 10 余部，两次主导编制我国落叶果树病虫防控田间药效试验准则，先后承担农业部下达的药效试验 3 000 余项，制定苹果园病虫测报、精准施药、抗性资源鉴定等行业标准 6 项，为我国苹果产业的安全生产和可持续发展作出了重大贡献。

图 2-24 中国果树病虫志

图 2-25 昆虫标本

九、苹果病毒脱除和检测技术创新与应用

苹果是我国的主栽果树，目前，花叶病、锈果病等病毒病发生普遍，严重影响果实品质和产量。病毒病无法用化学药剂进行防治，培育和栽植无病毒苗木是唯一有效的防控措施。本项目针对苹果病毒检测技术灵敏度低、耗时长，脱除技术效率低，无病毒品种和苗木匮乏等突出问题，开展苹果病毒快速检测技术与高效脱毒联合攻关和协同创新，历时 30 余年，取得重大技术突破和应用成效。

系统开展苹果病毒快速检测技术研究，显著缩短了检测时间，降低了检测成本，提高了检测效率和灵敏度。采用生物学、血清学和分子生物学方法，鉴定明确了我国苹果病毒病的 6 种病原（ACLSV、ASGV、ASPV、ApMV、ASSVd、PNRSV）及其侵染状况；通过引物筛选及体系优化，建立了 ACLSV、ASGV、ASPV、ApNMV、ApMV、ASSVd 6 种苹果病毒病原常规 RT-PCR 检测体系；研发了 ASPV 地高辛标记 cDNA 探针检测方法，并制备了多克隆抗体；研究建立了能同时检测 ACLSV、ASGV、ASPV 的多重 RT-PCR 方法，以及 ASPV 不同引物双重 RT-PCR 检测方法和 ACLSV RT-LAMP 检测方法（灵敏度是普通 RT-PCR 的 100 倍）。制定了农业行业标准《苹果病毒检测技术规范》（NY/T 2281—2012），为苹果病毒的检测提供了重要依据。

全面改进脱毒设备和优化脱毒方法，针对样品类型建立了多种脱毒方法并用的技术模式，极大缩短了脱毒时间，有效提高了脱毒效率。以携带 ACLSV、ASGV、ASPV、ApMV、ASSVd 等病毒的苹果盆栽苗或试管苗为试材，开展单纯茎尖培养、盆栽苗热处理后茎尖培养、试管苗热处理、试管苗化学处理、试管苗热处理结合化学处理等脱毒技术研究，明确了不同处理方法的脱毒效果，建立了"盆栽苗热处理→嫩梢嫁接""盆栽苗热处理→茎尖培养→嫩梢嫁接""试管苗热处理＋化学处理→茎尖培养→嫩梢嫁接"3 种脱毒技术模式，可以根据样品类型选择脱毒方法，脱毒效率提高 20% 以上，脱毒时间缩短 1/3，为加速培育苹果优新品种无病毒原种母本树提供技术保障。制定了农业行业标准《苹果苗木脱毒技术规范》（NY/T 2719—2015），为苹果病毒的脱除提供了重要的技术保障。

集成苹果病毒快速检测和高效脱毒技术体系，创新了高效的苹果优新品种和砧木无病毒原种的培育繁育技术体系，显著提高了无病毒品种和苗木培育效率。共培育获得'维纳斯黄金''信浓黄''七月天仙'等 70 个苹果优新品种和砧木无病毒原种，建立规范的无病毒原种保存圃和母本园，为无病毒苗木生产提供基础繁殖材料。制定了农业行业标准《苹果无病毒母本树和苗木检疫规程》（GB/T 12943—2007）和《苹果无病毒母本树和苗木》（NY 329—2006），为苹果无病毒苗木繁育提供了重要的技术规范。

该成果制定农业行业标准 4 项，获授权专利 2 项，发表论文 18 篇，获得苹果优新品种和砧木无病毒原种 70 个。该技术成果向陕西、北京等 10 个省（市、区）19 个单位（或生产者）提供 36 个品种的苹果无病毒母本树、采穗树和苗木 2.5 万株；向甘肃、河北等 7 个省（市、区）11 家单位（或生产者）提供 41 个品种的苹果无病毒接穗 15 万芽。培育无病毒苹果苗木 2 300 余万株，累计增收 2.3 亿元。辐射推广苹果无病毒栽培 20 万亩，投产后平均亩产可增加 15%，优质果率可提高 20%，累计增收约 70 亿元。苹果品质和栽培效益显著，对苹果产业的健康可持续发展具有重要意义。

图 2-26　苹果无病毒原种母本园

图 2-27　苹果无病毒结果树

十、苹果和梨贮藏保鲜技术创新与应用

2019 年苹果、梨产量近 6 000 万吨，占我国水果总产量的 31%，占世界苹果、梨产量的 56%。我国苹果、梨种植规模持续增大，品种不断更新，采后贮藏保鲜滞后，贮藏期和货架期短，采后烂损率高，卖果难、效益差、质量低，困扰果业发展。针对苹果、梨采后果实衰老规律不明晰、保鲜技术匮乏，采后病害发病机制不清、防控关键技术落后，贮藏保鲜技术体系薄弱等突出问题，果树所历时 50 余年，通过开展联合攻关和协同创新，取得了重大突破和显著成效。

1. 创新了中国特色的苹果双相变动气调节能贮藏保鲜新理论，研创红香蕉苹果产地节能贮藏系列技术及配套贮藏设施。在总结我国北方苹果产地简易气调贮藏基础上，创新苹果双相变动气调新理论（简称 TDCA），提出不同苹果品种双相变动气调贮藏技术参数。根据不同产地的地理和气候条件，设计创建夹套式强制通风库、子母土窑洞以及冷凉库等贮藏设施。采用此法苹果贮藏保鲜效果好于冷藏，接近气调库贮藏水平，但比冷库投资低 70%，比气调冷藏库投资降低 90%，耗能仅相当于冷藏库的 2%～20%，在当时历史条件下，为我国苹果产业健康可持续发展作出了重大贡献。

2. 明确了梨新品种与特色苹果果实采后衰老规律，创新了梨新品种与特色苹果采后保鲜关键技术，推动了我国梨品种的更新换代及特色苹果产业发展。建立了 20 个主栽梨品种、10 个特色苹果品种等不同采收期，不同温度，不同 O_2、CO_2 与乙烯浓度配比条件下呼吸、乙烯、乙醇代谢及果实色泽、质地、糖酸组分、香气、冰点等生理特性指标与品质动态变化基础数据库，明确了不同类型梨及特色苹果果实采后衰老规律；创新了梨新品种、特色苹果采收、包装、预冷、控温、控湿、控气等 20 项保鲜关键技术，填补了国际空白，早熟品种保鲜期延长 60～80 天，中晚熟品种保鲜期延长 80～120 天，推动了我国梨品种的更新换代及高寒地区特色苹果产业发展。

3. 揭示了梨采后主要病害发生规律，创新了梨采后病害防控关键技术，研发了水果防腐剂仲丁胺，与保鲜剂 MCP 应用技术。解析了果实矿质营养、激素、酚类等内源物质及贮藏环境因子与梨果虎皮、

图 2-28 苹果和梨贮藏保鲜技术创新与应用主要获奖证书

黑心、黑点及萼端黑斑等生理病害发生的关系，揭示了梨采后4种主要生理病害发生规律；创新了梯度降温、动态气调、低氧气调以及出库后缓慢升温等采后生理病害防控关键技术；研制水果贮藏期防腐保鲜剂仲丁胺系列产品和水果保鲜剂1-甲基环丙烯；研发采前结合采后管理的阿太菌果腐病综合防控技术。

基于上述研究成果，创建了涵盖多数主栽品种的苹果、梨贮藏保鲜综合技术体系，提出了苹果、梨轻简化实用技术20项，制定了行业与地方标准10项，在河北、山西、陕西、辽宁、湖北等20个主产省（市、自治区）推广应用，2011—2020年累计推广500万吨以上，商品果率提高到95%以上，经济效益80.6亿元，累计培训果农和技术人员2.64万人次。

该成果获得授权专利10项，发表论文200余篇，出版专著20部。填补了苹果、梨采后保鲜技术空白，有效解决了苹果、梨采后病害防控技术难题，促进了果业高质量发展，实现了苹果、梨周年供应，在脱贫攻坚和乡村振兴中作出了突出贡献。

（杨振锋、郑晓翠）

第三节　果树种质资源

一、1958年以前

（一）果树资源调查研究

1952—1955年，与热河省农业厅组成热河省果树资源调查组，先后到建昌、兴隆、青龙、承德、北票等地区开展果树种质资源调查，收集优良果树品种，形成"热河果树调查报告"。

（二）果树原始材料圃建立

1953—1956年，在兴城砬子山开始果树原始材料圃建设，建设苹果原始材料圃5.11公顷，定植苹果树872株；建设梨原始材料圃6.15公顷，定植白梨、砂梨、秋子梨、西洋梨及待分类品种梨树879株；建设葡萄原始材料圃0.3公顷，定植葡萄树300株；建设杂果类原始材料圃1.46公顷，定植果树636株；建设干果类原始材料圃0.84公顷，定植果树200株。

本时期主要工作人员：垂井昌明、蒲富慎、葛元瑞、王宇霖等。

二、1958—1969年

（一）果树资源调查与收集

1958年，完成河南、安徽、江苏、山东4省黄河故道地区果树品种调查，形成"黄河故道地区果树品种调查总结"。1959年，从捷克引入梨品种11个、苹果品种20个，从苏联、波兰引入梨品种33个、苹果品种33个。1961—1967年，承担"果树资源调查、收集、整理利用"研究项目，调查全国果树资源情况，收集各地地方品种以及野生果树类型，建立原始材料圃。组织完成东北地区以及河南、贵州、云南、新疆、陕西、江西、四川等省区果树资源调查。1961年，在甘肃兰州、武威，青海民和、乐都等地开展果树资源考察，收集果树优良品种果实标本81种，收集种子标本85个品种。1960年主编出版《东北的梨》，1963年主编出版《中国果树志·梨》（第三卷）。

（二）果树资源评价

1963年开始对保存在兴城砬子山苹果、梨原始材料圃的果树品种进行性状观察，完成76个苹果品种、46 个梨品种性状观察。整理出全国优良品种桃 395 份、李 175 份、杏 385 份、樱桃 70 份的简明叙述材料。

本时期主要工作人员：蒲富慎、王宇霖、于成哲、张儒懋、陈欣业、满书铎、潘建裕、刘庆文、牛健哲、谭永丰等。

三、1970—1978 年

科研人员在陕西眉县青化镇开展果树知识普及工作，并在宝鸡、汉中、商洛、渭南、铜川、延安等地区驻点，指导当地果树生产。

四、1979—1990 年

开展不同区域资源考察收集、鉴定评价和优异资源挖掘等研究，承担农业部"果树资源的收集、保存、建圃""果树种质资源主要性状鉴定评价""苹果、梨种质资源主要性状鉴定评价"等项目，承担"国家果树种质兴城梨、苹果圃"建设项目，1988 年通过验收。在系统评价基础上筛选出一批苹果、梨优异资源。

（一）果树资源考察、收集与保存

1979—1985 年，承担农业部"果树资源的收集、保存、建圃"项目，开展苹果、梨种质资源收集、保存和建圃工作，收集保存梨种质资源 706 份，包括野生梨资源 20 个种 65 个类型；收集保存苹果种质资源 694 份，包括苹果属 19 个种 132 个类型。建成梨品种资源圃 160 亩、梨野生资源圃 15 亩，建成苹果品种资源圃 120 亩、苹果砧木及野生类型圃 21 亩。

（二）种质资源鉴定评价与挖掘利用

主持国家"七五"科技攻关专题"果树种质资源主要性状鉴定评价"，承担完成子专题"苹果、梨种质资源主要性状鉴定评价"。鉴定评价梨农艺性状 503 份、苹果农艺性状 300 份、梨品质性状 236 份、苹果品质性状 150 份、苹果树腐烂病抗性 35 份、梨黑星病抗性 100 份、苹果抗寒 34 份、梨抗寒 72 份、梨矮化性状矮生型 32 份、矮化砧 23 份、苹果矮化性状 63 份、染色体倍性鉴定苹果资源 100 份、梨资源 450 份。筛选出梨优异资源 129 份，其中，矮化资源 10 份；筛选出苹果优异资源 104 份，其中矮化资源 14 份。

（三）西瓜品种资源研究

1981—1984 年，收集品种材料 40 多份。1986—1989 年，对 96 个品种的植株性状、物候期、产量、果实经济性状、病虫侵染侵害状况等 46 个项目进行了调查，通过分离、自交提纯、杂交、品种比较、区试选育出了'兴城 37 号''兴城 8221'等品种。通过研究提出了'兴城 37 号'等品种的植株、果实增长动态规律以及我国品种与日本、美国品种生长发育阶段性上的差异，发表于《瓜类科技通讯》；研究提出西瓜叶面积简易测定法［叶面积（厘米^2）＝叶长（厘米）× 叶宽（厘米）× 常数 50.8%］。按国家规定标准完成 33 份西瓜品种种子入库和品种编目工作。

本时期主要工作人员：蒲富慎、孙秉钧、贾敬贤、贾定贤、黄礼森、刘捍中、王云莲、牛健哲、满书铎、林盛华、陈素芬、张凤兰、任庆棉、李树玲、米文广、陈长兰、闫佐成、方成泉、丛佩华、龚欣、周纯、姜修成、谭兴伟、郑世平、张德学、刘效义、纪宝生等。

五、1991—2000 年

重点开展不同区域果树资源考察收集、鉴定评价和优异资源挖掘等研究，承担农业部"果树种

质资源收集、保存和鉴定评价研究""果树优良种质资源评价与利用研究"和科技部"多年生作物种质资源收集、保存与繁种项目——苹果和梨种质资源圃"等项目。主编出版《中国果树志·苹果卷》《果树种质资源描述符——记载项目和评价标准》等5部著作;"国家果树种质圃的建立"获国家科技进步奖二等奖。

(一) 果树资源收集与保存

收集苹果品种40份、苹果野生资源20个种26份、梨品种33份,繁种更新梨100份、苹果587份,筛选优异种质资源47份。

(二) 种质资源鉴定评价与挖掘利用

完成苹果、梨种质资源农艺性状鉴定1824份、品质鉴定1716份、抗逆性鉴定882份、抗病虫鉴定503份、遗传评价92份。筛选出276份优质、抗性强的果树优异资源。向国内科研单位、大学和生产者提供利用苹果资源90份、梨资源264份。

本时期主要工作人员:贾定贤、黄礼森、刘捍中、贾敬贤、薛光荣、丛佩华、刘凤之、米文广、陈长兰、曹玉芬、赵进春、孙秉钧、陈素芬、张凤兰、林盛华、李树玲、龚欣、王昆、刘立军、谭兴伟、王玉红、周纯等。

六、2001—2010 年

重点开展果树资源考察收集、编目、农艺性状鉴定、品质鉴定、抗逆性鉴定、遗传多样性评价和优异资源挖掘,承担科技部科技基础性工作"梨、苹果种质资源收集、整理与保存"、农业部项目"梨、苹果种质资源更新复壮与利用""野生果树种质资源收集、保存、评价和创新利用研究"、农业行业专项"梨优异种质挖掘、评价及贮藏保鲜技术研究"和"国家现代农业(梨)产业体系建设资源利用与品种鉴别岗位"等项目。参与获得省部级科技奖励4项。

(一) 果树种质资源收集与保存

重点在黑龙江、吉林、辽宁、河北、山西、四川、云南、贵州、甘肃、福建、湖北等地开展苹果、梨资源考察,收集典型资源668份,入圃保存苹果、梨资源393份。

(二) 种质资源鉴定评价、编目与挖掘利用

开展梨种质资源品质性状、农艺性状鉴定评价,筛选出梨品质性状优异资源30份,筛选出适宜不同生态区栽培的梨优良品种71个;鉴定评价梨黑星病和轮纹病梨种质220份,筛选出抗梨黑星病的优异资源20份、抗轮纹病的优异资源68份。开展苹果资源农艺性状、品质性状、斑点落叶病、类黄酮含量等鉴定评价,鉴定评价苹果种质资源果实加工性能246份、多酚含量300份、类黄酮含量240份,筛选出高糖、高类黄酮含量、抗斑点落叶病的优异苹果资源15份。编目苹果资源150份,编目梨资源48份。利用野生苹果资源开发SSR分子标记1693对,利用秋子梨野生资源开发SSR分子标记1502对,建立苹果和梨的TP-M13-SSR分子标记体系。完成600余份梨种质资源SSR标记遗传多样性分析,建立109份梨野生资源SSR分子标记指纹图谱及93个梨新品种指纹图谱,构建570份苹果资源TP-M13-SSR指纹图谱。

(三) 苹果、梨种质描述与评价规范化和标准化

主编出版《苹果种质资源描述规范和数据标准》《梨种质资源描述规范和数据标准》等种质资源基础工具书,制定《农作物种质资源鉴定技术规程 苹果》(NY/T 1318—2007)《农作物种质资源鉴定技术规程 梨》(NY/T 1307—2007)等农业行业标准。根据描述标准、数据标准和数据质量控制规范,整理共性数据苹果、梨资源649份,数据18709条;录入特性数据库苹果、梨资源358份,数据

8 754 条；采集图像数据资源 157 份，录入图片 441 张。

本时期主要工作人员：刘凤之、曹玉芬、张静茹、王昆、龚欣、马智勇、刘立军、田路明、高源、董星光、谭兴伟、张微。

七、2011—2020 年

主要开展果树种质资源考察收集、繁种更新、性状鉴定评价与编目等基础性工作，开展苹果、梨种质资源遗传多样性、起源演化、基因组等基础理论研究。承担科技部科技基础性工作"国家苹果、梨种质资源平台"、农业部保种项目"梨、苹果种质资源收集、鉴定编目、繁殖更新与保存分发利用"、国家现代农业（梨）产业体系建设——种质资源评价岗位、国家自然科学基金、农业行业标准等项目，筛选出一批优异苹果、梨种质资源。研发基于苹果荧光 SSR 标记的 TP-M13-SSR 标记技术，获得国家发明专利 1 项。登记梨、李新品种 3 个，制定农业行业标准 5 项，出版著作 2 部，编写苹果、梨种质资源多样性图谱 2 套。

（一）果树种质资源收集与保存

重点开展新疆、甘肃、青海、四川、江西、安徽、西藏、河北、贵州等省份的野外资源考察，共收集到苹果、梨资源 634 份，新增入圃资源 629 份；繁种更新梨、苹果资源 687 份。保存梨资源 1 247 份、苹果资源 1 221 份。

（二）表型鉴定评价、编目与优异资源挖掘

采集梨资源花性状、枝条和叶片性状、果实性状以及物候期性状等表型数据 600 余份，采集 73 个数据项 5 万余项数据，拍摄 600 余份梨种质资源典型照片 2 万余张，完成 158 份梨资源编目。鉴定评价 454 份次苹果资源物候期和糖、酸等性状，完成苹果资源编目 837 份。完成 55 份李资源果实酚类物质精准鉴定，完成 120 份李、杏资源果实品质评价，筛选出优异资源 35 份。

"十二五"期间，鉴定评价南方早熟梨优势产区、北方梨优势区、黄河故道优势梨产区、西部优势梨产区、西洋梨优势产区 120 个梨品种，筛选出产区优良品种 23 个，提出"南方早熟梨品种评价指标""脆肉型梨品种评价指标"和"软肉型梨品种评价指标"；利用流式细胞仪评价分析 500 份梨资源染色体倍性，鉴定出 20 份多倍体资源；开展梨品种果实耐贮藏性评价，筛选出耐贮藏梨品种 31 份；开展脆肉梨果肉质地鉴定评价；梨叶片酚类物质的组成和含量鉴定评价，从 198 份样品中检测出酚类物质 17 种，明确熊果苷是梨叶片中最主要的酚类物质；筛选出极早熟梨品种 6 个，筛选出晚熟梨优良品种 17 个。"十三五"期间，鉴定出多倍体种质资源 20 份，筛选出类黄酮含量高的梨资源 26 份，筛选出抗黑星病种质 30 份，筛选出耐贮藏梨品种 31 份，筛选出营养期短的梨品种 36 份；筛选出不同区域适宜轻简化栽培的梨品种 29 个。

（三）分子鉴定评价及亲缘关系研究

以梨属植物为研究对象，基于梨种质资源花表型、SSR 基因型、叶绿体基因单倍型、多酚物质含量及组成、光合特性的综合分析，研究了梨种质的亲缘关系，构建种质群。基于花表型性状将脆肉资源聚为 5 大群体，将软肉资源聚为 4 大群体；基于 SSR 分子标记，对 171 个脆肉型梨品种和 75 个软肉型梨品种进行亲缘关系分析，构建 12 个脆肉型梨品种群和 7 个软肉型梨品种群；基于叶绿体 DNA 多样性分析，评价了中国 326 份中国梨种质资源的叶绿体 DNA 多样性，获得变异位点 48 个，单一突变位点 8 个，简约信息性位点 40 个，插入 / 缺失片段 35 个，单倍型 34 个，探索了基于 cpDNA 单倍型的梨属植物的演化路线，并确认了 10 个中国梨属品种群；本研究通过多种方法系统研究了梨种质资源的亲缘关系，为梨育种核心亲本选择、种质资源保护与利用提供了理论依据。

以山西杜梨为材料，结合 PacBio 三代测序、Bionano 光学图谱、Hi-C 技术，组装了高质量的杜

梨参考基因组序列，研究结果在 *Plant Biotechnology Journal* 上发表。杜梨基因组组装大小为 532.7 兆，contig N50 为 1.57 兆，共有 59 552 个蛋白质编码基因和 247.4 兆重复序列被注释。借助参考基因组分析证明杜梨扩张基因在次生代谢通路中显著富集，进而影响杜梨较强的逆境适应性。

开展苹果资源分子评价，优化了苹果荧光 SSR 分子标记鉴定技术体系，完成 945 份苹果资源的荧光 SSR 分子标记鉴定评价，构建了 SSR 指纹图谱。自主设计苹果 SSR 引物 262 对。建立苹果分子身份证构建体系，国内首次建立分属于 27 个苹果种 500 份资源的分子身份证，实现了苹果种质资源本质差异的可视化。

本时期主要工作人员：曹玉芬、王昆、刘凤之、田路明、高源、董星光、王大江、龚欣、刘立军、张莹、齐丹、霍宏亮、徐家玉、赵继荣、刘超、孙思邈、谭兴伟、李连文、王立东、朴继成。

（王昆、田路明）

第四节　果树遗传育种

一、1958 年以前

（一）苹果育种研究

配置苹果品种杂交组合 173 个，从中选出优良株系 10 余个。引入苹果品种 100 余个，建立了杂种观察圃以及品种试栽区，对引进品种的植物学特性、生物学特性进行了系统的观察和研究。开展远缘杂交工作，共配置 10 个远缘杂交组合；初步开展了营养处理、光照处理、高接处理等促进杂种实生苗提前结果的试验研究；初步开展了射线（X 光）处理、秋水仙素处理等果树人工诱变试验研究。

（二）梨育种研究

针对西洋梨品种抗寒力弱，白梨、砂梨生长势弱、抗寒力差等问题，开展提高抗寒力的梨新品种选育研究，以'京白''巴梨''鸭梨''安梨''苹果梨'等品种为亲本配置杂交或实生组合 34 个。针对华北北部、辽西地区栽培的地方品种品质欠佳，缺乏早、中、晚熟期配套品种等问题，开展优质早熟梨品种选育研究，以'苹果梨''身不知''慈梨''南果''巴梨''香水''二十世纪'等品种为亲本配置杂交组合 59 个。

（三）核果类果树育种研究

开展桃、李、杏和樱桃的引种选种、杂交育种、实生驯化等研究，建立标本园圃地，对保存的品种进行物候期、植物学特性、生物学特性等方面调查。从国外引进桃品种 29 个，李、杏品种 31 个，樱桃品种 20 个；从国内引进桃、李、杏等优良品种共 316 个。配置桃杂交组合 40 个，包括远缘杂交组合 8 个，获得实生苗 145 株。

本时期主要工作人员：魏振东、蒲富慎、王宇霖、王玉森、杨晶辉、郭兆年、张洁、于成哲、周绛香、董玉华等。

二、1958—1969 年

（一）苹果育种研究

开展苹果新品种选育、区域评价、诱变育种、新种质创制、资源调查评价等研究，承担农业部重要科学技术项目"果树品种选育",在所内建立了品种比较试验园,在全国建立6个区域试验点和1个试栽点,筛选或培育出'国铃''早金冠''红宝''国帅'等苹果品种17个,确定了'金冠''国光''元帅'等9个品种可在黄河故道地区推广。

(二)梨育种研究

开展梨主要经济性状遗传理论研究,提出了熟期和果肉硬软趋亲遗传、果实大小趋小回归、果皮色泽呈隐性遗传等理论。开展早熟优质、晚熟耐贮、优质、脆肉多汁、风味浓厚具西洋梨芳香、抗寒新品种选育,以'秋白梨''南果梨''苹果梨''三季梨''鸭梨''库尔勒香梨''二十世纪'等品种为亲本配置杂交组合134个;从1949—1955年杂交的杂种实生苗中培育出'兴城1号(京福)''向阳红''柠檬黄''五九香'等西洋梨新品种(系)和'黄晶''桔蜜'等脆肉梨新品种(系);从1956—1957年杂交的杂种实生苗中培育出'早酥''锦丰'等梨新品种(系)。

(三)葡萄育种研究

1951—1965年配置杂交组合200余个,获得杂交单株6 000个,从中选出抗寒酿造品种'黑山''山玫瑰',酿造和鲜食兼用品种'墨露',鲜食品种'早甜玫瑰香'。

(四)核果类果树育种研究

1961年在砬子山定植33个核果类果树品种实生驯化苗239株(桃5个品种77株,杏10个品种63株,巴旦杏17个品种93株,李子1个品种6株)。在标本园保存'白雪''酥红''大久保'等桃品种56个162株,保存'黄杏''白杏''银白杏'等44个品种114株,'美国李''大李子''郁李'等28个品种73株。对桃、杏、李多个品种进行了物候期、植物学特性和生物学特性调查,选出杏优新品种'银白杏'。

(五)西甜瓜育种研究

果树所1959年成立瓜类育种室,系统开展西瓜、甜瓜、籽瓜研究。收集西瓜资源341份、甜瓜资源519份,筛选出优良地方品种140余个。对18个西瓜、甜瓜优良品种进行自交单株、单果选种,初选出'小花狸虎''三白''马铃瓜'3个西瓜良种和'王海''天水白脆''玻璃脆''青皮绿肉'4个甜瓜良种。采用秋水仙精溶液、秋水仙精+羊毛脂等处理种子和幼苗,筛选育出4倍体1号西瓜品种;又以4倍体1号与2倍体杂交,培育出三倍体无籽西瓜。

本时期主要工作人员:蒲富慎、王宇霖、徐汉英、贾敬贤、符兆臣、叶瑟琴、陈欣业、牛健哲、刘庆文、潘建裕、曾宪朴、黄礼森、李德奎、李兵、杨晶辉、吴德玲、刘裕严、费开伟、周淑清、代之初、王士刚、王占山、邹祖绅、王漱月、李子云、尹文山、魏大钊、杨树忱等。

三、1970—1978年

(一)苹果育种研究

陕西省果树研究所(1970—1977年)主要开展苹果常规杂交育种、新品种引进、芽变品系筛选评价、辐射诱变育种、新品种区试等研究工作,配置杂交组合42个,选出'早金冠''95''Ⅱ1015'等优良品系;从国内外引入苹果品种113个,繁殖苹果品种93个,筛选苹果芽变品系186个。通过诱变试验,初步筛选出6个优异单系。

农业部兴城干校(1971—1973年)主要开展苹果常规杂交育种、芽变品系筛选评价、新品种推广、辐射诱变育种、杂交苗预先选择等研究,配置杂交组合42个,复选出优良株系50余个。开展大规模芽变选种,对25个短枝型的优良芽变系进行收集鉴定;推广50余个优良品种或株系,覆盖我国

18 个省（市）56 个县。

中国农林科学院果树试验站（1973—1978 年）主要开展苹果常规杂交育种、芽变选种研究。苹果新品种选育主要以芽选、诱变、引繁（短枝型品种）为主，杂交育种为辅。配置了杂交组合 42 个，获得杂交苗 8 450 株，从 76-32 '金冠' × '惠' 组合中选出 '华红' '华艳' '华美' '华丽' 等 10 余个复选优系。

（二）梨育种研究

陕西省果树研究所（1970—1977 年）主要开展梨芽变选种、辐射诱变育种和杂交育种研究。从国内外引进榅桲品种 3 个、梨品种 38 个。从地方品种 '大头红' 中选出变异株系 '山底大头红'，通过 '砀山酥' 单枝芽变选出 '花皮酥'。配置杂交组合 22 个，育成新品种 '八月红'。

农业部兴城干校（1971—1973 年）组建了梨新品种选育推广组，开展梨新品种选育研究。配置杂交组合 3 个，育成早白、中熟优质鲜食加工兼用的 '早香 1 号' '早香 2 号' '锦香' 等梨新品种（系）。

中国农林科学院果树试验站（1973—1978 年）主要开展芽变和实生选种、辐射诱变育种、杂交育种研究。配置杂交组合 49 个，育成的 '早酥' '锦丰' '早香 1 号' '早香 2 号' 4 个梨新品种获得 1977 年辽宁省科学大会重大科学技术奖；'早酥' '锦丰' 获得 1978 年全国科学大会奖重大科学技术奖。

（三）葡萄育种研究

中国农林科学院果树试验站（1973—1978 年）配置杂交组合 110 个，获得杂交单株 1 069 株，复选保留 25 个杂交组合，杂种苗 614 株。

（四）西甜瓜育种研究

陕西省果树研究所（1970—1977 年）主要开展西甜瓜新品种选育、推广及栽培、育种技术研究。配置杂交组合 14 个，育成 '周至红' '琼酥' 两个优良西瓜新品种，先后获得 1981 年、1982 年中国农业科学院技术改进奖三等奖。成功获得药剂诱变四倍体新品种 '77-8'。

本时期主要工作人员：崔绍良、牛健哲、黄智敏、贾定贤、满书铎、黄善武、刘丽华、谭永丰、王贵臣、闫佐成、王凤珍、杜澍、黄礼森、姜敏、陈群英、王云莲、贾敬贤、于洪华、陈欣业、徐汉英、温爱理、王贵臣、方成泉、余文炎、魏大钊、仝月澳、聂蕙茹、李春英等。

四、1979—1990 年

（一）苹果育种研究

苹果杂交育种以培育红色早熟品种和耐藏、红色、矮生型、综合性状优良的晚熟品种为主要目标。配置杂交组合 95 个，复选 16 个优系，'香红' '秋锦' 分别于 1987 年、1988 年通过新品种鉴定，苹果新品种 '秋锦' 获得 1990 年农业部科技进步奖三等奖。开展了预先选择与短枝型有关的生物学特性、短枝型解剖结构和生理特性等方面的观察试验。在国内最早开展无融合生殖苹果属植物选育苹果砧木的研究，配置杂交组合 12 个，选育出 CX3、CX4 矮化砧木，"紧凑型梨和无融合生殖苹果矮化砧资源的鉴定及其遗传评价" 获得 1989 年农业部科技进步奖三等奖。

（二）梨育种研究

梨杂交育种以超越 '早酥' '锦丰' 为育种目标，重点开展晚熟耐贮抗病（黑星病）育种研究。配置杂交组合 123 个，育成中熟鲜食加工兼用梨新品种 '锦香'。梨砧木育种配置 '锦香' 梨实生和 '巴梨' × '香水梨' 2 个组合，复选 S1-S6、PDR54 等 7 个矮生株系为矮化砧木。通过对从 '锦香'

梨实生后代中选出的不同矮化程度的紧凑型单株和乔化对照观测，建立了早期鉴定矮化紧凑型梨的回归方程。通过对紧凑型优系杂交后代的株型和株高的遗传分析，证明株型遗传为质量性状，株高遗传为数量性状。

（三）葡萄育种研究

1979 年配置杂交组合 37 个，自然实生 3 个，1980 年播种获得实生苗 3 618 株。

（四）西甜瓜育种研究

配置杂交组合 23 个，选育出'石红一号''石红二号'2 个优新品种，1985 年通过石家庄地区科委鉴定，1988 年通过河北省审定。

（五）花药培养技术研究

苹果花药培养技术研究取得突破性进展，首次在'元帅'品种获得胚状体，并诱导成株；之后又获得'富士''红玉''赤阳'3 个苹果品种的花培植株。'琼酥'西瓜及 8 倍体草莓的花药培养获得成功；获得梨花药培养胚状体；获得葡萄生根植株。"草莓花药培养获得单倍体植株""元帅苹果花药培养诱导单倍体植株成功"分别获得 1981 年、1988 年农牧业科技成果技术改进奖三等奖；"苹果花药培养技术及 8 个主栽品种花粉植株培育成功"获得 1989 年国家科技进步奖三等奖。

本时期主要工作人员：牛健哲、满书铎、林盛华、闫佐成、方成泉、蒲富慎、丛佩华、薛光荣、程家胜、杨振英、丁爱萍、史永忠、费开伟、赵惠祥、李仰玲、陈欣业、徐汉英、温爱理、王云莲、王贵臣、米文广、曹玉芬、赵进春、董启凤、陈素芬、朱奇、杨晶辉、吴德玲、刘裕严、周淑清、代之初、王士刚、王占山、贾敬贤、陈长兰、龚欣、纪宝生、马力、牟哲生、高惠兰等。

五、1991—2000 年

（一）苹果育种研究

配置苹果品种杂交组合 31 个，获得杂种实生苗 4 000 余株，复选优系 10 个，完成复选优系（76-32-406）的区试和评价。选育的'华红'苹果品种 1998 年通过辽宁省审定。花药培养研究主要开展'富士''金冠''新红星'等 10 个苹果品种的花药接种，其中 7 个品种可重复诱导出胚状体，新增'短枝金冠''斯达克''艳红'3 个品种的花药再生植株，完成 13 个品种胚状体诱导，11 个品种胚状体分化出植株。苹果原生质体再生技术流程填补了国内空白，其技术体系达到国际先进水平，"苹果原生质体再生技术"获得 1994 年农业部科技进步奖三等奖。

（二）梨育种研究

以选育优质脆肉具芳香和多倍体等梨新品种为目标，配置杂交组合 27 个，决选优系 15 个，选育出早熟优质梨新品系'华酥''华金'和晚熟优质抗黑星病梨新品系 79-11-200，研究提出其配套栽培技术。'华酥'于 1999 年通过辽宁省品种审定，并获"99 中国国际农业博览会"名牌产品。探索分子生物学技术在梨育种上应用，采用 6 对引物组合对秋子梨、白梨、砂梨'等 10 个种（4 个栽培种、6 个野生种）的遗传多样性、亲缘关系进行了研究。通过矮化效果和生根特性鉴定，将 S2、S5、PDR54 决选为梨矮化砧木新品系。提出 S2、S5 中间砧的致矮机理是其皮部较接穗和基砧皮部具有明显较高的生长素氧化酶活性，PDR54 中间砧的致矮机理主要是皮部外围具有较厚且连接紧密的木栓层。1999 年，S2 通过辽宁省审定并命名为'中矮 1 号'。对紧凑型梨种质进行遗传分析，证明紧凑型性状的遗传为主基因控制的质量性状遗传，推测其受 2 对隐性主基因控制，遗传评价证明表型为普通型的'南果''古高''甜秋子''京白梨''巴梨''三季梨''康弗伦斯''五九香'等梨品种携带紧凑型隐性基因，可作为紧凑型梨种育种的亲本。

（三）西甜瓜育种研究

1991—1995 年，与山东省德州市农业科学研究所合作开展西瓜抗病丰产优质新品种选育研究，选育高产、优质、耐运、抗病、中早熟容易坐果的品种。通过亲本自交提纯、选择、组合选配、杂交、系选、单选、品种比较、生产试验，选育出'95-3（兴德1号）'新品种，1997年获得德州市科技进步奖一等奖。

（四）花药培养技术研究

花药培养研究主要开展'富士''金冠''新红星'等10个苹果品种的花药接种，其中7个品种可重复诱导出胚状体，新增'短枝金冠''斯达克''艳红'3个品种的花药再生植株，完成13个品种胚状体诱导，11个品种胚状体分化出植株。苹果原生质体再生技术流程填补了国内空白，其技术体系达到国际先进水平，"苹果原生质体再生技术"获得1994年农业部科技进步奖三等奖。以'锦丰'梨花药为试材开展花药培养研究，"梨品种锦丰花药培养首次获得矮化花粉植株"获得1996年农业部科技进步奖三等奖。

本时期主要工作人员：牛健哲、满书铎、丛佩华、闫佐成、秦贺兰、薛光荣、程家胜、杨振英、苏佳明、丁爱萍、史永忠、曹玉芬、王洪范、潘建裕、方成泉、王云莲、赵进春、蒲富慎、董启凤、陈素芬、朱奇、林盛华、段小娜、贾敬贤、陈长兰、龚欣、纪宝生、马力、姜淑苓、牟哲生等。

六、2001—2010 年

（一）苹果育种研究

配置苹果品种杂交组合108个，复选出'华苹一号''华脆'等优系20余个，苹果新品种'华金''华兴''华月''华脆'等通过辽宁省品种登记。花药培养技术获得国家发明专利。利用花药培养株系配置杂交组合17个，初选出6个花药培养植株杂交优系，'华富'通过辽宁省品种登记，成为世界上首个利用花药培养技术选育的苹果品种。用染色体数观察、流式细胞仪分析表明，苹果花培植株存在混倍现象（1×、2×、3×、4×）。通过 AS-PCR 标记鉴定部分花培植株为单倍体起源。初步开展分子生物学研究，获得2个 MYB 转录因子、1个 SPL 转录因子全长。分别构建植物表达载体，完成基因功能验证。获得斑点落叶病感病性状紧密连锁分子标记1个。

（二）梨育种研究

配置梨品种杂交和实生组合90个，配置梨矮化砧木杂交组合38个。复选梨品种优系19个，筛选出中熟、优质、抗黑星病多倍体新种质1份，果实大、优质、早熟、抗黑星病新种质1份，果实红色、植株矮化、早熟优质新种质1份。梨品种'华酥'通过全国农作物品种审定，梨品种'华幸''早金香'、梨矮化砧木'中矮2号'通过辽宁省备案；'华酥''华金''锦香'和'中矮1号'获植物新品种权。将 AFLP 技术用于梨品种鉴定。"主要农作物241份优异种质的鉴定、筛选、创新及利用"被评为2001年"九五"国家重点科技攻关计划重大科技成果，其中，矮化砧木新品种'中矮1号'被评为农作物优异种质壹级。"矮砧南果梨密植早果早丰技术研究"获得2004年辽宁省农业科学技术工作重大贡献奖一等奖。"梨矮化砧木选育及配套栽培技术示范推广"获得2008年中国农业科学院科学技术成果奖一等奖、2009年中华农业科技奖三等奖。

（三）葡萄育种研究

选配葡萄品种杂交组合20多个，获得杂交实生苗10 000多株。

（四）核果类果树育种研究

采用常规育种方法选育出李、杏优系26个。

（五）果树盆栽技术研究

筛选出叶、花、果美观，果实品质优良，易于造型的盆栽果树品种 13 个。提出果树盆栽根系修剪的最佳时期、修剪量，将露地果树栽培技术、设施果树栽培技术、盆栽果树特有技术和盆景造型技术进行转化、调整和组装集成，提出盆栽梨树生产技术体系、苹果盆栽促花保果的配套技术体系、苹果盆栽周年供应关键技术体系。"果树盆栽技术研究与产业化示范"获得 2010 年中国农业科学院科学技术成果奖二等奖。

本时期主要工作人员：丛佩华、程存刚、薛光荣、李建国、杨振英、王强、康国栋、苏佳明、张利义、李敏、杨玲、田义、张彩霞、李武兴、张士才、康立群、方成泉、林盛华、姜淑苓、马力、李连文、王斐、欧春青、王志刚、刘凤之、王宝亮、王海波、魏长存、张静茹、陆致成等。

七、2011—2020 年

（一）苹果育种研究

配置苹果品种杂交组合 47 个，决选优系 2 个，'华苹'通过辽宁省审定。'华红''华月''华富''华苹''华脆''华庆''华蜜''华妃''华红 2 号'等 9 个苹果品种通过农业农村部品种登记。创制 11 个种质创新群体，筛选优异种质 3 份，'苹优 1 号'获得植物新品种权。苹果枝条表皮总蛋白提取技术获得国家发明专利。克隆苹果重要性状功能基因 33 个。获得苹果早花基因 $MdFT$1 的转基因苹果抗性小苗，为缩短育种周期奠定了基础。构建了绿色苹果品种 MdRTE15 等位基因的表达载体，获得 RTE15-L 的转基因苹果植株 1 个。基于'寒富'苹果花培纯系（HFTH1），利用三代测序技术进行了全基因组测序，组装完成高质量苹果基因组，揭示了反转座子控制红苹果着色的分子机制，研究成果在 *Nature Communications* 发表。开展了红苹果着色机制及分子标记开发研究，苹果果锈形成机制研究以及苹果基因编辑相关的 U6 启动子的克隆及功能分析研究。解析了苹果 MdFD 基因通过选择性剪接调控开花的分子机制，为通过基因工程缩短苹果育种周期提供了重要的早花基因。

（二）梨育种研究

配置梨品种杂交组合 71 个，配置梨砧木杂交组合 35 个，配置属间远缘杂交组合 17 个，筛选梨品种优系 40 个，梨砧木优系 32 个。育成的梨品种'中矮红梨''中加 1 号'以及梨矮化砧木'中矮3 号''中矮 4 号'和'中矮 5 号'通过辽宁省备案；梨品种'早金香'通过北京市审定；'早酥''锦丰''五九香''锦香''矮香''华金''华蜜''华幸''华艳''晚脆香''中矮红梨''华酥''早金香''中加 1 号''锦矮 1 号''锦酥脆''华秋'等 17 个梨品种和'中矮1 号''中矮 2 号''中矮 3 号''中矮 4 号''中矮 5 号'5 个梨矮化砧木通过农业农村部品种登记，'早金香''中矮红梨''中加 1 号'和'中矮 2 号'等 4 个品种获植物新品种权。经过测序组装，获得'中矮 1 号'高质量参考基因组，研究结果在 *Scientific Data* 发表。与沈阳农业大学和新疆农业科学院园艺作物研究所合作，鉴定出与'早酥'梨红色芽变红色性状相关的关键变异位点与基因，研究结果在 *Horticulture Research* 发表。

（三）葡萄育种研究

在抗寒葡萄、设施葡萄育种方面取得重要进展，育成'华葡 1 号''华葡黑峰''华葡玫瑰''华葡紫峰''华葡翠玉'葡萄新品种 5 个，获得'华葡黑玉无核''华葡红玉''华葡瑰香'等鲜食葡萄优系 30 多个。

（四）核果类果树育种研究

在抗寒桃、特色桃育种方面取得重要进展，育成'中农寒桃 1 号''中农寒桃 2 号''中农寒桃

3 号''中农早珍珠''中农晚珍珠'桃新品种 5 个，获得'中农晚蜜''中农冬蜜''中农秋香'等桃优系 40 多个，以及'中桃砧 1 号''中桃砧 2 号''中桃砧 3 号'桃矮化砧木优系 3 个。配制李、杏杂交组合 42 个，决选优系 2 个，审定观赏与鲜食兼用李新品种'一品丹枫'。

本时期主要工作人员：丛佩华、杨振英、王强、康国栋、张利义、李敏、杨玲、田义、张彩霞、韩晓蕾、李武兴、张士才、康立群、王英、佟兆国、刘肖烽、姜淑苓、马力、李连文、王斐、欧春青、陈秋菊、王德元、张艳杰、方明、刘凤之、王海波、王孝娣、王宝亮、史祥宾、王莹莹、王小龙、张艺灿、李鹏、魏长存、冀晓昊、王志强、张静茹、陆致成、孙海龙、鲁晓峰、徐树广等。

（张彩霞、欧春青）

第五节　果树栽培生理

一、1958 年以前

主要开展山地果园土壤管理方面的研究工作，承担项目 1 项，揭示了山地果园产量低、树体生长不良的原因，创新了半休闲绿肥种植技术模式。1958 年之前重点开展山地果园土壤管理试验研究，承担项目 1 项，揭示了山地果园土壤贫瘠保水不良是造成果树产量低和生长不良的主要原因。同时创新了半休闲绿肥种植技术，在气候干旱时期休闲，不影响果树的水分供应，雨季采用绿肥覆盖坡面保持了土壤免遭冲刷，同时利用多余水分，增加了土壤有机质。

本时期主要工作人员：沈隽、魏振东、周学明、高德良、郭佩芬、陈明珠、聂蕙茹等。

二、1958—1969 年

（一）果树砧木筛选及苗木繁育

重点开展适于山地果园砧木筛选及矮化砧木繁育技术研究，承担了果树砧木及育苗研究、果树砧木的研究、苹果矮化、半矮化砧木研究项目 3 项，在苹果矮化砧木区域适应性、无性繁育及砧穗组合评价等方面取得重要研究进展，明确了矮化砧木区域适应性，获得适于山地栽培苹果和梨的砧木类型，提出矮化砧木加速繁殖技术，建立了矮化、半矮化栽培试验园，摸索出矮化苹果幼树管理技术。

（二）幼树抚育及整形修剪技术研究

重点开展苹果和梨整形修剪技术的生物学基础和整形修剪技术研究，承担了苹果幼树抚育管理技术调查研究、苹果结果树修剪试验、苹果整形修剪研究、梨树整枝修剪试验、梨树高接换种试验项目 5 项，提出苹果幼树提早结果的方法，摸索出梨树不同品种和不同年龄时期具体的整形修剪技术，制定了黄河故道地区各个品种适宜的整形修剪方案，提出梨树品种更新适宜的高接方法以及高接换种技术指导纲要。

（三）花果管理与连年丰产技术研究

重点开展苹果和梨花芽分化和连年丰产技术研究，承担了苹果花芽分化研究、元帅苹果提高坐果率调查研究、山地大面积苹果连年丰产与修剪技术经验调查研究、苹果综合丰产技术研究、梨树综合性栽培技术与大小年的关系、苹果大小年树体反应及其形成原因的研究、梨树增产技术调查研究、辽西梨树丰产技术的调查研究项目 8 项，在花芽分化时期确定、提高坐果率和连年丰产技术方面取得了重要研究进展，确定了花芽形态分化时期，提高元帅苹果坐果率的技术措施，明确了大小年及连年丰产树在生长结实方面的不同反应，提出苹果和梨连年丰产的综合技术。

（四）冻害调查研究

重点开展苹果冻害研究，承担了苹果冻害研究报告项目 1 项，在苹果品种不同冻害发生规律方面取得重要研究进展，明确了不同品种、不同部位、不同器官的抗冻能力，解析了淀粉含量与细胞电解质外渗量及品种冻害程度之间的关系。

（五）矿质营养吸收与土肥管理技术研究

重点开展苹果年周期中养分运转规律研究，承担"应用同位素示踪探索果树年周期中主要矿质营养物质吸收分配和运转规律"和"辽西坡地、山地苹果园氮、磷、钾肥料肥效试验"等项目，在果树养分分配和土壤施肥管理方面取得重要研究进展，指出果树的养分分配中心和生长中心转移次数，明确了深耕、果粮间作、胡敏酸和氮肥施用对果园土壤、树体发育和产量、品质的影响。

本时期主要工作人员：张子明、翁心桐、魏振东、王诚义、王海江、董绍珍、何荣汾、杨克贤、李世奎、陈明珠、董启凤、周学明、高德良、郭佩芬、周厚基、全月澳、杨秀媛、李士惠、宋世杰、冯思坤、刁凤贵、杨树忱、葛元瑞、黄海、姜敏、劳美珍、褚天铎、程家胜、朱向明、孟秀美、魏同、张炳祥、苏玉成、汪景彦、单文贤、郑建楠、陈群英、郑瑞亭、刘以仁、顾永忠、杨万镒、孙昭荣、聂蕙茹、邓文兰、李雅琴、林衍、唐梁楠、杨树忱、张加宾、陈世发、李培华、余文炎、余旦华、胡寿增、许维纯、牟哲生、王素媛等。

三、1970—1978 年

（一）矮砧与短枝型品种密植栽培技术研究

重点开展苹果矮化密植与短枝型苹果栽培技术，承担"苹果矮化密植栽培技术研究"和"短枝型苹果栽培技术研究"等项目，明确了不同密度、不同树形对矮化中间砧、短枝型苹果密植园苹果树生长的影响，总结出适宜密植园的整形修剪技术和培肥技术。

（二）幼树早期丰产栽培技术研究

重点开展梨乔砧密植幼树早期丰产和葡萄早期丰产栽培技术研究，承担"梨树丰产栽培技术调查研究""梨幼树三年结果，四、五年丰产关键技术研究""梨乔砧密植早期丰产技术研究"和"龙眼葡萄早期丰产技术研究"等项目。提出梨树早结果、早丰产的主要栽培技术措施，总结出梨树丰产稳产指标及配套的施肥和促花技术。创新了水平大棚架和"T"形葡萄架式、一穴多株和一株独蔓的栽培模式，实现了 1 年扦插、壮苗，2 年放条，3 年丰产的目标。

（三）低产园改造与品质调控研究

陕西省果树研究所（1970—1977 年）重点开展果树低产原因调查，承担"秦岭北麓国光苹果低产原因调查"项目，开展气候土壤条件和管理技术调查分析，探明了秦岭北麓主要苹果产区国光苹果低产的原因。

中国农林科学院果树试验站（1973—1978 年）重点开展果树促花技术研究，在果树对树体花芽分化、果实品质影响方面取得重要进展，揭示了果树扒皮促使花芽形成和提升品质的原因，提出了果树扒皮的适宜时间。"果树大扒皮试验"获得 1978 年辽宁省科学大会奖。

（四）果树施肥制度和施用技术研究

重点开展大量元素和中微量元素施肥试验研究，承担"果树施肥制度研究""果树化肥施用技术研究"等项目，明确了秦岭北麓苹果园微量元素营养状况及施用微量元素效果，提出了复合肥施用技术和肥料氮磷钾比例。研发了辽西苹果、梨复合肥料与氮磷钾肥料施用技术。

本时期主要工作人员：张炳祥、汪景彦、周厚基、李发祥、于洪华、汪大同、王海江、郎士凤、毕可生、徐桂兰、李世奎、学士钊、魏振东、邓熙时、周学明、郭佩芬、林庆阳、修德仁、贾敬贤、于洪华、张力、于润清、叶金伟、李子臣、贾素琴、陈群英、吴德玲、张国良、许桂兰、冯思坤、刁凤贵、杨树忱、聂蕙茹、王玉红、朱佳满、梁国富、张文仲、张文恩、祁国选、张德学、朱秋英等。

四、1979—1990 年

（一）果园生态区划研究

重点开展苹果和梨适宜生态区划研究，承担"苹果基地主要气象因子与苹果年周期的生态反应研究""苹果生长发育与气象条件的关系及其规律性的研究""我国梨种植区划研究""我国苹果种植区划研究"等项目，界定了苹果生物学零度指标以日平均温度≤8℃为宜，明确了苹果和梨不同种经济栽培区的农业气候指标值，结合各地苹果和梨的经济性状和经济效益，划分了3个全国苹果栽培适宜区和3个梨栽培适宜区，为苹果和梨产业发展规划提供了重要依据。

（二）矮化砧木选择利用与光合生理生态研究

重点开展矮化中间砧及砧穗组合对树体发育和丰产性能影响、苹果和梨不同品种的光合生理生态特征研究，承担"苹果抗寒矮砧及组合选择利用研究""苹果树光能利用的研究"等项目，鉴定了矮化中间砧及不同组合的抗寒能力，明确了矮化中间砧对品种生长发育和早果丰产性能的影响，筛选出了适应性强、早果丰产的优良矮化砧木及砧穗组合。比较了苹果和梨不同品种、不同部位叶片的光合效率，明确了苹果和梨不同品种的光合生理生态特征。

（三）整形修剪与丰产栽培技术研究

重点开展苹果、葡萄等果树的整形修剪和丰产栽培技术研究，承担"新红星苹果技术开发研究""龙眼葡萄早期丰产技术研究"等项目，明确了不同树形对光照、温度、湿度及果实产量品质的影响，筛选出苹果的适宜树形，建立了基于无病毒苗木、树盘覆草盖膜、喷施抗旱剂的旱地果树丰产栽培技术体系。研发了葡萄"T"形架、一穴多株、增设临时株、先单蔓后多蔓等整形修剪技术以及庭院葡萄及其配套技术，创新了葡萄和草莓立体栽培模式。

（四）花芽分化与疏花疏果技术研究

重点开展苹果等果树的花芽分化机理和化学疏花疏果研究，承担"国光苹果化学疏花疏果的研究""苹果花芽分化的激素控制机理研究"等项目，明确了生长调节剂对苹果花芽分化和产量的影响，筛选出化学疏花疏果效果最佳的药剂种类、浓度和施用时间。

（五）果园土肥水高效利用研究

重点开展苹果等果树的杂草防治、节水保墒、营养诊断等研究，承担"果树营养诊断技术及其在施肥上应用研究""苹果小叶病防治技术""苹果树硼素营养诊断指标及缺硼的矫治技术"等项目，制定出国光苹果树锌营养的诊断指标，提出了简单易行的锌肥与尿素混喷防治小叶病技术；明确了不同果树树种、品种和树体营养的取样部位、分析测定技术及营养诊断指标；研发出强力注射铁肥对果树缺铁失绿的矫治技术。"苹果树硼素营养诊断指标及缺硼的矫治技术"获得1983年农牧渔业部技术改进奖二等奖。

1979—1990年主要工作人员：张炳祥、汪景彦、王海江、郎士凤、于洪华、刘凤之、林庆杨、张力、周厚基、李世奎、仝月澳、祁国选、党振元、孟秀美、汪大同、朱佳满、周远明、段修廷、修德仁、周荣光、朱秋英、许桂兰、史光瑚、陈以同、叶金伟、丁小平、张贵岩、张开春、王玉珍、周学明、马焕普、王凤珍、孙希生、周学明、劳美珍、程家胜、杨万镒、李培华、张志云、于德江、王恒志、冯随林、杜兰朝、杨树忱、张桂芬、于德江、杨儒琳、孙秀萍、孙楚、陈丽、于振忠、王成林、毕可生、王伟东、林珂、张少瑜、魏长存、刘万春、沈庆法、高玉梅、陈群英、王素媛、梁国富、张文仲、张文恩、何锦兴。

五、1991—2000 年

（一）新老果园建设技术研究

重点开展提高果实着色和优质丰产技术研究，承担"新老果园建设技术研究与开发"项目，研发了应用普洛马林和高桩素等生长调节剂改善果形指数、果实套袋、铺反光膜和采前喷增红剂的配套优质丰产栽培技术，使'富士'和'新红星'的高档果率达 60% 以上，增产 68%，亩收入增加 3 983.2 元。苹果幼树示范园 3～4 年结果株率为 35%。

（二）幼树丰产优质技术研究

重点开展幼树丰产优质三级配套技术研究，承担"200 万亩苹果幼树丰产优质三级配套技术开发"项目，研发出果实高桩剂，使'新红星'标准高桩果率达 50% 以上，并增加了果实色泽和单果重，筛选出促进着色且提高果实糖度和果肉硬度的苹果增红剂 1 号，制订出《红富士苹果品种标准》。

（三）受精着果机理及技术研究

重点开展果胶酶的变化与坐果的关系研究，承担"苹果受精着果机理及技术研究"项目，明确了果胶酶的变化与坐果的关系，研发出显著提高坐果率的 GA+B+N 的混剂处理，使坐果率提高 20% 以上。

本时期主要工作人员：汪景彦、刘凤之、程存刚、于洪华、朱佳满、梁国富、孔祥生、魏长存、马焕普、周学明、王凤珍、李武兴、冯明祥、王伟东、闫佐成、张少瑜、刘万春、何锦兴、许桂兰、朱秋英等。

六、2001—2010 年

（一）果园轻简化栽培模式及配套技术研究

重点开展果树树形改造技术及栽培模式研究与示范，承担"苹果砧穗组合筛选及果园树形改造技术及栽培模式研究""优势产区优质葡萄发展方案及现代栽培与技术研究""苹果和梨无公害综合生产技术集成与示范"等项目，获得了苹果和梨树体结构参数，研发了基于落头提干、疏除大枝、开张角度的控冠改形技术，创新了苹果矮化密植栽培模式，建立了葡萄高光效简化树体模型，构建了葡萄质量优先模式下的树体综合管理技术体系。

（二）果园土肥水高效利用研究

重点开展果园覆盖、自然生草、配方施肥等研究工作，承担"优势产区优质葡萄发展方案及现代栽培与技术研究""苹果优质高效生产关键技术集成与产业化示范""绥中优质高效苹果和梨生产技术集成与示范"等项目，研发出苹果园自然生草、果园覆草为核心的土壤管理技术，基于叶分析的配方施肥技术，'丰水'和'黄金梨'果园生草和缺铁黄化矫治技术，葡萄节水灌溉、行间生草和高效施肥关键技术。

（三）花果管理与品质调控研究

重点开展果实套袋、新梢摘心、适宜负载量确定等果树花果管理与品质调控关键技术研究，承担"优势产区优质葡萄发展方案及现代栽培与技术研究""苹果和梨无公害综合生产技术集成与示范""苹果新品种(系)选育及高效管理关键技术研究"等项目,提出了苹果早疏花序、壁蜂授粉、果实套袋、铺反光膜等一系列花果精细管理技术,研发出以果实套袋、新梢摘心、适宜负载量等为核心的葡萄果实品质提升技术,制定出'八月红''红香酥''黄金梨'无公害优质生产技术规程。

(四)果树设施栽培研究

重点开展品种选择、高光效树形和叶幕形、产期调节、连年丰产等葡萄设施栽培关键技术研究,承担"资源高效利用型设施葡萄安全生产关键技术研究与示范"等项目,筛选出设施葡萄适用品种,研发出设施葡萄的高光效树形和叶幕形,建立了以供应元旦、春节市场为目标的葡萄产期调节技术体系和葡萄连年丰产技术体系。

(五)自然灾害防御

重点开展果树抗旱性等研究工作,承担"果树抗旱品种筛选及抗旱机理研究"等项目,明确了不同苹果和梨品种的抗旱生理机制,筛选出'国光''金冠''澳洲青苹''弘前富士'等抗旱性较强的苹果品种和'八月红''安梨'和'华酥'等抗旱性较强的梨品种,提出了旱情分析、防旱抗旱栽培技术。

本时期主要工作人员:刘凤之、程存刚、王海波、王宝亮、魏长存、王孝娣、徐锴、康国栋、李敏、厉恩茂、李壮、张红军、赵德英、张少瑜、刘万春、何锦兴、张彦昌等。

七、2011—2020 年

(一)果园轻简化栽培模式及配套技术研究

重点开展苹果、梨、葡萄和桃等果树轻简化栽培模式及配套关键技术研究,承担浆果类果树架形与简化修剪技术研究与示范、国家现代农业(苹果、葡萄)产业技术体系、中国农业科学院科技创新工程等项目,在砧木组培快繁、高光效省力化树形和叶幕形、轻简化修剪等方面取得了重要研究进展,建立了苹果和桃等果树砧木的组培快繁技术体系,研发出露地鲜食葡萄斜干水平龙干形配合水平/V形叶幕、桃改良式高干Y形等国内领先的高光效省力化树形叶幕形和模式化修剪、化学修剪等配套简化修剪技术,以及仿形式剪梢机等国内领先的配套修剪机械,研发出剪锯口愈合剂、发枝素等配套产品。

(二)果园土肥水高效利用研究

重点开展苹果、梨、葡萄、桃、蓝莓等果树土肥水高效利用关键技术研究,承担苹果、梨、桃、葡萄化肥农药减施增效基础及关键技术研发、国家现代农业(葡萄)产业技术体系、中国农业科学院科技创新工程等项目,在果园土壤改良、果树养分需求规律、专用配方肥研发和节水灌溉等方面取得重要研究进展,明确了苹果、梨、葡萄和桃等果树的养分需求规律,提出适于果树的"5416"营养与施肥研究方案,研发出果园行内生草技术、果树同步全营养配方肥、含氨基酸水溶性肥料、果树无土栽培技术,筛选出解纤维素、解磷、耐盐等有益菌株,研发出果园碎草机、有机肥施肥机、化肥施肥机、有机无机肥施肥一体机等果园土肥水管理配套机械。

(三)果实花果管理与品质调控研究

重点开展苹果、梨、葡萄、桃、蓝莓等果树的品质发育规律及花果管理关键技术研究,承担"浆果类果树优质高效生产关键技术研究与示范"等项目,在果实品质发育规律和调控技术等方面取得重要进展,首次获得蓝莓果实最完整的转录组信息并挖掘出调控花青素合成的主效基因,克隆出苹果中叶绿素合成相关基因全长及启动子序列,研发出专用果袋、含氨基酸硒富硒叶面肥等果实品质调控产品,完善提出了富硒果品生产和以整形修剪、花穗整形、光质调控、叶面肥喷施、激素调控、果实套袋等为核心的果实品质提升技术。

（四）果树设施栽培研究

重点开展葡萄等果树的设施栽培原理与技术研究，承担"鲜食葡萄新品种及设施化生产技术引进与创新应用"等项目，首次建立设施葡萄适宜品种与砧木的评价体系，研发出倾斜龙干树形配合 V 形叶幕等高光效省力化树形和叶幕形与主副梢简化修剪等模式化整形修剪关键技术；研发出 4R 养分管理、同步全营养配方肥、3R 水分管理、智能灌溉等肥水高效利用关键技术 / 产品和留穗尖花序整形、果实套袋、富硒果品生产、植物生长调节剂合理使用等花果管理关键技术 / 产品；研发出休眠调控、果实成熟期调控和叶片抗衰老等果实产期调控关键技术 / 产品，实现了鲜果周年供应；研发出品种选择和更新修剪等连年丰产关键技术 / 产品；制定出涵盖促早栽培、延迟栽培和避雨栽培等不同栽培类型的设施葡萄栽培技术规程，构建出设施葡萄优质高效生产技术体系并形成行业标准。

（五）果园生态区划与自然灾害防御研究

重点开展果园生态区划、自然灾害防御等研究工作，承担国家葡萄产业技术体系东北区栽培岗位等项目，收集整理了 125 县的苹果物候期数据，结合全国 400 余个气象站的资料，明确了苹果最适宜区、适宜区、次适宜区和可适宜生态指标，绘制了全生育期日数、日照时数、极端低温等 33 副数字图集；研发出葡萄机械化越冬防寒技术及配套的葡萄埋藤机和葡萄防寒土清除机等越冬防寒管理机械、保温被等保温材料覆盖的葡萄简易越冬防寒技术。

（六）"流动果园"生产技术研究

在果树盆栽技术研究的基础上，结合中国农业科学院基本科研业务费院级统筹任务，在新疆昌吉试验基地建立试验示范园，开展"流动果园"生产技术研究，筛选出了适宜在当地进行流动栽培的苹果、梨新品种；通过对不同营养土配方下果树生长结果状态的研究，获得了适宜流动栽培的苹果、梨营养土配方；通过栽培修剪和越冬防寒等一系列措施，提出了适宜流动栽培的苹果、梨树形的配套栽培技术。

本时期主要工作人员：刘凤之、程存刚、王海波、李壮、赵德英、王孝娣、史祥宾、王莹莹、王宝亮、王小龙、张艺灿、李鹏、魏长存、冀晓昊、王志强、郑晓翠、张红军、宋杨、刘红弟、马庆华、李敏、厉恩茂、陈艳辉、周江涛、安秀红、李燕青、杨晓竹、徐锴、袁继存、闫帅、张少瑜、姜淑苓、马力、王斐、欧春青、王德元、张艳杰、方明、刘畅、杨兴旺、何锦兴、刘万春、王春海、王德忠、刘培培、刘尚涛、侯桂学、赵兴伟、姜秋等。

（王海波、赵德英）

第六节　果树植物保护

一、1958 年以前

（一）粮食作物害虫研究

高粱长蝽蟓是东北粮食作物的主要害虫之一，在辽西南、吉林松江、热河等地发生严重。1950—1954 年，对高粱长蝽蟓的个体发育历期、食性、消长规律、药效测定等方面开展了广泛、深入研究，使该虫得到有效防治。

（二）蔬菜病虫害研究

承担"萝卜蝇的防治研究"项目，在齐齐哈尔、哈尔滨、长春、沈阳、鞍山等地开展了萝卜蝇生物学特性、种群消长规律、防治方法等方面的研究。在锦州开展夏季蔬菜的黄瓜霜霉病、甘蓝夜蛾、菜粉蝶等病虫调查和试点防治。在黑龙江省哈尔滨市调查秋桑害虫，并开展地蛆试点防治工作，明确了蔬菜生产中的病虫种类和为害情况，为当地蔬菜病虫害研究积累了基本资料。开展"白菜毒病研究"，发现了育苗栽培对白菜生长发育的影响及发病规律，明确了育苗栽培可降低发病率、提高产量；研究了直播栽培对白菜生长发育及抗病性的影响，明确了防治该病的关键时期；通过品种抗病性比较，筛选出抗病品种 1 个。

（三）果树病虫研究

1951 年开始，开展梨树害虫研究，通过对梨象鼻虫、梨圆虫介、梨小食心虫等主要害虫生活史及习性研究，明确了几种害虫的发生规律，形成了主要防治技术，在梨产区推广应用并发挥显著作用。开展了有机氯农药 DDT 对天敌——瓢虫的杀伤作用和常用农药对梨树的药害反应研究，为农药在梨园正确使用提供技术支持。国内最早开展梨食心虫类害虫研究，明确了辽宁省西部地区梨小食心虫在桃、李、杏等不同寄主植物上的发生时期，针对不同寄主植物，形成相应的防治措施。1957—1958 年，开展了苹果树幼树害虫的相关调查及防治试验。开展了"苹果锈果病发生规律及防治研究"，证明了梨树是苹果锈果病的带毒寄主，建议避免苹果与梨混栽。发现苹果不同品种对苹果锈果病毒抗性不同，根据抗病性差异大致可分为高度耐病品种、耐病品种、轻度感病品种、中度感病品种、高度感病品种5 种类型。1957 年出版专著《苹果锈果病》。

本时期主要工作人员：郑瑞亭、张慈仁、邢祖芳、李亚杰、舒宗泉、姜元振、张树丰、邱同铎、刘福昌、王焕玉、田勇、陈策、齐永安等。

二、1958—1969 年

（一）果树病害研究

1958 年，在黄河故道地区开展葡萄病害调查及五氯酚钠防治葡萄休眠期病害研究，研究明确了不同栽培方式、空气湿度与葡萄白腐病发生关系，进行了田间病害防治试验。开展苹果树腐烂病研究，明确了苹果树腐烂病菌侵染的环境条件和温湿度要求，证实了病菌有潜伏侵染特性，阐明了植株抗病机制和提高抗病力的途径，掌握了苹果树腐烂病发生流行动态和病菌侵染时期，提出防止病害扩大蔓延的有效措施，筛选出五氯酚蒽油胶泥药剂并进行示范推广。开展了苹果树品种抗病性差异与抗病性鉴定方法研究。1959—1964 年，重点开展"苹果、梨、葡萄炭疽病防治研究"，通过对 41 种土农药及 40 种抗生菌液的测定，初步肯定了土农药中升药底、黄芩及抗生菌液中 1031、316、89、182 等对苹果、梨、葡萄炭疽病有很好的效果，其中升药底的防效胜过波尔多液及代森锌等进口农药。1965—1966 年，重点开展"苹果银叶病发生规律和防治"研究，明确了病原菌为担子菌，病菌从锯口等伤口侵入，土壤黏重、积水果园易发病，提出刨土晾根、根施药剂等防治方法并进行推广。

（二）果树害虫研究

重点开展苹果树、梨树害虫调查及防治研究。1958 年，在辽西地区开展梨树主要害虫防治研究、苹果红蜘蛛发生规律和防治研究（后改为"苹果主要害虫大面积防治经验总结"），针对桃小食心虫、苹小食心虫、红蜘蛛、卷叶虫等开展虫情调查及多措施防治。1959 年，在辽西地区开展"防治梨树桃小食心虫及探索山楂叶螨、梨木虱猖獗发生原因的研究"，研究了桃小食心虫分布与喷布波尔多液的关系；在山东半岛调查了梨树害虫的发生情况；在黄河故道苹果产区对顶梢卷叶蛾发生规律、主要生活习性和防治方法进行了研究，明确了发生代型、各虫态分布，提出了剪虫梢和药剂防治相结合的有效防治方法。1960—1964 年，开展"梨大食心虫发生规律及防治研究""桃小食心虫防治研究"，明确了梨大食心虫在我国多地（吉林、河北昌黎、辽宁兴城和河南梨区）的发生代数、发生时期和生活习性，探索出防治出蛰幼虫的关键时期（幼虫转芽期），提出了药剂（对硫磷）防治的新方法。首次研究了桃小食心虫成虫交配及产卵习性，设计了以地面防治为主，加强前期防治，适当照顾后期树上喷药保护果实的系统防治措施。1960—1962 年，开展"苹果主要害虫化学防治试验"首次提倡农药的减量化应用。1960 年，与汕头果树所合作开展"柑橘红蜘蛛防治研究"，主要研究生态环境与柑橘红蜘蛛消长的关系，农药室内生物测定和田间防治试验。1961 年，开展"铜绿金龟子发生规律研究"，明确了在郑州地区铜绿金龟子虫蛹和成虫发生期及生活习性。1962 年，开展"苹小卷叶蛾、苹褐卷叶蛾生活史、习性研究"，调查记录两种害虫的生活史和习性。1962—1963 年，与山西、陕西两省的果树科学研究所协作开展"温带落叶果树害虫调查"。1963—1964 年，开展"苹小食心虫发生规律及测报方法研究"，为掌握梨树苹小食心虫种群变化规律及测报方法和防治适期提供了科学依据。

（三）果树病毒研究

重点开展柑橘黄龙病研究，承担"闽、粤两省柑橘黄龙病发生规律和防治技术研究"项目的部分研究内容（1959—1961 年）。开展了闽、粤两省柑橘黄龙病发生状况、发病规律调查及防治技术研究，明确了柑橘黄龙病是由病毒引起的病害、柑橘园中发病植株相对集中、采用热处理方法可以获得无黄龙病的苗木。

本时期主要工作人员：李知行、邢祖芳、刘福昌、陈策、史秀琴、郭进贵、张学伟、王焕玉、田勇、翁心桐、王绍玲、李美娜、王金友、郑瑞亭、张树丰、张领耘、姜元振、黄良炉、邱同铎、舒宗泉、张慈仁、郑建楠、逢树春、张乃鑫、齐永安等。

三、1970—1978 年

1970—1977 年，陕西省果树研究所重点开展核桃、苹果、枣树病虫害研究，承担"陕西核桃产区主要害虫发生期调查和防治方法研究"、"核桃病虫害综合防治研究"等项目。在陕西宝鸡、眉县等主要核桃产地进行了核桃害虫调查，明确了核桃豹纹蠹蛾发生期及习性，研发出有效防治方法；首次明确核桃小吉丁虫成虫发生期及习性，提出了剪枝消灭越冬虫源有效方法；调查发现对硫磷可代替 DDT 防治举肢蛾，找到了停用有机氯农药后的替代药剂。初步明确丹凤地区核桃瘤蛾发生时期、各虫态历期，并明确新农药对幼虫的药效；明确了甲基托布津和波尔多液对核桃早期落叶病的防治效果。

1973—1978 年，中国农林科学院果树试验站重点开展苹果树腐烂病和桃小食心虫等病虫害研究。

本时期主要工作人员：郑瑞亭、张树丰、张领耘、姜元振、黄良炉、邱同铎、舒宗泉、张慈仁、郑建楠、逢树春、张乃鑫、李知行、邢祖芳、刘福昌、陈策、史秀琴、郭进贵、张学伟、王焕玉、田勇、翁心桐、王绍玲、李美娜、王金友、齐永安、赵凤玉等。

四、1979—1990 年

（一）果树病虫害综合防治研究

重点开展桃小食心虫、叶螨、腐烂病和轮纹病防治技术研究，承担"苹果病虫综合防治技术"、"渤海湾地区以生防为主的苹果病虫害综合防治研究"等项目，对桃小食心虫、叶螨、苹果树腐烂病和轮纹病等主要病虫害加强生物控制技术，进行综合治理，提出一批有效的生物控制技术，筛选出一批高效低毒的选择性杀螨剂。

（二）果树病害研究

重点开展苹果树腐烂病研究，承担"苹果树腐烂病发生规律和防治技术""非肿制剂防治腐烂病技术开发"等项目，研究了腐烂病菌潜伏侵染特性，阐明了改善栽培管理条件、增强树体抗扩展能力是控制发病的基本途径。提出了福美肿可湿性粉剂等药剂防治方法，研究成果适用于国内各苹果栽植区。探明了生产上用福美胂防治腐烂病过程胂的残留量，对高效的非胂制剂农药进行了开发。

（三）果树害虫研究

重点开展桃小食心虫、蚜虫、叶螨等果树害虫研究，承担"桃小食心虫防治研究""桃小食心虫防治标准化研究""果树害虫农药的研制与开发"等项目，研究了取代有机氯六六六的新农药，筛选了辛硫磷、嘧啶氧磷等地面防治桃小食心虫出土高效药剂；研究了人工合成的桃小性信息素，明确了合成的性信息素商品诱芯测报虫量及发生期的结果可靠性。首次制定出桃小食心虫的防治指标，修正了我国以往的经验指标。新标准克服了过去不分品种、产量水平，一律按 1% 的卵果率指标施药造成的药剂、人工浪费和防治效果不稳定的弊端。制定和发布实施的桃小食心虫防治指标是世界上防治果树食心虫类害虫的第一个标准，居世界领先地位。

（四）果树病毒研究

重点开展了草莓病毒种类鉴定和苹果病毒脱除技术研究，承担"我国草莓病毒种类鉴定及培养无病毒种苗的技术"和"苹果病毒脱除、检测技术新进展与无病毒苗木繁育体系的建立"等项目。首次明确了我国草莓主要栽培区的病毒种类及其分布状况，以及草莓病毒的传染方式和传播扩散的主要途径，建立了草莓病毒鉴定和检测方法，获得了 12 个优良品种的无病毒母株。采用热处理与茎尖培养相结合的脱毒技术可以明显提高苹果脱毒效率，获得无病毒苹果品种 16 个。改进了苹果潜隐病毒的鉴定检测技术，筛选出更灵敏、可取代 SPY227 的苹果茎痘病毒检测木本指示植物"光辉"。

本时期主要工作人员：陈策、姜元振、张慈仁、王金友、张乃鑫、张树丰、赵凤玉、朴春树、周玉书、武素琴、李美娜、窦连登、冯明祥、石桂英、逄树春、李莹、刘福昌、王国平、薛光荣、朱秋英、杨振英、王焕玉、洪霓、张尊平、孙楚、齐永安、曲玉清、林珂、鄂方敏、龚欣、张少瑜、姜修凤、王春田、刘池林、朱虹等。

五、1991—2000 年

（一）果树病虫害综合防治技术研究

重点开展苹果树腐烂病、轮纹病、斑点落叶病、桃小食心虫、叶螨、蚜虫、金纹细蛾等病虫害综合防控研究，承担"渤海湾地区苹果病虫害综合防治技术研究""辽西地区苹果病虫害优化配套防治技术研究""苹果、柑橘主要病虫害综合防治技术研究"等项目。提出了以农业生态措施为基础，以化学防治相协调的病虫害综合防治技术体系，以及对桃小食心虫、叶螨、蚜虫、金纹细蛾、苹果树腐烂病、轮纹病和斑点落叶病等病虫害的防治对策。进一步研究了轮纹病病原菌的生物学特性及检测方法，筛选、研制、开发高效铲除剂、治疗剂、保护剂和生物制剂及其使用技术，开展害虫发生程度预测方法及其应用技术研究，提出了有效防治技术。调查研究了辽西地区苹果主要病虫发生为害特点，明确了防治关键时期、有效药剂和防治技术。

（二）果树病害研究

重点开展苹果轮纹病、腐烂病、银叶病、梨黑星病等病害防治研究，承担"苹果轮纹病发生规律及综合防治研究"项目。研究了苹果轮纹病病原菌的生物学特性、侵染规律和药剂防治病害的时期，明确了辽西地区病菌侵染果实时期及主要来源，提出了药剂防治枝干轮纹病的措施。开展了苹果和梨果实轮纹病菌室内培养产孢技术研究、京白梨黑星病防治技术研究、苹果银叶病防治技术研究、苹果树抗腐烂病的"壮树"标准初探——树皮的组织结构与抗病关系及调控效应研究等工作。

（三）果树虫害研究

重点开展叶螨、蚜虫、金纹细蛾等病虫害防治研究，承担"苹果园二斑叶螨灾变机理研究""渤海湾苹果产区二斑叶螨上升为害成灾机制研究"等项目，研究了二斑叶螨的生命、生殖参数，种群动态，揭示其成灾机制，组建了不同温度下二斑叶螨实验种群生命周期表，并研究了光照和温度对二斑叶螨滞育的影响。研究了金纹细蛾的农业和物理防治措施，测定了3种果园害螨对常用杀螨剂抗药性状况。

（四）果树病毒研究

重点开展梨病毒种类鉴定及脱毒技术、苹果病毒鉴定及繁殖技术、主要落叶果树病毒快速检测技术、脱毒苗快速繁殖技术等研究，承担"我国主栽梨树病毒种类鉴定及脱毒技术""苹果脱病毒、病毒鉴定及繁殖技术""梨树病毒血清学及分子生物学快速检测技术研究""苹果脱毒苗快速繁殖技术与产业化研究"等项目。明确了我国北方梨主产区主栽品种潜带病毒种类为梨环纹花叶病毒、梨脉黄病毒、榅桲矮化病毒和苹果茎沟病毒，研究建立了梨病毒田间二重芽接鉴定法和温室嫁接鉴定法，建立了梨环纹花叶病毒和茎沟病毒酶联检测技术程序。合成梨环纹花叶病毒PCR扩增引物，提出了PCR检测技术。

本时期主要工作人员：姜元振、王金友、窦连登、冯明祥、朴春树、李美娜、周玉书、王国平、刘福昌、洪霓、张尊平、薛光荣、董雅凤、王焕玉、张少瑜、于继民、姜修风、杨振英、户士昌、朱虹、周宗山、仇贵生、洪玉梅、张树丰、刘池林、郑运城、张苹、曲玉清、乔壮、孙楚、林珂、王耀明、王春田、刘宁远等。

六、2001—2010年

（一）果树病害研究

重点开展苹果轮纹病发生与生态环境和苹果感病时期关系、抗药性发展速率、苹果轮纹病病原分子检测技术等研究。承担"设施园艺作物病害无公害控制共性技术研究"项目，研究果树主要病害环境控制技术，提出设施果树（苹果、梨、葡萄）病害预测技术。开展了高效、低毒、无公害化学药剂的筛选工作，筛选出对果树病害高效的生物农药，建立了无公害控制模式，降低了整体用药水平。承担"食品安全快速检测、质量控制与预测"等项目，开展葡萄病虫害无害化防治技术、主要农药控制技术和主要化学农药替代技术研究，提出葡萄主要病虫害无害化防治技术。

（二）果树虫害研究

重点开展叶螨、食心虫、蚜虫、金纹细蛾等病虫害防治研究，承担"叶螨种群分子遗传结构、繁殖机理及其寄生菌的分布扩散规律研究""虫害防控——二斑叶螨综合控制技术研究""北方果树食心虫综合防控技术研究与示范推广""葡萄根瘤蚜的发生危害及控制技术研究"等项目，调查了东北地区3种害螨在苹果园生态系统中的多维生态位、苹果园害螨的种群消长规律。进行了二斑叶螨的生态控制技术研究，提出以生态控制为中心的二斑叶螨治理措施。针对辽西地区富士苹果的害螨发生动态，制定了相应的预测预报方法。系统调查了辽西地区果树食心虫及其天敌的种类、分布，发现该地区主要果树食心虫的生物学和生态学特征，明确了天敌对害虫的控制作用。开展套袋技术防治桃小的研究，筛选环保型新农药，建立了辽西地区环保型综合控制技术规程。通过普查摸清了葡萄根瘤蚜在辽宁设施栽培条件下的规律和为害情况，筛选出有效防控药剂，组建了防控葡萄根瘤蚜的药剂使用技术。利用金纹细蛾性诱剂诱芯进行成虫监测，掌握发蛾始见期、上升期、高峰期及蛾量。开展了频振式诱虫灯诱杀金纹细蛾的试验研究。开展了苹果园清园对金纹细蛾的影响作用研究，提出辽西地区苹果金纹细蛾综合控制措施。

（三）果树病毒研究

重点开展落叶果树新品种脱毒种苗培育及快繁技术，苹果和葡萄主要病毒分子生物学快速检测技术，苹果、梨核心种质资源病毒种类调查等研究。承担国家"863"、农业部"948"、辽宁省自然科学基金、中国农业科学院科研基金、葫芦岛市科技攻关、人事部留学归国人员择优资助、植物病虫害生物学国家重点实验室开放基金、中央级公益科研院所基本科研业务费专项、国家葡萄产业技术体系建设、农业行业标准制修订等项目。研究建立了苹果、梨主要病毒脱除、检测及无病毒苗木快繁技术体系，培育出苹果、梨无病毒原种13个。研发了葡萄卷叶病毒3（GLRaV-3）、葡萄斑点病毒（GFkV）、沙地葡萄茎痘病毒（GSPaV）、葡萄病毒A（GVA）、葡萄病毒B（GVB）等主要葡萄病毒快速、灵敏的RT-PCR检测技术体系。修订了国家标准《苹果无病毒母本树和苗木检疫规程》（GB 12943—2007），制定了农业行业标准《苹果无病毒母本树和苗木》（NY329—2006）、《葡萄无病毒母本树和苗木》（NYT1843—2010）等。

本时期主要工作人员：周宗山、仇贵生、李美娜、张怀江、张苹、郑运城、刘池林、吴玉星、迟福梅、徐成楠、闫文涛、乔壮、陈波、董雅凤、张尊平、范旭东、刘凤之、杨俊玲、何峻、孙楚、王春田、姜修风、刘宁远、张少瑜、金继艳、王宝亮、杨振英、魏长存等。

七、2011—2020 年

（一）果树病害研究

重点开展苹果树腐烂病、苹果斑点落叶病、苹果炭疽叶枯病、葡萄霜霉病、葡萄灰霉病、蓝莓枝枯病等病害研究。明确了预防苹果树腐烂病的良好栽培措施；分离鉴定病菌高效拮抗菌GB1并研发苹果树腐烂病高效拮抗菌剂；调研辽宁苹果园主要病虫种类及农药过量施用原因，制定了高纬度苹果栽培区域农药减施增效技术模式，苹果园农药减施35%以上；系统鉴定蓝莓枝枯病病原，研究鉴定苹果树腐烂病、苹果斑点落叶病、葡萄霜霉病、葡萄灰霉病抗病资源；系统开展苹果炭疽叶枯病分子生物学研究，深入开展致病机制和效应蛋白-寄主互作机制研究；探索苹果VQ蛋白种类及其抗病机制；研发双荧光染色病菌抗药性快速鉴定方法，针对全国苹果产区系统开展了苹果斑点落叶病菌菌原厘定和抗药性监测。

（二）果树害虫研究

开展果树害虫/螨防治、果园农药减量和精准施药技术等研究。承担国家重点研发计划、国家自然科学基金、公益性行业（农业）专项等项目，通过田间调查与室内实验，明确了苹果全爪螨在田间28个苹果种质资源上的种群发生动态，组建了其在11种试材上的种群生命周期表；明确了田间苹果8个主要品系上苹果全爪螨的发生状况及种群动态；完成了苹果30个品种的抗螨性鉴定，明确了苹果不同品种的抗螨性差异；开展了果园杀螨剂高效减量技术研究，明确了7种阿维菌素复配剂对苹果全爪螨的田间防效及合理应用技术，13种田间常见杂草发酵液对苹果全爪螨的毒杀活性评价，4种果园常用施药器械对杀螨剂防效和生产成本比较。完成了苹果不同品种对桃小食心虫发育繁殖的影响，构建新型栽培模式下食心虫监测与防治体系。完成了环境、品种对苹小卷叶蛾发育繁殖的影响。开展生草对果园主要害虫和天敌的影响研究。挖掘出龟纹瓢虫和中华草蛉两种苹果园蚜虫的优势天敌，建立了天敌使用技术。

开展果树害虫的毒理学研究，在新型药剂二酰胺类杀虫剂作用机制研究中，克隆完成3种主要鳞翅目害虫（桃小食心虫、梨小食心虫和苹小卷叶蛾）的靶标——鱼尼丁受体（RyR），并对其表达模式分析。完成了与桃小交配相关的最主要嗅觉基因3个信息素结合蛋白（PBPs）的功能鉴定，同时开展了2个普通气味结合蛋白（GOBPs）和4个化学感受蛋白（CSPs）的功能研究。攻克了桃小食心虫和梨小食心虫室内周年饲养技术，成为国内第一家可以周年规模化饲养两种害虫的单位。

开展果园农药减量、精准施药技术研究。针对杀螨剂减量使用，形成了正确选药、合理配药、恰当施药、适时防治的果园杀螨剂高效、减量应用技术，明确了3种果园器械施用杀螨剂对防效的影响和成本差异。针对苹果生产上病虫防控药剂种类繁多，果农选药盲目、药剂混配不科学、防治适期不合理、药械选择随意性强等农药使用过程中存在的共性问题开展研究工作，从技术途径凝练农药减施增效关键技术，提出苹果园精准施药技术方案，提出苹果病虫害防治适期调整与高效药剂应用相结合的农药减施增效技术。在药剂减量使用环节，开展了柱塞泵式和风送式弥雾机在果园应用时的沉积规律研究。

承担国家植物保护数据中心和国家天敌等昆虫资源数据中心观测监测任务，长期开展辽西地区害虫、天敌资源的调查及种群动态监测，主要完成了苹果树、梨树桃小食心虫，苹果全爪螨，梨小食心虫，桃蚜4种害虫的种群、个体变化及气象因子对害虫影响等9项监测任务。制定农业行业标准4项《梨主要病虫害防治技术规程》（NY/T 2157—2012），《桃小食心虫综合防治技术规程》（NY/T 60—2015），《葡萄病虫害防治技术规程》（NY/T 3413—2019），《苹果树主要害虫调查方法》（NY/T 3417—2019）。

（三）果树病毒研究

重点开展了我国葡萄和苹果病毒病原鉴定、基因变异特点、快速检测技术、脱毒技术、优新品种无病毒原种培育等方面的研究。承担国家葡萄产业技术体系建设病毒病防控岗位、中国农业科学院创新工程、公益性行业（农业）科研专项、农业部行业标准制修订等项目。在我国苹果和葡萄上鉴定出8种新病毒，明确了重要病毒基因变异特点；建立了18种病毒和类病毒常规RT-PCR检测方法，研发了重要病毒多重RT-PCR、巢氏PCR、荧光定量PCR、RT-LAMP等快速检测方法。改进了病毒脱除技术模式，提高了脱毒效率。培育出苹果、葡萄优良品种无病毒原种68个。制定了《苹果苗木脱毒技术规范》（NY/T 2719—2015）、《苹果病毒检测技术规范》（NY/T 2281—2012）、《葡萄苗木脱毒技术规范》（NY/T 2379—2013）、《葡萄无病毒苗木繁育技术规范》（NY/T 3303—2018）、《葡萄病毒检测技术规范》（NY/T 2378—2013）等农业行业标准。

（四）国家农药田间药效登记

从建所起，果树所即开始承担农业部的田间药效登记试验，60年来共承担农业部药检所下达的果园用杀虫、杀螨剂、杀菌剂、除草剂、植物生长调节剂等农药新品种的室内生物测定及田间药效试验3 000余项，目前苹果、梨等落叶果树上已登记的农药品种，90%由果树所进行药效评价，为农业农村部和国内外厂家提供了科学公正、准确可靠的试验报告和数据。有关专家曾多次参加"农药田间药效试验准则"的制定和修改工作，为我国农药事业的健康发展作出了突出贡献。因药效登记试验管理制度变化，国家规定自2018年起，农业农村部直属企事业单位不能继续承担农药田间药效试验，因果树所属于部属科研事业单位，不再具有承担药效试验的资质，但可以承担中试试验、室内生测、抗药性评估等。

本时期主要工作人员：仇贵生、张怀江、闫文涛、孙丽娜、岳强、李艳艳、董雅凤、张尊平、范旭东、胡国君、任芳、李正男、周宗山、迟福梅、吴玉星、徐成楠、张俊祥、冀志蕊、董庆龙、王娜、田惠、程功、郑运成、张苹、刘池林、乔壮、王春田、姜修风、张金泉等。

（周宗山、董雅凤、孙丽娜）

第七节 果品贮藏加工

一、1970—1978 年

1971—1974 年，宋壮兴等参加"提高外销苹果品种质量"专题协作研究，承担"陕西省外销优质苹果生产基地建设的研究"项目，在陕西眉县、延安、铜川、洛川、渭北和关中等地区开展"三红"（'红国光''红星''红冠'）、元帅等苹果品种的不同采收期试验。宋壮兴同志撰写了"延安地区苹果生产情况调查""延安地区土窑洞贮藏苹果的经验调查"等报告，成为果树所果品贮藏学科研究的起点。"陕西省外销优质苹果生产基地建设的研究"获得陕西省科技成果奖二等奖。1975—1978年，承担"全国苹果土窑洞贮藏"协作研究，组织陕西、山西、甘肃、河南等省的科研、教学、商业、外贸和生产部门，对我国陕西黄土高原地区土窑洞贮藏进行考察，协调全国土窑洞贮藏试验方案，组织协作研究，提出了适合我国国情的苹果土窑洞贮藏的窑型结构、适用范围及周年管理制度。由陕西省农科院果树所、陕西省外贸局进出口公司和主产县果品公司组成"陕西省苹果土窑洞贮藏协作组"，协作开展"苹果土窑洞贮藏技术研究"。

本时期主要工作人员：蒲富慎、宋壮兴、聂蕙茹等。

二、1979—1990 年

（一）苹果、梨等产地节能贮藏保鲜技术

承担"元帅系苹果贮藏期主要病害研究""红香蕉苹果、鸭梨产地贮藏技术研究""半地下式通风贮藏库改造及其贮藏技术研究""果品产地节能贮藏技术研究""苹果节能气调贮藏理论及其应用研究""红香蕉苹果、秋白梨气调贮藏技术研究""红元帅苹果贮藏保鲜技术研究"等项目。"红香蕉苹果产地贮藏系列技术"获国家科技进步奖三等奖和农业部科技进步奖二等奖，"苹果、梨节能气调贮藏技术研究"获辽宁省科技成果奖三等奖，"苹果产地节能贮藏保鲜技术研究"获中国农业工程设计研究院科技进步奖一等奖。标志性成果，苹果双相变动气调贮藏（TDCA）理论及苹果产地节能贮藏保鲜系列技术，打破了现代气调的传统理论观念和发展方向，在第五届国际气调贮藏研究会议上被国外同行专家称之为"中国气调贮藏条件"，取得了"双变气调"在国际上的领先地位，结合土窑洞、通风库、冷凉库等贮藏设施的改造及建设应用，减少了苹果采后的腐烂损失，提高了苹果采后贮藏质量，延长了苹果供应期限，为我国苹果产业健康可持续发展作出了巨大贡献。

（二）果品采后病害防控及配套贮藏设施研究与示范推广

承担国家科技攻关项目专题"果品病害防治技术研究"子专题"苹果、梨贮藏病害及其防治研究"。"水果、蔬菜贮藏期防腐保鲜剂——仲丁胺的研制和应用"获河北省科技进步奖一等奖。

本时期主要工作人员：宋壮兴、田勇、李宝海、李喜宏、范学通、冯晓元、曹恩义、姜修成、张志云、张书伟、张岩松等。

三、1991—2000 年

（一）苹果变动气调贮藏保鲜研究与技术推广

1991—1995 年，承担农业部重点科研课题"果品采后生理及采后保鲜综合技术研究"的专题"苹果变动气调贮藏应用中的阈值、极值及生理生化变化研究"，拓宽了苹果双变气调贮藏（TDCA）技术研究成果应用范围，明确了不同生态条件下新红星苹果的变动气调贮藏极值、阈值范围及最佳指标，以及在上述指标条件下苹果生理生化变化状况。该研究结果为苹果变动气调贮藏提供了重要的理论基础，并为生产应用提出了具体指标，为我国苹果节能贮藏保鲜提供了重要依据。研究了'乔纳金'苹果双相变动气调和气调贮藏保鲜技术，解决了'乔纳金'苹果采后果皮发黏和贮藏难的问题，提出'乔纳金'苹果塑料小包装贮藏技术方案。"苹果产地节能贮藏系列技术"研究成果列入国家科委星火推广计划。

（二）低氧、低乙烯对苹果贮藏效果的影响研究

针对'乔纳金'苹果采后果皮返糖发黏、果肉发绵以及货架期短等问题，开展了不同体积分数

的低氧、低乙烯处理对乔纳金苹果贮藏保鲜效果的研究，明确了低氧和低乙烯能够明显提高'乔纳金'苹果的贮藏质量，提出了在 0℃ 气调贮藏条件下，没有脱除乙烯的处理，$1\% CO_2 + 1\% O_2$ 可以保持果实较高的硬度；在脱除乙烯条件下，低乙烯的 $5\% CO_2 + 3\% O_2$ 气调处理果实硬度明显高于高乙烯 $5\% CO_2 + 3\% O_2$ 的气调处理；在低氧和低二氧化碳气调（$1\% CO_2 + 1\% O_2$）条件下，果实的硬度受乙烯的影响不显著。

（三）钙营养对苹果采后贮藏性能的影响研究

开展了采前对'乔纳金'苹果树体喷施不同钙肥对果实采后贮藏性能的影响研究，明确了喷施钙肥可以显著减少果实内源乙烯的产生，降低淀粉的降解速度，增加果实的硬度以及果实的钙含量，显著降低果实的苦痘病和其他生理病害的发生，提高了果实的贮藏性能，其中效果最好的是 Wuxal Calcium 液体钙肥。

（四）水果气调保鲜技术研究

开展"软肉型梨果实气调贮藏研究"，明确了'南果梨'等 4 个优新梨品种的采后生理生化变化规律，提出了最适气调或冷藏指标以及贮藏保鲜技术，从技术上解决了'南果'等软肉梨、'八月红''五九香'梨贮藏难的问题，使'八月红'贮藏期达 3～4 个月、'五九香'梨贮藏期达 4～5 个月，明确了'八月红''五九香'梨由于同时具有脆肉梨和软肉梨的亲本特征，不宜进行气调贮藏。开展了秋李、晚红葡萄、哈密大枣和哈密瓜气调冷藏保鲜技术以及'久保'桃北桃南运保鲜技术研究与集成示范，"华北地区桃贮运保鲜技术应用研究"获天津市科技进步奖二等奖。承担了美国罗门哈斯公司委托研发项目"1-甲基环丙烯在水果保鲜上的应用药剂实验"。

本时期主要工作人员：宋壮兴、田勇、李喜宏、冯晓元、孙希生、王文辉、李志强、张志云、曹恩义、姜修成、张岩松、张书伟等。

四、2001—2010 年

（一）果品生产与销售全程质量控制体系研究与示范

承担"果品生产与销售全程质量控制体系的研究与示范""主要果品及其加工产品安全质量标准研究""苹果加工特性研究及品质评价指标体系的构建"等项目。初步建立了我国苹果、梨采后贮运保鲜标准体系，提出苹果和梨采后贮运、保鲜和商品化处理标准化体系框架，建立了砂梨 HACCP 质量控制体系，制定了'黄金''丰水''圆黄'等砂梨采后质量控制技术规程，构建了制汁用苹果和制酒用苹果的品质评价指标体系，建立了适宜品种资源基础数据库。参加了农业部"苹果出口问题研究""苹果优势区域规划""农产品加工重大关键技术筛选"等科研项目。

（二）农业行业标准制修订

制定并发布实施农业行业标准《梨贮运技术规范》（NY/T 1198—2006）、《苹果贮运技术规范》（NY/T 983—2006）和《苹果采摘技术规范》（NY/T 1086—2006）3 项。

（三）新型保鲜剂 1-MCP 处理技术研究

承担"新型乙烯作用拮抗剂的研制及产业化示范""梨新型保鲜剂研制、开发与应用及产业化示范""1-MCP 亚洲梨药效试验研究"等项目，开展了苹果（'新红星''华红''澳洲青苹''金冠''乔纳金''红富士''津轻''岳帅''嘎拉'9 个主栽品种）、梨（'鸭梨''五九香''京白梨''锦香''黄金梨''早红考密斯'等 4 大系统的 22 个主栽品种）、鲜枣（'大平顶''冬枣'等）、西红柿、桃（'沙红桃''五四'桃）、杏（'西农 25'等 7 个品种）、樱桃（'拉宾斯'等 11 个品种）、猕猴桃（'秦美'和'红阳'等）8 种水果 56 个品种的 1-MCP 处理技术。明确了适宜浓度的 1-MCP

处理显著抑制苹果、梨、猕猴桃、番茄、杏等呼吸跃变型果实采后呼吸强度和乙烯生成速率，明显延缓果实采后硬度的下降，对延长水果货架寿命和果实贮藏期、防止果实生理病害、保持果实风味、抑制果皮转色等作用明显，提出了 1-MCP 处理增加了 '八月红''五九香' 梨以及 '金冠' 苹果等低温敏感型果实对低温的敏感性和对 CO_2 的敏感性。

（四）梨采后生理及贮运保鲜技术研究

承担 "梨综合贮藏保鲜技术研究""梨 '高改' 及高效生产技术研究""大兴区梨产期调节及贮藏技术研究"、国家梨产业技术体系采后贮运保鲜岗位等项目，开展了 '黄金''丰水''黄冠''大果水晶''圆黄' 等我国主栽砂梨品种的标准化采收技术、预冷技术、采后生物学特性、生理病害、贮藏温湿度条件及气调贮藏参数、质量控制体系等研究，建立了 '黄金''丰水''大果水晶' 和 '圆黄'梨贮藏果标准化采收技术体系。系统研究了黄金梨黑心病，明确了发病原因及其机理，提出了黄金梨黑心病预测指标体系。系统研究了 '黄金''丰水' 梨采后呼吸、乙烯等生理生化变化规律，探明了 '黄金''丰水''圆黄' 等砂梨果实呼吸类型及乙烯释放规律，提出了 '黄金''丰水''圆黄' 梨等适宜冷藏、自发气调（MAP）和气调（CA）贮藏、1- 甲基环丙烯（1-MCP）贮藏保鲜技术体系，填补了我国砂梨贮藏保鲜技术空白，制定了砂梨采后质量控制技术规范。开展了 '早红考密斯''巴梨''阿巴特''凯斯凯德''康佛伦斯' 等西洋梨贮藏果适宜采收成熟度以及 1-MCP 处理保鲜技术研究，明确了上述品种贮藏果适宜采收成熟度标准。"黄金、丰水梨贮藏保鲜技术" 获中国农业科学院科学技术二等奖，"丰水、黄金梨贮藏保鲜技术研究与推广" 获北京市农业技术推广奖二等奖，"大兴梨产业优化升级关键技术研究与推广" 获北京市农业技术推广奖二等奖（参加）。制定辽宁省地方标准《南果梨冷藏技术》（DB21/T 1427—2006）和北京市地方标准《梨贮藏保鲜技术规范》（DB11/T 772—2010）2 项。

（五）朝阳县大枣产业化技术开发

承担辽宁省科技攻关课题 "辽西鲜枣保鲜技术研究与产业化"、国家级星火计划 "朝阳县大枣产业化技术开发" 等项目，系统研究了辽西主栽大平顶枣和铃枣采后呼吸速率、乙烯释放速率、维生素 C 等生理生化变化以及枣果的贮藏效果评价指标。明确了大平顶枣和铃枣均属非呼吸跃变型果实，确定了贮藏期间维生素 C 含量与脆果率之间呈显著正相关；提出了大平顶枣和铃枣适宜贮藏温度条件。

（六）樱桃、鲜杏贮藏保鲜关键技术研究与示范

承担北京市财政局和园林绿化局项目 "樱桃、鲜杏贮藏保鲜关键技术研究与示范"，系统研究北京市主栽的 '西农25''串枝红''银白''苹果白''青岛红''偏头''葫芦'7 个鲜杏品种以及 '拉宾斯''先锋''雷尼''萨米脱''8-102''萨姆''斯坦勒''美红''佳红''巨红''好奇'11 个甜樱桃品种的贮藏性状，从果实呼吸强度、乙烯变化、果实硬度、可滴定酸、维生素 C、可溶性固形物含量、果实褐变、腐烂率等，为 2008 年北京奥运会樱桃、鲜杏供应提供技术支撑。

本时期主要工作人员：孙希生、王文辉、丛佩华、刘凤之、聂继云、李志强、王志华、佟伟、贾晓辉、张志云、姜修成、李江阔、曹恩义、姜云斌等。

五、2011—2020 年

（一）梨采后保鲜与生理失调防控关键技术创新及应用

针对酥梨虎皮病、鸭梨黑心病、库尔勒香梨顶腐病、红香酥梨保绿及果面褐斑等采后亟须解决的产业重大问题，以及 '三季''红茄''盘克汉姆斯' 等西洋梨采后贮运保鲜技术需求，重点开展梨果贮藏生理病害的防控技术研究与示范，阐明了酥梨虎皮病与鸭梨黑心病的发生机理，研发集成了包括果实成熟度标准、预冷方式、后熟（西洋梨）、近冰温贮藏、气调贮藏、出库方式与物流及 1-MCP

防控技术等采后综合防控技术体系并进行了示范推广。提出"酥梨虎皮病综合防控与预警技术""鸭梨黑心病采后综合防控与预警技术""库尔勒香梨贮藏保鲜与顶腐病综合防控技术"3项核心关键技术。"十三五"期间，重点开展了延长鲜梨供应期的贮藏、运输关键技术研究与示范，以及梨采后商品化处理及精深加工关键技术研究，开展了'高平黄梨''云和雪梨''金川雪梨'等传统'乡愁'梨品种采后生理失调原因及防控技术研究。提出了'新梨7号''翠冠''红香酥''玉露香'等我国优新梨品种采后贮运精准控制技术5项，构建了我国传统主栽梨品种气调贮藏技术体系1套，提出了'黄冠'新型采后病害发病机制及绿色防控技术1项，基于现代电商物流需求，制定了'玉露香''南果梨'等物流预冷与包装技术2项，构建了适宜冻藏梨品种评价指标体系与冻藏工艺技术各1套。为主产区企业提供'翠冠''秋月''新梨7号''酥梨''黄金'及'圆黄'等当地主栽优新品种采后贮运保鲜技术方案10余项。"梨采后品质控制关键技术研发及其集成应用"2018年获华耐园艺科技奖，"北京市大兴区果树产业发展对策分析"获北京市大兴区科学技术奖三等奖（参加，2011）。制定山西省地方标准《玉露香梨贮藏技术规程》（DB 14/T 1125—2015）、辽宁省地方标准《花盖梨贮运技术规程》（DB21/T 3022—2018）和《梨冷冻贮藏技术规程》（DB21/T 3023—2018）。

（二）特色优质苹果采后品质提升与贮运保鲜技术研究

主要围绕'寒富''塞外红''金红'等特色苹果采后贮藏技术匮乏以及'国光''富士'糖心苹果等传统、优质苹果保鲜技术体系不完善等造成果实贮藏品质劣变（果肉发绵、果皮开裂、虎皮、软虎皮病、内部褐变）等问题开展研究。明确了'寒富'苹果内部褐变属低温 +CO_2 双重胁迫、'塞外红'等苹果果皮开裂由衰老导致、'金红'等苹果软虎皮病与能量亏缺密切相关、冰糖心苹果形成与果实内山梨醇代谢异常有关，糖心部分贮藏后期褐变可能由组织通气性差造成。创建了'寒富'和特色小苹果以及'国光'苹果采后品质维持和生理病害综合防控贮藏保鲜技术体系3套，并在企业示范应用。"寒富苹果贮藏保鲜技术"2015年进行辽宁省科技成果登记。

（三）果品采后侵染性病害发生机制及综合防控技术研究

构建了北方果品采后病害图谱库。针对果品采后灰霉病、青霉病、黑斑病等主要病害类型，从果树根际土壤中筛选出高效生防菌株3株，并初步明确了其生防机制。首次发现并鉴定出梨贮藏期新病害阿太菌果腐病的病原菌为 *Athelia bombacina*，突破了该菌作为病原菌的零记录，明确了该菌生物学特性，研发了诱导病原菌产孢的最佳培养基配方及培养条件，创制出原生质体制备与再生条件优化技术，获得了高产率单核化菌丝，明确了病原菌对我国16个主要果树树种果实的侵染能力；通过单分子实时（Single molecule real time，即 SMRT）测序技术组装了 *A. bombacina* 的高质量基因组图谱，依据比较基因组、转录组以及代谢组等组学技术，阐明了阿太菌果腐病发病机理，并提出了基于采前结合采后的综合防控技术。

（四）果品加工工艺及产品研发

开展桑葚果酒与果醋加工、真空冷冻干燥桃脆皮加工的关键技术与产品研发。富硒果酒生产工艺技术、富硒果酒产品获得2016年辽宁农学会优质金奖。开展花楸（不老莓）果粉加工工艺与产品研发，采用低温冷冻浓缩工艺生产果汁、果酒工艺，该技术在不影响水果营养和风味的前提下提取高糖果汁，不添加护色剂和防腐剂，果汁在经低温发酵、过滤、陈酿等工艺制成酒精度为8%～13% vol 的甜型果酒，同时解决了'寒富'苹果、'南果'梨酒香气不足，多酚、有机酸含量较低造成口感薄淡的技术难题。

（五）樱桃、蓝莓及桃等物流保鲜技术研究

开展传统市场和电商销售进口和国产大樱桃品种、包装、品质等调查及樱桃预冷、包装、贮运保鲜技术研发。与云南省楚雄州云南金沃科技有限公司合作开展蓝莓适宜采收期、不同预冷工艺、MAP包装、贮运温度等保鲜技术研发。在大兴开展水蜜桃贮运保鲜技术研究，贮藏时间延长了15～30天。

本时期主要工作人员：王文辉、王志华、贾晓辉、佟伟、杜艳民、王阳、孙平平、崔建潮、姜云斌、贾朝爽、张鑫楠、张志云、姜修成等。

（王文辉、王志华）

第八节 果品质量安全

一、1991—2000 年

（一）农业部果品及苗木质量监督检验测试中心建设

1991 年，根据农业部（1991）农（质）字第 60 号文件的决定，在中国农业科学院果树研究所综合实验室和果树病毒研究课题组基础上筹建"苹果及苗木质量监测中心"，1997 年 2 月更名为"农业部果品及苗木质量监督检验测试中心"。1997 年 3 月，通过"双认证"验收评审。1997 年 5 月，正式对外开展质检工作。

（二）中国农业博览会果品质量鉴评

1992 年、1995 年，承担完成第一、二届中国农业博览会水果样品分析测定工作。1999 年承担完成"99 中国农业博览会"北方树种的果品质量鉴定评价工作。

（三）农业行业标准制定

重点开展苹果、梨外观等级，苹果、梨生产技术规程，绿色食品——果品加工品标准等研究，承担"苹果质量等级标准"等 6 项农业行业标准制定任务，在规范苹果、梨外观等级，苹果、梨生产技术和果品加工标准等方面取得重要的研究成果。

本时期主要工作人员：李宝海、杨克钦、杨儒琳、李子臣、董启凤、洪霓、张尊平、董雅凤、孙希生、刘凤之、陈丽、张桂芬、李明强、马智勇、杨振锋、李静、康艳玲等。

二、2001—2010 年

（一）农产品质量安全监测

2003—2010 年，承担农业部农产品质量安全专项"苹果质量安全普查""鲜食葡萄质量安全普查""鲜食梨质量安全普查""樱桃番茄质量安全普查"等项目，对主产区苹果、葡萄、梨和樱桃番茄的质量安全状况进行实地调查和抽样检测，摸清了主产区苹果、鲜食葡萄、鲜食梨和樱桃番茄的质量安全状况，积累了质量安全基础数据，发现了存在的质量安全问题，提出了合理的标准化生产建议。

（二）农业行业标准制定

重点开展仁果类水果生产、苹果苗木繁育、水果包装标识、等级规格、水果中营养成分、农药残留测定等标准研究，承担了"仁果类水果良好农业规范"等农业行业标准制（修）订项目，在规范水果及苗木标准化生产、完善水果包装标识和等级规格划分、建立水果中营养成分和农药残留检测技术等方面取得重要的研究成果，发布实施《苹果苗木》等国家 / 农业行业标准 18 项。

（三）果品质量安全研究

重点开展苹果中的农药残留、苹果安全生产关键控制技术和苹果规范化技术的引进与示范等研究，承担国家科技攻关、国家社会公益性研究专项、国家"948"等项目，在苹果中农药残留的监测、苹果安全生产关键技术规程的构建、苹果规范化技术的引进与示范、苹果加工特性的研究与品质评价体系的构建等研究中取得了重要的进展。主编出版《苹果无公害高效栽培》等著作 5 部，"苹果全程质量控制技术标准体系建立与应用"获得中国农业科学院科学技术成果奖一等奖。

本时期主要工作人员：丛佩华、聂继云、张桂芬、李明强、马智勇、杨振锋、李静、张红军、刘凤之、董雅凤、张尊平、李海飞、徐国锋、王孝娣、毋永龙、李志霞、康艳玲、王祯旭等。

三、2011—2020 年

（一）农产品质量安全风险评估

重点开展果品中未知危害因子识别与已知危害因子安全性评估，陕西猕猴桃和广西柑橘中外源性生长激素与潜在危害因子摸底排查评估，苹果、梨、葡萄、桃、柑橘、龙眼等果品产地质量安全风险隐患摸底排查与专项评估，生鲜果品质量安全风险评估和鲜食枣典型杀菌剂残留风险评估等研究工作，承担果品未知危害因子识别与已知危害因子安全性评估等国家风险评估重大专项 9 项，在果品中未知危害因子的识别、已知危害因子的安全性评估等方面取得重要的研究进展。主编出版《果品质量安全学》等著作 12 部。作为参加单位获得新疆维吾尔自治区科技进步奖一等奖 1 项，辽宁省科学技术进步奖三等奖 1 项。

（二）农业农村部行业标准制定

重点开展水果中营养成分、功能成分含量测定的检测技术，苹果、梨生产技术规程，苹果主要病虫害防治技术规范等研究，承担"苹果主要病虫害防治技术规范"等农业行业标准制（修）订项目，在水果中葡萄糖、果糖、蔗糖、山梨醇、酚酸、叶绿素、可溶性糖、可溶性固形物含量检测技术，苹果、梨生产技术规程制定等方面取得重要的研究进展，发布实施《蔬菜水果中可溶性固形物含量检测技术规范》等农业行业标准 12 项。

（三）果品质量安全与农药化肥减施环境效应研究

重点开展苹果生产过程中农药化肥减施增效所产生的环境效应，以及不同减施模式的优化和综合评价研究，承担国家重点研发计划课题"苹果农药化肥减施增效环境效应综合评价与模式优选"、国家苹果产业技术体系质量安全与营养品质评价岗位任务等项目，在苹果的质量安全监测、营养品质评价、苹果农药化肥减施增效所带来的环境效应评价、减施模式优选等方面取得重要的研究进展。

本时期主要工作人员：丛佩华、刘凤之、聂继云、李静、李海飞、徐国锋、闫震、李志霞、匡立学、毋永龙、程杨、李银萍、李明强、沈友明、张建一、佟瑶、高贯威、张海平、关棣锴等。

（徐国锋、李静）

第九节　果树科技信息

一、1958—1969 年

1959 年成立情报资料组，重点开展果树情报资料的收集、整理、分析及出版工作，包括收集整理国内外果树科学研究工作的期刊、图书资料，并进行管理利用；对国内外收集的资料进行编写索引，组织文摘与专题述评等工作。1959 年 2 月 16 日，《中国果树》创刊，1959—1960 年《中国果树》共出版 9 期。在图书资料收集、期刊出版、文摘编写及出版等方面取得重要进展。1962 年，共收集图书 6 000 册、期刊 1 400 册；至 1966 年，共收集图书 10 000 册以上、外文期刊 100 种以上、中文期刊

500 种以上。编写《中国果树科学研究文摘》第 1 集（1949—1959 年）、第 2 集（1959—1960 年）、第 3 集（1962 年）、第 4 集（1963 年）、第 5 集（1964 年）。

二、1970—1978 年

1970 年底，陕西省果树研究所（1970—1977 年）成立图书期刊组室，1971—1972 年重新组建《中国果树》编辑组，继续开展《中国果树科学研究文摘》的资料收集、整理等研究工作，1973—1977 年编写出版《中国果树科学研究文摘》（第 7 集之后名称改为《中国果树科技文摘》）第 7～11 集；1973—1978 年出版发行《中国果树》（季刊，内部发行，共 22 期）；1974—1976 年，编辑出版《国外果树科技动态》（内部刊物）。

1973 年 2 月，中国农林科学院果树试验站（1973—1978 年）设立计划资料室。1974—1978 年，在中国农林科学院果树试验站与辽宁农学院锦州分院联合编辑出版内部刊物《果树科技资料》。

三、1979—2000 年

1978 年 8 月，情报资料室成立，下设《中国果树》编辑部、《中国果树科技文摘》组、国外果树情报研究组、图书组、期刊组。1979 年补写《中国果树科学研究文摘》第 6 集（1964—1971 年），1981—1994 年连续出版《中国果树科技文摘》第 12～26 集，每集收录国内果树科技期刊发表的文献摘要 300～400 条，每集印刷 1 500～3 000 册。1994 年停止编写出版。1979 年 4 月，《中国果树》国内公开发行。1980 年起，编辑出版《国外农学 果树》，1984 年该刊编辑出版工作移交中国农业科学院郑州果树研究所。1984—1985 年，编辑出版《国外果树科技文摘》（落叶果树），内部季刊。1994 年 1 月 15 日，创办《果树实用技术与信息》。

2000 年以前，果树所是国内保存果树图书期刊资料最全的机构之一，馆藏中文科技图书 2 万册以上，外文科技图书 7 600 余册，馆藏中、英、日、俄、德、法、拉丁、意、西班牙等文种工具书 2 700 余册，外文期刊 5 200 余册，每年接待借还图书、期刊 1 200 余人次。期刊资料库保存有我国各省、直辖市、自治区与果树有关内容的中文期刊 360 种 1.2 万册（套），中文资料 2 万多份，每年接待读者 700～900 人次，借阅期刊资料 500～600 份，为全国大专院校和科研、生产单位提供资料或信息近 500 条。

本时期主要工作人员：于超、林衍、向治安、杨克钦、于振忠、彭淑春、吴德玲、吴媛、姜敏、高本训、翁维义、张国葆、邸淑艳、刘伟芹、邓家琪、孔祥麟、梁学志、尚协辰、周意涵、马自然、刘庆文、石桂英、李培华、贾定贤、朱奇、董启凤、龚秀良、赵凤玉、郑金城、金长敏、邢堃、杨有龙、米文广、苑晓利、李莹、李海航、张海川、陈文晓、李建红、张少伟、张静茹等。

四、2001—2020 年

重点开展我国果树科技信息的收集整理与分析、世界果树科技信息的收集整理与分析、我国果业高质量发展战略的研究与建议等工作。针对我国果树种植、生产、加工、销售全产业链，利用网络数据库和年鉴等资料开展了果树科技信息的收集、整理和分析。面向世界果业科技前沿，聚焦国家重大需求，围绕如何提高果品的国际市场竞争力持续开展了世界果树科技信息的收集、整理和分析，研究世界果树生产发达国家的果业生产、贸易、市场与政策等。面向我国果业现代化建设主战场，对比研究国内外果树科技发展路径，结合我国基本国情，有针对性提出推动我国果业高质量发展的政策建议。2020 年起，开展果树生产端视频的采集和制作、声像资料的编辑加工整理等工作，整理分析我国涉农涉果政策及行业公告，对我国果树传统文化进行挖掘、整理，通过中国果树微信公众号发布。

本时期主要工作人员：翁维义、米文广、赵进春、郝红梅、李海航、胡成志、丁丹丹、岳英、邢义莹、杜宜南、张少伟等。

（胡成志、赵进春）

第三章　成果转化

第一节　概　况

科技成果转化与推广是科技创新的延续，是科研成果转化为生产力的重要环节。为了进一步贯彻落实习近平总书记"四个面向"重要指示精神和中国农业科学院"双轮驱动"发展战略，围绕"三创一体"总要求，果树所转变观念，解放思想，不断创新方法，全面提升成果转化能力，科技成果转化工作迈上新台阶。

一是创新转化机制。建立成果转化目标责任制和利益分配机制，个人和团队成果转化收益由55%提高到70%，成果转化收入分配权力下放，上不封顶，极大地调动了科技人员成果转化的积极性和创造性。二是创新建立"五五"成果转化模式。以政府部门牵头、科研机构支撑、龙头企业带动、农牧民受益、国外专家参与的"五方"协同转化科技成果模式为基础，推动形成地方政府有政绩、科研单位有创收、龙头企业有效益、基层农户有收益、国外专家有交流的五方共赢利益共同体，坚持生态区域代表性、地方政府积极性、科技示范辐射性和乡村振兴带动性的原则，在全国规划布局建立产业研究院、研发中心、试验站、专家工作站、成果示范基地五类基地100个，通过"减水、减肥、减药、减人、减树"的"五减"技术，生产出"好吃、好看、好种、好卖、好想"的"五好"水果，实现"五个提高"，提高科研产出率、提高土地产出率、提高劳动生产率、提高资本回报率和提高政府回报率。三是拓宽成果转化和创收渠道。由单一渠道逐步拓展到"五类"基地模式的所地所企长期合作、品种权按省独家转让、专利独家转让、种苗服务、技术培训、质检服务、合作开发等20余种渠道，推动当地产业提质增效和转型升级，助力研究所为农业增产增效、为农村增绿添彩、为农民增收致富、为国家创造财富、为人民创造美好、为社会创造价值。

近年来，先后参加各类农业科技交流会160余场次，组织科技下乡1.8万余人次，举办现场展示观摩会、技术培训咨询等科技服务活动8 100余次，培训各类基层技术人员和果农30.61万人次，发放技术资料11.82万份。推广应用新品种150余个、新技术120余项、新产品50余项，推广面积1亿余亩。通过线上线下结合的模式首次举办了中国苹果产业高质量发展大会，近9万人参加或收看会议直播，组织了全国优质苹果大赛，进一步提升了果树所的产业影响力。

目前通过"五五"成果转化模式，建设产业研究院1个，试验站11个，专家工作站1个，成果示范基地15个。为科研成果的中试、区试及成果转化提供良好的环境，推动科技成果落地应用，助力当地产业提质增效和转型升级。

（孟照刚、程少丽）

第二节　成果转化

一、知识产权运用

随着《中华人民共和国专利法》和《中华人民共和国促进科技成果转化法》的不断修订完善，果树所制定了《果树所促进科技成果转化实施办法》并实施，进一步促进了科研人员进行知识产权保护、运用的积极性。截至2020年11月，累计获植物新品种保护权9项，授权专利89项，注册商标

2 个，登记软件著作权 27 项。

1988 年，转让实用技术 2 项。2016 年，发明专利"含硒、锌或钙的果品叶面肥"和"一种生物发酵氨基酸葡萄叶面肥"，转让给北京禾盛绿源科贸有限公司，转让金额 100 万元。2017 年，自主研发的"一种确定果树配方肥配方的方法暨基于果树矿质营养年需求规律的 5416 实验方案"，许可石河子郁茏生物肥料有限公司使用，技术实施许可使用费用 200 万元，分 5 年支付。

2019 年，转让、许可国家发明专利、实用新型专利 10 项，转化金额 500 万元。分别是"设施果树用伸缩卷膜装置""果树脱毒培育热处理箱""一种高干 Y 形双主干树形栽培桃的方法""温室中间保温被自动卷放装置""一种利用倾斜或水平龙干树形配合 V 形叶幕设施葡萄的栽植方法""一种果实塑形模具""一种果树扶正装置""一种树木根系修剪装置""一种果实着色面积测定装置""一种果树枝干周长尺寸检测装置"。

2020 年许可专利和新品种 41 个，转化金额 183 万元。

二、科技产业合作

（一）1985—2018 年

1985—2000 年，与营口市华夏花木公司合作成立"苹果新品种繁育试栽科研生产联合体"；与锦州市太和区种畜场联合成立"梨新品种育苗试栽科研生产联合体"；与镇江市多管局签订技术开发协议，联合开展"苏南鲜食巨峰系葡萄商品基地综合技术开发"工作；与天津市大港区政府签订科技合作协议，开展"大港区葡萄、梨苗木组培快繁优质丰产技术"示范推广工作；与山西省万荣县政府达成协议，共建"果树所万荣果树基地"。

2001—2010 年，为企业提供有偿技术服务；与大连三洋集团签订科技合作协议，期限 3 年；与"甘肃省天水万农果业有限责任公司"合作建立"国家落叶果树脱毒中心试验示范基地"；与"北京汇源果汁食品集团有限公司"合作共建"汇源——中国农业科学院果树研究所果品技术研发中心"；与葫芦岛市连山区灵山果业专业合作社、龙港区北港镇兴农果品产销专业合作社签订合作协议。

2011—2016 年，依托各类项目与政府和企业合作，建设示范基地和研发中心；与辽宁省朝阳市、葫芦岛市、绥中县、建昌县、兴城市等地的果树管理部门签订长期共建高标准示范基地合作协议；在绥中县沙河镇张胡村合作共建中国农业科学院果树研究所高科技示范基地；与新疆生产建设兵团农五师北疆果蔬产业有限公司合作成立了科技研发中心，开展技术合作与研发；与辽宁天池葡萄酒有限公司合作成立了研发中心，开展酿酒葡萄高效优质生产与加工等方面的技术合作与研发；与山东高密益丰机械厂合作研发了葡萄园埋蔓防寒机等葡萄园省力化生产实用机械；与"三门峡二仙坡绿色果业有限公司"合作建立"国家落叶果树脱毒中心试验示范基地"；与"威海市果树茶叶工作站"合作建立"国家落叶果树脱毒中心苹果无病毒苗木栽培试验示范基地"；与"延安森宇良种苗木繁育有限责任公司"合作建立"国家落叶果树脱毒中心苹果无病毒苗木栽培试验示范基地"；与"山东省志昌葡萄研究所"合作建立"国家落叶果树脱毒中心葡萄无病毒苗木栽培试验示范基地"。

2017 年，与甘肃静宁县签订长期科技合作协议，合作共建"中国农业科学院果树研究所静宁果树综合试验示范基地"和"平凉市苹果产业人才培训基地"；与"昭通苹果产业研究所"合作建立"国家落叶果树脱毒中心昭通苹果无病毒苗木栽培试验示范基地"；与"烟台惠民农业科技有限公司"合作建立"国家落叶果树脱毒中心烟台苹果无病毒苗木栽培试验示范基地"；与云南金沃科技有限公司合作，建立王文辉专家工作站。

2018 年，与河北省承德县人民政府签订合作协议，挂牌成立"承德苹果试验站"，围绕"承德国光苹果"优势特色产业发展需求，开展试验站建设，苹果新品种和新技术引进试验示范推广，苹果科技协作攻关、科技决策和咨询，果品产业高新技术成果转化产业化开发，果业科技人才培训等工作，探索建立现代果品产业发展新模式；与陕西省千阳县人民政府签订合作协议，挂牌成立"千阳果树科技工作站";与"江苏润易农业科技有限公司"合作建立"国家落叶果树脱毒中心宿迁葡萄无病毒苗木栽培试验示范基地";与"诸城市万景源农业科技有限公司"合作建立"国家落叶果树脱毒中心诸城苹果无病毒苗木栽培试验示范基地";与"山东青大种苗有限公司"合作建立"国家落叶果树脱毒中心青岛葡萄无病毒苗木栽培试验示范基地"。

（二）2019 年以来

2019 年以来，在落实"四个面向"精神和实施"三创一体"战略的指导下，不断加强与地方政府和企业的长期合作。一是创立了政府部门牵头、科研机构支撑、龙头企业带动、农牧民受益、国外专家参与的"五方"协同转化科技成果模式，推动形成地方政府有政绩、科研单位有创收、龙头企业有效益、基层农户有收益、国外专家有交流的五方共赢利益共同体。二是布局建立"五类"基地。按照"五方"成果转化模式，在全国果树主产区布局共建产业研究院、研发中心、试验站、专家工作站和成果示范基地等"五类"基地，推动地方产业提质增效和转型升级，实现研究所稳定、可持续的成果转化收入。2019 年，研究所与政府和企业合作共建"五类"基地 17 个，其中试验站 9 个，专家工作站 1 个，成果示范基地 10 个。新签署合作协议 151 份，技术服务费合同金额 4 307.5 万元，全年到账 928 万元，比 2018 年增加 42.99%。

2020 年，在"五方"成果转化模式的基础上，创新建立"五五"成果转化模式。坚持生态区域代表性、地方政府积极性、科技示范辐射性和乡村振兴带动性的原则，加强与地方政府和企业的深度合作，通过科研单位、地方政府、龙头企业、基层农户和国外专家五方协同转化科技成果模式，共建产业研究院、研发中心、试验站、专家工作站和成果示范基地等基地，创新实施果树减水、减肥、减药、减人和减树等技术体系，生产出好吃、好看、好种、好卖和好想的水果，提高科研产出率、土地产出率、劳动生产率、资本回报率和政府回报率。截至 2020 年底，研究所共建设产业研究院 1 个、试验站 11 个、专家工作站 1 个、成果示范基地 15 个，为科研成果的中试、区试及成果转化提供良好的环境，推动科技成果落地应用；新签署合作协议 147 份，2020 年合同总金额 4 822.6 万元，全年到账 1 775.6 万元，比 2019 年增长 91.3%。

（程少丽、李孟哲）

第三节　科技兴农

一、科技服务

（一）示范推广

1958—1969 年，在淮阴、皖北、豫东、开封、郑州等基点在内的 6 个省 5 个市 13 个县的 15 个人民公社及 8 个国营农场建立苹果、梨、葡萄和西瓜样板田共 26 处，共计 46 786 亩。示范推广"梨树综合性栽培技术""梨大食心虫防治技术""山地国光苹果连年丰产技术""新农药防治抗性红蜘蛛技术""诱捕器防治萝卜蝇的简便有效方法"等技术方法，成效显著。在辽宁省、吉林省推广抗病白菜新品种"大矬菜一号""跃进一号、二号"等果蔬新品种 60 余万亩。组织观摩会 40 余次。

1970—1978 年（陕西省果树研究所期间），在辽宁、北京、山东、河北、内蒙古等地建立生产基地 10 余处，苗木繁育基地 7 处。在全国 13 个省、市推广苹果、梨、葡萄品种接穗和插条 33.86 万余株。推广苹果优良品种或株系 50 余个，覆盖我国 18 个省（市）56 个县。开展了'秦冠''金光''延光''延金'等苹果新品种区域试验、调查与推广，累计向全国 22 个省市 86 个单位提供接穗 4 987 余条。在陕西省推广西瓜优良新品种——'兴城红''早花'，累计推广面积达 4 万亩，占全省西瓜种植面积的 36.4%。其中西瓜品种'周至红'推广面积占全县西瓜总面积的 77%，基本实现全县西瓜良种化。

1979—1990 年，建设'新红星'苹果样板园 279 个，面积 2.88 万亩，'新红星'推广面积 120 万亩。协助辽宁、河北等地改造和新建果窖 16 个。推广苹果新品种'秋锦'50 余万株，面积 2 万亩；推广国外苹果优良品种 46 个，覆盖全国 18 个省 79 个县。累计推广西瓜优良新品种——'琼酥'和'周至红'，面积 15.3 万亩，示范推广西瓜双覆盖技术，面积 1 290 亩。在凉山州越西县示范"花期硼砂喷施和根施技术"，累计推广 13 个县市、3 个国营场站、310 个果园 2 190 多个重点户，面积 2.26 余万亩。在张家口地区推广"龙眼葡萄早期丰产技术"2.15 万亩，占总发展面积的 76.6%，增加纯收益 142.88 万元。推广"以生防为主的苹果病虫综合防治技术"，累计推广面积 2 000 多万亩。示范推广"非砷制剂农药防治苹果树腐烂病技术"，累计推广 150 万亩，获益 7 000 万元，其中鞍山、朝阳等 6 个示范市、县（区）累计应用 61.5 万亩。在邯郸地区示范推广"苹果小叶病防治技术"，累计推广面积 5.19 万亩。推广"桃小食心虫防治标准"，应用面积 43 万亩。在辽宁、山东、陕西、河北等地示范推广"红香蕉苹果产地贮藏系列技术"，节约电能 1 285.22 万度。在辽宁、河北、山西、山东以及河南等省推广应用"半地下式通风贮藏库改造及其贮藏技术"，累计推广贮藏量达 4 500 万千克，经济效益达 1 800 万元。

1991—2000 年，建立梨矮化砧木示范基地 20 余个，辐射 21 个省（市），推广面积 9.1 万亩，累计新增经济效益 10.1 亿元。建立苹果无病毒苗木繁育基地，在辽、鲁、陕等 8 省建立苹果无病毒栽培示范样板园累计 18.2 万亩，在全国建立苹果无病毒栽培果园总面积达 58.6 万亩，累计繁育草莓无病毒种苗 110 万株，示范推广 17 个省（市），面积 8 000 余亩，新增总产量达 169.9 万千克。示范推广适合在庭院葡萄架下生长的优良草莓品种 100 余万株，惠及果农 20 余万户。示范推广"旱地苹果树丰产技术""幼树丰产优质三级配套技术""苹果无病毒栽培技术"，累计面积 200 万亩，经济效益 18 亿元以上。在我国北方苹果主产区，示范推广"桃小食心虫防治技术"，面积 101.25 万亩，新增产量 616.22 万千克，新增纯效益 1 602.81 万元；在辽南及辽西地区，示范推广"苹果病虫害优化配套防治技术"，面积 102 万亩，防治费用下降 33.8%，每亩产值提高 46.1%，新增效益 4 058 万元；在白梨主产区绥中县黄家乡示范推广"梨褐斑病防治技术"，累计在辽南地区推广面积 9 万亩，年增收 660 余万元；示范推广"苹果产地节能贮藏系列技术""水果采后保鲜技术"，应用贮藏量 50 万吨，经济效益 3 亿元以上；示范推广"西瓜综合配套生产技术"，面积 2 万余亩，增产 51%，新增纯收益 344.5 万元。

其间，河南省商丘地区虞城县张集镇优质苹果生产基地生产的苹果，获 1999 年昆明国际园艺博览会唯一苹果大奖。江苏省丰县套楼乡、梁寨镇优质果品生产基地获绿色食品标志。山西省临猗县优质苹果生产基地的红富士、新红星苹果先后 6 次获国家级金奖，并出口泰国、俄罗斯、越南、新加坡等国。

2001—2010 年，在辽宁、北京、河北、山东等全国各主产区建立苹果新品种示范基地 30 余个，建立矮砧苗木繁育基地大棚 5 栋，建立国外引进果树优新品种示范基地 4 个，建立梨新品种示范基地 20 余个，建立红地球葡萄新品种试验示范园 2 个，建立无公害优质果品生产试验示范区 1 个，示范推广'华红''华富''华金''华酥''锦香''八月红'等苹果和梨新品种、优系，累计推广面积 13.1 万亩，辐射面积 500 余万亩。示范推广"无公害苹果优质高效生产规范化管理技术""控冠改形修剪""果实套袋""叶分析指导配方施肥""花果管理""果园覆草""自然生草""无公害病虫综合防治技术"等技术 50 余项，累计示范面积 12.42 万亩，苹果示范园优质果率可达 81.87%，梨示范园优质果率可达 70%，经济效益提高约 20%。示范推广"果园无公害化病虫害综合防治技术"，果农节本减耗可达 600 万元。在北京大兴区及其周边区县示范推广"优新果品（梨）贮藏保鲜技术"，贮藏量 2 200 万千克以上，累计增收 6 612.0 万元以上。

2011—2020 年，在全国建立苹果、梨、葡萄示范基地 18 个，新植幼树 109.7 万株。合作共建辽宁省绥中县高科技示范基地，繁育无病毒苗木 20 万株，繁育苹果矮化中间砧苗 30 万株，示范矮砧密植栽培技术 35 亩。在北京大兴、河北滦南、辽宁鞍山、新疆等 20 个地区，示范推广苹果新品种'华红''华月'，梨新品种（系）'早金香''香红蜜''中矮红梨''矮化砧木（中矮 1～4 号）'，李子新品种（系）'一品丹枫''98-01-06''03-297'、葡萄新品种'华葡 1 号''华葡玫瑰'，桃新品种'中农寒桃 1 号''中农早珍珠'等 60 余个果树新品种 50 余万亩。示范推广"乔砧苹果树节本省工高效生产关键技术"为核心的 5 项技术，累计推广 25 万亩，新增经济效益达 220 万元以上。示范推广"苹果园有机覆盖培肥技术"，面积 15 万亩，实现经济效益 8 230 万元。示范推广"CND 营养诊断技术""果园精准肥水耦合单株控制技术""土壤墒情和养分快速检测技术"和"肥水一体化技术"，推广面积 6.8 万亩，果园节水节肥 30%，每亩节约生产成本 550 元，实现经济效益 3 750 万元。示范推广"设施果树优质高效生产关键技术""果园机械化生产技术"面积 66.2 万亩，年节省管理成本 3.3 亿元以上，年新增经济效益 7.6 亿元以上。示范推广富硒果品生产技术 6 万余亩，年增经济效益 1.3 亿元。示范推广"乔砧密植梨树绿色增产增效栽培技术"为核心的 3 项技术，累计推广 17.8 万亩，实现经济效益 1.69 亿元。示范推广"生草覆盖""有机肥替代""优质壮苗标准化建园"等技术 14 项，累计推广 17.2 万亩，新增经济效益 1.72 亿元。示范推广"翠冠梨、蓝莓、国光苹果等贮运保鲜关键技术""1-MCP 保鲜技术"，推广应用果品量超过 800 吨，果实商品性提高 25%，累计节本增收 2 000 万元。示范推广自主研发的果树系列叶面肥，"含硒、锌或钙的果品叶面肥"生产的氨基酸水溶性肥料，苹果树腐烂病生防菌剂 GB1，面积 3.5 万余亩，新增经济效益 8 000 万元。

图 3-1　全国新红星苹果技术开发第五次会议

（二）科技培训

1958—1969 年，举办集中技术培训、讲座、咨询会等 85 次，为新疆、内蒙古、安徽、北京等果树新发展地区培养初级果树技术人员 280 名，培训果农 9 500 余人次，培训 8 个技术夜校共 1 059 人次。

1970—1978 年（陕西省果树研究所期间），接待 21 个省市 300 多个单位 700 余人次到研究所参观学习，为附近中学 1 300 人讲授果树专业技术课程。果树所针对锦州地区果产区基层农民 106 名学员开展果树技术培训班，为农村培养技术人员。

1979—1990 年，举办技术培训班 587 次，培训果农 6.14 万人次。

1991—2000 年，在河南、山东、山西、江苏、辽宁等产区开展技术咨询、技术服务和技术讲座 100 余场次，培训技术人员 3 万余人次。

2001—2010 年，在辽宁、山东、山西、河北等产区开展技术咨询、技术讲座 100 余场次，培训技术人员 4 万人次。

2011—2020 年，组织科技下乡 3 931 人次，举办技术培训咨询等科技服务活动 674 次，覆盖辽宁、河北、内蒙古、山西、云南、北京、陕西、新疆等 13 省、市、自治区 40 余个市（县、区），培训各类基层农技推广人员、农民科技带头人、科技经纪人及果农 16.25 万人次，发放技术资料 6.94 万份，捐赠科技刊物、资料等，共计 7 万余元。通过广播电台、电视台、微信及 12316 电话热线等媒体开展科技咨询服务 5 800 余人次，农业科学技术专题报道 5 次。录制中央人民广播电台《农博士在线》电台培训节目 8 期，开通果树生产技术与灾害预警手机短信服务平台，延伸培训服务链条。参加科技部、中央宣传部、国家民委等 13 家单位主办的科技活动 20 余次。2020 年在果树主产区举办线上培训 5 次，累计培训果农 10 余万人次。通过集中的培训，极大了提升了农技人员、专业合作社的果树生产管理水平，积极带动了当地果业的发展，催生了新的合作社建立。

图 3-2　1975 年杨树森给果树技术手培训班上课

图 3-3　辽宁省农民技术员培训班

图 3-4　特派团讲课

二、宣传推介

1991—2000 年，连续 4 年参加中国农业科学院与辽宁省人民政府共同主办的第一至四届"中国（锦州）北方农业新品种、新技术展销会"。发放宣传材料 1.03 万份，销售各类种苗、种子、图书等合计金额 12.3 万元，技术咨询 1 000 余人次。1999 年参加中国农业科学院在京组织的新品种新闻发布会，展示梨品种 2 个，苹果品种 2 个，葡萄品种 1 个。2000 年，参加中国农业科学院"西部万里行"活动，在内蒙古、宁夏、甘肃、新疆等省、市、自治区开展科技服务，签订科技合作协议 2 项。

2001—2010 年，连续十年参加中国农业科学院与辽宁省政府共同主办的第五至十四届"中国（锦州）北方农业新品种、新技术展销会"。2007 年以来，连续 4 年参加中国农业科学院与山西运城、河北廊坊以及辽宁省政府共同主办的农业科技博览会。宣传推介果树新品种 30 余个。提供果品贮藏保鲜、果树优质栽培、果品质量安全检测、果树病虫害防治等高新技术展板 120 余块；发放《中国果树》《果树实用技术与信息》期刊 1 600 余份，发放各类宣传材料 2.15 万份，技术咨询 2 500 余人次。

2011—2020 年，2011 年以来，连续 8 年参加中国农业科学院与辽宁省政府共同主办的第十五届至二十三届"中国（锦州）北方农业新品种、新技术展销会"，参加中国农业科学院与山西运城、河北廊坊以及辽宁省政府共同主办的农业科技博览会。宣传推介果树新品种 40 余个，新技术、新产品 50 余项，提供科技成果展板 500 余块。发放《中国果树》《果树实用技术与信息》1 500 余册，发放果树生产及防雹防灾等宣传资料 1.7 万余份，技术咨询 4 000 余人次。选送果树所 23 项优秀科技成果参展技术成果交易会，"果树系列叶面肥成果"荣获第十六届中国国际高新技术成果交易会（深圳）"优秀产品奖"。在全国各果树主产区示范推广果树新品种 40 余个，果树生产技术 25 项、新产品 5 项，为果树所科技兴农与成果转化拓宽了渠道。

2019 年 4 月，参加了在四川成都召开的 2019（首届）全国农业科技成果转化大会暨第七届成都国际都市现代农业博览会。展出自主培育研发的果树新品种、新技术及新产品等科研成果 32 项；"梨矮化砧木选育及配套栽培技术示范推广""果蔬保鲜新技术——1-MCP 保鲜技术"2 项科技成果入选《2019（首届）全国农业科技成果转化大会百项重大农业科技成果名单》，30 项新成果、新技术列入《全国农业科技成果转化大会 1 000 项优秀成果》汇编。进一步助推了果树所科技成果转化与科技兴农、惠农及乡村振兴工作。

2019年7月，开展"主题公众科普日"及"农科开放日"活动，以实物展示、科普讲解等形式开展科学普及活动，吸引社会公众230余人参加。2020年9月，开展第二届"农科开放日"活动，以线上直播的形式开展科普活动，直播约1 900人收看。

2020年10月，在山东栖霞组织召开第一届"中国苹果产业高质量发展大会"，按照新冠肺炎疫情防控的要求，大会采用线上和线下结合方式召开。中国农业科学院、山东省、烟台市相关领导，特邀知名专家，产业技术体系专家，苹果主产县领导，龙头企业及合作社，种植大户，中央和地方新闻媒体记者，栖霞市各级领导，果树所领导及专家参加大会。人民网、"果都党建平台"和"爱栖霞"等网络平台同步直播大会，仅"果都党建平台"线上就有近4万个基点8.59万余人收看。大会期间，果树所组织了全国优质苹果大赛。对10个省份、41个县的相关企业、专业合作社和种植大户选送的405份样品进行专家评比，评比产生59个金奖。

（李孟哲、程少丽）

图3-5　2008年廊坊展会

图3-6　2011年锦州展会

图 3-7　2019（首届）全国农业科技成果转化大会暨第七届成都国际都市现代农业博览会

图 3-8　2020 年全国优质苹果大赛

图 3-9　2020 年中国苹果产业高质量发展大会

三、科技扶贫

1991—2000年，1996年起，按照农业部和中国农业科学院部署，对贵州省开展科技扶贫工作，向贵州省平塘县赠送《中国果树》《果树实用技术与信息》等科技刊物与图书百余册。组织开展3次大型科技下乡活动，发放书刊及技术资料1.44万本，技术咨询服务7 000多人。1997年起，将辽宁省建昌县作为果树所科技扶贫重点县，选派专家挂职并开展技术培训工作，为4个乡镇的果农承包果树科技园提供技术指导，科技扶贫工作受到辽宁省扶贫工作领导小组的表彰。

2001—2010年，在2002—2008年期间，果树所成立了以主管副所长刘凤之同志为领队，由贮藏、栽培、植保等研究中心科技人员组成的科技扶贫服务队，充分发挥果树所技术及人才优势，对口帮扶辽宁省朝阳县，并持续对辽宁省建昌县、兴城市、绥中县开展科技扶贫。2007年中宣部宣教局、科技部农社司、辽宁省人民政府联合在辽宁省西丰县主办的"送科技下乡，促农民增收"活动，果树所组织给当地果农送去了价值1万元的科技图书资料。同年，组织25名青年科技人员到三道沟乡黑沟村进行科技扶贫。在中国农业科学院与河北省政府共同主办的"百名博士兴百县科技行动"活动中，选派6名博士分别在河北省辛集市、晋州市、魏县、泊头市、内邱县、巨鹿县进行科技帮扶，示范推广新品种、新技术。在辽宁省科技厅支持下，果树所联合绥中县科技开发中心、绥中县果树技术推广总站共同组建了绥中县果树科技特派团，开展科技特派行动。特派团先后建立苹果、梨等示范基地36个，种植推广面积达25万亩，发放农资114万元，取得直接经济效益16亿元。2019年重组特派团，专家们继续在绥中县开展科技特派活动。绥中县果树科技特派团2008年被评为"辽宁省科技特派团行动先进集体"，特派团团长程存刚同志2009年被科技部授予"全国优秀科技特派员"称号，同年荣获辽宁省人民政府"民族团结进步模范个人"。

2011—2020年，2011年以来，组织开展科技援疆，先后入疆200余次，在新疆建设兵团第五师、第八师、第十四师等开展了鲜食葡萄标准化生产、设施葡萄现代生产、酿酒葡萄标准化生产和果园机械化生产等技术培训和现场指导工作，培训科技人员和职工7 000人次以上，开展技术咨询服务1 000余人次，引进并示范推广果树所梨新品种1 000余株，引进盆栽果树2 000多盆。联合南京农业大学、库尔勒当地林业站等部门10余位专家，针对制约新疆库尔勒香梨生产的顶腐病等严重问题，开展新疆库尔勒香梨病害调研，并制订出解决方案，为当地香梨果业良好发展提供技术保障。

2014年，受四川省金川县人民政府委托，针对金川雪梨采后黑心的技术难题，赴金川进行实地调研，并开展技术指导和试验示范。开展了梨果黑心病发生原因和防控措施等技术培训，制订了"金川雪梨"黑心防控技术措施和详细的试验方案。

2016年，与辽宁省建昌县扶贫办、果蚕局、农委联合举办果树技能培训班，培训建昌县小德营子乡、魏家岭乡等14个乡镇学员83名。选派张彦昌到甘肃省静宁县挂职科技副县长，选派王昆、张尊平、董星光等10名科技人员担任葫芦岛市的科技副乡镇长，开展科技扶贫工作。

同年，在辽宁省科技厅支持下，组织果树栽培、育种、植保等领域老专家和青年骨干组建建昌县果树产业科技特派团、枣产业科技特派团。实施特派行动以来，先后扶持成立新型经营主体和合作社16个，直接帮扶贫困户102户。

2017年，应农业部人力资源中心的要求，组织专家赴河北省贫困县承德县开展科技帮扶工作，针对国光苹果产业存在的问题、条件优势，提出了建议和对策。组织贮藏专家前往内蒙古自治区赤峰市国家级贫困县赤林西和宁城县开展'寒富'苹果采后贮藏技术指导工作。

2019年，与西藏自治区农牧科学院合作共建"国家苹果育种中心青藏高原分中心"，与林芝市合作共建"国家苹果梨种质圃青藏高原分圃"。在四川省甘孜藏族自治州理塘县开展科技帮扶，实地走访调研3个乡，提出理塘果业发展规划。同年，对口帮扶四川省盐源县、壤塘县。走访调研2个县8个行政村，开展果树生产技术专题培训及实地指导100余人次，发放果树剪50把、培训资料120余份。同年，在辽宁省建昌县、河北省承德县、甘肃省静宁县、内蒙古自治区宁城县、武陵山区（恩施州等）、四川凉山彝族自治州、滇桂黔石漠化区（福泉等）、吕梁山区（隰县、汾西、蒲县等）及燕山太行山区（邢台、承德）等地多次开展科技扶贫工作。新建示范园、示范基地9处，累计推介并引进优良品种30个，推广新技术10余项，开展集中培训6次，田间指导22次，现场培训与指导果农1 100余人，赠送专业图书60本，编制产业方案及发展规划3次。直接帮扶贫困户61户，帮扶建档立卡贫困户10户，带动建档立卡贫困户脱贫9户。

2020年，受新冠肺炎疫情影响，在严格落实疫情防控要求下，通过线上线下的模式对理塘、盐源、建昌、朝阳等地开展了科技扶贫工作，9月应人力资源和社会保障部邀请，果树所王海波研究员赴山西省天镇县开展高层次专家助力脱贫攻坚活动，受到了人社部的表扬。

（程少丽、李孟哲）

图 3-10 四川理塘觉吾乡果业发展规划指导

图 3-11 四川理塘科技扶贫

图 3-12　林芝专业合作社指导工作

图 3-13　人社部高层次专家助力脱贫攻坚天镇行

图 3-14　程存刚深入开展科技扶贫工作

图 3-15　王海波深入开展科技援疆

图 3-16　姜淑苓、王文辉、赵进春赴山西隰县开展科技扶贫

图 3-17　康国栋到河北承德科技扶贫

图 3-18　赵德英正在进行田间技术指导

图 3-19　李壮深入开展科技援藏

第四节　所办企业

建所以来，先后成立兴城绿安果业科技有限责任公司（1992 年 7 月 11 日成立）、兴城果研科技咨询服务有限责任公司（2008 年 8 月 27 日成立）、葫芦岛市中农果业科技开发有限责任公司（2009 年 3 月 7 日成立）3 家企业，并上报国资委。

一、兴城绿安果业科技有限责任公司

1992 年 7 月 11 日，注册成立中国农业科学院果树研究所高新技术服务部，注册资金 40 万元。2002 年 4 月 24 日，该企业名称变更为中国农业科学院果树研究所兴城绿安果业科技发展部。2016 年 4 月 25 日，该企业名称变更为兴城绿安果业科技有限责任公司。2020 年 8 月 17 日，该企业法人由刘刚变更为程少丽，企业经营范围变更，许可项目：农药批发；农药零售；出版物批发；出版物零售；

农产品质量安全检测；农药登记试验；检验检测服务（依法须经批准的项目，经相关部门批准后方可开展经营活动，具体经营项目以相关部门批准文件或许可证件为准）。一般项目：技术服务、技术开发、技术咨询、技术交流、技术转让、技术推广；教育咨询服务（不含涉许可审批的教育培训活动）；城市绿化管理；制冷、空调设备销售；农业机械销售；五金产品批发；五金产品零售；肥料销售；农产品的生产、销售、加工、运输、贮藏及其他相关服务；农用薄膜销售；塑料制品销售；纸制品销售；机械设备租赁；农林牧副渔业专业机械的安装、维修；园区管理服务；农业机械服务；电子、机械设备维护（不含特种设备）；农业科学研究和试验发展；规划设计管理；农业专业及辅助性活动；广告设计、代理；广告制作；会议及展览服务（除依法须经批准的项目外，凭营业执照依法自主开展经营活动）。

二、兴城果研科技咨询服务有限责任公司

2008 年 8 月 27 日注册成立，注册资金 10 万元，属于法人独资。法人代表：张彦昌。企业经营范围：果树技术咨询、技术培训服务；水果种植、销售；有机肥、化肥、植物生长调节剂、植物营养剂、果品品质改良剂、园艺机械、园艺工具、反光膜、农膜、灌溉管带、果袋、果箱、保鲜袋销售；设施、设备租赁、维护；果园设施规划、设计；职业介绍服务；预包装食品（含冷冻冷藏食品）、散装食品（含冷冻冷藏食品）、施用农产品销售（依法须经批准的项目，经相关部门批准后方可开展经营活动）。

三、葫芦岛市中农果业科技开发有限责任公司

2009 年 3 月 27 日注册成立，注册资金 10 万元，属于法人独资。法人代表：赵彬。企业经营范围：果树技术咨询、技术开发、技术转让；果品、苗木、肥料、土壤的检验测试服务；试验土地、田间设施管理服务；苗木、果品生产、贮藏、销售；无土栽培基质、有机肥、化肥、复合肥、农药、植物生长调节剂、果品品质改良剂、园艺机械、园艺工具、反光膜、农膜、果袋、果箱、保鲜袋、营养钵、植生袋、开角器、图书、盆景、草炭土销售；果园设施规划、设计；广告设计、制作；农家肥收购、销售。果品加工、销售；会务服务（依法须经批准的项目，经相关部门批准后方可开展经营活动）。

（程少丽、李孟哲）

第四章　人才队伍

第一节　概　况

1958年建所之初，兴城园艺试验场原有人员，加上华北所园艺系果树室以及从其他科研院校抽调的人员，作为果树所最初的人员基础，为开展全国性的果树科学研究奠定了人才保障。60多年来，一批又一批的干部职工为果树科研事业的发展贡献力量。人员情况详见表4-1。

表4-1　果树所历年在职人员情况（截至2020年12月）

年份	职工总数			年份	职工总数			年份	职工总数		
	合计	干部	工人		合计	干部	工人		合计	干部	工人
1958	349	93	256	1981	354	144	210	2001	232	101	131
1959	481	165	316	1982	360	140	220	2002	224	96	128
1960	460	170	290	1983	387	171	216	2003	216	90	126
1961	438	175	263	1984	389	182	207	2004	219	99	120
1962	439	177	262	1985	393	189	204	2005	221	101	120
1963	474	164	310	1986	398	183	215	2006	224	106	118
1964	480	165	315	1987	358	161	197	2007	224	109	115
1965	462	160	302	1988	355	159	196	2008	223	110	113
1969	330	99	231	1989	349	159	190	2009	222	109	113
1970	259	100	159	1990	353	154	199	2010	220	111	109
1971	260	104	156	1991	349	159	190	2011	220	113	107
1972	243	64	179	1992	315	142	173	2012	218	119	99
1973	249	95	154	1993	310	141	169	2013	207	115	92
1974	238	84	154	1994	290	135	155	2014	203	116	87
1975	206	47	159	1995	285	130	155	2015	219	135	84
1976	203	41	162	1996	279	130	149	2016	209	132	77
1977	249	52	197	1997	275	140	135	2017	205	135	70
1978	338	136	202	1998	255	116	139	2018	201	138	63
1979	346	150	196	1999	246	110	136	2019	193	132	61
1980	350	145	205	2000	238	104	134	2020	189	135	54

注：1966—1968年统计数据缺失。

（李晓明、康霞珠）

第二节 干部队伍

建所初期，干部队伍有着良好的前期基础，除了原兴城园艺试验场培养的干部与华北农业科学研究所果树室的人员，还从中南农业科学研究所等七大区的农业科研机构调配优秀人才担任新组建的研究室负责人。

建所至今，所级领导干部的任免权由部院行使，所中层干部的任免权经历了从院人事局审批、所里考察报院备案审批后任命、任免权直接由所里行使的过程。建所60多年来，果树所培养了一大批中层干部，为单位科研事业发展、机构良好运行提供了干部保障，详见表4-2～表4-6。

20世纪90年代以来，通过干部交流、挂职等形式，加强干部队伍建设，接收上级派到果树所挂职交流干部5人，派出挂职干部11人，详见表4-7、表4-8。

表 4-2　1958—1980 年果树所部门负责人名录（不完全统计）

部　门		姓　名	职　务	任职时间
职能部门	办公室	汤宝库	主任	1973—1980
		张海峰	副主任	1959—1960
		王庆山	副主任	1961—1970
		蒲富慎	副主任	1959—1970
		苑会池	副主任	1971—1980
	科研处	潘建裕	处长	1978—1980
研究部门	情报资料室	林衍	副主任	1978—1980
	栽培研究室	翁心桐	主任	1959—1971
		李世奎	副主任	1962—1970
	育种研究室	蒲富慎	副主任	1959—1970
		蒲富慎	主任	1978—1980
	植物保护研究室	郑建楠	主任	1961—1977
		陈策	主任	1978—1979
	瓜类研究室	邹祖绅	副主任	1962—1964
	土肥研究室	周厚基	副主任	1958—1980
支撑部门	韩家沟试验农场	车玉坤	主任	1960—1970
		王清林	副主任	1960—1970
	金城试验农场	李世奎	主任	1959—1961
	温泉试验农场	武占令	副主任	1960—1970
	砬山试验场	王清林	副主任	1971—1980
		何洪桥	副场长	1978—1980

表 4-3　1981—1990 年果树所部门负责人名录

部	门	姓　名	职　务	任职时间
职能部门	办公室	郑世平	主　任	1983.10—1985.03
		董　蕴	主　任	1985.03—1987.07
		李宝海	主　任	1987.07—1988.11
		赵凤忠	主　任	1988.10—1990.12
		赵凤忠	副主任	1981.06—1983.09
		马清山	副主任	1981.06—1981.10
		朱炳文	副主任	1983.10—1985.03
		董　蕴	副主任	1985.03—1987.07
		周远明	副主任	1987.04—1990.12
		唐国玉	副主任	1990.03—1990.12
	党委办公室	张玉波	兼任主任	1983.10—1988.10
		董　蕴	兼任主任	1988.11—1990.12
		姜振阁	副主任	1981.06—1983.08
		张玉波	副主任	1981.06—1983.09
		于　超	副主任	1981.06—1981.10
		李宝海	副主任	1985.03—1988.10
		刘景祥	兼任副主任	1990.04—1990.12
	行政处	朱炳文	副处长	1981.06—1983.09
		姜维汕	副处长	1981.06—1983.09
		尹庭业	副处长	1981.06—1983.09
	人事处	孙英林	处　长	1985.03—1986.04
		董　蕴	处　长	1988.11—1990.12
		刘景祥	副处长	1990.04—1990.12
	科研管理处	潘建裕	处　长	1981.06—1990.12
		王汝谦	副处长	1981.06—1986.04
		董启凤	副处长	1984.11—1987.07
		刘志民	副处长	1990.03—1990.12
研究部门	情报资料室	林　衍	主　任	1981.06—1988.02
		林　衍	副主任	1981.01—1981.06
		龚秀良	副主任	1981.06—1983.10
	第五研究室	李培华	主　任	1988.03—1990.12
		于振忠	副主任	1988.03—1990.12
	育种研究室	蒲富慎	主　任	1981.01—1988.03
		刘捍中	副主任	1985.03—1988.03

续表

部　门		姓　名	职　务	任职时间
研究部门	品种资源研究室	蒲富慎	兼任主任	1981.06—1988.02
		贾敬贤	主　任	1988.02—1988.03
		吴德玲	副主任	1981.06—1984.11
		修德仁	副主任	1981.06—1988.02
		贾敬贤	副主任	1981.06—1988.02
	第一研究室	贾敬贤	主　任	1988.03—1990.12
		刘捍中	副主任	1988.03—1990.12
	土肥研究室	周厚基	副主任	1981.01—1981.06
		周厚基	主　任	1981.06—1983.09
	生理研究室	周厚基	兼任主任	1983.10—1987.05
		宋壮兴	主　任	1988.02—1988.03
		宋壮兴	副主任	1981.06—1988.02
	第二研究室	宋壮兴	主　任	1988.03—1990.06
		程家胜	副主任	1988.03—1988.08
		薛光荣	副主任	1990.03—1990.12
	栽培研究室	李世奎	主　任	1981.06—1983.10
		李培华	主　任	1984.09—1988.02
		李培华	副主任	1984.04—1984.09
		张炳祥	副主任	1981.06—1983.10
		汪景彦	副主任	1981.06—1988.03
	应用技术研究室	修德仁	副主任	1988.02—1988.03
	第三研究室	汪景彦	副主任	1988.03—1990.03
		汪景彦	主　任	1990.03—1990.12
		修德仁	副主任	1988.03—1990.04
	植物保护研究室	陈　策	兼任主任	1981.06—1986.04
		刘福昌	主　任	1983.10—1988.02
		刘福昌	副主任	1981.06—1983.09
		张慈仁	副主任	1981.06—1988.02
		王金友	副主任	1988.02—1988.03
	第四研究室	王金友	主　任	1990.03—1990.12
		王金友	副主任	1988.03—1990.03
		冯明祥	副主任	1990.03—1990.12
支撑部门	砬山试验场	张佐民	场　长	1990.03—1990.12
		张佐民	副场长	1981.10—1990.03
		刘尚恩	副场长	1983.10—1990.12
		宋玉祥	副场长	1989.02—1990.12
	温泉试验场	刘朝明	场　长	1983.10—1990.12
		刘朝明	副场长	1981.10—1983.10
		汤宝库	副场长	1981.06—1983.05
		朱相文	副场长	1981.06—1986.05

表 4-4　1991—2000 年果树所部门负责人名录

部 门		姓 名	职 务	任职时间
职能部门	办公室	李宝海	主 任	1991.01—1993.08
		刘景祥	主 任	1993.09—1999.11
		周远明	副主任	1991.01—1993.12
		唐国玉	副主任	1991.01—1993.09
		程守彦	副主任	1993.12—1995.06
		王洪范	副主任	1993.12—1996.05
		孙卫东	副主任	1996.01—1996.03
		陆景天	副主任	1996.05—2000.12
		秦伯英	副主任	1999.06—2001.07
	党委办公室	董 蕴	兼任主任	1991.01—1996.01
		唐国玉	兼任主任	1996.01—2000.06
		刘景祥	主 任	2000.06—2000.12
		刘景祥	兼任副主任	1991.01—1993.09
		唐国玉	兼任副主任	1993.09—1996.01
		苑亚利	副主任	1996.04—1999.05
	人事处	董 蕴	处 长	1991.01—1996.01
		唐国玉	处 长	1996.01—2000.12
		刘景祥	副处长	1991.01—1993.09
		唐国玉	副处长	1993.09—1996.01
		张玉华	副处长	1996.01—2000.12
	科技开发处	冯明祥	处 长	1992.03—1995.07
		窦连登	处 长	1996.01—1996.03
		秦伯英	副处长（主持工作）	1998.05—1999.06
		窦连登	副处长	1993.09—1996.01
		王洪范	副处长	1996.05—1998.01
		苑亚利	副处长	1999.06—2000.12
	科研管理处	潘建裕	处 长	1991.01—1992.03
		刘志民	处 长	1993.09—1996.01
		周远明	处 长	1996.01—1998.11
		刘志民	副处长	1991.01—1993.09
		沈庆法	副处长	1992.03—1992.11
		刘凤之	副处长	1996.01—1996.09
		陆致成	副处长	1997.09—2000.12
研究部门	第五研究室	李培华	主 任	1991.01—1996.01
		于振忠	副主任	1991.01—1993.10
	情报资料室	贾定贤	主 任	1996.01—1998.10
		杨有龙	副主任	1993.10—1995.06
		赵凤玉	副主任	1996.01—2000.02

续表

部　门		姓　名	职　务	任职时间
研究部门	第一研究室	贾敬贤	主　任	1991.01—1993.08
		刘捍中	副主任	1991.01—1993.05
	育种研究室	李树玲	副主任	1993.09—1995.06
		任庆棉	副主任	1996.03—1997.06
	品种资源研究室	薛光荣	兼任主任	1997.06—1999.07
		方成泉	副主任	1997.09—2000.12
	第二研究室	薛光荣	副主任	1991.01—1992.03
		薛光荣	主　任	1992.03—1996.08
	第三研究室	汪景彦	主　任	1991.01—1995.10
		叶金伟	副主任	1991.02—1998.01
	栽培研究室	刘凤之	副主任（主持工作）	1996.09—2000.12
		丛佩华	副主任	1999.09—2000.12
	第四研究室	王金友	主　任	1991.01—1997.08
		冯明祥	副主任	1991.01—1992.03
		王国平	副主任	1992.03—1993.08
	植保研究室	朴春树	副主任	1993.09—1999.08
	果品采后技术中心	田　勇	主　任	1996.09—1997.04
		孙希生	主　任	1997.04—2000.12
		冯晓元	副主任	1997.04—1997.11
支撑部门	后勤服务中心	柴长纯	副主任（主持工作）	1998.03—2000.12
		李致祥	副主任	1999.09—2000.12
	砬山试验场	张佐民	场　长	1991.01—1999.09
		宋玉祥	副场长	1991.01—1999.09
		刘尚恩	副场长	1991.01—1993.02
		李成大	副场长	1993.11—1999.09
	砬山农场	李成大	场　长	1999.09—2000.12
		刘振祥	副场长	1999.09—2000.12
	温泉试验场	刘朝明	场　长	1991.01—1991.06
		李子臣	场　长	1991.06—1992.09
		谷　成	场　长	1992.09—1996.01
		谷　成	副场长	1991.06—1992.09
		刘景芳	副场长	1992.09—1996.01
	温泉农场	张海川	场　长	1996.01—1998.02
	温泉试验场	闫守军	副场长	1998.02—2000.12
		王天云	副场长	1998.02—2000.12

表 4-5 2001—2010 年果树所部门负责人名录

部门		姓名	职务	任职时间
职能部门	办公室	陆景天	副主任	2001.01—2001.06
		柴长纯	副主任	2001.06—2002.09
		刘景祥	主任	2003.12—2007.04
		项伯纯	主任	2007.05—2009.09
		黄启东	副主任	2003.12—2009.03
	办公室（党委办公室）	杨振锋	主任	2009.09—2010.12
		马智勇	副主任	2009.09—2010.12
		杜长江	副主任	2009.09—2010.12
	党委办公室	刘景祥	主任	2001.01—2003.12
		项伯纯	兼任主任	2007.05—2009.09
	人事处	张玉华	副处长（主持工作）	2001.01—2003.11
	人力资源部	张玉华	主任	2003.12—2007.03
	人事处	张玉华	处长	2007.03—2007.05
		杨振锋	处长	2009.09—2010.12
		杨振锋	副处长（主持工作）	2007.05—2009.09
	财务部	贾华	副主任	2003.12—2007.03
		蒲小庄	副主任	2003.12—2007.03
	计划财务处	贾华	处长	2007.05—2010.12
		贾华	副处长	2007.03—2007.05
		蒲小庄	副处长	2007.03—2010.12
	科技开发处	苑亚利	副处长	2001.01—2003.07
	研究发展部	王伟东	主任	2003.12—2007.05
		苑亚利	副主任	2003.07—2007.05
	科研管理处	王伟东	副处长	2001.06—2003.12
	科技处	仇贵生	处长	2009.09—2010.12
		仇贵生	副处长（主持工作）	2007.05—2009.09
研究部门	情报资料研究室	米文广	副主任	2001.06—2004.06
		米文广	主任	2004.06—2006.07
	品种资源研究室	方成泉	副主任	2001.01—2004.06
		曹玉芬	副主任	2001.06—2004.06
	种质资源与育种研究室	方成泉	主任	2004.06—2006.07
		曹玉芬	副主任	2004.06—2006.07
	果树资源与育种研究中心	丛佩华	兼任主任	2006.07—2009.09
		方成泉	副主任	2006.07—2009.09
		曹玉芬	副主任	2006.07—2009.09

部　门		姓　名	职　务	任职时间
研究部门	果树资源与育种研究中心	程存刚	兼副主任	2006.07—2009.09
		曹玉芬	主　任	2009.09—2010.12
		姜淑苓	副主任	2009.09—2010.12
		康国栋	副主任	2009.09—2010.12
	栽培研究室	丛佩华	副主任	2001.01—2002.08
		程存刚	副主任	2001.06—2004.06
		程存刚	主　任	2004.06—2006.07
	果树应用技术研究中心	程存刚	主　任	2006.07—2009.09
		王海波	副主任（主持工作）	2009.09—2010.12
	植物保护研究室	周宗山	副主任	2001.06—2006.07
		仇贵生	副主任	2004.06—2006.07
	植物保护技术研究中心	董雅凤	主　任	2006.07—2009.09
		周宗山	副主任	2006.07—2009.09
		仇贵生	副主任	2006.07—2007.04
	果树植物保护研究中心	周宗山	主　任	2009.09—2010.12
		董雅凤	副主任	2009.09—2010.12
	果品采后技术中心	孙希生	主　任	2001.01—2001.06
	果品采后中心	孙希生	副主任	2001.06—2004.06
		王文辉	副主任	2001.06—2004.06
	果品采后技术研究中心	孙希生	主　任	2004.06—2006.07
		王文辉	主　任	2006.07—2010.12
		王文辉	副主任	2004.06—2006.07
	果品质量安全研究中心	聂继云	主　任	2009.09—2010.12
		聂继云	副主任（主持工作）	2008.05—2009.08
	果品经济与信息研究中心	米文广	主　任	2006.07—2010.12
支撑部门	后勤服务中心	柴长纯	副主任（主持工作）	2001.01—2001.06
		柴长纯	兼任副主任	2001.06—2003.12
		柴长纯	副主任	2003.12—2007.05
		黄启东	副主任	2007.04—2009.09
		闫守军	副主任	2007.04—2012.12
	砬山农场	李成大	场　长	2001.01—2004.03
		刘振祥	副场长	2001.01—2004.03
		谭守德	副场长	2004.03—2017.02
	温泉试验场	闫守军	副场长	2001.01—2001.06
		王天云	副场长	2001.01—2001.06
	温泉农场	闫守军	副场长	2001.06—2003.12
		闫守军	副主任	2003.12—2007.05
		王天云	副场长	2001.06—2002.10

表 4-6　2011—2020 年果树所部门负责人名录

部　门		姓　名	职　务	任职时间
职能部门	办公室（党委办公室）	杨振锋	主任	2011.01—2012.12
		杜长江	副主任	2011.01—2012.12
		马智勇	副主任	2011.01—2012.12
	办公室	马智勇	副主任（主持工作）	2013.01—2017.12
		王宝林	副主任	2013.01—2017.12
		魏继昌	主任	2018.01—2019.12
		马智勇	副主任	2018.01—2019.12
	综合处	魏继昌	处长	2020.01—2020.12
		马智勇	副处长	2020.01—2020.08
		何文上	副处长	2020.08—2020.12
	党委办公室	姜淑苓	主任	2018.01—2020.12
		杜长江	副主任	2018.01—2020.12
	党办人事处	杨振锋	处长	2013.01—2017.12
		杜长江	副处长	2013.01—2017.12
	人事处	杨振锋	兼处长	2011.01—2012.12
		仇贵生	处长	2018.01—2020.12
		康霞珠	副处长	2018.01—2020.12
	计划财务处	贾华	处长	2011.01—2019.12
		魏继昌	副处长	2013.01—2017.12
		曹瑞玲	副处长	2018.01—2019.12
	财务资产处	贾华	处长	2020.01—2020.12
		曹瑞玲	副处长	2020.01—2020.12
	科技处	仇贵生	处长	2011.01—2012.12
	科研管理处	仇贵生	处长	2013.01—2017.12
	科技管理处	杨振锋	处长	2018.01—2020.12
		孟照刚	副处长	2018.01—2020.02
		吕鑫	副处长	2020.08—2020.12
	成果转化处	康国栋	处长	2013.01—2017.12
		黄启东	副处长	2013.01—2017.12
		孟照刚	副处长（主持工作）	2020.03—2020.07
		孟照刚	处长	2020.08—2020.12
		程少丽	副处长	2020.08—2020.12

续表

部　门		姓　名	职　务	任职时间
研究部门	果树资源与育种研究中心	曹玉芬	主　任	2011.01—2019.12
		姜淑苓	副主任	2011.01—2017.12
		张彩霞	副主任	2018.01—2020.07
		康国栋	副主任	2011.01—2012.12
	果树种质资源研究中心	曹玉芬	主　任	2020.01—2020.12
		高　源	副主任	2020.08—2020.12
	果树遗传育种研究中心	张彩霞	主　任	2020.08—2020.12
		欧春青	副主任	2020.08—2020.12
	果树应用技术研究中心	王海波	副主任（主持工作）	2011.01—2017.12
		李　壮	副主任	2013.01—2017.12
	果树栽培与生理研究中心	王海波	主　任	2018.01—2019.12
		李　壮	副主任	2018.01—2019.12
	果树栽培生理研究中心	王海波	主　任	2020.01—2020.12
		李　壮	副主任	2020.01—2020.12
	果树植物保护研究中心	周宗山	主　任	2011.01—2020.12
		董雅凤	副主任	2011.01—2020.12
	果品采后技术研究中心	王文辉	主　任	2011.01—2019.12
	果品贮藏加工研究中心	王文辉	主　任	2020.01—2020.12
	果品质量安全研究中心	聂继云	主　任	2011.01—2020.03
		徐国锋	副主任（主持工作）	2020.08—2020.12
	果品经济与信息技术中心	米文广	主　任	2011.01—2017.12
	果树期刊与信息技术中心	胡成志	副主任（主持工作）	2018.01—2019.12
	果树科技信息研究中心	胡成志	副主任（主持工作）	2020.01—2020.08
		胡成志	主　任	2020.08—2020.12
支撑部门	后勤服务中心	黄启东	副主任（主持工作）	2011.01—2012.12
		闫守军	副主任	2011.01—2012.12
	科技服务中心	康国栋	主　任	2018.01—2020.08
		黄启东	副主任	2018.01—2020.12
		张彦昌	副主任	2018.01—2020.08
		张彦昌	主　任	2020.08—2020.12
		赵　彬	副主任	2020.08—2020.12

表 4-7　到果树所挂职的干部名录

时　间	姓　名	工作单位
1997.03—1997.10	宋恒春	中国农业科学院直属机关党委
1998.03—1998.12	卢绍荣	中国农业科学院直属机关党委
2002.10—2003.04	王晓举	中国农业科学院人事局
2011.09—2012.08	于　辉	中国农业科学院基建局
2012.10—2013.09	韩　进	中国农业科学院直属机关党委

表 4-8　果树所外派挂职干部名录

时　间	姓　名	挂职地点及职务
1991.03—1995.06	毕可生	北京市密云县科技副县长
1995.12—1999.12	孔祥生	河南省民权县科技副县长
1997.07—1999.08	王文辉	贵州省黔南州平塘县副县长
1998.07—2008.05	李宝海	西藏农牧科学院副书记、副院长
1998.07—2001.12	张海川	贵州省遵义市黄花岗区科技副区长
2000.07—2001.03	陆致成	湖北省广水市科技副市长
2013.08—2014.08	姜淑苓	江苏省宿迁市宿豫区科技局副局长
2016.11—2017.12	张彦昌	甘肃省平凉市静宁县副县长
2017.07—2018.07	佟　伟	北京市大兴区安定镇副镇长
2017.08—2018.08	张艳杰	北京市大兴区榆垡镇副镇长
2020.08—2020.10	李　壮	西藏林芝市农业农村局专家服务团组长

（康霞珠、刘会连）

第三节　科研人才

　　在 60 多年的发展历程中，果树所的专家队伍不断发展和壮大，涌现出一大批科研人才，提升了研究所学术水平，带动了研究所各项事业的发展。

　　1958 年，副高 2 人，中级 20 人，初级等 35 人。

　　1962 年，副高 5 人，中级 25 人，初级等 50 人。

　　1980 年，正高 1 人，副高 10 人，中级 40 人，初级等 30 人。

　　1990 年，正高 8 人，副高 26 人，中级 40 人，初级等 36 人。

　　2000 年，正高 4 人，副高 16 人，中级 40 人，初级等 26 人。

　　2010 年，正高 11 人，副高 15 人，中级 42 人，初级等 23 人。

　　2020 年，正高 18 人，副高 35 人，中级 54 人，初级等 20 人。

　　各时期晋升高级职称人员详见表 4-9。

表 4-9　历年晋升高级职称人员名单

时　间	正　高	副　高
1962 年以前		翁心桐、郑建楠
1962.11		蒲富慎、张领耘
1980.06	蒲富慎	向治安、周厚基、林庆阳、全月澳、郑瑞亭、张慈仁、刘福昌、陈　策、张乃鑫、李世奎
1982.06		费开伟
1983.06		唐梁楠、吴德玲、林　衍
1986.12	周厚基、全月澳、刘福昌	周学明、修德仁、余文炎、程家胜、汪景彦、宋壮兴、贾敬贤、李培华、潘建裕、姜元振、黄礼森、王金友、贾定贤、董启凤、牛健哲、牟哲生、吴　媛、于振忠
1987.08	陈　策	王汝谦
1988.02		于德江、杨万镒、刘捍中、王海江、杨克钦、薛光荣、刘伟芹、王焕玉[1]
1988.10	张慈仁[1]	杨儒林、于洪华、张　力、龚秀良、姜　敏、田　勇、朱佳满、赵凤玉、毕可生、朱秋英、王云莲、史秀琴[1]、逄树春[1]、陈群英[1]
1990.03	林　衍	
1990.11		孙秉钧
1992.03	宋壮兴、贾敬贤、姜元振[1]、潘建裕[1]、唐梁楠[1]、黄礼森[1]	石桂英、于润卿、孙　楚、王淑媛
1993.11	李培华、王金友、汪景彦、贾定贤、周学明[1]	马焕普、李树玲、刁凤贵、王国平、杨秀媛[1]、郭佩芬[1]
1995.12	董启凤	林盛华、窦连登、米文广、丁爱萍、任庆棉、朴春树、洪　霓、张德学[1]、徐桂兰[1]
1996.12		史贵文、陈长兰、冯明祥、李美娜、李宝海、满书铎、刘凤之、周远明
1998.03	杨克钦、赵凤玉	方成泉、周玉书、孙希生、郑金城
1999.03	王国平、薛光荣	丛佩华、张玉华、陆致成、张静茹、史永忠
2000.03	米文广、窦连登	曹玉芬、孔祥生、任金领、翁维义
2001.02	李宝海、李建国	
2002.01	林盛华、刘凤之	聂继云、王伟东、王文辉、杨振英、赵进春
2003.01	方成泉、孙希生	程存刚、董雅凤、李　莹、张尊平
2004.01	丛佩华	苑亚利
2006.01	曹玉芬	
2007.01		姜淑苓、周宗山、仇贵生
2008.01	王文辉、聂继云	康国栋、杨振锋、李　静
2009.01	程存刚	王　昆、王　强、巩文红
2010.01	张静茹	张红军、迟福梅
2011.01	赵进春	王志华、张彩霞、李　壮、赵德英
2012.01	姜淑苓	张利义、王孝娣、郝红梅、贾　华

续表

时 间	正 高	副 高
2013.01	周宗山、仇贵生	王海波、李志霞、田路明
2014.01	王 昆	李 敏、王宝亮、李海飞、张彦昌
2015.01	康国栋	宋 杨、张怀江、王 斐
2016.01	赵德英	高 源、田 义、张俊祥
2017.01	张彩霞	孙丽娜、徐成楠、贾晓辉、胡成志
2018.01	李志霞	胡国君、闫文涛、安秀红、佟 伟
2019.01	李 壮、王海波	范旭东、欧春青、袁继存、孟照刚
2020.01	张利义	徐国锋、厉恩茂、董星光、康霞珠、王大江

注：①退休后获得职称资格。

（仇贵生、康霞珠）

第四节　支撑人才

支撑人才主要包括综合实验室工作人员、质量检测人员、情报资料人员、编辑出版人员等科研人员。

1959 年《中国果树》创刊，有了第一批公共支撑人员。建所以来，共有 50 余人在《中国果树》从事编辑出版工作。

1988 年，依托所内设机构调整，果树所成立了综合实验室，归科研管理处管理。在此期间，所里评聘了一批实验师，专门从事实验室工作。

1997 年，成立农业部果品及苗木质量监督检验测试中心，承担农业部或其他部门委托的果品及苗木质量安全监测工作，检测中心成立至今共有 40 余人从事检测工作。

2020 年 8 月遴选了胡成志、李静 2 名所级支撑英才。

（仇贵生、康霞珠）

第五章 教育培训

第一节 概 况

果树所以强农兴农为己任，充分发挥人才、平台、项目等资源优势，为果树产业培养和输送知农爱农的新型人才。

一、研究生培养

在果树学、植物病理学博士授予点的 5 个研究方向招生；在果树学、植物病理学、农业昆虫与害虫防治硕士学位授予点的 10 个研究方向招收学术硕士研究生；在农艺与种业、资源利用与植物保护领域招收专业硕士研究生。为政府主管部门、高校和科研机构、相关企事业单位输送高素质人才。1981年以来，培养了博士研究生 13 人、硕士研究生 77 人。

二、科技培训

依托果树所科研项目、科技平台、试验示范基地，对基层农业技术推广部门、相关企业、果农及其他从业人员进行指导和培训。建所以来，在全国果树主产区指导培训果农超过 100 万人次。集成果树应用技术领域的最新成果，打造精品课程，利用广播电视、网络平台和新媒体为产业一线提供技术指导和服务。依托"中国农业科学院兴城农村实用技术培训中心""辽宁省农民技术员培训基地"等平台，承担地方政府及主管部门委托的培训任务。主办各类专业人员和新型农民专题培训班 90 余期，累计培训农业专业技术人员和农民 1.3 万人次，向 12 562 名学员颁发了培训合格证书。

三、科普教育

依托农业部和共青团中央认定的"全国青少年农业科普示范基地"，接待高校和中小学师生来所开展实习与体验式科普教育活动。2011 年以来，接待东北农业大学、吉林农业大学、沈阳农业大学、天津农学院、兴城市高级中学、兴城市南一小学、兴城市温泉小学等在校师生 2 000 余人次。

（杨振锋）

第二节 研究生教育

果树所是中国农业科学院研究生院成立时即开始招收研究生的单位之一。1981 年获得植物病理学硕士学位授予权，1986 年获得果树学硕士学位授予权。蒲富慎、贾敬贤、仝月澳、周厚基、陈策、刘福昌、宋壮兴等成为果树所第一批硕士研究生导师，在果树品种资源及育种、果树矿质营养与施肥、果树真菌病害、果树病毒、果树生理等学科方向招收和培养研究生，培养了张林森、魏良稠、王国平等一批优秀的硕士研究生。2005 年获得果树学博士学位授予权，方成泉、丛佩华等成为果树所第一批博士研究生导师。2006 年获批成立"中国农业科学院果树研究所博士后科研工作站"，2007 年果树所开始果树学二级学科的博士后招收工作。

20 世纪 90 年代，随着老一代科学家相继离退休，果树所研究生导师队伍曾一度出现"青黄不接"的情况。果树所根据学科发展趋势，有意识地扶持和培养年轻的科技人员，鼓励青年科技人员积极主动地申请和主持课题，鼓励科技人员攻读学位或出国进修，以提高业务水平。按照中国农业科学院研究生导师评选办法，加强师资队伍建设，遴选备案一批中青年博士生导师和硕士生导师，形成了一支研究方向稳定、学历层次较高、年龄结构合理的导师队伍。截至 2020 年 12 月，果树所先后遴选并获批（备案）博士研究生导师 6 人、硕士研究生导师 43 人，详见表 5-1、表 5-2。

表 5-1　中国农业科学院果树研究所博士研究生导师名录

序号	姓　名	专　业	专业技术职务	导师类别	获批时间
1	方成泉	果树学	研究员	博导	2006.7
2	丛佩华	果树学	研究员	博导	2006.7
3	曹玉芬	果树学	研究员	博导	2013.1
4	聂继云	果树学	研究员	博导	2014.6
5	周宗山	植物病理学	研究员	博导	2016.2
6	程存刚	果树学	研究员	博导	2018.1

表 5-2　中国农业科学院果树研究所硕士研究生导师名录

序号	姓　名	专　业	专业技术职务	导师类别	备案时间
1	仝月澳	果树学	研究员	硕导	1985.7
2	陈　策	植物病理学	研究员	硕导	1985.7
3	刘福昌	植物病理学	研究员	硕导	1985.7
4	周厚基	果树学	研究员	硕导	1985.7
5	蒲富慎	果树学	研究员	硕导	1985.7
6	贾敬贤	果树学	研究员	硕导	1985.7
7	宋壮兴	果树学	研究员	硕导	1985.7
8	方成泉	果树学	研究员	硕导	2002.7
9	林盛华	果树学	研究员	硕导	2004.9
10	丛佩华	果树学	研究员	硕导	2004.9
11	刘凤之	果树学	研究员	硕导	2004.9
12	张静茹	果树学	研究员	硕导	2004.9
13	曹玉芬	果树学	研究员	硕导	2006.7
14	程存刚	果树学	研究员	硕导	2006.7
15	王文辉	果树学	研究员	硕导	2006.7
16	聂继云	果树学	研究员	硕导	2006.7
17	姜淑苓	果树学	研究员	硕导	2007.1
18	周宗山	植物病理学	研究员	硕导	2007.1
19	董雅凤	植物病理学	研究员	硕导	2007.9
20	仇贵生	农业昆虫与害虫防治	研究员	硕导	2008.6

续表

序号	姓　名	专　业	专业技术职务	导师类别	备案时间
21	王　昆	果树学	研究员	硕导	2009.6
22	康国栋	果树学	研究员	硕导	2009.6
23	李　静	果树学	副研究员	硕导	2009.6
24	张彩霞	果树学	研究员	硕导	2017.1
25	赵德英	果树学	研究员	硕导	2017.1
26	李　壮	果树学	研究员	硕导	2017.1
27	宋　杨	果树学	副研究员	硕导	2017.1
28	张俊祥	植物病理学	副研究员	硕导	2017.1
29	李志霞	果树学	副研究员	硕导	2017.1
30	田　义	果树学	副研究员	硕导	2017.1
31	王海波	果树学	研究员	硕导	2018.1
32	孙丽娜	农业昆虫与害虫防治	副研究员	硕导	2018.1
33	徐成楠	植物病理学	副研究员	硕导	2018.1
34	胡国君	植物病理学	副研究员	硕导	2019.1
35	田路明	果树学	副研究员	硕导	2020.1
36	高　源	果树学	副研究员	硕导	2020.1
37	张利义	果树学	研究员	硕导	2020.1
38	王　斐	果树学	副研究员	硕导	2020.1
39	王孝娣	果树学	副研究员	硕导	2020.1
40	贾晓辉	果树学	副研究员	硕导	2020.1
41	王志华	果树学	副研究员	硕导	2020.1
42	佟　伟	果树学	副研究员	硕导	2020.1
43	闫文涛	农业昆虫与害虫防治	副研究员	硕导	2020.1

　　截至 2020 年 12 月，果树所先后招收博士研究生 25 人（含留学生 7 人）、硕士研究生 111 人；已经毕业博士研究生 13 人（含留学生 4 人）、硕士研究生 78 人，详见表 5-3、表 5-4。

表 5-3　中国农业科学院果树研究所博士研究生名录

序号	姓　　名	学　位	专业名称	导　师	入学时间	毕业时间
1	樊　丽	博士	果树学	方成泉	2007 年	2010 年
2	陈　莹	博士	果树学	丛佩华	2008 年	2011 年
3	周　兰	博士	果树学	丛佩华	2009 年	2012 年
4	肖　龙	博士	果树学	丛佩华	2013 年	2016 年
5	周　喆	博士	果树学	丛佩华	2014 年	2018 年
6	董星光	博士	果树学	曹玉芬	2015 年	2018 年
7	高　源	博士	果树学	丛佩华	2016 年	2019 年
8	常维霞	博士	果树学	聂继云	2016 年	2020 年
9	Safdarali Wahocho	博士	果树学	曹玉芬	2016 年	2019 年

续表

序号	姓　名	学　位	专业名称	导　师	入学时间	毕业时间
10	Hera Gul	博士	果树学	丛佩华	2016 年	2019 年
11	Muhammad Azeem	博士	植物病理学	周宗山	2016 年	2020 年
12	袁高鹏	博士	果树学	丛佩华	2017 年	2020 年
13	Saqib Farooq	博士	果树学	聂继云	2017 年	2020 年
14	张　惠	博士	果树学	聂继云	2017 年	
15	Syed Asim, Sham Bacah	博士	果树学	聂继云	2017 年	
16	Iqra Nawaz	博士	果树学	丛佩华	2017 年	
17	Riaz Ali Nahiyoon	博士	植物病理学	周宗山	2017 年	
18	张雪钰	博士	果树学	丛佩华	2018 年	
19	王美玉	博士	植物病理学	周宗山	2018 年	
20	沈友明	博士	果树学	聂继云	2019 年	
21	解　斌	博士	果树学	程存刚	2019 年	
22	霍宏亮	博士	果树学	曹玉芬	2019 年	
23	刘　错	博士	果树学	丛佩华	2020 年	
24	闫　帅	博士	果树学	程存刚	2020 年	
25	齐　丹	博士	果树学	曹玉芬	2020 年	

表 5-4　中国农业科学院果树研究所硕士研究生名录

序号	姓　名	学　位	专业名称	导　师	入学时间	毕业时间
1	魏良稠	硕士	果树学	周厚基	1985 年	1988 年
2	张林森	硕士	果树学	仝月澳	1985 年	1988 年
3	王国平	硕士	果树学	刘福昌	1986 年	1989 年
4	陈长兰	硕士	果树学	贾敬贤	1986 年	1989 年
5	李世访	硕士	果树学	刘福昌	1987 年	1990 年
6	李炳荣	硕士	果树学	宋壮兴	1991 年	1994 年
7	万　莉	硕士	果树学	蒲富慎	1992 年	1995 年
8	王　斐	硕士	果树学	方成泉	2003 年	2006 年
9	程存刚	硕士	园艺	陆庆光	2003 年	2005 年
10	姜淑苓	硕士	园艺	李建国	2003 年	2005 年
11	高　源	硕士	果树学	刘凤之	2004 年	2007 年
12	陈　莹	硕士	果树学	丛佩华	2005 年	2008 年
13	樊　丽	硕士	果树学	林盛华	2005 年	2008 年
14	王　强	硕士	园艺	丛佩华	2005 年	2008 年
15	吴春红	硕士	果树学	聂继云	2006 年	2009 年
16	董星光	硕士	果树学	曹玉芬	2006 年	2009 年
17	丁丹丹	硕士	农产品加工及贮藏工程	王文辉	2006 年	2009 年

序号	姓　名	学　位	专业名称	导　师	入学时间	毕业时间
18	王　昆	硕士	园艺	刘凤之	2006 年	2008 年
19	裴光前	硕士	植物病理学	董雅凤	2007 年	2010 年
20	李　萍	硕士	果树学	聂继云	2007 年	2010 年
21	徐启贺	硕士	果树学	程存刚	2007 年	2010 年
22	夏玉静	硕士	农产品加工及贮藏工程	王文辉	2007 年	2010 年
23	杨振锋	硕士	园艺	丛佩华	2007 年	2011 年
24	康国栋	硕士	园艺	丛佩华	2007 年	2012 年
25	郝红梅	硕士	果树学	丛佩华	2008 年	2015 年
26	丁艳杰	硕士	果树学	周宗山	2008 年	2011 年
27	宣利利	硕士	果树学	姜淑苓	2008 年	2011 年
28	程飞飞	硕士	果树学	姜淑苓	2009 年	2012 年
29	谢计蒙	硕士	果树学	刘凤之	2009 年	2012 年
30	佟　伟	硕士	园艺	王文辉	2009 年	2011 年
31	丛　深	硕士	果树学	刘凤之	2010 年	2013 年
32	李海燕	硕士	果树学	程存刚	2010 年	2013 年
33	齐　丹	硕士	果树学	曹玉芬	2010 年	2013 年
34	殷万东	硕士	农业昆虫与害虫防治	仇贵生	2010 年	2013 年
35	王鹏程	硕士	园艺	程存刚	2011 年	2014 年
36	赵君全	硕士	果树学	刘凤之	2011 年	2014 年
37	沈敏江	硕士	农产品加工及贮藏工程	王文辉	2011 年	2014 年
38	常耀军	硕士	果树学	曹玉芬	2011 年	2014 年
39	朱红娟	硕士	植物病理学	董雅凤	2011 年	2014 年
40	范元广	硕士	果树学	程存刚	2011 年	2014 年
41	周　喆	硕士	果树学	丛佩华	2012 年	2015 年
42	王　帅	硕士	果树学	刘凤之	2012 年	2015 年
43	杭　博	硕士	农产品加工及贮藏工程	王文辉	2012 年	2015 年
44	郑迎春	硕士	果树学	曹玉芬	2012 年	2015 年
45	郑丽静	硕士	园艺	聂继云	2012 年	2015 年
46	汤常永	硕士	园艺	姜淑苓	2012 年	2015 年
47	张克坤	硕士	果树学	刘凤之	2013 年	2016 年
48	叶孟亮	硕士	果树学	聂继云	2013 年	2016 年
49	宋成秀	硕士	果树学	丛佩华	2013 年	2016 年
50	张修德	硕士	园艺	程存刚	2013 年	2016 年
51	周　俊	硕士	植物保护	董雅凤	2013 年	2016 年
52	谷彦冰	硕士	植物病理学	周宗山	2013 年	2016 年
53	杨晓龙	硕士	农产品加工与贮藏工程	王文辉	2014 年	2017 年
54	张晓男	硕士	果树学	聂继云	2014 年	2017 年

序号	姓名	学位	专业名称	导师	入学时间	毕业时间
55	张晨光	硕士	果树学	程存刚	2014 年	2017 年
56	宗泽冉	硕士	果树学	丛佩华	2014 年	2017 年
57	郝宁宁	硕士	果树学	姜淑苓	2014 年	2017 年
58	全林发	硕士	农业昆虫与害虫防治	仇贵生	2014 年	2017 年
59	吴建圆	硕士	植物保护	周宗山	2014 年	2017 年
60	王玉娇	硕士	果树学	聂继云	2015 年	2018 年
61	张小双	硕士	果树学	曹玉芬	2015 年	2018 年
62	侯倩倩	硕士	果树学	丛佩华	2015 年	2018 年
63	韩晓	硕士	果树学	刘凤之	2015 年	2018 年
64	田志强	硕士	农业昆虫与害虫防治	仇贵生	2015 年	2018 年
65	张双纳	硕士	植物保护	董雅凤	2015 年	2018 年
66	庞国成	硕士	果树学	刘凤之	2016 年	2019 年
67	裴健翔	硕士	果树学	程存刚	2016 年	2019 年
68	刘超	硕士	园艺	曹玉芬	2016 年	2019 年
69	马凤丽	硕士	园艺	王文辉	2016 年	2019 年
70	赵亚楠	硕士	果树学	姜淑苓	2016 年	2019 年
71	王美玉	硕士	植物病理学	周宗山	2016 年	2019 年
72	卞书迅	硕士	果树学	丛佩华	2017 年	2020 年
73	张佳	硕士	果树学	聂继云	2017 年	2020 年
74	刘佰霖	硕士	园艺	王文辉	2017 年	2020 年
75	徐杰	硕士	植物病理学	周宗山	2017 年	2020 年
76	刘孝贺	硕士	农业昆虫与害虫防治	仇贵生	2017 年	2020 年
77	孙海高	硕士	园艺	刘凤之	2017 年	2020 年
78	张梦妍	硕士	植物病理学	董雅凤	2017 年	2020 年
79	刘锴	硕士	果树学	张彩霞	2018 年	
80	李也	硕士	果树学	聂继云	2018 年	
81	何闪闪	硕士	果树学	张彩霞	2018 年	
82	赵璇竹	硕士	植物病理学	张俊祥	2018 年	
83	张海棠	硕士	农艺与种业	赵德英	2018 年	
84	刘宴弟	硕士	资源利用与植物保护	仇贵生	2018 年	
85	张艳珍	硕士	农艺与种业	程存刚	2018 年	
86	王超	硕士	农艺与种业	曹玉芬	2018 年	
87	王波波	硕士	农艺与种业	刘凤之	2018 年	
88	鄢海峰	硕士	资源利用与植物保护	周宗山	2018 年	
89	李晨	硕士	资源利用与植物保护	董雅凤	2018 年	
90	刘明雨	硕士	果树学	聂继云	2019 年	
91	马玉全	硕士	果树学	王海波	2019 年	

续表

序号	姓　名	学　位	专业名称	导　师	入学时间	毕业时间
92	张宝东	硕士	植物病理学	董雅凤	2019 年	
93	刘　柳	硕士	农业昆虫与害虫防治	仇贵生	2019 年	
94	杨冠宇	硕士	农艺与种业	姜淑苓	2019 年	
95	李玉梅	硕士	农艺与种业	刘凤之	2019 年	
96	杨　祥	硕士	农艺与种业	曹玉芬	2019 年	
97	杨　安	硕士	农艺与种业	程存刚	2019 年	
98	郭　瑞	硕士	农艺与种业	曹玉芬	2019 年	
99	李佳纯	硕士	农艺与种业	姜淑苓	2019 年	
100	高小琴	硕士	食品加工与安全	聂继云	2019 年	
101	唐　琦	硕士	果树学	宋　杨	2020 年	
102	梁兆林	硕士	果树学	丛佩华	2020 年	
103	李　鑫	硕士	果树学	程存刚	2020 年	
104	杨明昊	硕士	农艺与种业	王海波	2020 年	
105	刘梦月	硕士	食品加工与安全	王文辉	2020 年	
106	聂晗宇	硕士	农艺与种业	曹玉芬	2020 年	
107	叶　宇	硕士	农艺与种业	姜淑苓	2020 年	
108	赵亮亮	硕士	农艺与种业	赵德英	2020 年	
109	贾晓君	硕士	植物病理学	胡国君	2020 年	
110	郭海萌	硕士	资源利用与植物保护	周宗山	2020 年	
111	金　实	硕士	资源利用与植物保护	张俊祥	2020 年	

（许换平）

图 5-1　2011 年毕业论文答辩

图 5-2　2019 年毕业研究生和导师合影

第三节　科技培训

　　科技培训是促进科研成果转化与技术推广的重要环节，果树所积极开展科技培训工作，传播科技知识，推介科技成果，为地方建设提供人才保障和智力支持，助推产业提质增效与健康持续发展。通过培训学员，辐射与带动周边农户应用新理念、新品种、新技术、新成果，推动了地方果树产业快速、高效与可持续发展，助推脱贫攻坚、乡村振兴与地方建设。

　　果树所先后成立"中国农业科学院兴城农村实用技术培训中心"（院办〔2007〕275号）、"中国农业科学院干部培训中心（兴城）"（院办〔2010〕209号），被中国科协确定为"2015—2019年全国科普教育基地"（科协办发青字〔2015〕19号），被科技部批准为"国家级科技特派员创业培训基地"（2014年），被农业部和共青团中央认定为"首批100个全国青少年农业科普示范基地"（2011年），被辽宁省农委认定为"辽宁省新型农民培训基地"（2008年）、"阳光工程农民创业培训省级基地"（2009年）、"省级现代农业技术培训基地"（2010年），被辽宁省科技厅认定为"辽宁省农民技术员培训基地"（2008年），被辽宁省科协认定为"辽宁省科学技术普及基地"（2013年），被辽宁省民委认定为"少数民族省级培训基地"（2013年），被葫芦岛市民委认定为"葫芦岛少数民族培训基地"（2009年），被葫芦岛团市委、市少工委认定为"葫芦岛市青少年体验式教育实践基地"（2012年）。

　　2007年以来，承担辽宁省科技厅、辽宁省农委（农业农村厅）及其他地方政府部门各项委托培训任务90余期，累计培训各类专业人员和农民12 972人次，详见表5-5，向12 619名学员颁发了培训证书。接待沈阳农业大学、东北农业大学、吉林农业大学、天津农学院等高校学生来所实习与实训教学636人次；接待辽宁省朝阳市、锦州市、营口市、大连市、建昌县、河北承德县等地方"新型职业农民培训班"来所实训教学和技术培训1 400余人次。通过承担委托培训任务与开展科普交流活动，培养出一批懂技术、善经营的专业技术人员和新型职业农民，许多学员成为技术专家、业界精英、科技致富带头人。在辽宁省农民技术员培训项目的指导和带动下，已成立各类企业和专业组织116个，包括农业公司19个、专业合作社83个、家庭农场14个。培训工作多次受到地方政府和有关单位表彰与嘉奖，先后被辽宁省农委评为"辽宁省新型农民科技培训工程先进培训机构"（2007年）、"全省农民科技培训工作优秀单位"（2010年、2013年）、"全省农民科技培训先进单位（一等奖）"（2011年）、"全省农民科技培训工作优秀单位"（2012年），被辽宁省科技厅等单位评为"辽宁省科技特派行动先进集体"（2008年、2011年、2019年），被辽宁省科协评为"2018年度辽宁省优秀科普基地"等。依托培训平台和培训项目，通过中央人民广播电台、辽宁卫视《黑土地》栏目、辽宁省经济广播电台、葫芦岛市电视台、广播电台与日报等媒体传播科技知识，宣传创业典型，扩大科技培训影响，赢得了社会各界的广泛好评。

（刘刚、马仁鹏）

表 5-5　中国农业科学院果树研究所举办培训班一览表

培训时间	培训班名称	培训期数	培训人数
2007 年	新型农民科技培训工程	1	1 500
2008 年	辽宁省农民技术员培训	2	119
	辽宁省农民科技经纪人	1	98
	葫芦岛市少数民族农民技术员培训	1	56
	新型农民科技培训工程	1	1 100
2009 年	辽宁省农民技术员培训	1	140
	辽宁省现代设施农业工程农民科技带头人培训	4	500
	辽宁省阳光工程农民创业果树类培训	1	122
	葫芦岛市少数民族农民技术员培训	2	85
2010 年	辽宁省农民技术员培训	1	122
	辽宁省基层农技人员培训	3	302
	辽宁省现代设施农业工程农民科技带头人培训	2	232
	辽宁省阳光工程农民创业果树类培训	1	108
	辽宁省农民科技经纪人培训	1	102
	葫芦岛市少数民族农民技术员培训	2	110
	葫芦岛市龙港区阳光工程果树技术培训	1	200
2011 年	辽宁省农民技术员培训	1	122
	辽宁省基层农技人员培训	3	335
	辽宁省现代设施农业工程农民科技带头人培训	2	190
	葫芦岛市龙港区阳光工程果树技术培训	1	200
	辽宁省转基因生物安全管理培训	1	80
2012 年	辽宁省农民技术员培训	2	511
	辽宁省基层农技人员培训	2	251
	辽宁省现代设施农业工程农民科技带头人培训	1	160
	辽宁省阳光工程农业创业培训	2	90
2013 年	辽宁省农民技术员培训	2	194
	辽宁省基层农技人员培训	4	479
	辽宁省现代设施农业工程农民科技带头人培训	2	160
	辽宁省阳光工程第 3 期农民创业培训	1	40
	葫芦岛市少数民族农民技术员培训	1	120
	绥中县科技局果树科技培训	1	106
	兴城市扶贫果树技术培训	1	200
	果品质量安全高级研修班	1	57

续表

培训时间	培训班名称	培训期数	培训人数
2014 年	辽宁省农民技术员培训	1	148
	辽宁省基层农技人员培训	5	602
	辽宁省现代设施农业工程农民科技带头人培训	1	128
	葫芦岛市少数民族农民技术员培训	1	73
	兴城市扶贫干部培训	1	100
2015 年	辽宁省农民技术员培训	1	225
	辽宁省基层农技人员培训	6	573
	辽宁省现代设施农业工程农民科技带头人培训	2	170
	葫芦岛市少数民族农民技术员培训	1	90
2016 年	辽宁省农民技术员培训	2	398
	辽宁省基层农技人员培训	6	457
	绥中县科技局果树科技培训	1	60
2017 年	辽宁省农民技术员培训	1	150
	辽宁省基层农技人员培训	2	180
	青年农场主培训	1	53
2018 年	辽宁省农民技术员培训	1	437
	辽宁省基层农技人员重点培训	2	206
2019 年	辽宁省农民技术员培训	1	406
	河南省项城市基层农技人员能力提升培训	1	25
2020 年	辽宁省农民技术员培训	1	300

第六章　国际合作

第一节　概　况

建所以来，通过参观访问、专业考察、合作研究、学术交流、进修学习、参加国际会议、市场调查等形式，派出专家、学者、科技人员和管理干部 170 余人次赴朝鲜、保加利亚、罗马尼亚、波兰、美国、英国、日本、新西兰、意大利、德国（联邦德国、民主德国）、匈牙利、法国、新加坡、韩国、泰国、俄罗斯、葡萄牙、希腊、巴西、智利、阿根廷、加拿大、荷兰、捷克、罗马尼亚、比利时、澳大利亚、乌兹别克斯坦、西班牙、秘鲁、乌拉圭等国家考察和学习。

接待苏联、捷克、阿尔巴尼亚、波兰、美国、墨西哥、日本、澳大利亚、新西兰、法国、英国、朝鲜、南斯拉夫、保加利亚、韩国、匈牙利、意大利、荷兰、泰国、南非、巴基斯坦、孟加拉国、苏丹、蒙古、坦桑尼亚、埃及、柬埔寨、土耳其、缅甸、哈萨克斯坦、吉尔吉斯斯坦、塔吉克斯坦、乌兹别克斯坦、尼泊尔等国家的官员、专家、教授、科技人员、企业高管等 400 余人次来华来所参观访问、专业考察、学术交流、合作研究和进修学习。

通过人员互访和学术交流，掌握了国外果树科研与生产发展动态，学习了国外的先进技术和经验，引入了果树种质资源和优新品种，提高了科研人员的素质和研究水平，对确定和调整我国果树的研究方向、提高我国果树学科科研水平，对我国的果树产业发展起到了积极的推动作用。

20 世纪 80 年代以来，随着我国改革开放的逐步深入，国际合作项目逐渐增多。先后与美国、波兰、保加利亚、德国、法国、意大利、韩国等国大学和科研机构签订合作协议，联合开展国际合作项目。2019 年 10 月，与法国农业科学院园艺与种子研究所、国际生物多样性中心－中亚办事处、塔吉克斯坦国家遗传中心、吉尔吉斯农业大学、尼泊尔农业研究委员会、巴基斯坦信德农业大学、保加利亚果树种植研究所、孟加拉希尔农业大学等国外机构签订双边科技合作协议，与来自 6 个国家的代表签署多边合作协议，共同开展"一带一路"国家果树跨境有害生物管理及相关研究。

（杨振锋）

第二节　国际交流互访

1958—1969 年，主要与苏联、朝鲜、捷克、保加利亚、罗马尼亚等社会主义国家开展交流互访。1958 年 5 月，接待苏联专家来果树所考察。1958 年 8 月至 1959 年 6 月，接待捷克专家何洛普来果树所学习培训。1958 年 11 月，张存实所长访问朝鲜。1960 年 6 月，张子明、费开伟到保加利亚、罗马尼亚、苏联参加会议。1964 年 6—7 月，费开伟访问保加利亚。

1970—1978 年，与朝鲜、阿尔巴尼亚、波兰等社会主义国家合作交流的同时，加强了与美国、墨西哥、日本等西方国家的合作和互访。1970 年 10 月，阿尔巴尼亚果树中心的塔索·尼尼发罗拉和萨兰达乌尔格农场的尼古拉·罗希来果树所（陕西眉县）考察果树育种。1977 年 9 月，波兰园艺所栽培室的斯沃维克教授和斯凯尔克夫斯基博士，根据中波科技合作项目协议，对果树所（辽宁兴城）进行参观访问。1977 年 8 月，美国的罗伯特·卡尔逊等 21 人到果树所（陕西眉县）访问参观，就果树栽培等问题进行交流。1977 年 11 月，墨西哥全国农业研究所的埃尔南德斯，根据中墨科技合作协议，来果树所（陕西眉县）参观考察。1977 年 7 月，日本农林水产省的小山义等 8 人就果树害虫防治，特别是对天敌利用情况进行技术交流。1972 年 9 月，蒲富慎到朝鲜考察。

1979—1990 年，与世界主要果树生产国和科研先进国家开展全面的科技合作与交流。接待来访专家、学者、科技人员、公司高管等 50 个团组 95 人次来所参观、访问、考察、学术交流、合作研究和农药合作试验。派出 23 个团组 34 人次出国考察、培训、开展合作研究和参加国际会议，详见表 6-1、表 6-2。

表 6-1 1979—1990 年来访情况

序号	来访人员	国家及机构	时 间	来访形式及内容
1	郝夫等 2 人	美国	1980.9	举办果树育种学讲习班
2	查曼斯、波生翰、科尔博、法伦、格拉哈姆等 5 人	澳大利亚园艺研究所、食品研究所、阿德雷德大学、澳大利亚西奥农业部园艺局、澳大利亚维多利亚农业部敦根巴研究所	1980.9	考察我国果树研究现状及生产加工情况
3	青木二郎等 5 人	日本昌中农交果树交流团	1981.9	日本果树生产概况及果树害虫防治等学术报告
4	纳根、王延柏、郑德章	西德拜耳中国有限公司植物保护部	1981	果树害虫防治学术交流
5	涅姆丘克	波兰果树花卉研究所	1982.7—8	考察果树害虫综合防治研究进展和果园病虫发生与防治情况
6	韦斯伍德	美国奥勒岗大学	1982.9	果树种质资源研究、梨属植物分类、梨短砧选育及密植栽培学术交流
7	波尼翁日克	波兰果树花卉研究所	1982.9	考察我国北方果树生产和科研现状
8	米加	波兰果树花卉研究所	1982.9—10	考察苹果树及梨树整形修剪技术和研究方法
9	滨口博彦、渡边健	美国陶氏公司	1983.4	商洽农药使用
10	槿纳利斯·希尔波待	美国农业部直属试验站	1983.6	座谈交流果树矿质营养和果树害虫防治问题
11	范福棣	美国贝茨维尔农业研究中心	1983.7—8	举办果树生理与营养讲习班
12	里德肖	澳大利亚联邦科学工业研究所	1983.7	果树虫害问题学术交流
13	芦川孝三郎、桥本登等 5 人	日本日中农交果树技术交流团	1983.9	梨栽培育种和病虫害科技交流
14	H. R Marz	美国	1984.3	洽谈药效试验
15	中村泽夫	日本东洋棉花公社	1984.3	商谈药效试验
16	福斯特	美国贝茨维尔农业研究中心	1984.8	参观访问
17	麦肯奇、戴丝巴罗等 2 人	新西兰	1984.9	苹果品种选育和矮化栽培学术交流
18	鲍德温、中村隆夫、徐义成	美国西福隆公司、日本东棉株式会社、美国东棉株式会社	1985.3	商谈"大富"试验事宜
19	井上和彦、石金良介	日本三菱化成株式会社	1985.4	商谈"杀虫剂"的示范试验、残留试验和田间药效试验
20	里德尔	美国 FMC 公司农药部亚洲区	1985.9	商谈天王星药无效试验

序号	来访人员	国家及机构	时　间	来访形式及内容
21	伊恩·佩吉、巴里·专格拉森、约翰·奥洛克林	澳大利亚诺克斯菲尔德园艺研究学院、新南威尔士州联邦科学工业研究组织食品研究处、塔斯马尼亚州农业部	1985.9	考察果树有关情况
22	格里博、斯莫拉什	波兰斯尔涅维茨园艺研究所	1985.9	考察我国北方耐寒果树品种砧木和小浆果的研究和生产情况
23	范福棣	美国贝茨维尔农业研究中心	1985.8—10	在应用组织培养技术快速繁育短枝型苹果新品种无病毒苗木领域开展合作研究
24	吴国华	香港 FMC 公司	1986.2	洽谈农药有关事宜
25	王延柏	西德拜耳中国有限公司	1986.3	洽谈农药有关事宜
26	江口润、三川矢展明	日本科研制药株式会社	1986.3	洽谈农药有关事宜
27	多斯巴、莫奈	法国农业研究院温柔尔多研究所	1986.7	考察果树栽培及苹果、梨品种选育情况
28	霍帕、余树恒	英国克牌公司农药部	1986.8	洽谈农药有关事宜
29	江口润、佐藤微	日本科研制药株式会社	1986.10	洽谈农药有关事宜
30	陈颂平、罗马·史莱顿	美国 FMC 公司农药部中国区	1987.4	天王星药效试验
31	江口润、山本金铳	日本科研制药株式会社、日本东棉株式会社	1987.4	苹果树腐烂病和斑点落叶病综合防治学术交流
32	三浦康尚、河野新一	日本墨水公司、日本三菱公司	1987.5	洽谈农药有关事宜
33	莱·奥尔沙克	波兰斯凯尔乐涅维茨园艺花卉研究所	1987.6	考察园艺植物的生物防治
34	里德肖	澳大利亚联邦科学工业研究所	1987.7	考察果园病虫防治情况
35	Lng.klaue Platten 等 3 人	意大利	1987.10	参观考察
36	皮德生、濑井富雄	美国益农公司亚澳区作物科学组	1988.4	商谈 Rubigan 试验事宜
37	李忠福等 4 人	朝鲜农业委员会果树总局	1988.5	考察果树所苹果腐烂病研究工作
38	彼德·吕布卡等 4 人	民主德国农科院	1988.6	考察中国农业科学院农业科研机构改革和科研工作成就，与中国农业科学院探讨双边合作事宜
39	谢召彦	西德先灵公司	1988.4	洽谈农药有关事宜
40	波诺维奇、Belyakov、Vassili Djouvionov	南斯拉夫马尔克威克大学、保加利亚果树研究所	1988.8	参观考察
41	Herb.S.Aldwinckle	美国康奈尔大学	1988.9	果树病毒技术交流
42	工藤祜基	日本青森苹果试验场	1988.9	果树病毒技术交流
43	桑西耶夫·耶夫金	保加利亚驻华大使馆	1989.3	互换苹果、梨资源
44	高登·琼斯等 2 人	Shell international chemical company Limited London	1989.5	互换苹果、梨资源

续表

序号	来访人员	国家及机构	时　间	来访形式及内容
45	维特科夫斯基、库滋涅佐夫	苏联全苏华维洛夫作物栽培研究所	1989.6	考察我国果树品种资源
46	阿兰·怀特	新西兰科工部地区性　加工研究所	1989.9	访问
47	佐依维诺夫、贝利亚克夫	保加利亚普罗夫迪夫果树研究所	1989	苹果单倍体诱导和工厂化育苗技术交流和协作
48	Fratisek Zachoyaly, Zoenek Janasta, Dagmar Zachovala	捷克合作社、捷克果树研究所组织培养室	1989.12	访问
49	理查德·阿蒂卡等3人	美国宾夕法尼亚州立大学	1990.7	对乙烯生物合成与贮藏保鲜项目技术指导与咨询
50	蒂克罗	联邦德国农科院果树病虫防治研究所	1990.9	果树（尤其是苹果）病虫害综合防治考察和学术交流

表 6-2　1979—1990 年出访情况

序号	出访人员	国家及机构	时　间	出访形式
1	潘建裕、费开伟、李德淑	波兰果树花卉研究所	1980.6	商签合作协议
2	周厚基	美国贝茨威尔农业研究中心	1981.7—1982.9	合作研究
3	刘福昌、汪景彦、仝月澳	波兰斯凯尔涅维茨果树花卉研究所	1982.6—8	合作研究
4	周厚基	英国	1982.8	参加国际会议
5	仝月澳	美国贝茨威尔农业科学研究中心	1983.4—1985.6	合作研究
6	宋壮兴	美国农业部所属各州试验研究所、站	1983.9—10	考察
7	陈　策、贾敬贤、刘福昌	日本农林水产省果树试验场	1984.8—9	考察
8	董启凤、方成泉	美国加州大学（美国加州国际种质资源培训班）	1985.7	培训
9	孙秀萍	美国奥勒冈大学	1985.10—1987.7	合作研究
10	周厚基	新西兰科工研究部园艺加工研究所	1986.1—4	合作研究
11	李喜宏	意大利国际综合技术工贸大学	1986.4—11	培训
12	周厚基、仝月澳	美国贝茨威尔农业科学研究中心	1986.8	参加国际会议
13	杨有龙	美国密执安州立大学	1988.4—1989.4	合作研究
14	王汝谦	保加利亚农业科学院	1988.4	考察
15	孙　楚	西德国家生物科学院	1988.6—12	合作研究
16	周学明	西德霍恩海姆大学	1989.7—1990.1	合作研究
17	朴春树	日本农林水产省果树试验场	1989.8—1990.8	进修
18	范学通	美国农业部华盛顿果树试验站	1989.6—1991.8	进修

续表

序号	出访人员	国家及机构	时　间	出访形式
19	薛光荣、史永忠	保加利亚农科院果树所	1989.10	合作研究
20	米文广	日本农林水产省果树试验场	1989.10—1990.10	合作研究
21	王国平	民主德国农科院	1991.3—5	合作研究
22	汪景彦、董启凤、贾定贤	匈牙利水果和花卉研究所	1990.9	考察
23	刘凤之	日本亚细亚农协及农林水产省	1991.2—3	考察及培训

1991—2000 年，重点与美国、日本、韩国、法国、德国、意大利等发达国家开展科技合作与交流。接待来访专家、学者、科技人员等 14 个团组 29 人次来所参观、访问、考察、合作研究和学术交流。派出 12 个团组 12 人次出国考察、培训、攻读学位、开展合作研究和参加国际会议，详见表 6-3、表 6-4。

表 6-3　1991—2000 年来访情况

序号	来访人员	国家及机构	时　间	来访形式及内容
1	金正浩	韩国农业振兴厅园艺试验站	1991.4	考察梨树研究概况
2	尼基·约瑟夫	匈牙利园艺食品工业大学	1991.7	考察果树所苹果品种表现
3	横山等 4 人	日本农药公司、化学公司	1991.9	出席全国落叶果树病虫害发生动态及防治对策研讨会
4	Y. Lespinasse, Chevrean 等 7 人	法国昂热果树试验站	1991	考察和交流苹果单倍体诱导技术
5	志贺正和、守屋正一	日本农业环境技术研究所、农林水产省果树试验场	1992.7	考察我国栗瘿蜂发生及防治情况
6	莱斯皮那斯	法国昂热果树研究所	1993.10	来访
7	松田等 2 人	日本农林水产省	1995	来访
8	萨伟罗	意大利地中海作物病毒及类病毒研究中心	1996.7	考察葡萄及核果类果树病毒病
9	马代里等 2 人	意大利地中海作物病毒及类病毒研究中心	1997.7	考察我国葡萄病毒病害发生情况
10	Monika	德国联邦栽培作物育种中心	1998.5—6	交流苹果单倍体诱导技术研究进展
11	Neumann 等 3 人	德国联邦作物育种研究中心	1998.9	交流苹果单倍体诱导技术研究进展
12	R. Garau, D. Boscia	意大利撒丁岛大学、巴里大学	1999.6—7	果树病毒合作研究
13	寿和夫	日本农林水产省果树研究所	1998.9	参观访问
14	月桥辉男	日本茨城大学农学部园艺学研究室	2000.7	参观访问

表 6-4　1991—2000 年出访情况

序号	出访人员	国家及机构	时　间	出访形式
1	孙秉钧	法国昂热、波尔多等果树试验站	1991.8	考察
2	范学通	美国华盛顿州立大学	1991.9—1997.4	攻读硕士、博士学位

续表

序号	出访人员	国家及机构	时 间	出访形式
3	周学明	意大利佛罗伦萨	1992.3	参加国际会议
4	马焕普	英国东茂林国际园艺研究中心	1992.10—1993.10	合作研究
5	刘志民	新加坡益生集团	1993.3	培训
6	董启凤	韩国	1993.5—6	参加国际会议
7	丁爱萍	法国昂热果树研究所	1994.4—12	合作研究
8	董启凤	乌拉圭全国农牧研究	1995.5	考察
9	洪 霓	意大利地中海作物病毒及类病毒研究中心	1996.9—1997.3	合作研究
10	周宗山	意大利地中海农学院	1997.10—1999.7	攻读硕士学位
11	王国平	意大利地中海作物病毒及类病毒研究中心	1998.9—1999.3	合作研究
12	孙希生	波兰华沙农业大学、德国波恩大学	1999.3—2000.3	培训
13	董雅凤、程存刚	意大利地中海农学院	1999.11—2000.7	培训

2001—2010 年，重点与日本、韩国、意大利等国家开展科技合作与交流。接待来访专家、学者、科技人员等 26 个团组 64 人次来所参观、访问、考察、合作研究和学术交流。派出 21 个团组 31 人次出国考察、培训、攻读学位、开展合作研究和参加国际会议，详见表 6-5、表 6-6。

表 6-5 2001—2010 年来访情况

序号	来访人员	国家及机构	时 间	来访形式及内容
1	原弘道	日本茨城大学农学部园艺学研究室	2001.4	参观访问
2	巴特尔、文尤植	韩国 SK 株式会社	2001.5	协商田间药效试验
3	吉村宽幸、司马骏一	日本卫材株式会社	2001.5	协商田间药效试验
4	Vliet	荷兰	2001.6	果树育种交流
5	李太男、洪哲学等 4 人	朝鲜农业科学院	2004.3—4	参观访问，了解我国苹果、梨、桃等果树育种和栽培技术
6	Kerry B.Walsh	澳大利亚中央昆士兰大学	2004.11	参观访问，探讨果品分级自动化及果品科技成果产业化的合作途径
7	Hae KeunYun	韩国农业振兴厅	2005.10	参观访问，了解我国葡萄育种和栽培技术
8	原田竹雄	日本弘前大学	2006.9	苹果育种学术交流
9	上野有穗、张树槐等 17 人	日本弘前大学农学生命科学部	2006.9	参观访问
10	大津善弘	日本	2006.9	果树病害学术交流
11	金大一	韩国农业振兴厅	2006.10	学术交流
12	Dr. Vasliy 等 2 人	保加利亚保加利亚水果种植研究所	2007.7	参观访问
13	林松铁、崔明俊等 4 人	朝鲜果树总局	2007.8—9	参观访问
14	李秀珍	加拿大农业与食品部圭尔夫食品研究中心	2007.8	核果类采后病害生物防治技术交流

续表

序号	来访人员	国家及机构	时　间	来访形式及内容
15	Laszlo Lakatos	匈牙利	2007.10	参观访问资源圃
16	Uthai Nopkoonwong 等 4 人	泰国农业厅、清迈皇家农业研究中心	2008.6	参观访问资源圃
17	Gennaro Fazio.	美国康奈尔大学	2008.6	苹果资源、砧木育种学术交流
18	Giovanni Martelli, La Notte Pierfederico, Pasquale Saldarelli	意大利巴里大学	2008.7	948 项目专家互访，开展科技讲座和技术培训
19	Dott.Walter Guerra, Kurt Werth	意大利	2009.5	学术交流
20	Magda-Viola Hanke, Andreas Peil	德国园艺和果树育种研究所德国联邦栽培植物研究中心	2009.5	学术交流
21	郑在植	韩国庆北大学	2009.7	学术交流
22	片山宽则、名田麻希子	日本神户大学	2009.9	梨资源考察交流
23	松本省吾、田尾龙太郎、森口卓哉、和田雅人等 6 人	日本	2010.8	参加中日果树分子生物学学术研讨会
24	BLAGOVA	保加利亚	2010.8	执行引智项目，开展学术交流
25	高玫	日本石川县立大学	2010.9	交流学习
26	Alberto Dorigoni	意大利圣米歇尔阿迪杰研究所	2010.10	948 项目专家互访

表 6-6　2001—2010 年出访情况

序号	出访人员	国家及机构	时　间	出访形式
1	薛光荣、孙希生	德国联邦作物育种中心果树育种研究所	2001.6	合作研究
2	方成泉、曹玉芬	日本鸟取大学	2001.8—9	参加国际亚洲梨学术研究会
3	董启凤	俄罗斯	2001.7	参加会议
4	董雅凤	意大利巴里大学	2001.10—2002.7	攻读硕士学位
5	周宗山	意大利巴里大学	2002.5—12	合作研究
6	曹玉芬	韩国农村振兴厅	2002.9	合作研究
7	周宗山	意大利巴里大学	2003.2—2006.3	攻读博士学位
8	李建国、曹玉芬	韩国农业振兴厅	2004.10	合作研究
9	方成泉	韩国农业振兴厅	2005.11	合作研究
10	孙希生	波兰华沙农业大学园艺学院	2005	合作研究
11	孙希生	美国阿格洛法士公司	2005	合作研究
12	曹玉芬、刘凤之	韩国	2006.10	合作研究
13	丛佩华	葡萄牙、希腊、保加利亚	2006.11—12	访问
14	沈贵银	巴西、智利、阿根廷	2007.3	访问
15	方成泉	韩国	2007.7	考察

续表

序号	出访人员	国家及机构	时　间	出访形式
16	曹玉芬、沈贵银	俄罗斯	2007.8	考察
17	曹玉芬	意大利、法国	2008.9.1—12	考察
18	丛佩华、程存刚、周宗山	意大利、德国	2008	执行 948 项目
19	曹玉芬	韩国	2008.12	参加亚洲园艺学大会
20	姜淑苓	日本	2009	参加国际会议
21	刘凤之、曹玉芬、王昆	俄罗斯	2009.9	考察
22	李壮、周宗山、赵德英	意大利	2010.7	考察
23	刘凤之	日本	2010.7—8	执行 948 项目
24	曹玉芬、王文辉	葡萄牙	2010.8	参加国际园艺大会

2011—2020 年，重点与美国、意大利、新西兰等国家开展科技合作与交流。接待来访专家、学者、科技人员等 37 个团组 87 人次来所参观、访问、考察、合作研究和学术交流。派出 50 个团组 84 人次出国考察、培训、攻读学位、开展合作研究和参加国际会议，详见表 6-7、表 6-8。

表 6-7　2011—2020 年来访情况

序号	来访人员	国家及机构	时　间	来访形式及内容
1	La Notte Pierfederico, Costantino Silvio Pirolo	意大利国家研究委员会植物病毒研究所、巴里大学农学院	2011.8	948 项目
2	范学通	美国	2011.9	学术交流
3	Christoper Wakins	美国康奈尔大学	2011.11	引智项目
4	Savio 等 3 人	意大利巴里大学	2012.7	引智项目，中-意联合实验室挂牌
5	Plino Innocenzi	意大利驻华使馆	2012.7	中-意果树科学联合实验室揭牌
6	Husham 等 13 人	9 个发展中国家	2012.7	参加国际培训班
7	Michele	欧盟农业政策研究委员会	2012.11	欧盟项目申请培训
8	Tomas Necas	捷克布尔诺大学园艺学院	2012.12	学术交流
9	Tomas 等 18 人	9 个发展中国家	2013.7	参加国际培训班
10	冯锦泉	新西兰皇家科学院植物与食品研究所	2013.11	学术交流
11	Allon	新西兰皇家园艺与食品研究所	2014.9	学术交流
12	Gérard DEBEAUFORT	法国	2014.9	学术交流
13	GAYLE M. VOLK	美国植物遗传资源保存中心	2014.9	学术交流
14	小林和彦	日本东京大学	2014.10	学术交流
15	Vincent Bus	新西兰皇家植物与食品研究所	2014.11	学术交流
16	姚家龙	新西兰皇家植物与食品研究所	2015.4	学术交流

续表

序号	来访人员	国家及机构	时　间	来访形式及内容
17	杨甲定	The Samuel Roberts Noble Foundation	2015.4	学术交流
18	洪艺静等 4 人	朝鲜科学院	2015.6	组培快繁学术交流
19	Richard Volz	新西兰皇家植物与食品研究所	2015.8	学术交流
20	Ben Van Hooi Jdonk	新西兰皇家植物与食品研究所	2015.9	学术交流
21	Giovani Martelli 等 6 人	意大利巴里大学	2015.11	参加中 - 意果业科技交流研讨会
22	Uttam Kumer Sarker, Safdar Ali Wahocho, Veyis Yurtkulu 等 16 人	巴基斯坦、孟加拉国、土耳其	2016.8—9	参加国际培训班
23	Omayma Mahmoud Mohamed Ismail	埃及国家研究中心园艺作物科技部	2017.4—2018.4	亚非杰出青年科学家来华工作计划
24	Nyo Zin Hlaing	缅甸	2018.10—2019.10	亚非杰出科学家来华工作计划
25	Andreas Peil, Thomas Wöhner	德国 JKI 果树育种研究所	2019.9	执行 2019 年中德合作项目
26	François Laurens	法国农业科学院园艺与种子研究所	2019.10	参加第一届"一带一路"国家果树科技创新国际研讨会；开展学术交流
27	Stefania Pollastro	意大利巴里大学		
28	Flavio Roberto De, Salvador	意大利农业和经济研究委员会 - 果树、橄榄、柑橘研究中心		
29	Kurt Werth	意大利南梯洛尔苹果和葡萄酒生产推广服务中心		
30	Luigi Catalano	意大利葡萄和果树专业咨询委员会，意大利苗木和果树种植联盟		
31	Petra Engel	意大利农业与经济研究委员会国际合作部		
32	Muhammad Ibrahim	巴基斯坦信德农业大学		
33	F M Aminuzzaman	谢尔孟加拉农业大学		
34	Ram Chandra Adhikari	尼泊尔农业研究委员会		
35	Mukhabbat Turdieva	乌兹别克斯坦国际生物多样性中心		
36	Svetlana Shamuradova	塔吉克斯坦农业科学院国家植物遗传资源中心，果蔬作物和葡萄系		
37	Plamen Ivanov，Ivanov	保加利亚国家果树种植研究所		

表 6-8　2011—2020 年出访情况

序号	出访人员	国家及机构	时　间	出访形式及内容
1	程存刚	美国	2011.4	交流考察
2	赵德英	加拿大	2011.5	培训
3	程存刚	荷兰、捷克、罗马尼亚	2011.7	考察访问
4	郝志强	日本	2011.9	培训
5	丛佩华	美国	2011.10	考察访问
6	王海波、周宗山	意大利	2011.10—11	执行 948 项目
7	曹玉芬	新西兰	2012.3—4	参加果树生物技术大会
8	程存刚	加拿大	2012.5—7	参加英语培训
9	刘凤之、王海波、周宗山	意大利	2012.11	执行 948 项目
10	曹玉芬、王　昆	保加利亚	2012.9	执行 948 项目
11	郝志强、张红军、陈亚东	韩国	2012.12	执行 RDA 项目
12	刘凤之	法国、比利时、德国	2012.7	执行欧盟项目
13	程存刚、赵德英	美国、加拿大	2012.11	执行 948 项目
14	曹玉芬、王　昆	捷克	2013.1	执行 948 项目
15	仇贵生	泰国	2013.2	参加国际研讨会
16	丛佩华、康国栋、姜淑苓	澳大利亚、新西兰	2013.4—5	执行项目考察
17	王文辉	澳大利亚	2014.8	参加国际会议
18	曹玉芬	比利时	2014.7	参加国际会议
19	高　源	美国	2014.10—11	合作研究
20	周宗山	意大利	2014.12	合作研究
21	王海波	意大利	2014.12	合作研究
22	张利义	澳大利亚	2015.1—8	培训
23	刘凤之、曹玉芬	美国、加拿大	2015.10	学术交流
24	高　源	美国	2015.10	合作研究
25	田　义	新西兰	2016.9—2017.9	培训
26	高　源	乌兹别克斯坦、意大利	2016.9—12	培训
27	张彩霞、欧春青、田路明	美国	2016.10	合作研究
28	史祥宾	意大利	2016.11	合作研究
29	赵德英	新西兰	2016.12	合作研究
30	程存刚、周宗山、李　壮	荷兰、英国、意大利	2017.10	合作研究
31	贾晓辉、杜艳民	西班牙	2017.10	参加国际会议
32	曹玉芬、董星光、王　昆	英国、法国、意大利	2017.11	学术交流
33	丛佩华、姜淑苓	俄罗斯	2017.10	合作研究
34	王大江	新西兰	2017.9—2018.9	培训
35	李　壮	加拿大	2017.12—2018.12	培训
36	聂继云	荷兰	2017.11—12	培训

序号	出访人员	国家及机构	时　间	出访形式及内容
37	程　杨、匡立学	日本	2018.5	学术交流
38	聂继云、李志霞、闫　震	美国	2018.9	学术交流
39	姜淑苓、王　斐	法国、德国	2018.9—10	学术交流
40	程存刚、曹玉芬、赵德英、王文辉、贾晓辉	土耳其	2018.8	参加国际会议
41	张俊祥	英国	2018.11	学术交流
42	田路明	秘鲁、意大利	2018.11—2019.4	培训
43	曹玉芬、田路明、杜艳民	乌拉圭	2018.12	参加国际会议
44	赵德英	美国	2018.12—2019.12	培训
45	程　杨	美国	2019.2—2019.12	培训
46	曹玉芬、周宗山	比利时	2019.3	参加国际会议
47	张俊祥	英国	2019.9—2020.8	培训
48	姜淑苓、王　斐	日本	2019.9	学术交流
49	张彩霞、韩晓蕾	荷兰	2019.9	学术交流
50	程存刚、曹玉芬、周宗山	法国、意大利、荷兰	2019.10	学术交流
51	李建才	法国、英国	2019.11—12	交流访问

（李菁）

第三节　国际合作项目

1981—1990 年，果树所与美国、波兰、保加利亚、德国等国家的科研机构联合开展"果树营养诊断""苹果密植栽培技术""果树病毒""果树组织培养""果树病虫害防治""苹果花芽分化机理及调控技术""果树病毒鉴定和快速诊断技术"等国际合作项目的研究工作，详见表 6-9。

表 6-9　果树研究所国际合作项目（1981—1990 年）

序号	项目名称	合作国家	时　间（年）
1	果树营养诊断	美国	1981—1982
2	果树营养诊断	美国	1983—1985
3	果树营养诊断	波兰	1982
4	苹果密植栽培技术	波兰	1982
5	果树病毒	波兰	1982
6	果树组织培养	保加利亚	1988—1989
7	果树病虫害防治	德国	1988
8	苹果花芽分化机理及调控技术	德国	1986—1990
9	果树病毒鉴定和快速诊断技术	德国	1989—1990

1991—2000 年，果树所与法国、德国、意大利等国家的科研机构联合开展苹果原生质体融合、果树单倍体技术、果树主要病毒分子生物学和快速检测技术等国际合作项目的研究工作，详见表 6-10。

表 6-10　果树研究所国际合作项目（1991—2000 年）

序号	项目名称	合作国家	时 间（年）
1	苹果原生质体融合研究	法国	1994—1995
2	果树单倍体技术研究	德国	1996—2001
3	果树主要病毒分子生物学和快速检测技术	意大利	1996—2000
4	葡萄抗病毒育种研究	意大利	1996—2000
5	苹果单倍体技术研究	德国	1999—2001

2001—2010 年，与意大利、韩国、加拿大、保加利亚等国家的科研机构联合开展"葡萄病毒研究和葡萄生产""优质苹果和梨品种的选育、交换和利用与评价""国外果树优新品种示范基地建设及推广""有价值的果树种质资源交换""核果类和葡萄病毒检测技术及良繁体系建设专家引进""CO_2 对核果类水果采后病害防治效果及机理研究""保加利亚果树育种及优良品种栽培技术专家引进"等国际合作项目的研究工作，详见表 6-11。

表 6-11　果树研究所国际合作项目（2001—2010 年）

序号	项目名称	合作国家	时 间（年）
1	葡萄病毒研究和葡萄生产	意大利	2002
2	优质苹果和梨品种的选育、交换和利用与评价	韩国	2002—2003
3	国外果树优新品种示范基地建设及推广	韩国、意大利	2003—2005
4	有价值的果树种质资源交换	韩国	2004—2006
5	核果类和葡萄病毒检测技术及良繁体系建设专家引进	意大利	2008
6	CO_2 对核果类水果采后病害防治效果及机理研究	加拿大	2008
7	保加利亚果树育种及优良品种栽培技术专家引进	保加利亚	2009

2011—2020 年，与美国、意大利、以色列、澳大利亚等国家的科研机构联合开展"西洋梨贮藏保鲜与后熟技术研究""苹果矮砧集约高效栽培技术专家引进""意大利农业发展管理和果树植保专家引进"等国际合作项目的研究工作，详见表 6-12。依托"亚非国家杰出青年科学家来华工作项目"，埃及国家研究中心园艺科学部 Omayma 博士 / 研究员和缅甸教育部生物技术研究系 Nyo 博士先后到果树所联合开展低需冷量梨育种和砧木组织培养等研究工作，Omayma 博士获得了"辽宁友谊奖"。

表 6-12　果树研究所国际合作项目（2011—2020 年）

序号	项目名称	合作国家	时 间（年）
1	中 - 意果树科学联合实验室建立前期调研	意大利	2011
2	西洋梨贮藏保鲜与后熟技术研究	美国	2011
3	发展中国家节本、优质、高效、安全、生态设施果树生产技术培训班	巴基斯坦、伊朗、印度尼西亚、苏丹、埃及、孟加拉国、泰国、保加利亚、缅甸	2012

续表

序号	项目名称	合作国家	时　间（年）
4	苹果矮砧集约高效栽培技术专家引进	加拿大、日本	2012
5	意大利农业发展管理和果树植保专家引进	意大利	2012
6	意大利植物病理学高端专家引进	意大利	2012—2013
7	蓝莓水肥一体化技术研究	韩国	2012—2014
8	中－意果树科学联合实验室建立与运行初探	意大利	2012
9	发展中国家果园机械和设施果树生产技术培训班	泰国、意大利、捷克、巴基斯坦、苏丹、孟加拉国、埃及	2013
10	海外联合实验室布局实施	意大利	2013
11	果园精准化灌溉施肥技术专家引进	以色列	2013
12	以色列果园节水农业技术专家引进	以色列	2013
13	国外葡萄优新品种示范基地建设及推广	意大利	2013
14	苹果分子辅助育种技术研究	荷兰	2014
15	苹果种质资源交换、联合鉴定评价	美国	2014—2017
16	苹果优质大苗繁育及矮砧集约栽培技术专家引进	法国	2014
17	现代果园病虫害综合防控专家引进	荷兰、新西兰	2014
18	发展中国家果树优质、高效、安全生产技术培训班	孟加拉国、马拉维、蒙古国、巴基斯坦、苏丹、坦桑尼亚、塔吉克斯坦、津巴布韦	2014
19	发展中国家果树优质、高效、安全生产技术培训班	巴基斯坦、孟加拉国、苏丹、蒙古国、坦桑尼亚、埃及、柬埔寨	2015
20	苹果果锈防控试剂及配套技术引进	新西兰	2015
21	苹果高效遗传转化技术引进	新西兰	2015
22	梨树工厂化无病毒苗木繁育技术专家引进	新西兰	2015
23	中澳动植物遗传资源筛选培训	澳大利亚	2015
24	中美农作物基因库采集技术与实践合作研究	美国	2014—2017
25	亚洲发展中国家果树生产技术培训班	巴基斯坦、孟加拉国、土耳其	2016
26	苹果基因组研究与育种技术培训	新西兰	2016—2017
27	亚非国家杰出青年科学家来华工作项目	埃及	2017
28	苹果砧木分子辅助快速选育技术培训	新西兰	2017—2018
29	果树化肥减量增效综合技术引进与研究应用	加拿大	2017—2018
30	现代果园节本提质增效简化管理技术专家引进	新西兰	2018
31	果树种质资源遗传多样性保护与利用研究技术专家引进	美国、意大利	2018
32	梨种质资源生物大数据平台建设及利用	美国	2018
33	果园智能化管理和配套农艺关键技术培训	美国	2018—2019

续表

序号	项目名称	合作国家	时　间（年）
34	果品营养功能识别与检测技术培训	美国	2019
35	果树跨境有害生物防控技术专家引进	意大利、巴基斯坦、保加利亚、孟加拉国、尼泊尔	2019
36	果树种质多样性保护与可持续利用技术引进	法国、意大利、塔吉克斯坦、乌兹别克斯坦	2019
37	植物和微生物互作机制研究培训项目	英国	2019—2020
38	果树果实品质与调控联合协作专家引进	日本、土耳其、巴基斯坦、孟加拉国	2020

（李菁）

第四节　国际合作平台

2012 年 7 月 13 日，经中国农业科学院批复（农科办国合〔2012〕145 号），果树所与意大利巴里大学（University of Bari Aldo Moro）联合建立中国 - 意大利果树科学联合实验室（Sino-Italian Joint Laboratory of Pomology）。

联合实验室的建设旨在为中意双方果树科研机构提供长效、稳定的合作平台，有效利用和发挥双方的各自科技优势，促进双方在原有良好合作的基础上通过联合项目和人才培养等形式开展更加广泛、紧密和实质性的科学研究和交流，促进相关技术成果的转化应用和产业化，提升双方在果树科技领域的国际地位和影响，为两国果业的效益提升和可持续发展作出贡献。

联合实验室通过联合项目实施和人才培养，开展果树资源的发展和高效利用，推动果业的高效益和可持续发展；开展植物病理学合作研究，开展果树病毒的诊断、检测和无病毒苗木生产等技术交流；开展果品质量安全分析、贮藏和加工等相关工作；开展提升双方果业研究水平和产业竞争力的科技研究，并推动技术在双方产业中的推广应用。

依托联合实验室平台，中意双方开展资源交流、技术引进、人才培养等合作交流。先后执行农业部 948 项目、中国农业科学院院级基本科研业务费项目等 3 项，自意大利先后引进无病毒果树资源 15 份，引进葡萄设施栽培技术和依据葡萄表型的灌溉技术 2 项，并在国内部分葡萄种植区开展了推广试验；依托创新工程、国家留学基金等项目支持，先后派出 12 人次赴意大利开展科学考察和人才培养，在中国组织中 - 意果业科研高端专家研讨会 1 次，先后邀请意方专家来华考察和学术交流 6 人次，邀请意方青年科学家来所参加果业技术培训会 2 人次。

（周宗山）

第五节　国际会议和培训

2010 年 8 月 10 日，设在果树所的苹果产业技术体系资源创新与遗传改良研究室在辽宁省葫芦岛市主办"中日果树分子生物学学术研讨会"。来自日本农业食品产业技术综合研究机构、日本弘前大学等科研院所的 5 位同行专家和国内高校、科研院所的专家共 40 多人参加会议。中日双方通过对彼此研究领域的介绍与交流，初步达成了在资源交换、专家互访、研究生培养方面的合作共识。此次会议是果树所首次举办的国际学术会议，对果树所日后的国际合作工作有着重要的推动作用。

　　2019 年 10 月 22—24 日，在辽宁省葫芦岛市主办"第一届'一带一路'国家果树科技创新国际研讨会"，来自法国、意大利、乌兹别克斯坦、塔吉克斯坦、巴基斯坦、保加利亚、孟加拉国、尼泊尔 8 个国家的同行专家和国内专家、科研人员共 70 多人参加会议，12 位国外专家和 6 位国内专家作了专题报告。与会专家围绕"一带一路"国家果树科技创新与可持续发展的会议主题，就果树种质资源与新品种选育、果树跨境有害生物管理、果树优质高效栽培等内容开展了深入研讨。此次会议对于推进"一带一路"国家在果树科技领域的国际交流与合作，促进"民心相通，合作共赢"具有重要意义。

　　2012—2016 年，承担农业部国际与合作交流专项和农业部亚专资项目，连续举办（承办）"发展中国家节本、优质、高效、安全、生态设施果树生产技术培训班"等国际培训项目 6 期，先后培训来自巴基斯坦、印度、朝鲜、蒙古等 13 个国家的 84 名国际学员，详见表 6-13，经考核合格，颁发了培训合格证书。2020 年，举办"一带一路"发展中国家果树病虫害绿色防控培训班（线上培训），来自巴基斯坦、孟加拉国、尼泊尔的农业科研和管理人员以及农业院校学生共 90 多人参加了培训。

表 6-13　果树研究所举办国际培训班情况

序号	培训班名称	培训年份	培训人数	项目来源
1	发展中国家节本、优质、高效、安全、生态设施果树生产技术培训班	2012	13	农业部国际合作与交流专项
2	发展中国家果园机械和设施果树生产技术培训班	2013	18	农业部国际合作与交流专项
3	发展中国家果树优质、高效、安全生产技术培训班	2014	16	农业部国际合作与交流专项
4	发展中国家果树优质、高效、安全生产技术培训班	2015	21	农业部国际合作与交流专项
5	亚洲发展中国家果树生产技术培训班	2016	16	农业部亚专资项目
6	"一带一路"发展中国家果树病虫害绿色防控培训班	2020	98	

（李菁、周宗山）

图 6-1　张慈仁与来访专家合影

图 6-2　1983 年美国贝茨维尔农业研究中心园艺研究所范福棣博士来所进行学术交流活动

图 6-3　1982 年蒲富慎到日本进行学术交流

图 6-4　1983 年陈策、贾敬贤到日本进行学术交流

图 6-5　1982 年刘福昌、汪景彦、仝月澳等赴波兰进行学术交流

图 6-6　1984 年美国专家福斯特来所交流参观梨资源圃

图 6-7　1997 年意大利病毒专家来访

图 6-8　2007 年沈贵银、曹玉芬到俄罗斯考察果树资源

图 6-9　2006 年刘凤之、曹玉芬到韩国农村振兴厅访问

图 6-10　2008 年丛佩华、程存刚、周宗山到意大利进行学术交流

图 6-11　2009 年刘凤之、曹玉芬、王昆到俄罗斯进行学术交流

图 6-12　2010 年周宗山、李壮到意大利进行学术交流

图 6-13　2011 年程存刚到美国进行学术交流

图 6-14　2010 年曹玉芬、王文辉参加国际园艺大会

图 6-15　2012 年中－意果树科学联合实验室揭牌

图 6-16　2012 年果树所举办国际培训班

图 6-17　2012 年欧盟代表来所进行培训

图 6-18　2012 年郝志强、张红军、陈亚东 3 人赴韩国 RDA 考察访问

图 6-19　2013 年仇贵生赴泰国考察土壤改良技术

图 6-20　2013 年丛佩华、姜淑苓、康国栋考察新西兰植物与食品研究所

图 6-21　2015 年中国－意大利果业科技交流专家研讨会

图 6-22　2019 年果树所主办第一届"一带一路"国家果树科技创新国际研讨会

第七章　平台基地

第一节　概　况

果树所现有温泉和碇子山 2 个试验基地，土地面积 3 800 余亩。建有"国家果树种质兴城梨、苹果圃""国家苹果育种中心"国家级科技创新平台 2 个，"农业农村部园艺作物种质资源利用重点实验室""农业农村部作物基因资源与种质创制辽宁科学观测实验站""农业农村部果品质量安全风险评估实验室（兴城）"等省部级科技平台 10 个，"中国农业科学院种质资源与育种技术重点开放实验室""中国农业科学院果树生理生态及有害生物野外科学观测站""中国农业科学院落叶果树工程技术研究中心"等院级科技平台 5 个。依托国家和省部院级科技平台，建成了设施完备、配套齐全的科研实验条件，现有实验室和办公室 10 000 余米²，拥有各类仪器设备 2 394 台／件，总金额 8 063.25 万元。

布局建设研发中心、产业研究院、试验站、专家工作站、试验示范基地 5 类基地 100 个。其中，与地方政府及有关部门合作共建的"国家苹果梨种质圃青藏高原分圃""国家苹果育种中心青藏高原分中心""承德苹果试验站""栖霞苹果试验站""南疆果树试验站""蒲县果树试验站""蒙自石榴专家工作站""前所果树农场高科技示范基地""静宁综合试验示范基地"等已基本建成，并在果树科技创新和成果转化中发挥重要的支撑作用。

（杨振锋）

第二节　科技平台

一、国家果树种质兴城梨、苹果圃

始建于 1979 年，1988 年通过农业部专家组验收，是我国自然科技资源共享平台之一，主要任务是开展国内外梨、苹果种质资源的收集保存、鉴定评价与共享利用，深入开展基因组功能、遗传进化、基因资源挖掘与创新等方面研究，是我国梨、苹果种质资源保存、研究与利用中心、主要研究基地以及国际合作与交流平台。现保存梨 14 个种 1 293 份资源，苹果 24 个种 1 297 份资源。依托该平台，主持和参加国家、省部级项目 61 项，主编《中国果树志·苹果卷》《苹果种质资源描述规范和数据标准》《梨种质资源描述规范和数据标准》《中国梨品种》和《中国梨遗传资源》等著作 12 部，制定《农作物种质资源鉴定技术规程　梨》《农作物优异种质资源评价规范　梨》《苹果种质资源描述规范》《植物新品种特异性、一致性和稳定性测试指南　苹果》《植物新品种特异性、一致性和稳定性测试指南　梨》等国家和农业行业标准 7 项，向全国 150 余家单位提供梨、苹果种质资源材料 2 万余份次，为我国梨、苹果种质资源基础研究、新品种选育及产业发展提供了坚实的物质保障。

二、国家苹果育种中心

2005 年 9 月通过农业部验收，是集苹果育种技术和理论研究、新品种选育、配套技术开发和推广于一体的科技创新平台。主要任务是以提高苹果产业的国际竞争力为核心，以加强苹果遗传基础理论研究、功能基因挖掘、高效育种技术体系建立和新品种选育及提高苹果品种配套技术水平为目的，坚持基础研究和应用研究相结合，加强与国内外学术界的交流与合作，全面提升原始创新、集成创新和转化应用能力。依托该平台，承担国家自然科学基金、国家 863 计划、国家科技支撑计划、国家重点研发计划、现代农业（苹果）产业技术体系建设、保种专项等科研项目 50 余项，选育出苹果品种 8 个，获得植物新品种权 1 项，授权国家发明专利 2 项，获得省部级奖励 2 项。选育的'华红''华月'已列入科技部农业科技成果转化项目，示范推广面积 5 万亩以上。"十三五"以来，苹果分子辅助育种技术研究取得重要进展，组装完成了 1 个高质量苹果基因组，揭示了反转座子控制红苹果着色的分子机制，发表于 *Nature Communications* 为今后解析苹果抗性分子机制奠定了基础。

三、国家落叶果树脱毒中心

始建于 2002 年 6 月，2005 年 9 月通过农业部验收，是专门从事落叶果树病毒研究和无病毒果树良种苗木培育与推广的机构。主要任务是开展落叶果树病毒种类调查与鉴定、病毒快速检测和高效脱除技术研发、优良品种无病毒原种培育、无病毒苗工厂化组培快繁技术研究、无病毒果树栽培示范与推广等工作，为落叶果树病毒病防控提供无病毒繁殖材料和技术支持。依托该平台，承担国家科技攻关、国家重点研发计划、现代农业（葡萄）产业技术体系建设等科研项目 20 余项。培育无病毒果树品种 200 余个，建立了无病毒原种保存圃和母本园，鉴定明确了我国重要落叶果树病毒种类，构建了病毒快速检测技术体系，制定了《葡萄无病毒母本树和苗木》《苹果病毒检测技术规范》等农业行业标准 8 项。"主要落叶果树病毒快速检测及脱毒技术研究与应用"获得华耐园艺科技奖。

四、国家植物保护兴城观测实验站

2019 年获批建立，是 116 个国家农业科学观测实验站中唯一专门从事果树植物保护研究的观测实验站。主要任务是开展果树植物保护相关环境条件因子、病虫数量规律、天敌数量规律、寄主生长状态等指标观测和数据保存，果树主要病虫遗传变异、抗药性、为害损失和种质资源抗性等指标监测和数据保存，果树病虫、天敌实物和数字化标本的收集保存等科技基础性工作。

五、农业农村部园艺作物种质资源利用重点实验室

2011 年 5 月获批建立，隶属于农业部作物基因资源与种质创制学科群。主要任务是围绕苹果、梨、葡萄和桃等果树生产重大需求，针对制约我国果树产业发展的关键共性问题和果树种质资源利用率低，遗传背景狭窄等问题，重点开展果树种质资源遗传精准鉴定与深度解析、优异资源评价与基因挖掘利用、重要性状遗传与形成机理解析和优质高效栽培生理与生长发育调控研究。依托该平台，主持国家科技计划课题 12 项，挖掘高功能成分、矮化、优质、抗病虫和抗逆优异种质 210 份，创新果树种质 150 余份。审定果树新品种 21 个，获得植物新品种权 3 个，获得国家发明专利 3 项，制修订国家标准 2 项、行业标准 8 项，发表论文 333 篇，出版著作 2 部。利用现代先进科研技术，成功组装了世界最完整的苹果基因组并解析苹果着色分子机制，成功组装世界首个野生梨基因组并解析野生梨多抗分子机制，挖掘苹果、梨等果色调控、矮化、果肉质地、抗病性等关键基因并解析其形成机理，为果树种质资源的高效利用奠定了基础。

六、农业农村部作物基因资源与种质创制辽宁科学观测实验站

2011 年 7 月获批建立，隶属于农业部作物基因资源与种质创制学科群。主要任务是开展果树资源的收集保存、鉴定评价、创新利用，长期定位观测辽宁地区果树资源的形态特征、物候期、抗性及生态环境因子，并开展种质创制和共享利用。依托该平台，主持和参加国家、省部级项目 10 余项，自主选育'华香酥'梨、'华庆'苹果、'华葡 1 号'葡萄、'一品丹枫'李等多个优异新品种。对 1 100 份次苹果、梨种质资源的农艺性状、植物学性状、抗逆性和果实品质性状等进行了长期定位观测，测定

了辽西地区 23 个果园土壤有机质以及氮、磷、钾大量矿质元素含量，在果树营养施肥、病虫害防控技术等方面取得了多项成果。

七、农业农村部兴城北方落叶果树资源重点野外科学观测试验站

2005 年 10 月获批建立，是农业部批准成立的第一批部级野外实验站。主要任务是开展北方落叶果树资源生态监测及资源的动态鉴定评价等工作。依托该平台，承担农业农村部物种保护项目"梨、苹果种质资源更新复壮与利用"农业生物资源保护项目"苹果、梨野生资源调查、抢救性收集、保存及鉴定评价"等科研任务。连续多年对苹果、梨、葡萄、桃等果树种质资源进行植物学特征、生物学特性、果实特性观测，现已完成 2 000 余份资源的性状观测，数据采集项 20 万余条，建立了"农业农村部北方落叶果树资源地理信息数据库"，已录入数据 4 万余条，初步建成了我国首个落叶果树种质资源地理信息系统。

八、农业农村部果品质量安全风险评估实验室（兴城）

始建于 2013 年，主要任务是开展果品产品质量安全风险评估、风险隐患动态跟踪评价和风险交流等工作，为政府果品质量安全风险管理提供科学依据。依托该平台，果树所作为国家果品质量安全风险评估重大专项的牵头单位，完成了农业农村部果品质量安全风险评估任务，通过国家果品质量安全风险评估重大专项的实施，基本摸清了我国果品质量安全存在的主要风险因子；建立了果品中农药残留、重金属污染和硒风险评估技术，并用于果品质量安全风险评估；建立了基于色谱和色质联用技术的水果中杀螨剂、有机磷类、三唑类、植物生长调节剂和乙撑硫脲残留监测技术；针对苹果、梨、桃、葡萄、枣等大宗水果生产，研编了安全控制指南。主持或作为主要完成单位获得中国农业科学院科学技术成果奖、新疆维吾尔自治区科技进步奖一等奖、全国商业科技进步奖一等奖、辽宁省科技成果奖三等奖等省部级科技成果 5 项。

九、农业农村部果品及苗木质量监督检验测试中心（兴城）

始建于 1992 年，1997 年通过国家计量认证评审和农业部质检机构审查认可，是我国首个部级果品及苗木专业质检机构，具有第三方公证性。主要承检范围为苹果、梨、葡萄、柑橘、樱桃、草莓、西瓜、大枣等 38 种水果产品和果实理化品质、农药残留、元素含量、果树病毒 4 类 186 项参数指标。长期致力于果品质量安全风险评估、果品质量安全检测技术、果品质量安全标准和果品营养品质评价研究。主持制定国家 / 农业行业标准 23 项，参与制定农业行业标准 16 项。

十、辽宁省落叶果树矿质营养与肥料高效利用重点实验室

2017 年获批建立。以苹果、梨、葡萄、桃、草莓、蓝莓、猕猴桃、干果等果树为对象，开展科学研究和创新工作，重点开展：氮素迁移转化与损失阻控机制、肥料磷素矿化酶解与高效利用机理、氮磷钾及中微量元素协同增效机理、土壤有机质演替及调控途径等土壤矿质营养迁移规律及调控途径研究；氮磷钾等高效吸收与利用机制、树体内矿质元素间拮抗与增效机制、矿质元素在树体内源库流的迁移规律及分配机制、树体源库矿质营养分配积累与果实品质形成机制解析等矿质元素的吸收运转及分配规律研究；化肥施用限量标准与调控途径、水分灌溉阈值与调控途径、营养诊断与配方施肥、高效节水灌溉、水肥耦合一体化等果树水肥高效利用技术集成与应用。

十一、辽宁省果树有害生物防控重点实验室

2019 年 12 月获批建立。重点开展辽宁果树有害生物流行特点和灾变规律研究；生物等绿色防控

技术和产品研发；集成适于辽宁区域气候特点的果树有害生物绿色高效防控技术体系；果树病毒鉴定、检测和脱除，推动果树良种的无毒化和无毒苗木的规模化生产，为现代果园建设奠定优质苗木基础；果树有害生物致害分子机制及与寄主、环境的互作机制解析，创新果树有害生物防控理论。

十二、辽宁省果品贮藏与加工重点实验室

2019年12月获批建立。由特色果品采后生物学与贮运保鲜、果品采后病害发生机理与防控、果品营养与功能评价、传统果品加工工艺挖掘与创新及果品质量安全5个研究单元组成。主要任务是以辽宁省主栽和特色果树树种为研究对象，开展果品采后应用基础和应用技术研究，为辽宁省重大科技需求、产业发展和宏观政策的制定提供科学依据。

（郑晓翠）

第三节　试验基地

一、所属基地

1. 温泉试验基地

温泉试验基地始建于1927年，坐落于辽宁省葫芦岛市兴城市兴海南街98号，总面积642.5亩。基地内现有科研办公楼3栋，温室大棚16栋，冷棚15栋，网室2处，低温冷库1座，日光温室1栋，并配有食堂、研究生宿舍、单身职工宿舍、车库、资源材料库等辅助用房。国家苹果育种中心、国家落叶果树脱毒中心、国家植物保护兴城观测实验站、农业农村部园艺作物种质资源利用重点实验室、农业农村部果品质量安全风险评估实验室、农业农村部果品及苗木质量监督检验测试中心、农业农村部作物基因资源与种质创制辽宁科学观测实验站、农业农村部兴城北方落叶果树资源重点野外科学观测试验站、中国－意大利果树科学联合实验室等科技平台建在该基地。

2. 砬山试验基地

砬山试验基地始建于1958年，坐落于辽宁省葫芦岛市兴城市元台子乡，距果树所所部17千米。基地占地3 146亩，可利用科研和生产用地1 300亩，林地437.0亩，办公住宅和道路广场用地93.2亩，水域及其他可利用土地42.4亩。基地位于松岭山脉延续分布丘陵地带，属北温带亚湿润性气候区，野生动植物种类多样。基地内土壤类型多为壤土，适合苹果、梨、桃、李、杏、樱桃、葡萄、枣、山楂、草莓等北方落叶果树种植，极具科研利用价值。基地内现有科研办公楼2栋，温室大棚18栋，冷棚3栋，网室1处，低温冷库1座，并配有食堂、车库等辅助用房。国家苹果种质资源圃、国家梨种质资源圃、农业农村部作物基因资源与种质创制辽宁科学观测实验站、农业农村部兴城北方落叶果树资源重点野外科学观测试验站等科技平台建在该基地。

二、共建基地

1. 中国农业科学院果树研究所前所果树农场高科技示范基地

建立时间：2012年。

有效期限：2012—2032年。

建设内容：与葫芦岛市前所果树农场合作共建科技示范基地。双方本着优势互补、协调发展、利益联动的原则，联合开展苹果、梨等栽培技术研究与试验示范工作。现有'华红''寒富''锦丰'等苹果园、梨园130余亩。

2. 静宁综合试验示范基地

建立时间：2017年。

有效期限：2017—2022 年。

建设内容：与甘肃省静宁县人民政府合作共建"中国农业科学院果树研究所静宁综合试验示范基地"。围绕静宁县生态区位优势和产业发展需求，开展果树产业新技术、新品种、新成果的试验、示范与推广应用，为静宁县果树产业提质升级、果品提质增效、农民增收、县域经济发展提供技术支撑。

3. 承德苹果试验站

建立时间：2018 年。

有效期限：2018—2023 年。

建设内容：与河北省承德县人民政府合作共建"承德苹果试验站"。围绕"承德国光苹果"优势特色农业产业发展，探索承德县苹果产业科技进步之路和科技推广模式，采取建立专家工作站、苹果新品种、新技术引进试验示范推广、创建"承德国光苹果"现代科技示范园区、开展苹果科技协作攻关研究、科技决策和咨询、推进果品产业高新技术成果转化产业化开发、加强果业科技人才培训合作、探索建立现代果品产业发展的新模式，推动承德县农业农村经济又好又快发展。

4. 千阳果树科技工作站

建立时间：2018 年。

有效期限：2018—2023 年。

建设内容：与陕西省千阳县人民政府合作共建"中国农业科学院果树研究所千阳果树科技工作站"。围绕千阳果树产业的生态区位优势和产业发展需求，开展果树产业新技术、新品种、新成果的试验、示范与推广应用，将果树科技工作站打造成为成果转化基地、技术示范基地、人才培养基地和科普教育基地，实现高端创新引领，为千阳县乡村振兴、精准扶贫、果农增收和果树产业供给侧结构性改革提供科技支撑。

5. 国家落叶果树脱毒中心闽东葡萄无病毒苗木栽培试验示范基地

建立时间：2019 年。

有效期限：2019—2022 年。

建设内容：与福建华泽生物科技有限公司合作共建"国家落叶果树脱毒中心闽东葡萄无病毒苗木栽培试验示范基地"，以中国农业科学院果树研究所国家落叶果树脱毒中心为技术依托，借助其科研成果及人才优势，建立葡萄无病毒苗木栽培试验示范基地，加速葡萄无病毒苗木及配套技术的推广，为当地的农业产业结构调整和发展优质高效农业起带头示范作用。

6. 栖霞试验站

建立时间：2019 年。

有效期限：2019—2049 年。

建设内容：与山东省栖霞市委、市政府合作共建"中国农业科学院果树研究所栖霞苹果试验站"。围绕栖霞市苹果产业的生态区位优势和产业发展需求，通过试验站建设，开展苹果新品种、新技术、新成果的研发与试验示范，将试验站打造成为品种培育基地、成果转化基地、技术示范基地、人才培养基地、国际合作基地和科普教育基地，带动栖霞市苹果产业高质量发展，为栖霞市农业供给侧结构性改革提供科技支撑。

机构设置：成立试验站管理处（正处级），负责基地规划、建设、使用和管理等方面的重要事项组织协调和决策研究。

7. 国家苹果梨种质圃青藏高原分圃

建立时间：2019 年。

有效期限：2019—2024 年。

建设内容：与西藏自治区林芝市科学技术局合作共建"国家苹果梨种质圃青藏高原分圃"，围绕青藏高原苹果、梨产业的生态区位优势和产业发展需求，以提升其产业的科技含量和科技水平为出发点，进行苹果和梨种质资源的收集、保存、鉴定、评价和利用，培育和研发适合属地发展和推广的苹果和梨新品种、新技术，实现高端创新引领，为乡村振兴和农业供给侧结构性改革提供科技支撑。

8. 国家苹果育种中心青藏高原分中心

建立时间：2019年。

有效期限：2019—2024年。

建设内容：与西藏自治区农牧科学院蔬菜研究所合作共建"国家苹果育种中心青藏高原分中心"，围绕青藏高原苹果产业的生态区位优势和产业发展需求，以提升其产业的科技含量和科技水平为出发点，不断强化学科和基本条件建设，坚持基础研究和应用研究相结合，加强与国内外学术界的联系、交流与合作，全面提升原始创新、集成创新和转化应用能力，形成高效的苹果育种技术平台，实现"一流人才队伍，一流研究水平，一流科研成果"的整体目标。

9. 南疆试验站

建立时间：2020年。

有效期限：2020—2030年。

建设内容：与新疆生产建设兵团第十四师225团合作共建"中国农业科学院果树研究所南疆果树试验站"，为中国农业科学院果树研究所的外驻部门。围绕南疆果树产业的生态区位优势和产业发展需求，以提升果树产业的科技含量和科技水平为出发点，进行果树产业新品种、新技术、新成果研发与试验示范，将试验站打造成为品种培育基地、成果转化基地、技术示范基地、人才培养基地、国际合作基地和科普教育基地，实现高端创新引领，为乡村振兴和农业供给侧结构性改革提供科技支撑。

机构设置：成立试验站管理处（正处级），负责基地规划、建设、使用和管理等方面的重要事项组织协调和决策研究。

10. 蒙自石榴专家工作站

建立时间：2020年。

有效期限：2020—2030年。

建设内容：与云南省蒙自市合作共建"中国农业科学院果树研究所蒙自石榴专家工作站"，围绕蒙自石榴产业生态区位优势和产业发展需求，以提升其果树产业科技水平为出发点，针对蒙自主要果树果实采收成熟度标准缺乏、采后处理技术薄弱等问题，以石榴、枇杷等为研究对象，开展果品采后提质增效关键技术研发与应用、专业技术人才培养、品牌宣传与营销等工作，助力果树产业快速发展，实现果品提质、农民增收、乡村振兴的总目标。

11. 蒲县果树试验站

建立时间：2020年。

有效期限：2020—2022年。

建设内容：与山西省蒲县人民政府合作共建"中国农业科学院果树研究所蒲县果树试验站"，以提升蒲县果树产业科技水平为出发点，开展果树新品种引进，新成果、新技术的试验示范与推广应用，为蒲县果树产业快速发展、果品提质增效、农民增收、乡村振兴提供技术支撑。

12. 延安苹果试验站

建立时间：2020年。

有效期限：2020—2023年。

建设内容：与延安向新农业科技有限公司合作共建"中国农业科学院果树研究所延安苹果试验站"，围绕延安市苹果产业的生态区位优势和产业发展需求，以提升苹果产业的科技含量和科技水平为出发点，进行苹果产业新品种、新技术、新成果研发与试验示范，将试验站打造成为品种培育基地、成果转化基地、技术示范基地、人才培养基地、国际合作基地和科普教育基地，实现高端创新引领，为乡村振兴和农业供给侧结构性改革提供科技支撑。

13. 国家落叶果树脱毒中心荣成苹果无病毒苗木栽培试验示范基地

建立时间：2020年。

有效期限：2020—2025 年。

建设内容：与威海市翠虹果品股份有限公司合作共建"国家落叶果树脱毒中心荣成苹果无病毒苗木栽培试验示范基地"，以中国农业科学院果树研究所国家落叶果树脱毒中心为技术依托，借助其科研成果及人才优势，建立苹果无病毒苗木栽培试验示范基地，加速苹果无病毒苗木及配套技术的推广，为当地的农业产业结构调整和发展优质高效农业起带头示范作用。

14. 延安果树综合试验站

建立时间：2020 年。

有效期限：2020—2025 年。

建设内容：与陕西省水务集团水生态综合开发有限公司合作共建"中国农业科学院果树研究所延安果树综合试验站"，围绕延安果树产业的生态区位优势和产业发展需求，以提升果树产业的科技含量和科技水平为出发点，进行果树产业新品种、新技术、新成果研发与试验示范，将试验站打造成为技术示范基地，实现高端创新引领，为乡村振兴和农业供给侧结构性改革提供科技支撑。

15. 北方车厘子试验基地

建立时间：2020 年。

有效期限：2020—2021 年。

建设内容：与大连泽田农业有限公司合作共建"中国农业科学院果树研究所北方车厘子试验基地"，利用中国农业科学院果树研究所的科研技术优势，为大连泽田农业有限公司提供技术支撑，包括车厘子苗木繁育、种植技术，促进公司车厘子（大樱桃）苗木培育和种植等，获得更高的社会效益和经济效益。

16. 小平房梨试验站

建立时间：2020 年。

有效期限：2020—2025 年。

建设内容：与辽宁省建平县万寿街道林丰南果梨专业合作社合作共建"中国农业科学院果树研究所小平房梨试验站"，围绕小平房村梨产业的生态区位优势和产业发展需求，以中国农业科学院果树研究所为技术依托，开展梨新品种引进、新技术、新成果研发与试验示范，将试验站打造成为梨新品种展示基地、成果转化基地、技术示范基地、贮藏加工基地、人才培养基地，实现高端创新引领，为朝阳市梨产业高质量发展提供科技支撑。

17. 中国农业科学院果树研究所示范基地（大连）

建立时间：2020 年。

有效期限：2020—2025 年。

建设内容：与大连春涧农业有限公司合作共建"中国农业科学院果树研究所示范基地"，以中国农业科学院果树研究所为技术依托，借助中国农业科学院果树研究所科研成果及人才优势，建立果树高效栽培示范基地，为当地果树产业结构调整和优质高效发展起带头示范作用。

18. 国家落叶果树脱毒中心辽宁（绥中）葡萄无病毒苗木栽培试验示范基地

建立时间：2020 年。

有效期限：2020—2025 年。

建设内容：与辽宁洪武葡萄科技开发有限责任公司合作共建"国家落叶果树脱毒中心辽宁（绥中）葡萄无病毒苗木栽培试验示范基地"，以中国农业科学院果树研究所国家落叶果树脱毒中心为技术依托，借助其科研成果及人才优势，建立苹果无病毒苗木栽培试验示范基地，加速苹果无病毒苗木及配套技术的推广，为当地的农业产业结构调整和发展优质高效农业起带头示范作用。

19. 荣成苹果产业研究院

建立时间：2020 年。

有效期限：2021—2030 年。

建设内容：与山东省荣成市人民政府合作共建"荣成苹果产业研究院"，荣成苹果产业研究院将围绕荣成市苹果产业发展需求，以提升苹果产业科技含量和品牌价值为出发点，以新品种、新技术、新成果研发与试验示范为核心，进行苹果产业全产业链科技支撑，将产业研究院打造成涵盖产业关键环节的科技创新基地、成果转化基地、人才培养基地、国际合作基地和科普教育基地，将荣成打造为全国苹果现代苗木繁育中心、全国苹果品种区试中心、全国苹果高质量发展技术示范中心和国际果树科技与产业合作交流中心，实现高端创新引领，为荣成市现代果业高质量发展提供科技支撑。

20. 辽宁省产业技术研究院果树研究所

建立时间：2020 年。

有效期限：长期。

建设内容：依托中国农业科学院果树研究所，成立"辽宁省产业技术研究院果树研究所"，作为辽宁省产业技术研究院的分支机构。该机构主要开展产业技术的研究开发、成果产业化和技术服务，包括果树系列新品种选育及品种转让、果树绿色增产增效生产、果树病虫害绿色高效防控、果品采后贮运保鲜、果品质量安全监测预警与全程控制和果品加工等技术研发及成果转让。在辽宁省产业技术研究院"打通计划"项目经费的支持下，该机构将围绕制约辽宁省果树绿色高质量发展的关键问题和技术瓶颈进行攻关，为果业发展提供坚实的技术支撑，推动建成辽宁省果业创新及成果转化平台。

（孟照刚、李孟哲、刘刚）

图 7-1　前所果树农场高科技示范基地签约

图 7-2　静宁综合试验示范基地签约

图 7-3　承德试验站揭牌仪式

图 7-4　栖霞试验站签约

图 7-5　国家苹果梨种质圃青藏高原分圃签约

图 7-6　国家苹果育种中心青藏高原分中心签约

图 7-7　南疆试验站签约

图 7-8　蒙自专家工作站

图 7-9　蒲县试验站签约

图 7-10　延安苹果试验站签约

图 7-11　国家落叶果树脱毒中心荣成苹果无病毒苗木栽培试验示范基地签约

图 7-12　北方车厘子试验基地签约

图 7-13　小平房梨试验站签约

图 7-14　大连示范基地签约

图 7-15　国家落叶果树脱毒中心辽宁（绥中）葡萄无病毒苗木栽培试验示范基地签约

图 7-16　荣成苹果产业研究院签约

第八章　期刊与学会

第一节　期　刊

一、《中国果树》

（一）概述

《中国果树》是由农业农村部主管，中国农业科学院果树研究所主办的技术期刊，刊号为：ISSN 1000—8047，CN 21-1165/S，双月刊（2021 年已变更为月刊），逢单月 10 日出版。主要报道我国果树科技新成果、新品种、新技术、新方法，交流果树先进生产技术和经验，介绍国内外果树科研和生产动态等。办刊宗旨为"面向全国果树生产与科研，实行普及与提高相结合，为发展我国果树生产、科研及教学事业服务"。设有专家论坛、专题综述、试验研究、新品种选育、种质资源、栽培管理、实验技术与方法、调查报告、生产建议、果业论坛、果品产销、产业广角、国外果树科技等栏目。读者对象主要为果树生产技术人员、业务主管人员、科研人员、农业大专院校果树专业的师生、果农等。

（二）发展和创新

1959 年 2 月 16 日创刊，创刊初始便提出了服务生产和科研的理念，期望成为"百花齐放、百家争鸣"的园地，刊登的文章以直接指导果树生产为主。创刊时为双月刊，农业杂志社出版，全国公开发行，1959—1960 年共出版发行 9 期，1961 年开始由于种种原因停刊。1970 年中国农业科学院果树研究所搬迁下放到陕西省眉县，与陕西省果树研究所合并，1971—1972 年恢复组建《中国果树》编辑组，1973 年《中国果树》在陕西省恢复出刊，季刊，64 页，内部发行，1973—1978 年共出版发行 22期，每期发行约 15 000 份。1978 年中国农业科学院果树研究所搬回原址辽宁省兴城市，自 1979 年起《中国果树》改为国内公开发行，继而发展为国内外公开发行，季刊，64 页；2001 年起改为双月刊，单月 10 日出版，仍为 64 页；至 2016 年，页码增至 104 页。2017 年起改为大 16 开本，铜版纸印刷，116 页；2020 年页码增至 144 页。为适应来稿量迅速增长的现实需求，尽量缩短论文的发表周期，提高时效性，以更好地为广大作者、读者服务，2020 年 10 月 21 日，经辽宁省新闻出版局批准，《中国果树》自 2021 年起由双月刊变更为月刊。

创刊 60 多年来，《中国果树》见证了我国果树生产艰苦创业、改革开放的伟大壮举，亦见证了果树产业从无到有、由弱到强所经历的艰辛和精彩，为我国果业的发展起到了积极的推动作用，也取得了较好的社会效益和一定的经济效益。伴随着我国果树产业的成长，在广大作者和读者的鼎力支持下，历经几代《中国果树》人的不懈努力，《中国果树》已发展成为深入业界人心、为业界广泛认可的品牌期刊。截至 2020 年 11 月，已出版 241 期，共发表各类文章 7 000 余篇。

《中国果树》编辑部从选稿入手，认真编辑加工、校对，严格执行法定计量单位，努力提高编辑质量，保持了期刊的特色，20 世纪 80 年代以来获得了诸多荣誉：1991 年获全国优秀农业专业技术期刊一等奖；1992 年获得由国家科委、中共中央宣传部、新闻出版署联合颁发的第一届全国优秀科技期刊评比二等奖；1996 年获全国农口学会第二届优秀科技期刊奖；1997 年获得由中共中央宣传部、国家科委、新闻出版署联合颁发的第二届全国优秀科技期刊评比二等奖；2001 年在新闻出版总署主办的全国首届期刊展上，《中国果树》被评为"双百期刊"；2002 年获得第三届全国优秀农业期刊奖；2003 年获第二届国家期刊奖提名奖；2004 年获得第四届全国优秀农业期刊技术类一等奖。此外，1988—1996 年获农业部和辽宁省优秀科技期刊奖6项，1997年被评为辽宁省科技期刊优秀编辑部，被辽宁省广告协会评为"重信誉，创优质服务先进单位"。2009年以来，多人次获辽宁省新闻出版局和辽宁省期刊协会主办的辽宁省科技期刊编辑知识竞赛一等奖、二等奖，编辑部4次获得组织奖。

本刊系全国中文核心期刊（中国科技核心期刊、中国农业核心期刊，被中国期刊协会列为"全国百家期刊阅览室"赠送期刊。20世纪90年代起先后入编中国科技信息网、中国知网、万方数据、重庆维普、龙源期刊网、英国国际农业与生物科学研究中心（CABI）数据库、超星、中邮阅读网等数据库。

图 8-1　《中国果树》封面

习近平总书记强调，推动媒体融合发展、建设全媒体成为我们面临的一项紧迫课题。面对新形势，2018年5月22日中国果树微信公众平台服务号开通，每月发布4次，每次4~5篇文章。内容主要包括：国家涉农政策（以果树为主）和信息；与纸媒融合出版，将枯燥的规范性科技论文以大家喜闻乐见的形式二次发表；注重中华传统文化的继承与发扬，践行文化强"果"；及时收集、整理并发布国内外果树行业产销信息；转发国内果树产业会议通知，报道会议相关内容等；关注社会热点，以"果"之名进行报道；结合现代图文、视频等新内容，对已发文章进行信息整合发布；将图书资料室海量图书中有价值的知识整理并发布等。截至2020年底，共发布400余篇图文信息，浏览量近百万，粉丝超过12 000人。

未来，《中国果树》会以大家喜闻乐见的形式不断推陈出新，与时俱进，在与我国果树产业同步发展的同时，将助力乡村振兴这项使命深刻烙印在字里行间，倾力打造行业认可的果树产业交流平台，以更好地为果树产业服务。

（三）历届编委会情况

《中国果树》编辑部已先后组成了4届编辑委员会。

《中国果树》第一届编辑委员会（1980年成立），徐一行为主任委员，蒲富慎、陈策、费开伟为副主任委员，特邀编委有：田叔民、孙华、朱扬虎、曲泽洲、沈隽、沈德绪、吴耕民、吴逸民、李来荣、李沛文、李育农、李翊远、束怀瑞、邵开基、陆秋农、陆培文、汪祖华、邱武凌、邱毓斌、陈延熙、邹祖绅、周克昌、周恩、张力田、张子明、张钊、张育明、钟俊麟、俞德浚、贺善文、顾模、殷恭毅、章文才、黄可训、黄昌贤、崔绍良，委员有：于超、刘福昌、李世奎、周厚基、张慈仁、林衍、潘建裕，编委共47人。

《中国果树》第二届编辑委员会（2012—2015年），束怀瑞、邓秀新、汪景彦、修德仁、张加延、马宝焜为顾问，刘凤之为主任委员，丛佩华、程存刚、米文广为副主任委员，编委有：王文辉、王玉柱、王发林、王有年、王志强、王国平、王金政、王跃进、方金豹、田建保、田淑芬、付有、吕德国、伊华林、刘孟军、刘威生、孙中海、李莉、李疆、李亚东、张玉星、张冰冰、张绍铃、张锡炎、陈昆松、陈学森、陈厚彬、陈善春、易干军、罗正荣、郑少泉、赵进春、段长青、俞明亮、姜全、聂继云、徐义流、曹玉芬、韩明玉、韩振海、董雅凤、鲁会玲、谢鸣、薛进军、戴洪义，编委共56人。

《中国果树》第三届编辑委员会（2016—2019年），束怀瑞、邓秀新、汪景彦、张加延、马宝焜、王有年为顾问，刘凤之为主任委员，丛佩华、程存刚、赵进春为副主任委员，编委有：马锋旺、王文辉、王玉柱、王发林、王志强、王国平、王金政、王贵禧、仇贵生、方金豹、田淑芬、付有、吕德国、伊华林、刘孟军、刘威生、米文广、孙中海、李天忠、李亚东、李莉、李登科、李疆、张开春、张玉星、张冰冰、张绍铃、张锡炎、陈立松、陈昆松、陈学森、陈厚彬、陈善春、易干军、罗正荣、周宗山、周常勇、郑少泉、段长青、俞明亮、姜全、姚允聪、聂继云、原永兵、徐义流、曹玉芬、曹克强、董雅凤、韩明玉、韩振海、鲁会玲、薛进军，编委共 63 人。

《中国果树》第四届编辑委员会（2020—2022 年），束怀瑞、邓秀新、汪景彦、张加延、马宝焜、王有年为顾问，刘凤之为主编，韩振海、张绍铃、丛佩华、程存刚、胡成志、郝红梅为副主编，编委有：马锋旺、王力荣、王文辉、王玉柱、王世平、王发林、王志强、王昆、王国平、王贵禧、王爱德、王海波、王继勋、仇贵生、方从兵、方金豹、田淑芬、付有、吕德国、伊华林、刘凤权、刘孟军、刘威生、刘继红、许家辉、孙中海、孙钧、李天忠、李亚东、李林光、李莉、李登科、李疆、吴俊、张开春、张玉星、张运涛、张志宏、陈立松、陈昆松、陈金放、陈学森、陈厚彬、陈善春、易干军、罗正荣、周志钦、周宗山、周常勇、周智孝、郑少泉、房经贵、赵进春、赵政阳、郝玉金、钟彩虹、段长青、俞明亮、姜全、姜远茂、姜淑苓、宣景宏、姚允聪、聂继云、原永兵、徐义流、徐强、郭文武、黄丽丽、曹玉芬、曹克强、曹珂、戚行江、崔秀峰、董雅凤、程运江、鲁会玲、谢江辉、鲍江峰、熊伟、燕继晔、霍学喜、霍俊伟、滕元文，编委共 97 人。

（四）历届主编（期刊负责人）及编辑

1959 年创刊后，编辑部负责人为蒲富慎，1973—1978 年负责人为林衍，1978—1979 年编辑部负责人为于超，1980—1991 年林衍先后任编辑部负责人、主编，1991—1995 年主编为李培华，1996—1999 年主编为赵凤玉，1999—2013 年主编为米文广，2013—2017 年主编为赵进春，2018 年至今主编为刘凤之，编辑部负责人为胡成志。

先后承担《中国果树》编辑的人员有蒲富慎、林衍、高本训、于超、郑金城、董启凤、龚秀良、李培华、杨有龙、赵凤玉、翁维义、米文广、赵进春、郝红梅、胡成志、丁丹丹、岳英、邢义莹、杜宜南等。

二、《果树实用技术与信息》

（一）概述

《果树实用技术与信息》是由农业农村部主管，中国农业科学院果树研究所主办的科普期刊，刊号为：CN 21-1342/S，月刊，每月 10 日出版。办刊宗旨为"集科学性、指导性、实用性和服务性为一体，努力开发果树信息资源，普及果树科技知识，推动果树科技与生产密切结合，为果树生产和繁荣农村商品经济服务"。设有专家视角、栽培技术、良种荟萃、设施栽培、建园技术、育苗技术、土肥水管理、整形修剪、盆栽果树、常绿果树、果树医院、防灾减灾、生产建议、经营之道、产地见闻、名优果品、生产调查、果园农机具、贮藏与加工、果品营销、知识角、读者问答、百家争鸣、广角镜、国外果树、果业信息等栏目。读者对象为各级果树主管部门管理人员、果树技术人员、果树专业户、果品供销人员，以及从事果树工作的科研、教学人员和农业院校的师生、果农等。

（二）发展和创新

在 20 世纪 90 年代我国果树生产快速发展的历史条件下，为满足果树生产和发展的需要，由汪景彦等倡议，在各级主管部门的支持和领导下于 1994 年 8 月创办了《果树实用技术与信息》（月刊，32 开本，48 页）。批准文号：国科通〔1994〕5 号。1994 年只出版 1 期创刊号，1995 年 1 月正式连续出版，截至 2020 年底已出版 312 期，共发表各类文章及信息 8 000 余篇。

《果树实用技术与信息》面向全国，面向基层，以市场需求为导向进行栏目设置和文章的选用，注重文章的先进性、实用性和时效性，注重期刊内容的创新，适时调整报道重点。从 2009 年开始连续被国家新闻出版总署遴选为全国农家书屋重点推荐期刊。融合发展方面，与《中国果树》联动办刊，于 2018 年 5 月 22 日共同开通微信公众平台服务号。通过 20 多年的不懈努力，期刊逐步形成了自己的特色，为我国果业的发展起到了积极的推动作用。

随着时代的进步，在我国果业迅速发展、产业链条不断延伸、期刊市

图 8-2　《果树实用技术与信息》封面

场竞争日趋激烈以及信息化的大背景下，对作为纸质传媒的传统科普期刊在各方面都提出了更高的要求。目前，为了适应目前新形势下果业发展和期刊自身发展的要求，拓展刊载内容、调整读者结构，同时不断提高期刊质量，刊名变更工作正在推进。

（三）历届主编及编辑

1994—1995 年主编为汪景彦，1995—2003 年主编为贾定贤，2004—2010 年主编为张静茹，2010—2013 年主编为米文广，2013—2017 年主编为赵进春，2018 年至今主编为胡成志。

先后承担《果树实用技术与信息》编辑的人员有汪景彦、贾定贤、朱奇、李海航、邸淑艳、苑晓利、张静茹、米文广、翁维义、赵进春、郝红梅、胡成志、丁丹丹、岳英、邢义莹、杜宜南等。

（郝红梅、岳英等）

第二节　学　会

中国园艺学会果树专业委员会成立于 1985 年 12 月 27 日，是隶属于中国园艺学会的下属专业学术组织，挂靠在中国农业科学院果树研究所。主要任务是开展全国性果树学术交流和完成中国园艺学会安排的日常工作任务。果树专业委员会历经 11 届，沈隽、王汝谦、董启凤和刘凤之，先后担任了主任委员。果树专业委员会成立 35 年来，在中国园艺学会的领导下，在果树所的全力支持下，组织全国果树科研、生产、管理部门的广大科技工作者，开展了学术交流、考察、技术咨询与培训、产业宣传和组织编纂出版专著等活动。近 10 年来，果树专业委员会在学术交流、科技咨询、传播科技知识与信息和服务果树产业发展等方面开展了卓有成效的工作。举办研讨会 18 次，参会代表 7 000 余人次。通过主办全国性学术会议，推荐各级人才、评审专家、各类委员，为促进我国果树科技进步，推动果树产业高质量发展，助力乡村振兴和脱贫攻坚作出了重要贡献。

一、组织开展学术会议等交流活动

果树专业委员会自成立以来，主办学术研讨会等交流活动 45 次，出版或编印学术交流论文集等材料近万册。其中，定期举办的"全国果树资源研究与开发利用学术研讨会""全国果树分子生物学学

术研讨会""全国现代果业标准化示范区创建暨果树优质高效生产技术交流会"已经形成品牌，对促进我国果树科技与产业发展发挥了重要作用。

二、组织国内外考察、交流和咨询服务

1991 年 12 月，组织有关专家对山西省苹果、梨、桃、大枣等果树发展情况进行了考察，同时对山西省果树主产区的果农和果树技术人员进行了培训和技术咨询。考察组根据山西果树生产发展优势及当时存在的问题，提出了促进山西果树生产健康发展的意见和建议。1993 年 5 月，组织有关专家到韩国进行了果树生产与科研情况考察，同时参加了"东北亚地区园艺的过去、现在和将来暨韩国园艺学会成立 30 周年学术交流活动"。1998 年 10 月，组织有关人员到我国台湾地区开展了果树生产、经营情况考察。

三、主办果树新品种、新技术和名优产品宣传推介活动

1995 年 11 月，主办了"中国丰县第六届红富士苹果节"。2004 年 11 月，主办了"首届中国（烟台）北方果树新品种苗木及新技术展示交易会"。2006 年 10 月，与农业部种植业司联合举办了"苹果产业发展高层论坛暨'一村一品'经验交流会"。2006 年和 2007 年组织参加了"2008 年北京奥运果品评比推荐活动"。

四、筹办成立果树分会

根据我国果树科技及产业发展的需求，2001—2006 年，果树专业委员会相继组织筹办成立了中国园艺学会干果分会、中国园艺学会李杏分会、中国园艺学会苹果分会、中国园艺学会草莓分会、中国园艺学会枇杷分会、中国园艺学会樱桃分会等。

五、组织编纂出版《中国果树志》

《中国果树志》是 1979 年全国果树科技规划会议提出的一项科研计划，1981 年中国农业科学院组织召开《中国果树志》编写工作座谈会，成立了《中国果树志》总编委会，落实了 29 个专志的主编单位，总编委会编辑部设在果树所。1988 年以后，由中国园艺学会果树专业委员会组织协调《中国果树志》各卷编辑和出版工作，已编纂出版《中国果树志》各树种专志 13 卷，其中，1993 年出版《中国果树志·枣卷》和《中国果树志·银杏卷》；1996 年出版《中国果树志·核桃卷》《中国果树志·山楂卷》和《中国果树志·龙眼枇杷卷》；1998 年出版《中国果树志·李卷》和《中国果树志·荔枝卷》；1999 年出版《中国果树志·梅卷》和《中国果树志·苹果卷》；2001 年出版《中国果树志·桃卷》；2003 年出版《中国果树志·杏卷》；2005 年出版《中国果树志·草莓卷》和《中国果树志·板栗榛子卷》；2010 年出版《中国果树志·柑橘卷》；2013 年出版《中国果树志·石榴卷》。

（吕鑫）

第九章 创新文化

第一节 创新文化建设

建所 60 多年来，果树所始终肩负我国果业发展国家队的历史使命，一代代果树所人扎根基层，胸怀天下，辛勤耕耘，坚守在我国果业主战场。始终坚持"我们不是在研究果树，而是在创造美好生活"的宗旨，秉承"为职工谋幸福、为果树所谋振兴，为果农谋幸福、为果业果乡谋振兴"的初心使命，大力开展创新文化和精神文明建设，为我国果树科技创新、果树产业发展和服务"三农"努力奋斗。

建所之初，果树所以国家需求为历史使命，立足辽宁，面向全国，组织开展了全国果树科技攻关，积极引进国外先进技术。同时，积极响应国家号召，秉着"不忘初心、扎根沙荒、攻坚克难、造福百姓"的精神，奔赴土地贫瘠、风沙弥漫的黄河故道，分别在河南省兰考县仪封园艺场、民权园艺场、宁陵县刘花基点，安徽省砀山县果园场、潘坝基点等建设果树试验站和试验基地，与当地农民同吃、同住、同劳动，通过科技示范和技术指导，使昔日黄沙遍地、草木稀少的水患地区变成了今天瓜果飘香、幸福安康的宜居之地。

20 世纪 70—80 年代，果树所下放陕西期间，大批专家发挥"扎根基层、艰苦奋斗、甘于奉献、追求卓越"的工作作风，深入农村，长期蹲点指导当地发展果树种植，组织开展了我国果树基础数据调查和优势产区规划，推动了我国苹果外销商品基地建设。确定陕西渭北到黄土高原之间是苹果优势产区带，对我国苹果主产区由东向西转移奠定了基础，为黄土高原苹果核心产区的形成作出了巨大贡献。

20 世纪 90 年代初，随着国家科研体制改革不断深入，果树所经历了一段发展低谷期，果树所人身处逆境仍不忘初心，大力弘扬自力更生、艰苦奋斗、无私奉献、勤俭办所的精神，在十分困难的形势下度过了一段艰辛的发展历程。

1998—2002 年，大力倡导爱所、爱岗、敬业、诚信、友爱等道德规范，营造和谐氛围，形成"求实开拓、团结奉献"的所风，为农业科技创新提供良好环境。

2003—2005 年，开展"讲文明，树新风"活动，围绕贯彻落实《公民道德建设实施纲要》，全面提高职工的思想素质，形成"团结、创新、求实、奉献"的所风，为深化科技体制改革和搞好科研及各项工作，创造良好的环境。

2006—2010 年，为深入贯彻中央关于大力提高我国自主创新能力，建设创新型国家的有关要求，根据院党组印发《关于开展创新文化建设工作的指导意见》通知精神，围绕"理念文化、制度文化、标识文化、园区文化" 4 个方面，形成了"创新、求实、和谐、奉献"的文化氛围。

2011—2018 年，以建所 50 周年为契机，总结回顾了果树所 50 周年来的发展历程，光荣传统、人文精神，建成了果树所的荣誉展室，全面、翔实地展示了果树所建所以来所取得的成就与荣誉。围绕加快"建设一流研究所"战略目标，以创建促创新，以创新求发展，把研究所的发展与职工个人利益统一起来，以先进的理念引导和激发广大职工的创新积极性，形成了"创新、求实、拼搏、奉献"的所风，不断推进研究所文化创新。

2019 年以来，按照习近平总书记致中国农业科学院建院 60 周年贺信以及"四个面向""两个一流""一个整体跃升"的要求，坚持"改变，让生活更美好"的发展总方针，坚持以人为本，努力塑造"四敢四千"的果树所精神，形成了"求是创新、追求卓越"的所训和"人为本、和为贵、变则通"的发展理念。研究所的创新文化建设进入一个新的发展阶段，既能激发创新，调动职工积极性，又有章可循，依法治所、民主办所的创新工作制度和创新文化氛围已基本形成。

研究所创新文化理念

所训：求是创新，追求卓越。

宗旨：我们不是在研究果树，而是在创造美好幸福。

初心使命：为职工谋幸福、为果树所谋振兴，为果农谋幸福、为果业果乡谋振兴。

发展理念：人为本、和为贵、变则通。

发展总方针：改变让生活更美好。

管理理念：不叫不到，随叫随到，说到做到，服务周到；少干预多参与，少管理多服务，少考核多激励。

价值取向：为果业增产增效，为果乡增绿添彩，为果农增收致富，为国家创造财富，为人民创造美好，为社会创造价值。

"四敢四千"精神：敢与强的比、敢向高的攀、敢同大的争、敢跟快的赛；说尽千言万语、走遍千山万水、想尽千方百计、历尽千辛万苦。

"三有"作风：凡事有交代、件件有着落、事事有回音。

"八有"愿景：工作有声有色，生活有滋有味，做事有始有终，做人有情有义。

坚持标识文化建设，开展了标识文化、所歌等征集工作。2008年，完成了果树所所徽设计。2019年，完成了果树所所歌的谱写工作。2020年，所属各部门、科研团队（课题组）分别设计了体现本部门和团队（课题组）形象的Logo标识。统一了所内办公场所索引和门牌，所内各道路进行规划和命名，从整体上树立了果树所对内和对外的整体形象。

研究所的文化标识

所徽

所歌

果研荣光

作词：何文上

坚守科学的理想，传承先辈的荣光

牢记使命的召唤，不忘初心的力量

接力奋斗勇攀高峰，谱写顶天立地的篇章

啊，果研开拓；啊，我们自强

面向世界科技前沿，扛起时代责任担当

潜心研究结出硕果，大力协同引领方向

啊，我们执着；啊，我们成长

紧密对接产业需求，扎根基层播种希望

示范推广建成高地，突出特色果业更强

啊，我们前进；啊，果研昂扬

优化组合技术集成，把论文写在大地上

追求卓越强化支撑，乡村振兴再创辉煌

再创辉煌

（姜淑苓、毋永龙）

第二节　精神文明建设

建所以来，果树所一直十分重视精神文明建设，通过多种方式不断深化精神文明建设，致力于创建和谐研究所。

1995 年制定了《中国农业科学院果树研究所争创文明单位实施方案》，提出争创院级文明单位和文明单位标兵十项标准，将精神文明建设作为各部门、干部、职工业绩考核的基础内容。成立了由党政班子成员和职能部门、中心负责人组成的文明创建领导小组，党政主要负责人任组长。将精神文明建设纳入研究所年度计划，围绕改善所容所貌开展系列活动。1998 年荣获"葫芦岛市文明单位"。

大力开展文体活动，举办职工联欢会、职工趣味运动会、长跑或登山活动，不定期举办球类、棋类、拔河、绘画书法展活动。为庆祝新中国成立 50 周年，所党委开展了先进事迹报告会、文艺汇报、体育比赛、升国旗仪式等系列活动。选送的节目——乐舞快板"为果为民谱新篇"，参加了建院 60 周年文艺汇演。通过丰富多彩的文体活动，极大地激发了群众热情，提高了职工以所为家的凝聚力和向心力。

坚持所区文化建设，树立现代化研究所的新形象。经过 60 多年的建设发展，科研办公环境、基础设施条件、试验基地等所容所貌明显改观。2007 年 6 127 米² 综合实验楼的竣工使用，极大地改善了果树所科研和办公条件，实现通讯办公自动化，拥有一批国家、省部级科技平台。2020 年 10 月竣工的果树所大门，既庄重大气，又独具特色，点亮了果树所的窗口形象。通过所区文化建设，打造了道路整洁、四季花香、环境优美、景色宜人的科研办公环境和四季分明、绿树成荫、鸟语花香的生态试验基地。

（杜长江、毋永龙）

第三节　黄河故道精神

岁月的风霜会湮没许多往事，历史的车轮会消蚀许多记忆。但在黄河故道这片热土上，有这样一群人注定会被人们铭记，会留下永不褪色的印记。他们就是——果树所的科技专家们。60 年前，他们不畏艰难、勇担重任，奔赴黄河故道地区提供技术服务，把生命融入这片荒滩，用青春和智慧征服了这片桀骜不驯的黄沙滩，实现了从黄沙漫天到果园飘香的历史性巨变，用汗水浇铸了故道人民的幸福生活。

黄河故道是指 1194—1942 年黄河 26 次决口改道所形成的冲积平原，沙荒盐碱面积达 150 万公顷，地跨陇海铁路东段，黄河中下游两岸的豫东、皖北、苏北、鲁西南的 99 个县（市）。曾经的黄河故道地区由于风、沙、盐、碱、旱、涝等灾害，严重影响农业生产，人民流离失所，逃荒要饭，饥寒交迫，是历史上有名的多灾低产贫困区。新中国成立后，1952年，毛主席视察黄河，发出"一定要把黄河的事情办好"的号召。1958年中央召开的黄河故道果树生产座谈会、全国农业会议、全国果树生产会议和全国园艺工作研究会议等一系列会议，把发展黄河故道地区果树生产列为重点工作之一。在此基础上，国家发出了"发展果树，改造沙荒"的号召。果树所作为国家果树战略科技力量，积极响应号召，选派沈隽、翁心桐、周厚基、刘福昌、崔致学、姜元振、高德良等40多名果树专家和科技人员奔赴土地贫瘠、风沙弥漫的黄河故道，长期蹲点建设科学样板田，他们是共和国历史上走向黄河故道的第一批果树专家。

为了更好地做好黄河故道地区的工作，果树所本着从大局出发，从故道实际情况出发，积极布局故道地区的工作，做了多方面的努力。①调研统筹规划。1958年果树所派出了近1/3的科研力量奔赴故道地区开展工作。经过半年多的努力，通过总结调查故道地区原有果园育苗和新苗圃育苗经验，坚持边调查、边总结、边推广的原则，育苗规划措施已经运用于生产，并通过修改补充提出了适合黄河故道地区果树育苗技术规程，供今后故道地区果树大发展应用；为徐州市郊九里山扩建果园及泰山果园圃做好果园规划，并总结已有果园规划的优缺点，制订出黄河故道地区果园建立规划方案，供今后故道地区大力发展果园参考；选育出适应生产要求的葡萄品种30个，苹果品种6个，梨品种1个；完成黄河故道果树病虫害情况以及苹果主要虫害防治措施，对提高果树产量、质量起到了重要的作用；为解决大发展中葡萄插条不足的现象，进行的葡萄单芽插法已获得成功。②设立郑州分所。1959年，果树所以中原地区无果树专业研究机构为由向中国农业科学院申请设立郑州分所，与4省协作共同发展果树生产和开展果树科学研究，同年农科院以（59）农院财明字第132号文件，拨30万元作为建设分所的科研生产用房和职工生活用房经费。1960年2月18日果树所研究制订了"中国农业科学院果树研究所关于建立郑州分所的方案"，并征得河南省和郑州市党政领导的同意，经院1960年2月10日（60）农院办秘轩字第32号函件批准，在河南郑州市南郊尚庄设立郑州分所。主要开展以葡萄为主的果树科学研究，并担负落叶果树中心原始材料圃建设。分所由张子明任所长，张海峰任副所长兼党委书记。③转移科研力量。果树所根据中原地区是我国西瓜主产区之一、气候适宜苹果矮化砧的发展、产后加工需要科技人员等情况，于1963年、1964年相继将瓜类研究室及从事苹果矮化砧、果园机械化、贮藏加工、土肥等专业人员和技术工人从辽宁兴城调入郑州分所，并确定将葡萄、西瓜、苹果砧木等项目列为研究重点，为我国中部地区、黄河故道地区果品生产基地建设承担研究和技术指导。④建设样板田。1965年，果树所从辽宁兴城选派一批科技人员与郑州分所人员一起，从东起连云港、西至天水，长达1 500千米的地带内建立5大片（豫东、皖北、苏北、郑州、秦岭北麓）32个点的样板田，建点示范，在推广普及科学技术、培训人员等方面做了大量工作。1965年结合样板田工作，果树所科技人员陈明珠、何荣汾、张跃民、张生开展调查研究，先后调查了江苏省丰县大沙河果园、徐州果园、安徽省萧县黄河故道园艺场、砀山果园场、河南省兰考县仪封园艺场、开封市百塔果园、西华黄泛区农场7个国营果园及民权人和园艺场和兰考马庄园艺场2个群营果园的整形修剪技术，形成了《黄河故道地区苹果整形修剪技术调查报告》，提出了适用于当地果园的修剪技术。这些前期工作的开展，为黄河故道地区果树生产发展奠定了坚实的基础。

在基点上，科技人员与当地农民同吃、同住、同劳动，解决当地生产中的实际问题。短短10余年的时间，果树所的科技人员与4省联合在故道地区建立起大面积苹果、葡萄生产基地，巩固和发展了梨、桃等果树生产基地，有针对性地开展引种和培育优良果树品种、栽培技术研究、示范与推广、病虫害防治等研究，同时对果园防护林栽种的规划及作用调查，解决了果树生产中存在的主要问题，在技术上保证了这一地区果树的发展，取得了显著的经济、生态、社会效益。

据1986年统计，故道地区果树面积已达425.111 6万亩，果品累计产值31.161 97亿元，葡萄酒产值8.873 4亿元，糖水罐头产值363.5万元，累计产值40.071 72亿元，经济效益极为显著。在黄河故道大面积沙荒上栽培果树、营造防风护林带和林网，以及由此扩大农作物覆盖面积，固定沙荒，拒绝沙暴，改良土壤，过去的风沙弥漫、农作物不能生长的局面已不复存在。生态环境的改善，促进了农作物的发展，仅以民权县为例，在 20 余万亩沙荒盐碱地上种植果树和林木，不仅使沙荒盐碱地变成良田，而且保护了 10 余万亩农田免受风沙危害，仅此一项，即使该县每年增产粮食 500 万公斤以上，生态效益极为显著。果树的发展使这一地区的人民摆脱了贫穷，促进了农业的发展，社会状况大有好转。黄河故道实现了从黄沙漫天到果园飘香的历史性巨变，果树所专家们用汗水浇铸了故道人民的幸福生活。

1988 年 7 月 27 日，中国农业科学院一批长期坚持参加黄淮海平原综合治理农业开发并作出优异成绩的 28 名科技人员受到国务院的表彰、奖励。其中，获得一级奖励的果树所何荣汾等 4 位同志在北戴河受到李鹏等党和国家领导人的亲切接见。

（杜长江、高振华）

第四节　陕西苹果故事

根据国家统计局统计数据，2011—2019 年，陕西省苹果产量总体呈现增长的态势。2019 年，陕西省苹果产量达 1 135.58 万吨，较 2008 年增长 11.2%，占中国总产量的 1/4 以上，世界总产量的 1/7。不论规模、数量，还是产量、品牌，陕西苹果都稳居全国第一。苹果产业已成为全国农业结构调整的典范，成为对陕西农民增收贡献最大的产业。60 年前的陕西苹果发展状况如何？果树所的科技人员到陕西之后所开展的工作，对陕西果业的发展产生了怎样深远的影响呢？让我们一起回顾果树所与陕西苹果的不解之缘。

1965 年，中国农业科学院果树研究所从辽宁兴城选派一批科技人员与郑州分所人员一起，从东起连云港，西至天水，长达 1 500 千米的地带内建立 5 大片（豫东、皖北、苏北、郑州、秦岭北麓）32 个点的样板田，并派科技人员长期蹲点，解决当地果树生产中的实际问题。同年 7 月 2 日果树所选派陈策、潘建裕、汪景彦 3 人到陕西省眉县南寨大队蹲点，解决当地果树产量低、适龄不结果的问题。为了帮助当地果农解决这一问题，果树所蹲点的科技人员深入到各队果园进行调查研究，历时半个多月，最终找到了原因，并提供相应的解决办法。同年 10 月，参加在眉县齐镇园艺场举办的全省果树培训班，果树栽培专家汪景彦主讲如何克服苹果大小年，随后这份 6 万字的讲义被编入陕西省林业厅的培训教材之中，影响当地一代又一代的果农。

1966 年，中国农业科学院陕西分院与果树所共同主持在陕西武功召开西北果树区划座谈会。经过调查研究总结，形成《全国苹果区划研究报告》，对我国各苹果主产区的生态条件进行了全面分析，指出陕西渭北黄土高原地区海拔高、昼夜温差大、土层深厚、质地疏松、土壤富含钙、镁、锌、硒等多种有益于健康的微量元素，且远离工业区，生态环境好，无污染，成为符合 7 项苹果生态适宜指标的最佳区域。这一信息引起了陕西省决策层的高度重视。陕西省委、省政府随后出台的一系列举措，特别是"七五""八五"期间出台的发展规划和果品基地建设扶持政策极大地调动了农民种植苹果的积极性。在市场的驱动下，全省苹果面积迅猛发展，1996 年达到 753.6 万亩，跃居全国第二位。1999 年全省苹果总产量达到 395 万吨，收入 72 亿元，并带动其相关产业 20 多个，增收达 30 多亿元。

1970 年，果树所与陕西果树研究所合并后，为推动陕西果业发展开展了调查研究，发现陕北地区非常适宜苹果栽培，向农牧渔业部打报告建立陕北外销苹果生产基地，并选派一批科技人员蹲点建样板示范田，指导当地群众发展果树种植。

1971—1974 年，蒲富慎、宋壮兴、聂蕙茹等到延安地区蹲点。参加了"提高外销苹果品种质量"专题协作研究，承担"陕西省外销优质苹果生产基地建设的研究"项目，参加苹果贮藏研究协作的单位达到 78 家。先后在陕西省果树所所部、延安、铜川、洛川、渭北和关中等地区开展"三红"（'红国光''红星''红冠'）、'元帅'等苹果品种的不同采收期试验。在此期间，宋壮兴等同志撰写了"延安地区苹果生产情况调查""延安地区土窑洞贮藏苹果的经验调查"等报告，成为果树所果品贮藏学科研究的起点。该项研究获得陕西省科技成果奖二等奖。1975—1978 年，承担"全国苹果土窑洞贮藏"协作研究，组织陕西、山西、甘肃、河南等省的科研、教学、商业、外贸和生产部门，对我国陕西黄土高原地区土窑洞贮藏进行考察，协调全国土窑洞贮藏试验方案，组织协作研究，提出了适合我国国情的苹果土窑洞贮藏的窑型结构、适用范围及周年管理制度。由陕西省农科院果树所、陕西省外贸局进出口公司和主产县果品公司组成"陕西省苹果土窑洞贮藏协作组"，协作开展"苹果土窑洞贮藏技术研究"，在陕西省眉县、宝鸡县、凤县和西安市等地举办全省和地区的贮藏学习班，印发材料和设计窑型，开展协作研究。使陕西省窑洞贮藏由 1974 年的几个窑洞贮藏量仅几万千克，发展到 1978 年窑洞面积达 45 000 米 ^{2}，贮藏量达到 500 万千克以上。

1970—1981 年，费开伟、陈策、汪景彦、贾定贤、李美娜和冯思坤等 8 人来到秦岭北麓的陕西省宝鸡县孙李沟大队蹲点服务。条件十分艰苦，住窑洞，点煤油灯，每天补 1 分钱的菜金，吃的水是从大山深处引来的，里面有枯枝、落叶和细长的牛尾巴虫等，若赶上下大雨，水就成了黄泥汤，需要先倒进缸里，加上漂白粉，经过几个小时的澄清之后再用，没有绿叶蔬菜，只有盐、辣椒、醋 3 大件。就是在这样的条件下，一干就是 10 余年，与农民同吃、同住、同学习、同劳动，不畏艰难，克服一切困难，把先进的生产技术带到千家万户。①发现国光苹果树秋梢顶部都有腋花芽存在。改重截缩为晚剪、轻剪和夏剪技术，苹果产量由原来不足 500 千克 / 亩增加到亩产 3 000～4 000 千克 / 亩，高者亩产近万斤。②改进修剪技术。由重截缩剪变为疏枝长放法，即傻瓜修剪法，亩省人工 3～4 个，1 人 1 天可剪 1 亩园。③总结苹果树稳产的负载量指标，研究提出干周测产法。单株留果数 =0.2 × 干周（厘米）^{2}。④推广乔砧苹果密植。由亩栽十几株，改为 100 株左右，产量大增。"乔砧苹果密植丰产" 1978 年获陕西省科学大会奖、1983 年获陕西省科技进步奖三等奖；"旱原坡地乔砧苹果密植试验" 1980 年获宝鸡市科技进步奖一等奖；"新红星苹果技术开发研究" 1991 年获农业部科技进步奖三等奖。⑤在山地梯田条件下，试验成功树盘种毛叶苕子绿肥的宝贵经验。⑥植保方面，总结提出当地按防治指标和挑治的省工省药经验，全年只打 2～4 次药，秋季青枝绿叶，果品质量好，好果率控制在 95% 左右。⑦采用皮下枝接和劈接法，利用沟、崖棱的野酸枣嫁接大枣，成活率达 80% 以上，与林场社员同志们一起战斗了 3 年，共接活 6 万余株大枣，为改变山区面貌，提高当地农民的生活水平发挥了一定的作用。

陈策、王金友等到陕西佳县方塔公社谢家沟大队蹲点。这里距离黄河不远，到处是黄土高原雨水冲刷的沟壑，北面紧靠毛乌素沙漠，地理环境十分恶劣，之后又转战到延安城关柳林大队、陕西凤县红光园艺场蹲点，主要研究苹果树腐烂病发生规律和防治技术，不分冬夏，风雨无阻，在理论上有许多的创新，防治效果上取得了重大突破。①经室内、田间多年药效选出高效防治药剂福美胂，40% 福美胂防治腐烂病效果最明显，效果可达 80% 以上，经农业部有关部门组织，在多个省、市推广应用，经济效益高达数亿元；②研究发现国光苹果因生长期果实缺钙和氮钙比例偏低导致成熟期和贮藏期果肉以皮孔为中心，出现变褐斑点，果肉由外向内坏死，病果率达 10% 以上，严重影响经济效益，提出解决措施：落花后 3～8 周喷 0.3% 氯化钙或硝酸钙液 +0.3% 硼砂液。

果树所的专家们秉着"扎根基层、艰苦奋斗、甘于奉献、追求卓越"的精神，通过 10 余年不懈的努力，把最初被苏联专家认定为不适宜果树生长的地区，变成位居全国苹果首位的产区。人民生活得到了极大的改善，光秃秃的黄土高原也披上了绿衣。数千万人的生活有了保障，脱离了贫困。

1978 年，果树所从陕西眉县迁回辽宁兴城县，恢复中国农业科学院果树研究所建制，果树所部分科研人员仍然坚守在陕西各基点，帮助果农解决实际生产问题。1981 年，孙李沟苹果喜获丰收，全村人均收入达 1 333.33 元，许多农户从窑洞搬进了新房，村里修了路，通了自来水，还盖了三层楼的大戏台。村储蓄所存款额在全县名列前茅，人们笑逐颜开。

此后多年，果树所依然心系陕西果业的发展，经常派专家指导果树生产，将先进的生产技术惠及千家万户。改革冠形，1982 年从开发新红星苹果开始，引进推广细长纺锤形；2005 年又改进、助推苹果松塔树形。1985 年，由果树所引种的美国短枝型苹果——新红星，在陕西宝鸡、甘肃天水等地试种成功，经试验证明，适宜在陕、甘、宁、晋、豫（西部）黄土高原以及云、贵、川高地栽种，经过 10 余年的发展，已经形成一条新的密植途径，促进了全国新红星苹果的大面积发展，取得了巨大的社会、经济效益，并于 1991 年获农业部科技进步奖三等奖。1990—1991 年，为支援革命老区经济建设，受中国农业科学院委托，果树所选派 10 人专家组前往延安地区开展科技扶贫，由王金友担任团长，重点任务是指导当地农民栽种果树，提供果树栽培、病虫害防治和果品贮藏保鲜等一系列技术。开办果树栽培技术培训班，由汪景彦、王金友两位专家分别讲解果树栽培技术、病虫害防治知识等。在延安二十里堡村创新采用拉线栽树法，至今已在大面积生产中采用，又快又齐（纵横斜三条线）。1995 年后开始宣传由产量型向质量型转变，提倡控冠改形，提质增效，培养示范园，生产精品果。2004 年开始在北京、陕西、辽宁、河南、山东、甘肃等地推广 SOD 酶，生产 SOD 苹果，陕西 6 个苹果价值 100 元，效益大增。2006 年，果树所专家汪景彦到礼泉县新时乡讲课后调查当地果园，发现腐烂病严重，果园一片残败景象，令人伤心，撰写了"西北黄土高原苹果树腐烂应引起高度重视"，发表在《西北园艺》杂志，并推广了有效的防治方法，广大果农加强果园的综合管理，减轻腐烂病发生，培养健康的树体，为优质高产奠定基础。2007 年，果树所专家汪景彦指导陕西省三原县马额镇康家村 7 组郭占虎生产高档精品红富士，采用喷布 SOD 酶和富硒综合技术，仅 1.8 亩的果园，总产量达到 7 000 千克，共收入 16 万元，在当地引起了极大的轰动，受到了三原县县委书记、县长、果菜局长等领导的高度评价，《华商报》《西北园艺》《三秦果业》《农业科技报》等新闻媒体竞相报道。

经过 60 多年的发展，不论规模、数量，还是产量、品牌，如今的陕西苹果都稳居全国第一。苹果产业已成为全国农业结构调整的典范，成为对陕西农民增收贡献最大的产业。看到今日陕西果业的发展形势，果树所的专家们十分欣慰，这与他们攻坚克难、无私奉献，几十年如一日的努力是分不开的。在新形势下，果树所作为国家果树战略科技力量，广大科技人员将紧密围绕国家新时期农业和农业科技发展目标，群策群力，团结奋进，进一步做好科学研究、科技成果转化和推广示范等各项工作，继续谱写陕西苹果故事新的篇章，为"两个一流"果业高质量发展作出新的贡献。

（杜长江、高振华）

第十章 所务管理

第一节 综合政务

1958 年建所之初，行政部门设办公室、人事科和行政科，办公室下设秘书计划组、情报资料组。1964 年，行政机构调整，设行政科、秘书科。1973 年 2 月，中国农业科学院果树试验站下设政工科（人事、组织、保卫、宣传）、办公室。1978 年 8 月，恢复中国农业科学院果树研究所建制，下设办公室。2003 年 7 月，成立办公室（党委办公室）。2012 年 6 月，党委办公室从办公室分离，后勤服务中心并入办公室。2017 年 8 月，后勤服务中心从办公室分离。2019 年 12 月，办公室调整为综合处。

综合政务是果树所日常运转的重要环节，在具体工作中发挥着承上启下、联系左右、协调各方的作用，涉及的点多面广。

一、部门职能

与院管理对口部门：院办公室、院基建局、财务局专项办。主要职责如下。

1. 拟订工作计划并组织实施；组织开展所综合发展规划和管理规章制度、综合性报告、行政文件的起草、审核。

2. 负责工作会议的组织服务。

3. 负责日常接待、政务值班、印鉴管理、档案管理、行政公文运转。

4. 负责宣传、信息化建设、研究所评价。

5. 负责对重大突发公共事件应急处置的组织协调；负责保密、安全生产管理。

6. 负责基本建设规划和项目（含修缮项目）的组织实施。

7. 负责工作部署、综合协调和督查督办。

8. 负责全所内控制度建设，并组织实施。

9. 完成所领导交办的其他工作。

二、近年来重点工作

（一）文秘工作

通过开展"规范管理年""管理效益年"和"制度建设年"等系列专题活动，使办文、办事、办会等工作更加科学、规范、高效。同时，将文秘工作与信息化建设有机结合，加强了各类文件的痕迹化、数字化管理。

（二）档案管理

截至 2020 年 12 月，拥有档案室专用库房 2 间、共 57 米^2，铁皮档案柜 49 套。收录了 1949 年至今的文书档案、科技档案、基建档案、财务档案、仪器设备档案、声像照片档案共 5 811 卷，荣誉证书、奖杯、奖状等共 87 件。年均接待查阅档案百余人次、查阅档案 150 余卷。1983 年，档案管理工作人员黄秀媛获中国农业科学院"档案工作先进个人"；1986 年，档案室被锦州市档案局授予"档案工作先进单位"；1990 年，取得"全国农业科技档案资源开发利用研讨"获奖论文。

（三）印鉴证照管理

果树所现有各类公章、专用章和法定代表人名章等共 49 枚，实行所长授权、分类管理、分级审批制管理。截至 2020 年 12 月，综合处管理各类印章 25 枚，平均每年用印 15 000 余次。果树所国有土地使用权证、房屋所有权证和不动产权证等证照由综合处管理。近年来实现了专人管理、专柜保存、使用留痕，年均提供证照服务 150 余次。

（四）科技传播

紧紧围绕果树所科技创新、成果转化、深化改革等中心工作，不断深化果树所与媒体的业务合作，深入开展网站、报纸、广播、电视等传统媒体与微信公众号等新媒体互融互促的科技传播工作，年均在果树所管理的宣传平台上发表稿件近 300 篇，在中央级主流媒体、省部级媒体上发表稿件 20 篇以上。

（五）安全生产

根据人员、岗位变动情况，适时调整果树所安全生产委员会、突发公共事件应急指挥中心组成人员，按照"谁管理、谁负责，谁使用、谁负责"的原则，加强安全生产队伍建设。切实加强对危险化学药品库、砬山试验基地和食堂等 9 个重点部位的安全监管，强化各重要时间节点和重大活动期间的安全防控工作，有关制度建设得到了进一步加强。

（六）信息化建设

先后购置了 VPN 和 SD-WAN 专用设备、远程教育和视频会议系统、小鱼易连中鱼设备、高清显示屏等硬件设备。依托中国农科院"智慧农科"系统，开展公文运转、出国团组审批、所领导外出报告、电子文献查阅等工作。建成了财务预算报销系统。自 2007 年果树所中文门户网站建立以来，先后经过了 2012 年、2017 年、2019 年前后 3 次改版，2020 年 3 月，果树所英文网页上线。2018 年 5 月底，果树科技信息研究中心建立了"中国果树"微信公众号，2020 年 4 月，成果转化处新建了"中国农科院果树所科技服务平台"。

（七）保密工作

根据研究所内部机构调整及人员变化情况，不断调整保密委员会组成人员，并进一步明确其职责任务。先后制定了《中国农业科学院果树研究所保密工作管理办法》和《中国农业科学院果树研究所网站管理办法》。严格按照国家有关规定，切实加强涉密、转岗、离职涉密人员管理。严格按涉密公文处理规定，抓好相关材料登记、传阅、保管、回收等有关工作。

（八）条件建设管理

编撰了《果树研究所"十三五"基本建设规划》《果树所"十四五"规划需求情况报告》《果树研究所修购专项工作规划（2016—2018）》《果树研究所修购专项工作规划（2019—2021）》；组织完成了"中国农业科学院果树研究所砬子山综合试验基地建设项目""国家种质资源辽宁兴城梨苹果圃改扩建项目""农业部园艺作物种质资源利用重点实验室建设项目"等项目建设。2000—2020 年，共完成基本建设项目 12 项，总投资 9 864.65 万元；2006—2020 年，共完成修购项目 24 项，总投资 6 000 万元。制订了《中国农业科学院果树研究所条件建设管理办法》《中国农业科学院果树研究所条件建设档案管理办法》。

（九）其他工作

除上述 8 个方面工作外，综合处还负责研究所评价、应急值班、会议计划管理、对台业务、信访、双拥工作、公务接待、会议室保障、周转房管理、门市房出租、报刊信件收发等工作。

（陈平、王馨竹）

第二节　科研管理

1958 年建所之初，科研管理职能归属办公室下设的秘书计划组。1965 年 1 月，科研管理职能归属办公室下设的研究计划组。1966 年 4 月，成立研究计划科，承担科研管理职能，1970 年 1 月，撤销研究计划科。1978 年 8 月，成立科研管理处。2003 年 7 月，科研管理处与科技开发处合并成立研究发展部。2007 年 3 月，研究发展部更名为科技处。2012 年 6 月撤销科技处，分设科研管理处和成果转化处。2017 年 8 月，科研管理处与成果转化处合并成立科技管理处。2019 年 12 月，分设科技管理处和成果转化处，科技管理处承担科技创新、科技平台、国际合作、研究生教育等管理职能。

一、部门职能

与院管理对口部门：科技管理局、国际合作局、研究生院。主要职责如下。

1. 负责战略研究及科技发展规划编制和实施，提出科技政策建议和重大科技项目建议。

2. 组织和协调各类科技计划（包括科技创新工程与基本科研业务费专项等）项目的申报、过程管理和结题验收。

3. 负责创新工程日常管理和中期、期末考核，负责创新联盟和协同创新任务管理。

4. 负责科技成果培育、评价协调和申报。

5. 负责科技平台、仪器设备采购及综合实验室管理。

6. 负责国际合作管理。

7. 负责研究生教育管理。

8. 承担学术委员会和中国园艺学会果树专业委员会秘书处的工作。

9. 完成所领导交办的其他工作。

二、近年来重点工作

（一）战略研究及科技发展规划编制和实施

参加"中国农业科学院园艺学科专题'十三五'及 2030 年战略研究"，撰写《中国农业科学院园艺学科"十三五"及 2030 年战略研究报告》"果树"部分（2015 年）。编制《中国农业科学院果树研究所"十三五"科技发展规划》（2016 年）。参加"2050 农业科技发展战略与政策取向研究"，撰写《现代园艺分论》"果树""都市农业"部分（2018 年）。承担"新冠疫情对农业农村经济影响"研究任务，向农业农村部提交应对新冠肺炎疫情影响咨询报告《新冠肺炎疫情对水果产业的影响及对策建议》（2020 年）。参加"中国农业科学院园艺学科发展战略研究"，撰写《中国农业科学院园艺学科发展战略研究报告》"果树"部分（2020 年）。编制《中国农业科学院果树研究所"十四五"发展规划》《中国农业科学院果树研究所"十四五"科技发展规划》。

（二）科研项目管理

建立完善所内科研管理和运行机制，制修订《果树所科研管理办法》《果树所科研项目间接经费管理办法》《果树所中央财政科技计划专项后补助管理办法》《果树所基本科研业务费专项管理实施细则》《果树所科技奖励管理暂行办法》等管理制度，对项目申报与立项、项目实施与管理、项目检查与验收、项目评价与报奖、经费使用、科技奖励等进行规范管理。调整学科方向，拓展研究任务，推进以课题组为核心的研究所科技管理和运行机制改革，全所课题组数由 14 个增加到 30 个。集中梳理凝练创新工程科研团队、所属课题组研究方向和重点任务，明确 7 个科研团队和 30 个课题组的发展目标、研究方向、重点任务。

（三）科技创新工程和协同创新任务管理

2013 年中国农业科学院启动科技创新工程，2014 年 10 月，果树所及梨资源与育种、苹果资源与育种、仁果类果树栽培与生理、浆果类果树栽培与生理、果树病虫害防控、果品贮藏与物流技术、果品质量安全风险监测与评估 7 个科研团队进入科技创新工程第三批试点。组建果树所创新工程领导小组、创新工程任务执行专家组、创新工程管理办公室，建立决策、执行、支撑、服务"四位一体"的组织管理模式。制定并实施《果树所创新工程综合管理办法（试行）》《果树研究所科研团队创新岗位人员聘用管理办法（试行）》《果树研究所创新工程科研团队绩效管理办法（试行）》等管理制度。2016 年 4 月，通过创新工程试点期期满考核，果树所及 7 个科研团队整体进入创新工程全面推进期（2016—2020 年），组织制定《中国农业科学院果树研究所科技创新工程"十三五"发展规划》《中国农业科学院科技创新工程全面推进期绩效任务书》和《果树研究所科技创新工程全面推进期绩效管理指标体系》，进一步明确果树所发展定位和科技创新工程目标任务。2018 年 11 月，组织完成科技创新工程全面推进期中期评估绩效考评，根据创新工程科研团队诊断评估结果，调整优化学科和重点方向，分解落实创新工程全面推进期目标任务。2020 年 3 月，组建苹果、梨、设施果树 3 个所内协同创新中心，逐年启动"苹果绿色高质量发展关键技术研究与示范项目""梨绿色高质量发展关键技术研究与示范""设施果树节本优质绿色安全生产技术研究与示范"等创新工程所级重点任务。

（四）科技成果培育和科技奖励申报

制定实施《果树所重大科技成果培育暂行规定》，建立《果树研究所科技成果储备库》，2016 年，"富硒果品生产技术研究与示范"获得中国园艺学会"华耐园艺科技奖"。2018 年，"主要落叶果树病毒快速检测及脱毒技术研究与应用""梨采后品质控制关键技术研发及其集成应用"2 项成果获得中国园艺学会"华耐园艺科技奖"。2019 年，"苹果集约矮化栽培技术研究与示范推广"获得全国农牧渔业丰收奖成果奖二等奖，"优质特色梨新品种选育及配套高效栽培技术创建与应用"获得中国农业科学院杰出科技创新奖。

（五）科技平台与科研条件管理

"十三五"期间，申报并获批建设省部级科技平台"国家植物保护兴城观测实验站""辽宁省落叶果树矿质营养与肥料高效利用重点实验室""辽宁省果品贮藏与加工重点实验室""辽宁省果树有害生物防控重点实验室"4 个，科技平台进一步优化，基础设施保障能力进一步提升。组织制定中央级科学事业单位修缮购置专项规划仪器设备采购项目规划、科技创新工程仪器设备采购项目规划和年度计划，组织完成"国家种质资源辽宁兴城梨苹果圃改扩建项目""农业部园艺作物种质资源利用重点实验室建设项目""果树矿质营养与施肥及有害生物防治重点实验室仪器设备购置项目"等仪器设备采购任务。成立所级科研实验平台"果树生物学综合实验室"，以研究中心为管理单元，设立果树种质资源、果树遗传育种、果树栽培与生理、果树有害生物防控、果品贮藏与加工、果品质量安全检测等专业实验室，统筹协调全所科研试验条件，全面提升仪器设备共享水平和使用效率。在科技部、财政部组织的全国科研设施与仪器设备开放共享评估绩效考评中，连续 3 年获得"良好"等次。

（六）国际合作管理

"十三五"期间，承担国家外国专家项目、国家公派高级研究学者项目、科技部外国专家局因公出国（境）培训项目、农业国际交流与合作项目等国际合作项目 17 项。与 21 个国家的 31 个单位建立了合作关系，来访专家 38 人次，出访专家 39 人次。来果树所执行亚非杰出青年科学家来华工作计划项目的埃及专家 Omayma Mahmoud Mohamed Ismail 获得"辽宁友谊奖"（2017 年）。举办"发展中国家果树生产技术培训班"（5 期）、"一带一路"国家果树病虫害绿色防控培训班，培训来自巴基斯坦、印度、朝鲜等 13 个国家的学员 200 余人次。举办"第一届'一带一路'国家果树科技创新国际研讨会"（2019 年），来自 10 余个国家的 30 余个科研机构及企业参加会议，签署双边、多边协议和谅解备忘录共 10 份。更新"果树所国际化人才储备库"，新增国际化人才 14 人，制定国际化人才培养计划，选派 8 名青年骨干到新西兰、美国、加拿大、英国开展访学和中长期培训，推荐 1 人参加农业农村部驻外干部培养选拔和培训。

（七）研究所教育管理

加强师资队伍建设，现有博士生导师 5 人、硕士生导师 31 人。制修订《果树研究所研究生培养管理办法》《果树研究所指导教师招生资格年度审核细则》《果树研究所研究生助研津贴和差旅补助管理规定》等管理制度，提升研究生教育管理水平。开展研究生在所培养阶段课程建设，打造果树学科研究生教育精品课程，组织研究生参加国内外学术会议和学术交流。提高研究生助研津贴标准，改善研究生住宿条件。"十三五"期间，培养国内博士研究生 14 名，培养国际留学生（博士研究生）7 人，培养硕士研究生 46 名。

（杨振锋、吕鑫）

第三节　人事管理

1958 年建所之初，行政部门设人事科，行使人事管理职能，归办公室领导。1964 年，人事科成为独立的行政机构。1973 年 2 月，人事科归属政工科。1978 年 8 月至 1982 年 12 月，政工科改名政治处，行使人事管理职能。1981 年 6 月，经中国农业科学院人事局批准刻制人事处印章，行使独立的人事管理职能，与政治处合署办公。1982 年 12 月，按照中国农业科学院统一要求，政治处更名为党委办公室，与人事处合署办公，直至 2003 年 7 月，人事处更名为人力资源部，与党委办公室分离。2007 年 3 月，人力资源部更名为人事处。2012 年 6 月，人事处与党委办公室合并成立党办人事处。2017 年 8 月，党办人事处调整为党委办公室和人事处两个部门。

一、部门职能

与院管理对口部门：人事局、离退休管理办公室。主要职责如下。

1. 负责干部和人才队伍建设规划编制和实施。推进干部人才队伍年轻化，加强高层次人才引育，统筹科研、管理、支撑、转化四支队伍建设，优化干部人才成长环境。

2. 负责干部岗位设置、聘用、考察、交流、任免、辞退等。

3. 负责人才招聘、培养、选拔、推荐等。

4. 负责法人证书年检、变更登记；负责人事档案管理，出国（境）人员审批备案。

5. 组织职称评审和分级聘用。

6. 负责劳资社保管理。

7. 负责编制外用工的审核及博士后管理。

8. 负责离退休管理。

9. 完成领导交办的其他工作。

二、近年来重点工作

（一）统筹推进四支队伍建设

科研队伍：与 2016 年 12 月相比，果树所科研人员占比由 58% 提高到 67%，高级职称增加了 18%，博士学位人员增加了 19%，硕士学位人员增加了 27%。截止 2020 年底，40 余人获各项各类人才称号。

重新梳理了科技创新目标和主攻方向，拓展了 7 个树种，研究的果树树种达到了 13 个；将创新团队下的课题组增加至 30 个，2017—2019 年将基本科研业务费所级统筹项目择优支持青年骨干，经费达 900 余万元，激发了青年科研人员干事创业的活力，2019 年科研产出较 2018 年增长 48%；建立了首席 - 执行首席接续机制，配备了 3 名执行首席。

干部队伍：制定了《关于进一步加强果树研究所管理干部队伍建设的意见》，在优化内设机构设置基础上，深入推进干部队伍年轻化建设。2017 年底提拔 6 名管理和科研骨干到副处级岗位工作，其中 40 岁以下处级干部 4 名。2020 年 5 月，提拔 35 岁左右副处级干部 6 名，提拔 40 岁左右正处级干部 3 名，包括 2 名 80 后正处级干部。

支撑队伍：通过有目的、专业化的培训和参加技能大赛，支撑队伍的专业素质得到提升。建立了果树所生物综合实验室，配备大型仪器、专用设施设备管理人员，连续 3 年在中央级高校和科研院所重大科研基础设施和科研仪器开放共享评价考核中获"良好"等次。技术支撑和公共服务支撑科研能力明显增强。遴选出公共支撑和技术支撑英才共 2 名。

转化队伍：专门成立成果转化处，形成了专职和兼职互为补充的成果转化人才队伍。2019 年成果转化收入较 2018 年增长 52%，2020 年成果转化收入较 2019 年增长 91%。遴选出 3 名转化英才。

（二）改革创新体制机制

1. 启动战略研究机制

研究制定科技创新、国际合作、基地平台、成果培育与转化、人才团队等发展战略和布局。

2. 强化协同创新机制

构建全产业链科研组织体系，建立苹果协同创新中心、梨协同创新中心和设施果树协同创新中心。

3. 健全科技创新机制

构建从云南至黑龙江的果树试验体系，扩展果树树种，强化田间试验研究工作，强化果树育种工作。

4. 创新成果转化机制

创立"科研单位 + 地方政府 + 龙头企业 + 基层农户 + 国外专家"五位一体协同科技成果转化模式。建立团队创收目标责任制。

5. 完善人才引育机制

从制度上保障所级科研、育种、支撑、转化等青年人才的岗位补贴每人每年 3 万元；新入职 3 年的博士和硕士分别给予每人每年 2.4 万元和 1.2 万元的补贴。对于柔性引进的高层次人才，采取"一事一议"政策。

6. 推进分类评价机制

制定了《果树研究所分类考核与绩效管理办法》等，建立四支队伍的考核评价办法。对科研人员重激励、轻考核，进一步减负松绑；管理人员的考核评价权力交由科研人员，工作效率和服务效能得到较大的提升。

（三）稳步推进劳资社保工作

1. 制定绩效分配管理办法，完善收入分配机制

为适应现代农业科研院所建设和科研事业发展要求，建立以业务属性和岗位要求为基础，突出工

作业绩为目标的考核管理体系，制定并实施了《果树所分类考核与绩效管理办法》《果树研究所地方补贴及所绩效系数调整实施细则》等制度。

2. 实现全员养老保险省本级参保

根据中央和辽宁省统一部署，果树所完成驻辽中直事业单位参加省级养老保险工作。2019 年，在职人员正式参加辽宁省本级养老保险，退休人员统筹内养老金正式实现省本级社会化发放。

（四）积极做好离退休管理工作

1. 积极做好重大节日走访慰问关怀工作

每逢重大重要节日，领导班子专程看望离休人员和老专家，定期召开离退休人员座谈会。新中国成立 70 周年前夕，9 名离退休同志荣获中共中央、国务院、中央军委联合颁发的"庆祝中华人民共和国成立 70 周年"纪念章。

2. 注重经常性的离退休职工福利关怀

春节期间所里统一为离退休职工发放米面油和生活补贴，对离休干部开展经常性走访关怀，对困难退休职工进行帮扶。

3. 扎实开展益于离退休人员身心健康的文娱活动

积极推荐老专家参加部院组织的各种活动。汪景彦和贾定贤两名退休专家分别荣获部院"纪念改革开放四十周年"作品部级三等奖一次，院级三等奖两次，汪景彦同志获部"离退休先进个人"称号。

4. 制定了果树所离退休工作管理办法。

管理工作更趋规范化，有章可循。

（仇贵生、康霞珠）

第四节　财务资产

1958 年建所之初，财务资产管理职能归属办公室下设的行政科。1973 年 2 月，撤销行政科，财务资产管理职能归属办公室。1978 年 8 月，财务资产管理职能归属办公室下设的财务科、物资科。2003 年 7 月，成立财务部，资产管理职能归属办公室。2007 年 3 月，财务部更名为计划财务处，下设基建办公室。2013 年 7 月资产管理工作归属计划财务处。2017 年 8 月，计划财务处更名为财务处，剥离基本建设与修购专项管理职能。2019 年财务处更名为财务资产处，承担财务与资产管理职能。

一、部门职能

与院管理对口部门：财务局主要职责如下。

1. 负责财务和资产管理，制定有关规章制度和财务内控机制，并组织实施。

2. 承担所及所属企业财务管理与会计核算；负责财务信息化建设，并组织实施。

3. 对经济活动进行预测、核算、反映和监督，负责编报财务预算、决算、成本控制等报告，为所领导决策提供依据。

4. 负责账户管理，防范风险，科学理财，提高资金使用效益，保障资金安全。

5. 负责资产账卡管理、清查登记、资产处置、统计报告及日常监督检查工作；负责编制政府采购预算、计划、信息统计和新增资产配置预算。

6. 负责项目内部审计监督，协助项目经费审计。

7. 负责工资、公积金、劳务费、补贴等的发放及有关纳税的核算、申报和上缴。

8. 完成所领导交办的其他工作。

二、近年来重点工作

近年来，财务资产管理围绕全所中心工作，认真履行部门职责，主要从拓宽经费来源渠道、加快预算执行进度、推进财务管理信息化、加强内控制度建设、确保资金资产安全、提高资金使用效益等方面开展工作。

（一）经费争取

积极争取各类资金支持，加强业务管理与预算管理的紧密衔接，通过项目筹划、储备和编报，多渠道获取经费来源。2016 年度各项收入来源总计 7 584.76 万元，2020 年 9 307.25 万元，增长幅度 22.7%。

1. 科研经费预算申报方面，由财务资产处与科技管理处共同组织开展项目预算审核工作，提升项目文本质量，增加项目储备数量，提高项目资助额度。

2. 修购专项和基本建设项目预算申报方面，坚持规划引领，优化资源配置，保障重点工作，统筹条件建设资金，为科技创新提供条件保障与支撑。

3. 参与竞争性项目和地方项目申报，提供项目预算申报最新政策变化与申报建议，为果树所"十三五"期间获取竞争性项目与地方项目做好服务。

（二）预算执行

认真做好预算执行管理，将加快预算执行进度、提高资金使用效益与保障资金安全有机结合，奠定高效执行的工作机制。2016 年度预算执行进度 90.81%，2020 年度 98.57%，增长幅度 8.55%。

1. 建立预算执行内控长效机制，以序时进度为基础，做好做实预算执行前期工作，确保年度预算执行与工作计划有效衔接。

2. 建立约束激励机制，完善预算执行与项目申报、预算安排挂钩制度，将项目支出预算执行进度作为开展预算绩效监控、绩效自评等工作的重要指标之一。

3. 强化内控管理机制，明确经济业务事项的审批职责权限，在有效加快预算执行的同时，降低财务风险，保障资金安全。

（三）财务信息化建设

持续推进财务信息化建设，围绕单位科研经费管理、经济业务管控的实际需求，建设符合研究所管理特点的财务管理信息系统平台，全面提升财务智能化管理水平。

1. 在会计电算化的基础上，2017 年增设了财务预算报销管理 OA 系统，2020 年结合政府会计制度改革再次升级，OA 系统与财务系统平行操作同步运行。

2. 完善财务信息系统设置，通过梳理工作流程，固化财务内控制度与程序，实现实时在线审批、票据管理有效、会计核算高效、资金监管有痕等多项功能条件。

3. 通过预算和执行信息主动推送，实现项目经费预算执行情况的动态查询，提高管理效能，加快预算执行进度，提高经费使用效率。

4. 全面实现从人工填制凭证到系统自动化生成凭证的信息化模式转变，提高财务工作效率，避免人工差错，保障系统间的数据一致。

（四）制度体系建设

不断完善财务内控制度建设，贯彻落实中办、国办"放、管、服"精神，围绕单位科研经费管理、经济业务管控的实际需求，制修订 16 项财务与资产管理制度。

1. 改革创新科研经费使用和管理方式，下放审批权、简化手续、优化服务，制修订了财务报销、经费审批及科研经费管理等相关制度。

2. 规范科研间接经费合理和有效使用，完善横向经费使用管理，科学分配间接成本。分别制定了间接经费和横向经费管理办法。

3. 强化财务支撑能力建设，建立财务助理队伍，提高项目预算申报、计划执行与结题验收等方面的专业化管理水平，制定了科研团队财务助理管理办法。

4. 推进财务信息化服务，增设网上审批、票据管理、进度查询等多项服务功能，提高工作效率，并从制度层面规范财务信息化管理，制定了财务信息化管理实施细则。

（五）资产管理

围绕国有资产管理定位，明确管理职责，健全规章制度，形成产权清晰、配置科学、使用合理、处置规范的资产管理模式，提高国有资产使用效益，有效保障资产增值保值。2016 年末资产总额11 127 万元，2020 年末 12 112 万元，增长幅度 9%。

1. 建章立制。为规范和加强单位国有资产管理，维护资产的安全及完整，合理配置和有效使用，制定了《果树所国有资产管理办法》，为做好国有资产管理奠定工作基础。

2. 资产清查。依据《关于开展 2016 年全国行政事业单位国有资产清查工作的通知》，清查盘点、摸清家底，按时完成清查工作；巩固资产清查与资产核实成果，按照批复及时完成资产处置工作。

3. 绩效考核。认真落实《农业部部署事业单位国有资产管理绩效考核暂行办法》，全面评价资产管理现状，有效完成绩效自评工作。并于 2018、2019 年分别接受农业农村部考评组的现场考评。

4. 政府采购。贯彻《政府采购法实施条例》，落实部、院政府采购管理有关要求，细化政采预算，规范采购行为，提高资金节约率。2016—2020 年全所政府采购计划 4 682.02 万元，实际执行 4 159.42万元，资金节约率为 11.16%。

（六）资金监管

认真履行资金监管职能，规范管理，强化内控，防范系统性风险和重大问题的发生；强化制度约束，树立绩效管理意识，确保使用资金安全有效，为单位事业发展保驾护航。

1. 加强资金监控管理。通过信息技术，实现票据查验、信息共享，经费使用实时监控；通过公务卡、银行转账及网银支付方式，逐步实现无现金的财务支付业务。

2. 强化财务信息公开。根据部院重要财务事项公开工作的有关要求，依法公开部门预、决算和政府采购信息。同时，按科研经费信息公开要求，公开经费管理及使用信息。

3. 落实审核把关责任。严格执行"三重一大"决策制度，确保大额资金使用透明、规范、安全；完成 2016 年巡视自查工作及 2019 年刘凤之所长任期经济责任审计工作。

4. 推进内控体系建设。梳理单位业务工作流程，对 13 项重点业务，按照决策、执行、监督相互分离和相互制衡的要求，制定风险应对策略，组织制定《内部控制规程》。

（贾华、曹瑞玲）

第五节　成果转化

1990 年 9 月，成立科技开发领导小组，组建科技开发办公室，1992 年 1 月成立科技开发处，为研究所职能部门，2003 年 7 月科研处和科技开发处合并成立研究发展部，2007 年 3 月，研究发展部更名为科技处。2012 年 6 月撤销科技处，分设科研管理处和成果转化处。2017 年 8 月，科研管理处与成果转化处合并成立科技管理处。为了全面贯彻落实院科技创新和成果转化"双轮驱动"发展战略，推动研究所科技产业发展、知识产权转移转化、地方政府、企业的产业合作、科技兴农及脱贫攻坚，2019 年 12 月重新成立成果转化处。

一、主要职责

与院管理对口部门：成果转化局。主要职责如下。

1. 负责科技产业发展规划编制及实施。
2. 负责知识产权的运用、保护及管理。
3. 组织协调科技成果转化，负责科技成果转化合同和协议的审核。
4. 组织协调与地方政府、企业等的产业合作，组织开展技术咨询、产业规划等服务工作。
5. 负责试验站、专家工作站、成果示范基地等基地布局，负责基地督查督办和考核。
6. 负责所办企业管理。
7. 组织开展成果宣传推介、科技兴农、科技扶贫、科学普及等工作。
8. 完成所领导交办的其他工作。

二、近年来重点工作

（一）制度建设和机制创新

创建了目标引领机制，加强高效管理机制、协同创新机制，建立推广政府部门牵头、科研机构支撑、龙头企业带动、农牧民受益、国外专家参与的"五位一体"协同成果转化模式，制定了《中国农业科学院果树研究所促进科技成果转化实施办法》《中国农业科学院果树研究所试验基地管理办法》等规章制度，科技成果转化范围明确、放宽，科技成果转化科研人员收入分配比例大幅增加，由原来的55%增加到70%，进一步发挥果树所创新、技术、成果、平台、人才等优势，调动科技资源力量，推动科研成果和技术在果树产区的推广和应用。

（二）产业发展规划

紧紧围绕地方独特的区位优势，统筹一二三产融合，谋划区域公共品牌建设，加快推进果树产业现代化、多样化发展，使果树产业成为带动当地经济增长和农民增收的可持续发展产业，先后为四川甘孜州理塘县制定了《理塘县果树产业发展规划》，为西藏自治区政府制定了《拉萨月月有仙果计划》，撰写《关于辽宁省果树良种苗木繁育和销售的建议》《辽宁现代苹果产业可持续发展体系构建建议》2 项，获辽宁省果蚕管理总站采纳。

（三）知识产权转移转化

准确掌握最新的知识产权法律规程，规范化知识产权申报流程。建立了知识产权储备库，对现有的新品种权、专利进行了系统管理，提高知识产权申报及转化效率。强化知识产权保护，在新品种登记中，对重名的知识产权开展维权申诉。"十三五"期间转化专利22 项，转化收益1 070 万元。以转移转化、参加展会、集中培训、现场指导以及召开观摩会等形式，面向果树主产区示范推广果树新品种40 余种，果树栽培、果树植保、果树贮藏、果树检测等领域的新技术25 项、新产品5 项，与全国26 个省（市）相关单位签定科技合作协议1 350 万元。

（四）试验示范基地建设

立足于区域农业农村经济发展的实际需求，坚持生态区域代表性、地方政府积极性、科技示范辐射性、乡村振兴带动性的原则，在全国规划布局建设研发中心、产业研究院、试验站、专家工作站、成果示范基地5 大类基地100 个，截至2020 年10 月，先后在山东省荣成市、山东省栖霞市、河北省承德县、山西蒲县、新疆建设兵团等建设产业研究院1 个、试验站11 个、专家工作站1 个、成果示范基地15 个，合同经费4 270 余万元。果树所还在辽宁省建立示范基地14 个，面积2 314 亩。示范基地建设为科研与成果转化提供良好的环境，推动科技成果落地及成果转化。

（五）科技兴农与成果展示

在山东、山西、陕西、云南、新疆、甘肃、辽宁、河北等全国20余个省果树主产区，开展果树优质增效技术、病虫害综合防控技术、果品采后贮运保鲜技术等技术培训、科技咨询和现场指导5 000余人次。先后组织参加了首届全国农业科技成果转化大会暨第七届成都国际都市现代农业博览会、锦州农业科技成果对接会、中国新疆（昌吉）种子展示交易会，展示科研成果60余项，其中2项科技成果入选《2019（首届）全国农业科技成果转化大会百项重大农业科技成果名单》，30项新成果、新技术列入《全国农业科技成果转化大会1 000项优秀成果》汇编。进一步助推了科技兴农、惠农及乡村振兴工作。

（六）所办企业管理

果树所现有葫芦岛市中农果业科技开发有限责任公司、兴城果研科技咨询服务有限责任公司和兴城绿安果业科技有限责任公司3家全资控股企业，总固定资产60万元。"十三五"期间，3家所办企业共完成集中科技培训15期，培训农技人员2 463余人，购买专利20项。完成了17个果树新品种、3项新技术、13项新产品的中试熟化，且均可面向市场进行推广应用。

2020年6月，经所务会研究决定，对现有3家公司进行资源整合，保留兴城绿安果业科技有限责任公司1家公司，开展经营服务。

（七）科技扶贫

为贯彻落实科技扶贫工作的总体部署和具体要求，对国家贫困区"三区三州"开展了科技扶贫工作，对口帮扶四川省盐源县、壤塘县。组织专家深入四川省理塘县觉吾乡、绒坝乡、君坝乡、壤巴拉科技示范村、浦西乡斯越武村开展科技扶贫对接调研和技术指导，为理塘县制定了果树产业发展规划。组织专家赴建昌、承德、静宁、宁城、隰县、汾西、蒲县等全国20余县开展科技扶贫工作。

（孟照刚、程少丽、李孟哲）

第六节　后勤保障

1983年以前，果树所后勤保障工作由后勤管理处负责。1983年，所办单位与后勤管理处合并成行政办公室，负责全所后勤保障工作，其工作包括：行政、秘书、房管维修、财会、总务、大集体。1998年，以总务处为基础成立后勤服务中心。2008年，后勤服务中心从行政办公室分离，成为独立的服务实体。2012年，撤销后勤服务中心，其职责并入办公室。2018年，成立科技服务中心，果树所的后勤保障工作划归科技服务中心管理。

一、部门职责

按课题组运行，开展对内、对外科技服务，主要职责如下。

1. 负责所区安全保卫、消防等工作。
2. 负责所区水电暖、环境绿化、卫生保洁、食堂服务、用车等后勤保障工作。
3. 负责所区田间设施、试验基地的维护与服务。
4. 负责研究生宿舍管理与服务。
5. 为各团队（课题组）开展线下农用物资和试验材料采购服务。
6. 组织开展果业科技培训。
7. 拓展苗木、果品销售、基地服务等开发工作。
8. 完成所里交办的工作任务。

二、近年来重点工作

（一）安全保卫和消防

科技服务中心安全保卫部现具体承担与负责所区的安全保卫和消防工作。

2016 年，积极与地方政府协调在所大门门前路口安装红绿灯、建成边界围栏；印发并实施了《果树所砬山试验基地防火、防汛等应急安全工作方案》；成功扑灭 3.31 砬山基地边界山火。2017 年，在温泉所区及试验区加装了 26 道监控系统；在所区大门口安装了一车一杆门禁系统；砬山基地试验区安装安全监控系统；被院里评为安全生产达标单位。2018 年，更新了《中国农业科学院果树研究所突发公共事件专项应急预案》和《果树研究所突发公共事件应急指挥中心组成人员名单》；为综合实验室加装了门禁系统，集中处理、更新了一批即将到期的灭火器，更换有故障的摄像头；在砬山基地西北侧加装球状高清摄像头 48 个和中控系统 1 套。2019 年，组织开展了"安全生产活动月""70 周年大庆专项安全检查""消防安全年检"和"危险化学品专项整治"等平安建设工作；将原办公室保卫科调整为科技服务中心保卫部；与当地安保公司签订聘用合同，外聘 6 名安保人员；3 月 6 日成功扑救砬山基地界外窜入山火；所区大门门禁系统升级为扫车牌号码进出系统；在砬山基地入口处修建值班室并安装了电动闸门。2020 年，新冠肺炎疫情期间，安全保卫部全体职工奋斗在果树所抗击新冠肺炎疫情一线，严格落实研究所《应急预案》《工作方案》和有关通知要求，认真做好防疫工作，坚决守好第一道防线；所区大门安装人行门禁系统，为全所职工和聘用人员办理 300 张门禁卡，行人通过刷门禁卡出入。

（二）水、电、暖等保障

科技服务中心后勤保障部现具体负责全所的水、电、暖等供给保障工作与应急维修，保证水、电、暖等的正常供给。

加强对科研用房和电的管理，根据《果树所科研用房及用电收费管理办法》，详细测算各实验室、办公室等科研用房面积和完善用电管理的基础上，顺利实施科研用房及用电的量化管理。2017 年，与兴城市财政局进行多次沟通协调，争取到 28 万元维修基金，用于果树所北院家属区供暖主管线的更换维修。2018 年，及时关停后勤培训楼与变电房冬季采暖，减少供热面积 1 122 米²，采暖费用节省开支 30 294 元。2019 年，与兴城市供热公司沟通协商，供暖前顺利完成综合实验楼整体供暖系统改线入网工作，解决了多年困扰果树所综合实验楼冬季采暖不好的难题；集中完成更换老科研楼地下暖气管道维修工作和后勤培训楼供热管线改线联通工作，将老旧破损的铁管全部更换为热熔塑料专用管，确保科研楼、培训楼冬季正常采暖与供水；完成果树所南、北院两个供热二次加压房内设施设备升级改造工作；将北院井泵房与实验基地连接段水渠改造为管线，解决科研基地用水难题。2020 年，将综合实验楼内老旧灯管更换为 LED 吸顶灯；对综合实验楼电梯进行保养维修，更换电梯钢丝绳。

（三）绿化保洁

科技服务中心绿化保洁部现具体负责全所的环境绿化、卫生保洁和研究生宿舍管理工作，致力于为职工和学生打造干净整洁、环境优美的工作和生活环境。

1. 环境绿化

加强对办公区绿篱、海棠以及草坪绿地的日常养护；落实规划、移栽、补栽各种花草树木。2017 年，新栽月季 220 余株，新栽绿化花草 20 余片。2018 年，补栽银杏、观赏海棠 36 棵，在绿地内种植鸢尾、金娃娃萱草等花卉。2019 年，大门两侧绿篱更换为金叶榆，绿地内种植万寿菊、鸡冠花等花卉。2020 年，绿地栽种了矮牵牛、万寿菊、一串红、四季海棠等多种草本花卉。2019—2020 年，在砬山基地栽植多种果树和花草，搭建了软枣猕猴桃棚架，基地与场部环境得到了美化。

2. 卫生保洁

不断加强对田间垃圾池及其他垃圾箱的日常管理和维护；南院垃圾清运和北院家属区下水管道清淘外包给兴城市环卫队，完成每年春、秋两季下水道清淘工作。2018年，在卫生间贴文明提示牌70余块，添置茶叶滤渣桶18个，添置室外垃圾箱6个。2019年，在卫生间安装挡板6块，安装纸抽盒19个、纸卷架48个，安装电热宝19个。2020年，与兴城环卫处合作，在办公区增设3个定点垃圾投放周转箱；新冠肺炎疫情期间，保洁部全体职工积极投入到疫情防控工作中，购置防疫物资，在洗手间配备洗手液，增设口罩专用垃圾箱，及时做好所区及家属区的清洁和重点区域消毒工作。

3. 研究生宿舍管理

加强研究生宿舍管理，制定并实施《中国农业科学院果树研究所研究生宿舍管理规定（试行）》。2018年，研究生宿舍安装空调8台，更换椅子36把。2019年，将原单身职工宿舍楼改为博士生宿舍，原博士生宿舍改为硕士生宿舍，并对卫生间防水、地面防滑砖、洗手池、部分墙面进行改造；博士生宿舍安装空调8台，更换电热水器1台；安装研究生宿舍楼大门门禁系统2套。2020年，为改善学生住宿环境，研究生宿舍走廊加装多组暖气管片，卫生间安装浴霸4套。

（四）餐饮服务

科技服务中心餐饮服务部现负责职工食堂，主要为全所职工与学生提供安全、健康、营养的餐饮服务，承接来所交流客饭接待服务、培训班餐饮服务等工作。

2008年，对职工食堂进行扩建，由原来不足30米^{2}扩建到现在的300余米^2，设立接待包间与洗涮间。2012年，进一步对食堂加工间进行改造，主、副食间分开，增添了消毒柜、蒸饭车、冰箱等设施。2015年，食堂采用刷卡消费机与管理系统，新增添了自助型保温售饭台及设备，午餐供应方式采取自助餐形式，改造厨房地面排污管道，安装3台电热水器和3组碗柜。2018年，更换食堂经营许可证、执照，设置餐饮服务食品安全信息公示栏。2019年，对厨房地面进行修缮及防滑处理，承办职工节日活动与提供生日福利的发放服务。2020年，为了进一步深化改革，餐饮服务部实行全成本核算。

（五）车辆保障

科技服务中心车辆保障部现主要负责果树所公务车运行保障，以满足各部门与课题组的工作用车需求。部门现有公务车3辆，其中商务车1辆、吉普车1辆与皮卡车1辆。

2016年，为保证安全出行，及时封存超标车辆。2017年，修订《果树研究所启用公务车辆暂行管理办法》。2019年，对2013—2018年公务车加油卡使用与管理自查，规范果树所公务车加油卡使用与管理。2020年，为了进一步深化改革，车辆保障部实行全成本核算；重新修订《中国农业科学院果树研究所公务车辆管理暂行办法》，进一步规范公务车使用和加油卡管理。

（六）经营服务

科技服务中心经营培训部主要开展经营服务与开发创收工作，为各团队（课题组）开展线下农用物资和试验材料采购服务。

2018年，制定了《中国农业科学院果树研究所线下农用物资采购管理办法（试行）》，为进一步规范线下农用物资采购奠定了坚实的基础。2018—2020年，协助开展培训班6期，协助课题组举办会议2次。2020年，中心内部改革整合，将原经营服务、科技培训、综合协调部及碱山基地资源使用合为一体，整合为经营培训部。

（高振华、马仁鹏）

第十一章 党群工作

果树所于 1961 年设立党委办公室。1978 年 8 月，从陕西省眉县迁回辽宁省兴城县，恢复中国农业科学院果树研究所建制，设政治处。1981 年，恢复党委办公室设置。2003 年 7 月，党委办公室与所长办公室合并成立办公室（党委办公室）。2012 年 6 月，党委办公室与办公室分离，与人事处合并成立党办人事处。2017 年 8 月，党办人事处分设为党委办公室和人事处。

第一节 党的组织与党的工作

一、党的组织

（一）党委沿革

1958 年 4 月，成立中国共产党中国农业科学院果树研究所党总支委员会。1959 年 9 月，根据中共锦州市委总号〔1959〕289 号函的指示成立中国共产党中国农业科学院果树研究所委员会，下设 3 个党支部。

1970 年底中国农业科学院果树研究所下放搬迁陕西省眉县，与陕西省果树研究所合并，1978 年迁回兴城。由于刚刚恢复建制，机构体系尚未健全，根据锦委组字〔1978〕52 号函的批示，中共锦州市委同意中国农业科学院果树研究所党的核心小组改建党委，隶属于中共锦州市委农村工作部。1989 年 11 月锦西市升为地级市，根据中国农业科学院党组〔1989〕农科发字第 50 号函，果树研究所党的组织由中共锦西市委领导。1994 年 9 月经国务院批准，锦西市更名为葫芦岛市，果树研究所党的组织由中共葫芦岛市委领导。

1985 年 3 月 18 日，选举产生果树所第五届委员会和第一届纪律检查委员会。新一届党委、纪委分别召开第一次全体会议，陈策当选党委书记，孙秉钧当选纪委书记。

1988 年 11 月 26 日召开党员大会，选举产生果树所第六届委员会和第二届纪律检查委员会。新一届党委、纪委分别召开第一次全体会议，孙秉钧当选党委书记兼纪委书记。

1992 年 7 月 30 日召开党员大会，选举产生果树所第七届委员会和第三届纪律检查委员会。新一届党委、纪委分别召开第一次全体会议，孙秉钧当选党委书记、郑世平为副书记；孙秉钧当选纪委书记、邢长伦为副书记。

1995 年 8 月院党组宣布任命史贵文为所党委书记。

2002 年 8 月 27 日召开党员代表大会，选举产生果树所第八届委员会和第四届纪律检查委员会。新一届党委、纪委分别召开第一次全体会议，选举李建国为党委书记，陆致成为纪委书记。

2011 年 4 月 12 日，果树所召开全所党员大会，选举产生果树所第九届委员会、纪律检查委员会。新一届党委、纪委分别召开第一次全体会议，选举郝志强同志为党委书记、丛佩华同志为党委副书记；选举丛佩华同志为纪委书记。

2017 年 2 月 28 日，果树所召开党员大会，选举产生果树所第十届委员会、纪律检查委员会。新一届党委、纪委分别召开第一次全体会议，选举丛佩华同志为党委书记、李建才同志为党委副书记；选举李建才同志为纪委书记。

2019 年 5 月，曹永生同志任果树所所长兼党委副书记。

（二）支部沿革

1958 年 4 月，成立总支委员会，下设 3 个党支部。

1959 年 9 月，成立所党委会，下设 5 个党支部。

1987 年 3 月，下设 9 个党支部，分别是党办党支部、所办党支部、科研一党支部、科研二党支部、科研三党支部、温泉试验场党支部、砬子山试验场党支部、劳动服务公司党支部、离休老干部党支部。

1988 年 6 月，下设 13 个支部，分别是第一研究室党支部、第二研究室党支部、第三研究室党支部、第四研究室党支部、第五研究室党支部、科研处党支部、温泉试验场党支部、砬子山试验场党支部、所办党支部、青年服务公司党支部、党办党支部、离休党支部、退休党支部。

1989 年 4 月，下设 14 个党支部，分别是党办党支部、所办党支部、科研处党支部、开发中心党支部、第一研究室党支部、第二研究室党支部、第三研究室党支部、第四研究室党支部、第五研究室党支部、温泉试验场党支部、砬子山试验场党支部、劳动服务公司党支部、离休干部党支部、退休干部党支部。

1991 年 4 月，下设 13 个党支部，分别是党办党支部、所办党支部、科研处党支部、第一研究室党支部、第二研究室党支部、第三研究室党支部、第四研究室党支部、第五研究室党支部、温泉试验场党支部、砬子山试验场党支部、劳动服务公司党支部、离休干部党支部、退休干部党支部。

1993 年 9 月，下设 13 个党支部，分别是党办党支部、所办党支部、育种党支部、生理党支部、栽培党支部、植保党支部、资料党支部、科技处党支部、温泉试验场党支部、砬子山试验场党支部、服务公司党支部、离休党支部、退休党支部。

2000 年 6 月，下设 7 个党支部，分别是党群党支部、行政党支部、科研一党支部、科研二党支部、温泉试验场党支部、砬子山试验场党支部、离退休职工党支部。

2007 年 6 月，所党委根据果树所学科、研究机构、管理部门调整的实际情况，对基层党支部进行了调整，共设置 7 个党支部，分别是行政第一党支部、行政第二党支部、科研第一党支部、科研第二党支部、科研第三党支部、砬子山农场党支部、离退休党支部。

2011 年 3 月，所党委重新调整所属党支部设置，共设有 6 个党支部，分别是机关党支部、科研第一党支部、科研第二党支部、后勤服务中心党支部、砬子山党支部、离退休党支部。

2012 年 3 月，经所党委研究调整设置为 6 个党支部，分别是行政第一党支部、行政第二党支部、行政第三党支部、科研第一党支部、科研第二党支部、离退休党支部。

2015 年 10 月，所党委重新调整设置了党支部，共设置 7 个党支部，分别是行政第一党支部、行政第二党支部、科研第一党支部、科研第二党支部、科研第三党支部、科研第四党支部、离退休党支部。

2018 年 5 月，所党委按照院党组将支部建在团队上的工作要求，将原有的 7 个党支部调整设置为 11 个，分别为行政第一党支部、行政第二党支部、科技服务中心党支部、科研第一党支部、科研第二党支部、科研第三党支部、科研第四党支部、科研第五党支部、科研第六党支部、科研第七党支部、离退休党支部。

2020 年 6 月，按照院党组关于加强所办企业党组织和党员管理的要求，成立了所办企业党支部，由成果转化处和所办企业党员组成。

二、党建工作

60 多年来，所党委按照上级党组织的工作部署，围绕党的重点工作，开展了一系列的重大教育活动。党的十八大以来，果树所在中国农业科学院党组、中共葫芦岛市委和果树所党委的领导下，坚持以习近平新时代中国特色社会主义思想为指导，全面贯彻落实党的十八大、十九大、十九届二中、三中、四中、五中全会精神和习近平总书记系列重要讲话精神，坚持创新、协调、绿色、开放、共享的发展理念，围绕中心、服务大局，牢固树立"四个意识"，坚持"四个自信"，做到"两个维护"，全面加强党的建设。

2013年7月，开展了党的群众路线教育实践活动，在中国农科院第六督导小组指导下，所党委认真贯彻落实中央、农业部和院党组的精神，严格按照中国农业科学院教育实践活动领导小组的部署和要求，以高度的政治责任感、良好的精神状态、求真务实的工作作风，紧密结合果树所工作实际，精心组织，周密部署，扎实推进。先后组织开展了"践行群众路线"主题实践活动、"科研经费规范管理""提升干部素质"专题研讨活动和东北四所学习成果交流会等工作。按照院党组《党的群众路线教育实践活动整改方案》《专项整治方案》和《制度建设计划》，针对查摆出来的9个方面的"四风"突出问题，按照立行立改、专项整改和制度建设3个层面，提出了6个方面18条整改措施，明确了责任部门、完成时限和建章立制的具体要求。党的群众路线教育实践活动取得了实实在在的成效，工作作风有了明显改善。

2015年4月，根据中共中央办公厅印发《关于在县处级以上领导干部中开展"三严三实"专题教育方案》，在县处级以上领导干部中开展"严以修身、严以用权、严以律己，谋事要实、创业要实、做人要实"的"三严三实"专题教育。6月，果树所"三严三实"学习教育正式启动，成立领导小组，制定专题教育方案，郝志强作了题为《践行"三严三实"、转变工作作风、增强改革意识、推动跨越发展》的党课报告，并对果树所开展"三严三实"专题教育进行了动员部署。围绕"三严三实"主题，先后组织召开了理论学习中心组会议、专题民主生活会、专题教育等，集中学习党的十八届五中全会精神，传达学习《中共中国农业科学院党组关于学习宣传贯彻党的十八届五中全会精神的通知》和《中国共产党第十八届中央委员会第五次全体会议公报》等。

2016年4月，按照中央和农业部党组、中国农业科学院党组的统一部署，在全体党员中开展"两学一做"学习教育。为扎实推进果树所"两学一做"学习教育常态化制度化，根据中央《关于推进"两学一做"学习教育常态化制度化的意见》和中国农业科学院党组《关于推进"两学一做"学习教育常态化制度化的实施方案》要求，结合果树所实际，制定了果树所《关于推进"两学一做"学习教育常态化制度化的实施方案》。成立了负责全所"两学一做"学习教育的领导小组，党委书记、党委委员分别联系7个党支部，以普通党员参加所在支部学习教育，带头讲党课、带头发言，发挥了很好的示范带头作用。根据中共葫芦岛市委组织部统一部署，在所属党支部中建立"主题党日"制度，"主题党日"坚持突出政治功能，深化与"三会一课"的融合，树立党的一切工作到基层的鲜明导向，提升组织能力，突出政治功能，把教育党员、管理党员、监督党员抓在日常、严在经常、落在平常，持续推进全面从严治党向纵深发展、向基层延伸，不断提升党内组织生活常态化、制度化、规范化水平。

2019年6月21日，按照中央、中国农业科学院党组统一部署，在处级以上领导干部中开展"不忘初心、牢记使命"主题教育，成立果树所主题教育领导小组，党委书记、所长任组长，制定了果树所"不忘初心、牢记使命"主题教育《实施方案》《学习方案》《调研方案》《专题民主生活会方案》等，所长、党委书记带头讲党课，对照党章党规找差距、抓落实。在院主题教育第5指导组指导下，紧紧围绕学习教育、调查研究、检视问题、整改落实4个环节，扎实开展"不忘初心、牢记使命"主题教育并取得良好效果，解决了影响果树所发展的所办大集体企业职工社会保险遗留问题，院党组就此事特发情况通报（院通报2020年第19期），号召全院向果树所班子学习。

三、党风廉政建设

果树所党风廉政建设工作在院党组、院纪检组监察局和所党委的领导下，坚持党要管党，从严治党、依规治党，严肃党内政治生活，强化党内监督，聚焦监督执纪，有效运用"四种形态"，持之以恒落实中央八项规定精神，为研究所科技创新和各项事业发展保驾护航，营造良好的政治生态。2009年7月，根据农科院党组〔2008〕24号文件精神，调整果树研究所党风廉政建设工作领导小组，成立果树所贯彻落实《实施纲要》工作领导小组、调整果树研究所治理商业贿赂工作领导小组及办公室人员。2015 年 3 月，根据中央、部院党组有关要求，经 3 月 10 日所党委会研究，决定组建果树所纪律检查委员会办公室。

努力构建一体推进不敢腐、不能腐、不想腐制度机制。2000 年 4 月，印发了果树所《关于实行党风廉政建设责任制的暂行办法》。2011 年 5 月制定了《中国农业科学院果树研究所廉政风险防控手册》。2014 年 4 月，印发了《中国农业科学院果树研究所"三重一大"决策制度实施细则》；2018 年 4 月制定了《中共中国农业科学院果树研究所纪委关于进一步加强研究所"三重一大"事项监督的办法》。根据中国农业科学院党组印发《中国农业科学院三大重点领域十七方面风险防控指南》，制定了果树研究所《三大重点领域十四个方面风险点及防控措施一览表》。

接受中央、农业部巡视工作。2014 年 7 月农业部（中国农业科学院）巡视组对果树所开展为期 1 个月政治巡视；2016 年 2 月中央第八巡视组对中国农业科学院开展政治巡视，成立了"果树所接受中央第八巡视组专项巡视整改工作领导小组"；2020 年 10 月农业农村部（中国农业科学院）第五巡视组对果树所开展为期 1 个月的政治巡视。

（杜长江、毋永龙）

图 11-1　中共中国农业科学院果树研究所党员大会

图 11-2　中国农业科学院果树研究所庆祝建党 99 周年暨党委书记讲党课报告会

图 11-3　中国农业科学院果树研究所庆祝建党 90 周年大会

图 11-4　果树所保持共产党员先进性教育动员大会

图 11-5　深入学习实践科学发展观活动动员大会

图 11-6　创先争优活动动员大会

图 11-7　党的群众路线教育实践活动动员大会

图 11-8　不忘初心、牢记使命主题教育

图 11-9 党建工作会议暨党务干部培训班

图 11-10 组织新党员入党宣誓

图 11-11 党建知识竞赛

图 11-12　支部深入开展科技扶贫工作

图 11-13　东北四所纪检监察协作会

图 11-14　参观葫芦岛市反腐倡廉教育基地

第二节 群团组织

一、工会组织

1950 年 11 月，成立兴城园艺试验场工会委员会组织（中国农业科学院果树研究所工会委员会前身），隶属兴城县总工会领导。1958 年成立中国农业科学院果树研究所工会委员会，隶属锦州市总工会。

1978 年，原中国农业科学院果树研究所从陕西眉县迁回兴城县原址，恢复原建制。1980 年根据辽委发〔1980〕1 号文件精神，恢复中国农业科学院果树研究所工会委员会组织，隶属锦州市总工会农林水工会领导。

1989 年 11 月，锦西市升为地级市，中国农业科学院果树研究所工会委员会隶属锦西市总工会领导。1994 年 9 月，锦西市更名为葫芦岛市，中国农业科学院果树研究所工会委员会由葫芦岛市总工会领导。

1999 年 12 月 29 日，召开了中国农业科学院果树研究所首届职工代表大会暨第四次工会会员代表大会，选举产生了第四届工会委员会及经费审查委员会。任金领当选工会主席。

2001 年 4 月 27 日，召开中国农业科学院果树研究所第四届二次委员会，补选陆致成为第四届工会委员会主席。同时成立女工部。

2009 年 12 月 18 日，召开中国农业科学院果树研究所会员代表大会，项伯纯代表中国农业科学院果树研究所工会第四届委员会作了题为《认真贯彻落实科学发展观，努力开创果树所工会工作新局面》的工作报告，选举仇贵生等 9 人为果树研究所工会第五届委员会委员，项伯纯当选为主席。

2010 年 12 月 2 日，召开中国农业科学院果树研究所工会第五届二次全体会议，补选陆致成为中国农业科学院果树研究所工会第五届委员会主席。

2018 年 8 月 30 日，果树所召开工会第六次会员（职工）代表大会。大会选举产生了果树所第六届委员会和经费审查委员会。分别召开果树所工会第六届一次会议和工会经费审查委员会一次会议，选举李建才为工会第六届委员会主席。

所工会紧紧围绕中心工作，以服务全体职工为重点，充分发挥工会的桥梁纽带作用，引导广大职工对研究所的发展献言献策，对涉及研究所发展的重大事项，通过职代会进行研究决策，关心广大职工的身体健康和日常生活，每年组织在职和离退休职工进行例行体检，为家庭困难的职工送去温暖补助；对于生重病或住医院的职工前往看望慰问，对于去世职工家属进行慰问走访等。发放春节福利，每年春节前夕，为在职和退休职工发放大米、面粉和食用油，将温暖送到每一名职工。举行丰富多彩的职工群众活动，组织开展了职工趣味运动会、健步走比赛、新春联欢会、院歌大合唱等系列活动，增强了职工的集体荣誉感，使"所兴我荣、以所为家"的理念更加深入人心。

（杜长江、毋永龙）

图 11-15 果树所首届职代会暨第四届工代会

图 11-16　工会第五次会员代表大会

图 11-17　参加建院 50 周年运动会

图 11-18　参加建院 60 周年文艺演出

图 11-19　第六届第三次职工代表大会

图 11-20　2020 年春节联欢会

图 11-21　建所初期的建设者 50 年后重游砬山基地

二、团委和青年工作委员会

1959年3月，成立中国农业科学院果树研究所团总支委员会，1978年，果树所从陕西眉县返回兴城原址后，恢复团委的建制。所团委在组织青年、联系群众和开展活动方面发挥了积极的作用。2010年12月，经所党委批准，同意召开果树所青年大会，选举成立首届青年工作委员会，大会审议并通过了《果树研究所青年工作委员会章程》《果树研究所首届青委会选举办法》等相关文件，选举产生了第一届青年工作委员会，主任委员：杨振锋。2013年12月，召开果树研究所第二届青年职工大会选举产生第二届青年工作委员会，主任委员：孟照刚。2017年12月，召开果树研究所第三届青年职工大会选举产生第三届青年工作委员会，主任委员：孟照刚。

青委会自成立以来，围绕中心，服务青年先后组织开展了中国农业科学院园艺学科青年联谊会、砬子山长跑、登山比赛等活动。2012年8月，青委会组织召开"果树所青年职工岗位工作报告会"，40余名青年职工作了任期岗位工作总结报告。2013年8月，联合中国农业科学院蔬菜花卉研究所、郑州果树研究所成立了"中国农业科学院园艺学科青年联谊会"，并承办首届园艺学科青年学术论坛。2017年5月，荣获2014—2015年度"中国农业科学院先进基层团组织"荣誉称号。

（毋永龙、孟照刚）

图11-22　参观辽沈战役纪念馆

图11-23　果树所首届青年工作委员会大会

图 11-24　中国农业科学院园艺学科青年联谊会成立

图 11-25　所青委会组织越野长跑活动

图 11-26　登山活动

三、妇女工作委员会

2011年3月8日，召开果树所第一届女职工大会选举产生第一届妇女工作委员会，主任委员贾华。2017年12月，召开果树所第二届女职工大会选举产生新一届妇女工作委员会，主任委员贾华。

妇女工作委员会自成立后，本着"人文关怀，服务大局"的理念，在所领导班子的大力支持和全所职工特别是女职工的积极配合下，始终以全心全意为大家服务为宗旨，组织号召全所妇女职工不断强化政治素质、提高业务能力、热心公益活动、推进创先争优，结合科研单位女职工自身特点，组织开展了一系列特色鲜明的主题实践活动，团结广大女职工发扬"自尊、自信、自立、自强"精神，立足岗位、主动作为，积极投身果树所科技创新工程，为推动果树所科研事业发展作出了积极贡献，也取得了很多成绩。果树所妇委会分别获"2015—2016"年度、"2017—2018"年度"先进基层妇女组织"。

（毋永龙、贾华）

图 11-27　纪念"三八"国际妇女节 101 周年大会

图 11-28　六一亲子活动

图 11-29　慰问兴城特教学校

图 11-30　女职工到砬山试验基地踏青

第三节　统战工作

　　所党委高度重视统战工作，认真贯彻落实中央统战工作精神和辽宁省委、葫芦岛市委统战工作部署，支持民主党派自身建设和参政议政。果树所在职职工中，现有九三学社社员 9 名，无党派人士 2 名，葫芦岛市政协委员 3 名，兴城市人大代表 1 名，兴城市政协委员 2 名。其中刘凤之为全国政协委员、葫芦岛市政协副主席、九三学社葫芦岛市委主委；康国栋为九三学社兴城市委主委、葫芦岛市政协委员；王昆为无党派人士，葫芦岛市政协委员；董雅风为无党派人士、兴城市人大代表；闫文涛、吕鑫为九三社员，兴城市政协委员。所党委每年年初专题部署研究统战工作安排，建立党员领导干部、党委委员联系交友制度。同时，加强对基层民主党派组织建设的指导，在果树所砬山综合试验基地建立葫芦岛市委九三"社员之家"活动室，对民主党派的活动给予大力支持。

1. 民主党派人员名单

九三学社：

贾定贤、毕可生、陈文晓、朴春树、刘凤之、曹玉芬、康国栋、闫文涛、米文广、魏长存、赵进春、吕鑫、李孟哲、邢义莹、李银萍

中国国民党革命委员会：

周厚基、周远明

无党派人士：

董启凤、董雅凤、王　昆

2. 国家和地方任职的名单

全国人大代表：

翁心桐、周厚基、董启凤

全国政协委员：

刘凤之

辽宁省人大代表：

蒲富慎、郑建楠

辽宁省政协委员：

翁心桐、周厚基、洪　霓

锦州市政协委员：

周厚基

锦西市人大代表：

董启凤

锦西市政协委员：

王金友、周远明、贾敬贤

葫芦岛市人大代表：

董启凤

葫芦岛市政协委员：

王金友、刘凤之、丛佩华、董雅凤、程存刚、康国栋、王　昆

兴城市人大代表：

贾定贤、赵凤玉、米文广、董雅凤

兴城市政协委员：

董启凤、曹玉芬、吕　鑫、闫文涛

3. 省市党代表

辽宁省党代表：

姜淑苓

葫芦岛市党代表：

李建国、杜长江、沈贵银、郝志强、丛佩华

（杜长江、毋永龙）

第十二章　人物简介

张存实（1890—1964），男，河北蠡县人，果树研究所第一任所长。张存实原名张振亚，曾用名张步洲、张持虚、李德生。

1898—1904 年，少年张存实读了三年私塾和一年学堂；1905—1908 年在保定莲池书院模范高小读书；1909—1912 年在家务农；1913—1915 年春在北京陆军被服厂学习；1917 年毕业于北洋陆军七师在河南洛阳的工兵技术专门学校。

1919 年张存实正式加入旧军队，1925 年以前，历任国民军第七师营长、代理团长、西北军驻库伦办事处处长等职。

1926 年张存实赴莫斯科东方共产主义劳动大学学习（实为共产国际派到学校的工作人员），当年由刘伯坚、曾希圣介绍秘密加入中国共产党。1927 年冬从苏联返回上海，在中共特科任爆破组组长，与陈赓并肩战斗，同时从事武器研发工作，是我党我军装备工程领域的开拓者之一。1928 年以后，在刘伯承、伍修权等领导下在上海中央军委做巡视工作，1929 年冬至 1931 年冬在吉林密山县张学良之骑兵师为中东路事件做发动工作并在苏联远东红军司令部任调查工作；1931—1933 年任河南军委书记；1933 年冬至 1934 年冬在张家口参加冯玉祥抗日同盟军并任外蒙联络员；1934 年冬至 1937 年冬在南京宪兵司令部被拘禁，后经于右任保释出狱。1937—1949 年，历任河北民军总指挥部教育长、河北民军冀中军区司令部司令员、冀中军区警备旅副旅长、晋察冀军区司令部第二处处长、华北军区情报处处长、东北局城工部主任。1949 年 6 月转业到地方任兴城园艺试验场（中国农业科学院果树研究所前身）场长，1958 年 3 月起任中国农业科学院果树研究所第一任所长。

张存实从东北局城工部转业到园艺试验场以后，积极投身于园艺试验场的建设与发展。他培养、吸收、团结一大批果树科研知识分子，带领广大科技人员和职工建成新中国第一个全国性果树科研机构——中国农业科学院果树研究所，是果树研究所最重要的奠基人和早期建设者。

1964 年 9 月 14 日，张存实因病在兴城逝世，享年 74 岁。他曾经的战友，多年的好友，时任林业部副部长的张克侠参加了他的追悼会。遵照他本人遗愿，他被安葬在自己亲手创建的砬山果树试验场。

张子明

张子明（1917—2001），男，河南汝南人，农业科技管理专家。

1937年参加革命工作，1938年8月加入中国共产党，曾任中共汝南县委马乡中心区委书记、新县县委副书记、潢川县城区委员会区委书记、中共广西壮族自治区来宾县委书记、柳州地委秘书长等职。1952年8月张子明任华中农业科学研究所所长、党组书记期间，培养吸收了一大批农业科研人才，为后来湖北省农业科学研究院、中国农业科学院油料研究所、中国农业科学院茶叶研究所的建立打下坚实的基础，为中南地区的农业发展作出了贡献。1957年中国农业科学院筹建中，张子明为5人领导小组成员之一，为中国农业科学院的创建作出了重要贡献。

1958年11月，张子明调到中国农业科学院果树研究所工作，先后任党委书记、副所长、所长等职。1960年中国农业科学院果树研究所郑州分所筹建时兼任所长、党委书记，郑州果树所成立时任所长，直至1983年底退居二线。他为果树研究所的发展、郑州果树研究所的建立作出了重大贡献。张子明在任郑州果树研究所所长、党委书记期间，积极与地方政府联系，开展科技扶贫、科技攻关，扩大与国外交流，培养出一批科研技术骨干。

张子明是中国果树科学研究事业的开创者和奠基人之一，是黄河故道秦岭北麓果树事业发展的构图人之一，是我国西甜瓜科研事业的奠基人之一。共取得科研成果39项，发表论文35篇，编写论著7本。

沈隽

沈隽（1913—1994），男，江苏吴江人，著名果树学家、园艺教育家。

1934年毕业于金陵大学农学院。1937—1940年，就读于美国康奈尔大学研究院果树系，1940年获博士学位，毕业后在康奈尔大学任教；1941—1944年任成都金陵大学园艺系教授；1944—1947年任中央农业实验所主任兼技正、北平农事试验场园艺室主任兼技正，1947—1949年任清华大学农艺系教授；1949—1992年任北京农业大学园艺系教授、系主任、校务委员。1958—1968年，沈隽兼任中国农业科学院果树研究所副所长。曾多年连任中国园艺学会理事长，历任国务院学位委员会第一届学科评议组农业组副召集人；农牧渔业部科技委员会委员、常委；中国农业科学院第一届学术委员会委员；中国农学会第三届副会长，第一、二、四、五、六届常务理事；中国园艺学会第一、二届副理事长，第三、四、五届理事长，第六届名誉理事长；第三届全国人大代表；第四、五、六、七届全国政协委员。

沈隽长期致力于果树科学的研究、教育与实践。创建了我国果树生理学、果树解剖学和果树矿质营养研究室。率先提出"等高撩壕"栽培法，促进了山地果树的发展。在苹果抗缺铁黄叶病优良砧木筛选、葡萄抗寒新品种选育及化学疏果等方面取得了成果。主编《中国农业百科全书·果树卷》《中国果树志》《中国大百科全书·农业卷》（园艺分支）等著作。

翁心桐

翁心桐（1917—1971），男，浙江鄞县人，果树栽培学家。

1939—1943 年在金陵大学植物病理和园艺专业学习。毕业后留校任助教，并加入中国园艺学会。1944—1949 年，先后任陕西省三原县农事试验场园艺部主任、重庆中央农事试验所技佐、中央农业实验所北平农事试验场技士，兼任北平农事试验场昌黎工作站负责人。1956 年任第一届中国园艺学会副秘书长，1958 年调任中国农业科学院果树研究所栽培室主任。辽宁省第二、三届政协委员，第三届全国人大代表。

主要从事果树栽培、植物保护等方面的研究，是我国较早开展苹果矮化砧木引种培育和推广利用研究的学者之一。先后对"苹果花芽分化""苹果矮化砧木""苹果育苗""苹果追肥研究""黄河故道地区的果树发展""苹果银叶病""柿角斑病""枣疯病"等进行了深入研究。在国内较早引入英国东茂林试验站的 M 系砧木，并对选育矮化砧等开展相关研究。20 世纪 60 年代初，参与农业部组织的黄河故道地区果树生产考察及黄河故道沙荒地发展果树调查的前期研究工作，是"黄河故道地区发展果树调查研究"集体奖的主要贡献者之一，为我国果树矮化密植栽培的生产应用和黄河故道地区果树大面积商品生产基地建设作出一定贡献。

主编《怎样防治苹果腐烂病》，参编《中国果树栽培学》等著作。

郑建楠

郑建楠（1912—1977），男，江苏盐城人，农业昆虫学家。

1935 年 7 月毕业于南京中央大学农学院农艺系，后留校任教至 1937 年 12 月。1946 年 2 月至 1949 年 4 月，先后在中央大学农学院、国民政府农林部工作。1949 年 5 月至 1949 年 12 月，在华东农林水利部工作。1950 年 1 月至 1954 年 10 月在汉口中南农林局工作，任工程师兼科长。1954 年 11 月至 1961 年 2 月，在林业部科学院筹备小组工作，1956 年随中国农业代表团参加国际 13 个社会主义国家农业合作会议。1961 年 3 月至 1977 年 12 月，任中国农业科学院果树研究所植物保护研究室主任，副研究员。辽宁省第三届人大代表。

早期在植物虫害防治方面颇有建树。1937 年 6 月与中央大学黄其林教授合著《中国园艺害虫》一书，是当时园艺害虫研究领域较为权威的一本专著。1961 年从中国农业科学院调入果树研究所工作，任果树研究所植保室主任，对果树研究所植保室的定位和发展方向做了很多建设性的工作。

蒲富慎

蒲富慎（1923—1997），男，四川华阳人，果树学家、果树育种专家。

1945年7月毕业于国立中央大学。1950年12月起调入兴城园艺试验场（中国农业科学院果树研究所前身）工作。先后任办公室副主任、育种室副主任、育种室主任、副所长，兼任农牧渔业部第一届科技委员会委员、农牧渔业部第一届果树专家顾问组成员，中国农业科学院第二届学术委员会委员，中国园艺学会第四届理事、第五届常务理事、第六届名誉理事，中国农学会第一届作物遗传资源委员会副主任，国家科学技术发明奖评审员，国家自然科学基金委员会生物部评审员，辽宁省第一届人大代表等。

长期从事果树种质资源及育种研究。1977年主持起草《全国果树科学技术规划》，为我国果树事业的发展提供了科学依据，协助编制了全国果树科学研究发展纲要；先后主编参编了《果树种质描述符》《东北的梨》《中国果树志·第三卷梨》《梨品种》《中国农业百科全书·果树卷》《中国果树栽培学》等著作；译有《苹果、梨育种进展》《苹果集约栽培基础》《果树育种方法》等。主持建立了砬子山梨原始材料圃，提出了国家果树种质圃规划布局方案；主持完成果树资源性状鉴定，筛选出一批优异种质资源；培育出'早酥''锦丰'等6个梨新品种，其中"梨新品种早酥、锦丰"获得1978年全国科学大会奖；创办了《中国果树》《中国果树科学研究文摘》。

曾宪朴

曾宪朴（1908—1968），男，湖南湘乡人，园艺育种专家农业科技管理专家。

前期从事果树研究和教育工作，后期从事农业行政管理工作。曾任中国园艺学会第一届理事长（1956年8月至1960年7月）、中国农业科学院第一届学术委员会委员。

1931年7月毕业于国立中央大学，毕业后在中央大学农学院任教至1933年7月。1934年9月至1936年8月在英国伦敦大学获农学硕士学位。1937年1月至1942年12月在四川大学农学院任教授。1943年1月至1947年10月先后在四川省农业推繁站、简阳园艺推广示范场、台湾省农林处、台湾省机械农垦委员会工作。1947年12月至1949年9月在湖南省农业改进所、湖南农业复兴委员会、湖南农业机械公司工作，1950年1月起先后任农业部检查处处长，农业生产局副局长，农业部办公厅副主任，农业部经济作物总局副局长等。1958—1963年曾在果树研究所育种研究室、情报资料室工作。

1936年10月在《英国遗传杂志》发表《园艺植物的孕性与不孕性》《花粉的生长竞争》。在园艺育种、园艺学教育、农业经济发展与管理等方面均作出了贡献。

张领耘

张领耘（1918—2001），男，辽宁沈阳人，农业昆虫学家。

1944 年毕业于北平大学农学院农艺系。历任华北农事试验场技术员，中央农业实验所北平试验场技佐，农林部棉产改进处北平分处技佐，东北农业科学研究所技士，兴城园艺试验场植保研究组组长。1958—1970 年任中国农业科学院果树研究所副研究员，从事果树虫害防治研究。1971 年调往甘肃天水园艺试验场。1979—1984 年任天水市果树研究所所长。

长期从事果树病虫害防治研究，在苹果食心虫、桃小食心虫、苹果叶螨和苹果霉心病防治研究中取得了开创性成果。20 世纪 50 年代初，辽宁省苹小食心虫和桃小食心虫为害严重，东北农业科学研究所邀请有关专家组成协作研究组，在辽宁熊岳和金县等地开展了大规模调研工作，张领耘分担该组防治试验，取得显著成效。1957 年以后，针对辽宁果区苹果园红蜘蛛（叶螨）为害严重的状况，深入辽宁各地蹲点调查，提出了有效的防治措施。1965 年，到甘肃天水开展大面积果树病虫害防治示范，迅速控制了桃小食心虫、苹果树腐烂病等的危害。

周厚基

周厚基（1926—1998），男，山东蓬莱人，果树营养和土肥专家。

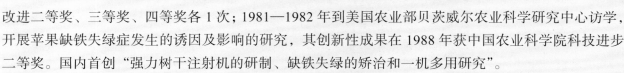

1948 年 7 月毕业于南京金陵大学农学院土壤专业。1950—1958 年，在中南农业科学研究所工作，1959—1987 年，在中国农业科学院果树研究所工作，历任土肥室副主任、主任、副所长。中国农业科学院第二届学术委员会委员，国际植物营养学会第十届国际委员会理事，中国土壤学会辽宁分会常委，第六、七届全国人大代表，辽宁省政协常委，锦州市政协第七、八届委员会副主席。1993 年起享受政府特殊津贴。

长期从事果树土壤、肥料及营养研究。研究成果获农牧业科技成果技术改进二等奖、三等奖、四等奖各 1 次；1981—1982 年到美国农业部贝茨威尔农业科学研究中心访学，开展苹果缺铁失绿症发生的诱因及影响的研究，其创新性成果在 1988 年获中国农业科学院科技进步二等奖。国内首创"强力树干注射机的研制、缺铁失绿的矫治和一机多用研究"。

发表调查、研究报告和学术论文 40 余篇。主编、参编《化学肥料的性质和施用方法》《果树营养诊断法》《作物营养与施肥》《苹果树施肥》《近暖地苹果栽培》《中国果树栽培学》等著作多部。

仝月澳

仝月澳（1927—2006），女，河南信阳人，果树营养专家。

1949年7月毕业于南京金陵女子学院。1950—1952年在重庆蜀德中学教书，1952年5月至1958年12月在中南农业科学研究所工作，1959年1月调至中国农业科学院果树研究所。1993年起享受政府特殊津贴。

前期从事绿肥栽培和利用、水稻营养与施肥研究，后长期从事果树矿质营养及诊断研究，开拓了我国果树矿质营养研究新途径，在果树营养诊断研究领域取得重大进展，许多研究成果广泛应用于当时的生产实践。"苹果树硼素营养诊断指标及矫治技术研究"获农牧渔业部技术改进二等奖。所著《果树营养诊断法》是我国第一部果树营养诊断研究专著，对推动果树营养诊断研究工作起了奠基性作用。1984—1986年赴美合作研究两年，应用国外先进设备对苹果树缺铁失绿的生理机制和矫治技术进行创新性研究，发表了高水平论文，得到国内外同行高度认可。

共发表论文30余篇，出版专著3部。

刘福昌

刘福昌（1927—1994），男，辽宁康平人，植物病理专家。

1951年毕业于东北农学院植物病虫害专业，8月分配到兴城园艺试验场（中国农业科学院果树研究所前身）工作。曾任果树研究所植保室副主任、主任，农业部植物检疫对象审定委员会委员，东北区植物病理学会理事等。

主要从事果树真菌病害、病毒病害方面的研究，新中国成立后在我国最早系统开展苹果锈果病研究，较早开展苹果、柑橘、草莓等树种的无毒化栽培。1976年柑橘炭疽病研究获陕西农科院科学技术二等奖；1985年苹果潜隐病毒种类鉴定及无病毒苗木培育技术获中国农业科学院技术改进二等奖；1988年作为主要完成人参与的苹果树腐烂病研究成果获国家科技进步三等奖；苹果病毒脱除、检测技术新进展和苹果无病毒苗木繁育体系的建立获农业部科技进步三等奖。

发表研究报告和文献综述等50多篇，翻译发表日文文献资料约15万字，主笔和编著《苹果锈果病》《中国果树病虫志》《苹果、梨、葡萄病虫害及其防治》等著作11部，其中《苹果锈果病》为我国第一本苹果病害专著。

陈　策

陈策（1928—2017），男，山东济南人，植物病理专家。

1952年毕业于北京农业大学植物病理系，1952年9月起到兴城园艺试验场（中国农业科学院果树研究所前身）工作。先后任果树研究所植保室副主任、主任，果树研究所副所长、党委副书记、党委书记，1986年调往中国农业科学院作物品种资源研究所。

主要从事果树病害研究工作。1953—1988年，长期深入果树生产一线，在辽宁、陕西、甘肃等果树主产区，针对苹果锈果病、苹果痘斑病、苹果树腐烂病等做了大量研究和技术推广工作，在苹果树腐烂病机理方面做了很多创新性研究。主持的农牧渔业部科技攻关项目"苹果树腐烂病发生规律和防治技术"研究成果在1987年和1988年分获农牧渔业部科技进步二等奖和国家科技进步三等奖。退休后返聘至北京农业大学植物生态工程研究所，参与苹果霉心病、斑点落叶病、轮纹病生物防治研究工作。

主编或副主编、参编《苹果锈果病》《中国果树病虫志》《苹果树腐烂病发生规律和防治研究》等著作多部。在《中国果树》《植物保护学报》《植物病理学报》发表研究论文多篇。

张慈仁

张慈仁（1924—2012），男，福建福安人，农业昆虫专家。

1950年7月毕业于福建农学院植物病虫害学系，分配到兴城园艺试验场（中国农业科学院果树研究所前身）工作。曾任果树研究所植保室副主任，全国植物保护总站苹果主要病虫综合防治技术顾问，辽宁省第四、五届政协委员。

主持过多项蔬菜和果树病虫害的研究项目。1977年获锦州市科学技术先进工作者奖。"六五"期间主持的国家攻关项目"苹果病虫害综合防治技术研究与应用"，1988年获辽宁省科学技术进步三等奖；"七五"期间主持研究的"强化生物控制效应的苹果病虫综合防治技术"，1991年获农业部科技进步三等奖。

主编及参编《东北的主要蔬菜害虫及其防治苹果园病虫综合治理》《中国果树病虫志》《中国农作物病虫害》《苹果和梨优质高产栽培技术》《中国农业百科全书·昆虫卷》等著作；发表论文40余篇。

林 衍

林衍（1932— ），男，福建福州人，编审。

1955 年毕业于北京农业大学园艺系，分配到华北农业科学研究所工作，1958 年调入中国农业科学院果树研究所。曾先后任果树研究所情报资料研究室副主任、主任，兼任中国农学会情报学会委员、辽宁省科学技术期刊编辑学会理事和中国农业科学院科技期刊编辑学会理事。1993 年起享受政府特殊津贴。

先后从事过果树栽培及生理研究、科研计划管理工作，但主要致力于果树期刊的编辑发行工作。1971 年开始编印《果树简报》；1973 年筹办恢复出版《中国果树》并负责编辑部工作至 1978 年；1980—1991 年历任《中国果树》期刊负责人和主编。促成了《中国果树》1979 年起在国内公开发行。任《中国果树》期刊负责人和主编期间，期刊每期发行量始终保持在 3.2 万份以上，最高时达 4 万余份。《中国果树》的公开出版发行，促进了果树生产、科研与教学事业的发展。1987 年，《中国果树》被评为中国农业科学院优秀期刊。1991 年在中国农学会情报学会开展的全国农业科技期刊评比中，《中国果树》荣获一等奖。

宋壮兴

宋壮兴（1938— ），男，上海市人，果品采后贮藏保鲜专家。

1963 年毕业于北京农业大学园艺系果树专业，同年分配到中国农业科学院果树研究所工作。先后任研究中心副主任、主任、副所长，中国农业科学院国合局科技开发处处长。1993 年起享受政府特殊津贴。

主要从事果树栽培、采后生理和果品贮藏保鲜技术研究，创建了中国农科院果树所果品采后贮藏与生理研究室，自 1974 年主持"全国苹果土窑洞贮藏技术研究"起，长期从事果品采后贮藏保鲜技术研究。国家"六五""七五""八五"期间主持完成国家科技攻关和省部级科技项目（课题）13 项，涉及苹果、梨、柑橘、杧果、猕猴桃等果品的采后生理、贮藏病害、保鲜技术及其理论研究。获国家及省部级奖励多项，其中"红香蕉苹果产地贮藏系列技术"创建了一套符合当时中国国情的苹果贮藏体系，获国家科技进步三等奖；"苹果节能气调贮藏理论及应用研究"确立了我国苹果节能气调贮藏理论。参编《中国水果保鲜及商品化处理》《中国农业百科全书·果树卷》等著作。1995 年以后，主要从事果品、蔬菜的气调贮藏及其设施的改进和转化研究、集成与推广工作，并指导建成我国首座冬枣气调库。

贾敬贤

贾敬贤（1935— ），男，河北乐亭人，果树育种专家。

1960年毕业于沈阳农学院园艺系果树蔬菜专业，同年分配到中国农业科学院果树研究所工作。曾任农业部国家果树种质圃专家顾问组成员，中国农学会遗传资源分会常务委员，《中国果树志》编委，果树研究所学术委员会主任，品种资源室主任。1993年起享受政府特殊津贴。2019年获得中共中央、国务院、中央军委联合颁发的"庆祝中华人民共和国成立70周年"纪念章。

长期从事果树育种研究。参加培育出梨新品种'早酥''锦丰''早香1号''早香2号'，1987年分别获全国科技大会奖和辽宁省重大科技成果奖；1979—1988年在陕西渭北开展梨树良种化和基地建设研究，提出梨树多头高接换种技术，该项技术获陕西省农林科学院成果奖；在渭北建成4万亩梨良种基地，并研究出梨3年结果5年丰产乔化密植技术，获中国农业科学院成果奖；1980年以后，主持梨矮化资源和矮砧育种研究，选育出6个抗寒抗病矮化紧凑型梨品种，研究提出紧凑型性状的遗传方式，该项研究达到国际先进水平，1989年获农业部科技进步三等奖；培育出3个梨矮化砧木系列，结束了我国梨密植栽培无矮化砧木的历史；"七五""八五"期间主持国家科技攻关专题"果树种质资源收集保存鉴定和评价研究"，1993年"果树资源性状鉴定与优异种质筛选"获农业部科技进步二等奖。

1980年以来，发表论文20余篇。主编《果树种质资源目录》《梨高产栽培》《果树种质资源描述符》《梨树多头高接换种》等著作。

姜元振

姜元振（1931— ），男，山东牟平人，农业昆虫专家。

1957年毕业于沈阳农学院植保系，同年分配到兴城园艺试验场（中国农业科学院果树研究所前身）。曾任农业部农药检定所名誉顾问，国家科委中国技术市场管理促进中心专家委员会成员。

长期从事落叶果树植保科研工作。20世纪60年代主持研究梨大食心虫发生规律及防治方法，提出越冬幼虫转芽期药剂防治新方法，1964年获中国农业科学院科研成果奖；20世纪70年代承担秦岭北麓苹果病虫综合防治研究，1984年获陕西省农牧厅科研成果奖；20世纪80年代主持研究桃小食心虫防治标准，首次制订出防治桃小食心虫的国家标准；承担"六五""七五"的国家科技攻关课题、专题，提出适时施用有机杀菌剂、高效选择性杀虫杀螨剂，保护自然天敌，强化生物控制效应的综合防治技术，1991年获农业部科技进步三等奖；20世纪90年代主持研究辽西地区苹果病虫优化配套防治技术，研究出规范化防治技术。

主编或参编《苹果、梨、葡萄、桃病虫草害防治》《梨树病虫害防治和果园农药使用指南》《中国果树病虫志》（增订版）《新编农药手册》《农作物病虫害综合防治》《落叶果树害虫原色图谱》等著作10多部；发表学术论文30余篇。

潘建裕

潘建裕（1932—2008），男，福建惠安人，果树专家、农业科技管理专家。

1959年毕业于山东农学院园艺系，同年分配到中国农业科学院果树研究所。曾任果树研究所科研处处长，辽宁省果树学会理事，全国果树品种审定委员会副主任。

先后从事过苹果品种选育和果树发展综合研究，但主要致力于科学研究管理工作。20世纪60年代初，选育出了优良品种"赤阳"，提出了进行种间试验和杂交选育有利用价值的品种；果树所下放陕西时期（1970—1978年），积极创造条件，组织科技人员，结合农村蹲点开展科研工作，对"秦岭北麓苹果增产技术的调查研究"，改变了秦岭北麓苹果低产面貌；组织全国10多个省对"提高外销苹果品质""果树病虫害防治""果品贮藏保鲜"等的协作攻关；1978年果树所恢复原建制后，积极组建科研处，主持、参加制订本所和全国果树科研的中、长期规划；恢复《中国果树》《中国果树科技文稿》的出版。"八五"期间，主持农业部重点科研计划"主要果树新品种选育及配套栽培技术"课题。

编著出版了《苹果和梨优质高产栽培技术》《近暖地苹果栽培》等著作；发表论文10多篇。

唐梁楠

唐梁楠（1931—2019），男，上海南汇人，土壤学专家。

1953年毕业于北京农业大学土化系。1953—1960年在华北农业科学研究所、中国农业科学院土肥所工作。曾任第一、二届中国地膜覆盖栽培研究会理事，辽宁省土壤学会理事，陕西省延安地区园艺生产顾问。1961年调入中国农业科学院果树研究所。

主要从事果树土壤施肥方面的研究。早年参加果粮间作制度调查研究、辽西坡地苹果施肥试验，主持土壤管理制度研究项目。1971—1978年在陕西果树所期间，参加秦岭北麓果树施肥制度研究，苹果水心病防治研究，负责密植苹果园绿肥试验和聚合草高产示范；1979年主持果园土壤管理制度研究，开展果园绿肥试验，进行果园除草剂筛选，接受新农药委托试验；1980年和1984年先后承担农业部地膜和草莓两个专项，对银膜提高苹果品质和不同地膜对多种果树的覆盖效应进行多点试验和深入研究，为果树地膜的发展推广应用起到了积极推动作用；1985年"聚乙烯地膜及地膜覆盖栽培技术"获国家科技进步一等奖；地乐胺试验1988年获中国农业科学院科技进步二等奖。

发表学术论文60余篇；参编或主编《中国农业百科全书·果树卷》《中国地膜覆盖栽培技术大全》《果园绿肥及其栽培利用》《果树薄膜高产栽培技术》等著作。

黄礼森

黄礼森（1932—　　），男，广东揭阳人，资源育种专家。

1959年毕业于武汉大学生物系植物专业，曾在沈阳农学院植物教研组任助教。1962年调入中国农业科学院果树研究所工作。

长期从事梨新品种选育和资源研究。完成梨种质圃的建设，收集保存700多个品种，是当时最大的"东方梨"种质库，为国内外种质交换和科学研究提供材料；对500份梨种质进行染色体数鉴定，首次发现我国梨属植物4个栽培种均有多倍体，为梨的遗传及分类研究提供了依据；"苹果属、梨属、山楂属染色体数和核型的鉴定"1987年获农牧渔业部科技进步二等奖；在性状遗传研究中，发现四倍体大鸭梨为母本，四倍体沙01为父本的后代44株均是多倍体，为梨多倍体育种提供依据；与莱阳农学院和中国农科院原子能所合作，完成"中国梨属植物花粉形态及其外壁超微结构研究"；先后选育出'秦酥''秦丰''呼苹梨''北丰'等8个新品种。

副主编或参编《中国作物遗传资源》《梨主要品种原色图谱》《梨品种》《中国梨属植物花粉电镜图谱》等6部著作。

李培华

李培华（1933—2003），男，贵州贵阳人，编审。

1958年毕业于山东农学院园艺系。1958年8月在安徽省林业厅合肥林业学校参加工作。1962年调入中国农业科学院果树研究所工作。曾任果树研究所栽培室副主任、主任和情报室主任，中国农学会情报分科学会第二届理事，中国农业科学院科技期刊编辑学会第二届常务理事等职。1993年起享受政府特殊津贴。

主持的"西维因药剂对'金冠''国光'苹果疏果的研究"，获1981年中国农业科学院技术改进四等奖；"国家标准《苹果苗木》GB 9847—88"获1990年度国家技术监督局科技进步四等奖；1991—1995年任《中国果树》主编。《中国果树》1991年获辽宁省质量优胜期刊；1992年分别获中国农业科学院和农业部优秀科技期刊，荣获国家科委、中共中央宣传部、新闻出版署联合颁发的全国优秀科技期刊二等奖。

主编或参编《苹果和梨优质高产栽培技术》《中国农业百科全书·果树卷》（果树栽培分支）和《北方果树嫁接技术与图解》等著作；起草了国家标准《苹果苗木》（GB 9847—88）；发表论文15篇、译文10万余字。

王金友

王金友（1937—　），男，辽宁锦县人，植物病理专家。

1963年毕业于沈阳农学院植保系，同年分配至中国农业科学院果树研究所工作。曾任植保研究室主任，辽宁省植保学会理事。1992年起享受政府特殊津贴。

长期从事落叶果树病害及果园杀菌剂应用技术研究，先后参加和主持国家、农业部、辽宁省果树植保重点研究课题多项。在"苹果树腐烂病发生规律和防治技术"研究中，发现了苹果树落皮层形成、变化与树体潜伏病菌的活化、致病关系，探明了病疤重犯原因，提出了相应防治技术，使防治效果由30%左右提高到70%以上，该项技术理论对各种果树腐烂病防治具有指导意义，1988年获国家科技进步三等奖；率先研究明确苹果园常用农药福美胂对果园环境污染情况，选出一批高效、低毒杀菌剂；提出植物性农药"腐必清"产品质量标准及检测方法，使产品定型，用于生产，1989年获吉林省乡镇企业科技进步一等奖；"非胂制剂农药防治苹果树腐烂病技术"，1990年获辽宁省科技进步三等奖；"强化生物控制效应的苹果病虫害综合防治技术"，1991年获农业部科技进步三等奖；"苹果斑点落叶病发生规律和防治技术研究"通过成果鉴定；主持农业部"八五"重点科技项目"苹果病虫害综合防治技术研究"专题。

主编及合编著作有《苹果病虫害防治》《果园农药使用指南》等7部；发表学术论文40多篇。

汪景彦

汪景彦（1935—　），男，辽宁沈阳人，果树栽培专家。

1955年考入北京俄语学院留苏预备部，1956年起在北京农业大学园艺系果树专业学习，1961年毕业于北京农业大学园艺系，同年分配到中国农业科学院果树研究所。1990年任农业部第二届果树专家顾问组成员，曾任中国农业科学院果树研究所栽培室副主任、主任，1994年创办《果树实用技术与信息》杂志并任首任主编。中国科普作家协会会员。20世纪80年代以来，先后为几十个单位作过技术指导或顾问。1993年起享受政府特殊津贴。

主要从事苹果栽培研究工作，长期深入果区基点一线。1965—1984年在甘肃天水、陕西眉县、陕西宝鸡、河北廊坊等地蹲点。1985—1990年在鲁、冀、豫、陕、甘、辽等12个省、市、自治区进行新红星协作开发，任项目主持人。"八五"期间与农业部经作二处共同主持"200万亩苹果幼树丰产优质三级配套技术开发"；1978年4月获陕西省科学大会先进个人奖，主持的"乔砧苹果密植丰产"获陕西省科学大会奖和陕西省科技成果三等奖；"新红星苹果技术开发研究"1991年获农业部科技进步三等奖；发表论文250余篇、译文500余篇；出版著作100余部，总字数近2 000余万字，发行量500余万册，其中《果树三百题》获1985年陕西科普作品二等奖，《实用果树整形修剪系列图解苹果》被评为果树科技最畅销书；被农科院评为"六五"期间科学研究和撰写著作、论文成绩突出的科技人员，1992年被评为"80年代以来科普编创成绩突出的农林科普作家"。退休25年，始终活跃在果树技术推广第一线，对青年科技人员进行传、帮、带，深入一线指导果业生产，足迹遍及15个省（市）。2019年荣获农业农村部和中国农业科学院离退休先进个人。

贾定贤

贾定贤（1938—　），男，河北蠡县人，果树资源育种专家。

1963年毕业于北京农业大学园艺系果树专业，同年分配到中国农业科学院果树研究所。曾任《果树实用技术与信息》杂志副主编、主编，情报资料室主任，中国农学会遗传育种资源分会理事。1993年起享受政府特殊津贴。2019年获得中共中央、国务院、中央军委颁发的"庆祝中华人民共和国成立70周年"纪念章。

长期从事苹果品种资源与苹果新品种选育研究。1980年以来主持"苹果品种资源的收集、保存、鉴定评价研究"，"七五""八五"期间均参加国家攻关课题的研究，"八五"期间为攻关课题中仁果类子专题主持人。作为主要完成者获奖的科研成果有："陕西省外销优质苹果生产基地建设"1983年获陕西省科技成果二等奖；"国家果树种质圃的建立"1990年获农业部科技进步一等奖，1993年获国家科技进步二等奖。作为参加者获奖的科研成果有："苹果新品种秦光选育"1980年获陕西省科技成果二等奖；"苹果属、梨属、山楂属染色体数和核型鉴定"1987年获农牧渔业部科技进步二等奖；"苹果新品种秦冠"1988年获国家发明二等奖；"果树资源性状鉴定及优异种质筛选"1993年获农业部科技进步二等奖。

主编或参编专著及科普著作15部，主要有《中国农业百科全书·果树卷》《中国作物及其野生近缘植物·果树卷》《当代中国的农作物业》《中国果树志·苹果卷》《21世纪中国农业科技展望》《中国菜篮子工程》《果树种质资源描述符》《苹果、梨、桃、葡萄、草莓优良新品种》《走进园艺世界》等。公开发表科研论文22篇，科普文章10余篇，科技译文7篇。

周学明

周学明（1932—2013），男，江苏溧阳人，果树生理专家。

1954年毕业于沈阳农学院，同年分配到兴城园艺试验场（中国农业科学院果树研究所前身）工作。曾任中国核农学会辽宁分会理事、辽宁省同位素应用专家组成员、中国植物生理学会植物生长物质辽宁分会常务理事。

长期致力于果树生理研究。主要研究苹果树体内氮、磷营养的分配运转规律，苹果大小年结果原因及控制技术，苹果花芽分化机理及调控技术，苹果受精着果机理及控制技术等；1989年6月至1990年1月赴前西德霍恩海姆大学进行"苹果花芽分化激素调节机理"合作研究。先后获辽宁省农牧业厅和锦州市政府科技成果二等奖各1项，农牧渔业部技术改进三等奖1项；"苹果花芽分化激素调节机理及控制技术"1991年获农业部科技进步二等奖和1992年获国家科技进步三等奖；"生长调节剂克服苹果大小年结果"和"控制花芽分化促使幼树早结果技术"2项成果，被国家科委列为重点计划推广项目，在全国7省主要产区大面积推广应用，增产效果显著。

发表科研论文23篇；合编学术性著作4部。

董启凤

董启凤（1938—　），女，浙江绍兴人，研究员。

1959年毕业于山东农学院园艺系，同年分配到中国农业科学院果树研究所工作。曾任科研处副处长、副所长和所长。辽宁省兴城市第一届政协副主席；锦西市（葫芦岛市）第一、二、三届人大常委会副主任（兼职）；1993—2003年第八届、九届全国人大代表；第八、九届中国园艺学会常务理事，果树专业委员会主任委员。

工作期间，获中国农业科学院技术改进四等奖一项。1991年主编的《苹果梨桃葡萄管理十二月》获中国农学会首届优秀科普作品三等奖；1993年与汪景彦共同主编的《苹果优质丰产技术问答》由科学普及出版社出版。1993年5月，随中国园艺学会代表团赴韩国参加国际学术讨论会，在大会所作《中国果树生产和科研状况》报告载入韩国园艺学会杂志。1995年随中国农业科技代表团赴乌拉圭访问并进行学术交流。1998年主编《中国果树实用新技术·落叶果树卷》；牵头组织全国专家编撰《中国果树志》，落叶果树各卷均已出版。

杨克钦

杨克钦（1939—　），男，湖北宜昌人，研究员。

1963年毕业于武汉大学原子核物理专业，同年分配到中国农业科学院原子能利用研究所，1978年调入中国农业科学院果树研究所。曾任果树研究所中心实验室主任、农业部果品质检中心常务副主任。1993年起享受政府特殊津贴。

主要从事果树科技情报翻译和期刊编辑工作，主编《国外农学—果树》杂志；参与国家"七五"和"八五"科技攻关相关专题研究，负责建立了我国果树种质资源数据库、果树种质资源数据分析和评级计算机系统；发表100多篇果树科技译文、果树科技专题文献综述，介绍来自美、英、日、俄、法等国果树科技新成果、新方法和新技术，促进了我国改革开放初期的中外果树科技交流；作为副主编，与品资所张贤珍研究员共同编写《农作物品种资源信息处理规范》（约80万字）；组织实施了位于兴城和郑州的两个农业部果品质量监督、检验、测试中心的筹建；曾荣获国家科技进步二等奖、三等奖各1项。

赵凤玉

赵凤玉（1941—　　），女，辽宁沈阳人，研究员。

1963年毕业于沈阳农学院植保系植保专业，分配到辽宁省义县农业局农科所工作，1970年调到中国农业科学院果树研究所植保室参加苹果病虫害综合防治技术研究，1984年起在《中国果树》从事编辑工作。曾任情报资料室副主任，中国农学会科技期刊分会理事，辽宁省期刊协会理事。

前期从事果树病虫害防治研究工作，后期从事果树期刊编辑工作。在参加果树病虫害综合防治期间，参与项目先后获得农牧渔业部技术改进一等奖，陕西省农牧业厅科技成果二等奖，中国农科院技术改进集体三等奖。

在《中国果树》编辑部任植保栏目责任编辑和主编期间，刊物于1992年、1997年两次被国家科委、中共中央宣传部、国家新闻出版署联合评为全国优秀科技期刊二等奖，1991年和1996年分别获全国优秀农业专业科技期刊一等奖。上级主管部门确认《中国果树》为国家园艺类核心期刊、全国科技论文统计用期刊、11种国内外著名检索类刊物和文献数据库固定收录期刊。

发表论文20余篇，参编著作10部。

薛光荣

薛光荣（1942—　　），男，辽宁锦州人，果树育种专家。

1962年毕业于辽宁省锦州市农业技术学校，同年在中国农业科学院果树研究所参加工作。曾任果树研究所生理研究室副主任、主任，育种研究室主任。1992年被授予农业部有突出贡献的中青年专家称号。1992年起享受获政府特殊津贴。2019年获得中共中央、国务院、中央军委联合颁发的"庆祝中华人民共和国成立70周年"纪念章。

长期从事果树育种研究，在果树花药培养育种方面成绩卓著，取得突破性成果。1991年赴保加利亚普罗夫迪夫果树研究所执行中保果树国际合作项目。2002年赴德国德累斯顿苹果育种中心执行中德苹果育种技术国际合作项目。工作期间，获国家、省、部级科技进步奖8项，第一完成人5项。1981年"草莓花药培养获得单倍体植株"获得农牧业科技成果技术改进三等奖；1986年"西瓜花粉植株首次诱导成功并获得纯系种子"获农牧渔业部科技进步三等奖；1989年和1991年"苹果花药培养技术及八个主栽品种花粉植株培育成功"，分获农业部科技进步三等奖和国家科技进步三等奖；1996年"梨品种'锦丰'花药培养首次获得矮化花粉植株"获农业部科技进步三等奖。

米文广

米文广（1958—　），男，河北临漳人，研究员。

1982 年 1 月毕业于北京农业大学，分配到中国农业科学院果树研究所工作，前期参加梨树新品种选育研究、苹果品种资源研究，任苹果品种资源研究和苹果茎尖离体保存研究主持人；后期从事期刊编辑工作，任《中国果树》和《果树实用技术与信息》2 个期刊主编；1988 年赴日本农林水产省果树试验场合作研究 1 年。1995 年被授予农业部有突出贡献的中青年专家称号。曾任果树信息技术研究中心副主任、主任。

1997 年 "国外果树引种试种研究与利用" 获国家科技进步三等奖，主要完成人第 2 名。《中国果树》2003 年获中华人民共和国新闻出版总署 "第二届国家期刊奖提名奖"，2001 年入选首届国家期刊展 "双百期刊"，曾获第二届全国优秀科技期刊评比二等奖。"国家果树种质资源圃的建立""果树资源性状鉴定与优异种质筛选" 获国家科技进步二等奖，参加人；梨树新品种 '华酥' 通过审定；参编《中国果树志·苹果卷》等多部学术著作。

窦连登

窦连登（1956—　），男，河北井陉人，研究员。

1979 年 8 月毕业于河北农业大学植物保护系，同年在中国农业科学院果树研究所参加工作。曾任科技开发处处长、所长助理、副所长（主持工作），兼任农业部果品及苗木质量监督检验测试中心（兴城）主任。

长期从事果树研究、科研管理、果树技术推广与实践工作。1986—1990 年主持 "七五" 国家科技攻关 "苹果病虫害综合防治" 项目。1991—1995 年主持农业部 "八五" 生防为主的苹果病虫综合防治重点科技项目。主编《果树病虫害诊断与防治原色图谱》《苹果病虫防治第一书》等著作 10 余部，参编 20 余部，发表学术论文 40 余篇，主持制定国家农业行业标准 4 项。1984 年被评为锦州市先进工作者，1995 年获辽宁省优秀科技工作者称号，1988 年、1991 年分别获辽宁省人民政府和中华人民共和国农业部科技进步三等奖各 1 项。

林盛华

林盛华（1951—2009），女，浙江温岭人，研究员。

1977年9月毕业于浙江农业大学园艺系果树专业，同年分配到中国农业科学院果树研究所工作。

长期从事果树基础科学研究工作，在果树染色体倍性、数性、核型鉴定方面取得突出业绩。先后主持"果树染色体倍数性鉴定""苹果品质主要性状形成机理及调控"等国家和省部级重点课题多项。多次获部院级科技成果奖励。"苹果属、梨属、山楂属染色体数和核型鉴定"1987年获农牧渔业部科学技术进步二等奖；1989年获农业部科技进步三等奖；"果树资源性状鉴定及优异种质筛选"1993年获农业部科技进步二等奖，1995年获国家科学技术进步二等奖；"李属、杏属、树莓属植物染色体研究"2000年获中国农业科学院科技进步二等奖；"中国主要植物染色体研究"2004年获国家自然科学奖二等奖。参加培育优质高产抗病梨品种"华酥"，获1999年国际农业博览会名牌产品。发表论文40余篇，英国CAB文摘库入选6篇。论文多次获中国园艺学会，辽宁科学技术、果树学会优秀论文。合著出版著作3部。参加大型国际学术会议4次。

方成泉

方成泉（1950—　），男，浙江乐清人，果树育种专家。

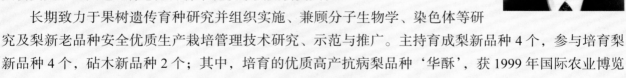

1968年2月在解放军6407部队入伍，1972年在浙江乐青白象供销合作社参加工作，1977年毕业于浙江农业大学。曾任国家苹果育种中心副主任、果树研究所育种研究室副主任，主任；中国园艺学会理事、中国园艺学会梨分会副理事长、全国农作物品种审定委员会委员、全国植物新品种测试标准化技术委员会委员、全国地理标志产品标准化技术委员会委员。

长期致力于果树遗传育种研究并组织实施、兼顾分子生物学、染色体等研究及梨新老品种安全优质生产栽培管理技术研究、示范与推广。主持育成梨新品种4个，参与培育梨新品种4个，砧木新品种2个；其中，培育的优质高产抗病梨品种'华酥'，获1999年国际农业博览会名牌产品。同时开展梨新老品种、抗梨黑星病基因分子标记等分子生物学研究；参与梨、杏、李、树莓属和新疆果树染色体研究；提出梨新老品种安全优质生产栽培管理技术并示范推广；主持制定国家标准1项，参加制定国家农业行业标准4项；主编出版著作2部，参编出版著作4部；组织编撰国家自然科学基金资助项目《中国果树志》系列专著。获农业部科学技术进步三等奖和中国农业科学院科学技术进步二等奖两项。

陆致成

陆致成（1958— ），男，黑龙江绥棱人，研究员。

1982年1月毕业于黑龙江佳木斯农业学校。曾任黑龙江省北安农业学校教员，内蒙古伊图里河林业局党委宣传部干事、局团委副书记，黑龙江省农业科学院浆果研究所研究室主任、科研科科长、副所长，中国农科院果树所科研处副处长、所纪委书记、副所长，农业部果品与苗木监督检验测试中心副主任、技术负责人，湖北省广水市副市长（挂职），中国农业科学院草原研究所副所长；兼任中国园艺学会李杏分会常务理事，辽宁省农学会果树分会副理事长。

长期从事果树科学研究、科技成果推广和研究所的科研、开发、行政管理等工作。先后主持和参加农业部重点"主要果树新品种选育和配套栽培技术研究"、部专项"李新品种DUS测试技术研究"、国家种子工程建设项目"国家苹果育种中心建设"等国家、部（省）院项目多个；主持和参加《李苗木》《无公害果品·苹果》《植物新品种特异性、一致性和稳定性测试指南 李》等国家及农业行业标准制定项目6项；选育李新品种1个；发表论文60多篇；参编《果树标准化生产手册》《果品采后处理及贮藏》等著作6部。

张静茹

张静茹（1960— ），女，河北保定人，研究员。

1982年1月毕业于黑龙江佳木斯农业学校。曾任中国农业科学院果树研究所《果树实用技术与信息》主编；2003年被推荐为全国十名李杏科技专家之一，中国园艺学会李杏分会常务理事。

长期从事果树科学研究、技术推广和果树科技期刊编辑及管理工作，主攻方向为李杏种质资源和新品种选育及配套栽培技术研究。建立了中国农业科学院果树研究所李杏资源圃，先后引入国内外名特优李杏资源400多份；组建了李杏课题组并担任课题组长，主持和参加国家、省部项目多个，主持制定《植物新品种特异性、稳定性和一致性测试指南 李》《李苗木》等国家标准和农业行业标准多项；审定和申报新品种权保护2个；在全国范围内建立李杏新品种试验示范基地20余个；发表学术论文50余篇、出版著作5部。

第十三章　大事记（1958—2020）

1958 年

3 月 28 日，中国农业科学院（58）农院秘桐字 257 号文件：同意以兴城果树试验场为基础，加上原华北所园艺系果树室的人力，在兴城建立中国农业科学院果树研究所，由兴城园艺试验场场长张存实任所长，华中农研所所长张子明、北京农业大学园艺系主任沈隽教授兼任副所长。

3 月 29 日，中国农业科学院果树研究所成立。

3 月，制定全国果树科学研究 1958—1967 年发展纲要（草案）。根据中国农科院（58）农院财字晓 747 号文件《中国农业科学院关于开办农业大学等问题的通知》，果树研究所制定了中国果树大学筹建计划，发布了中国果树大学第一届农民班招生简则。

1959 年

1 月 16—25 日，在长沙召开了全国果树工作会议。

1 月 21 日，根据辽宁省人民委员会辽（59）农仇字第 51 号文件，省第一种马繁殖场金城分场移交果树所。

2 月，《中国果树》期刊创刊。

3 月 20 日，根据农科翰林字第 192 号文件，果树所行政部门设办公室，下设秘书计划组、情报资料组，另设人事科、行政科，归办公室领导；研究部门设果树栽培研究室、果树育种研究室、果树植保研究室、土壤肥料研究室、果品加工研究室。5 月，成立瓜类研究室。

5 月 13 日，根据（59）农院干轩字第 032 号文件，取消果树大学，吸收人民公社社员，改为人民公社果树技术员训练班，视需要开办有关训练班。

8 月 11 日，根据（59）农村干通字第 22 号文件，张存实任果树所所长。

9 月 26 日，奉中共锦州市委总号（59）289 号文件的批示，果树所成立党委会，张子明同志任党委书记，张存实同志任统战委员，张海峰同志任组宣委员。

1960 年

2 月 3 日，经所务会决定将原温泉试验区改为温泉试验农场。

2 月 10 日，根据（60）农院办秘轩字第 32 号文件，同意建立以研究葡萄为中心的果树所郑州分所的报告方案。

3 月 10 日，根据（60）豫林字第 20 号文件，河南省人民委员会同意果树所在郑州市东南郊建立果树研究所分所。

5 月 14 日，根据（60）农院干生字第 123 号和院干生字第 157 号两个文件指示精神，果树所拟办果树专科学校，并提出建校方案，教学进程及时间分配表。

5 月 27 日，张存实所长、张子明副所长帮助选定柑橘所所址。

6 月 18 日，根据（60）农院干明字第 368 号文件，中国农业科学院果树所果树专科学校校长由张子明副所长兼任。

1961 年

1 月 5 日，根据中国农业科学院（61）农科办秘旺字第 3 号文件，同意将东窑站试验区交给海军使用。

3 月 18 日，中国农业科学院决定将果树所金城试验农场所有的资产负债、人员移交给辽宁省农业厅金城原种繁育场。

3 月，果树所成立郑州果树分所。

7 月 26 日，果树所同意郑州果树分所建立试验农场。

8 月 24—29 日，果树所在河南仪封园艺场召开"黄河故道地区苹果、葡萄品种鉴定座谈会"。

8 月 15—20 日，河南、安徽、江苏、山东四省农林厅、有关果树试验研究单位及国营园艺场等20 个单位参加在中国果树所郑州分所召开的"黄河故道地区葡萄品种鉴定会"。

9 月 17 日，派出何荣汾等 9 人参加柑橘所建设。

12 月 7—10 日，果树所举行"全国果树腐烂病研究工作座谈会"。

1962 年

1963 年

1964 年

6—8 月，果树所派费开伟同志赴保加利亚执行中保文化合作协定。

9 月 14 日，果树所首任所长张存实逝世。

12 月，果树所瓜类研究室迁往郑州分所。

1965 年

2 月 13 日，张子明代所长、李世奎、杜宝善等同志赴北京参加国务院召开的全国农业科技实验工作会议。

3 月 29 日，召开全所干部大会，部署 1965 年工作，并确定张子明代所长在黄河故道蹲点、白如海同志在西北蹲点、张力平主任在辽西蹲点、王庆山主任在郑州驻点。

8 月 7—18 日，张子明代所长、费开伟同志赴前苏联参加雅尔达"食用葡萄及早熟品种评定会议"。

8 月 15—25 日，周厚基同志参加在北京召开的全国肥料科学实验会议。

9 月 1—13 日，张子明等同志参加中国园艺学会在郑州召开的全国中部地区幼果树样板田工作会议。

10 月 29 日，张子明和白如海同志向中国农业科学院张云副院长汇报河南、陕西二次选所址经过，并初步确定咸阳周陵作为果树研究所备战所址。

1966 年

1967 年

1968 年

8 月 18 日，果树所成立革命委员会。

1969 年

4 月 7 日，根据（69）农科生字第 21 号文件，中国农业科学院经请示农业部同意，果树研究所将秦家屯果园移交辽宁省军区后勤部。

7月1日，在果树所成立中国农业科学院兴城"五七"劳动学校革命领导小组。

8月1日，正式启用中国农业科学院兴城"五七"劳动学校印章。

1970 年

4月4日，根据（70）农科革字第118号文件，中国农业科学院革命委员会同意韩家沟农场移交地方（兴城县）。

10月29日，中国农业科学院郑州果树分所下放到河南省。果树所部分人员由辽宁省兴城县搬迁下放到陕西省眉县，与陕西省果树所合并，主持全国果树科研工作。

1971 年

5月3日，陕西省果树研究所制定1971年科研计划提纲。

5月，陕西省果树研究所党总支成立。

9月8日，根据（71）农科革字第112号文件，中国农业科学院革命委员会正式移交果树所下放陕西人员名册（共计108名职工）。

1972 年

12月20日，陕西果树所将秦家屯农场的土地、房屋、果树等固定资产无偿移交辽宁省兴城县使用。

1973 年

2月23日，中国农林科学院在兴城县温泉原果树研究所旧址成立"中国农林科学院果树试验站"。下设政工科（人事、组织、保卫、宣传）、生产科（植保室、栽培室、育种室、计划资料室、综合化验室、拖拉机组）、办公室、温泉试验场、砬子山试验场。

10月3日，阿尔巴尼亚果树考察组一行2人前往陕西省果树研究所考察果树育种。

10月下旬，陕西省果树研究所在山东组织召开了"北方果树科研工作座谈会"。

1974 年

3月27日至4月3日，陕西果树所组织召开了北方果树植保研究工作座谈会，共有23个单位31名代表参加。

9月24—28日，中国农林科学院果树试验站和北京酿酒厂组织召开了华北酿酒葡萄品种研究协作组汇报会。

11月12—16日，经中国农业科学院批准，中国农林科学院果树试验站主持召开了渤海湾及有关地区梨座谈会，共有52个单位71名代表参加。

12月2—7日，陕西果树所组织召开了"西北、西南梨树科技交流座谈会"。

1975 年

1月21—27日，中国农林科学院果树试验站组织召开了苹果腐烂病和苹果主要害虫研究协作座谈会，共有32个单位49名代表参加。

5月21—27日，陕西果树所与辽宁省果树研究所共同主持召开了全国苹果育选与区域试验协作会议，共有25个省、市、自治区的果树科研、生产和教学等77个单位111名代表参加。

12月1日，制定《全国果树科学技术1976—1985年发展规划纲要》。

1976 年

3月15日至12月25日，按照农林部的指示精神，果树所举办了"西北、西南地区"果树技术培训班。

8月23—29日，陕西果树所在陕西省宝鸡市组织召开了"全国苹果丰产技术座谈会"。

9月20—22日，陕西果树所负责在西安召开了"中国农作物主要病虫害及其防治"北方果树病虫单元执笔碰头会。

12月6—11日，中国农林科学院果树试验站、陕西省果树研究所等单位共同组织召开了全国梨树科技协作会。

1977 年

3月23—25日，在中国农林科学院果树试验站召开了华北协作区农业单位葡萄芽变选种座谈会。

4月5—7日，在中国农林科学院果树试验站召开了辽宁省梨树科技网大会。

4月15—28日，陕西果树所再次举办果树技术短期培训班，招收学员100名。

8月7日，美国世界矮种果树协会一行21人来果树所考察、交流与学术座谈。

9月2—5日，波兰园艺所栽培室主任一行2人来果树所参观访问。

11月26日，墨西哥蔬菜水果考察团来果树所参观访问。

1978 年

8月，原果树所下放陕西人员从陕西省眉县迁回辽宁省兴城县，恢复果树所建制，地师级单位。

8月4日，根据锦委组字〔1978〕52号文件"关于成立中国农业科学院果树研究所党的核心领导小组的通知"，王兴意同志任核心小组组长，郭洪儒同志任核心小组副组长，王子章、蒲富慎、费开伟同志任核心小组成员。

8月24日，根据（78）农科院（办）字第63号函通知，从8月20日正式启用中国农业科学院果树研究所公章，原中国农林科学院果树试验站印章同时作废。

1979 年

1月5—9日，果树所与上海化工研究所在上海组织召开了"苹果复合肥料总结会议"，17个单位29名代表参加了会议。

3月20日，根据（79）农科院党字第5号文件《关于调整充实果树研究所领导小组的通知》，徐一行同志任组长，时国卿、张万镒、王兴意同志任副组长，王子章、蒲富慎、费开伟同志为成员。

4月，经国家科委批准，同意《中国果树》内部刊物改为国内公开发行，由各地邮局征订。

9月13日，根据（79）农业科政字第169号文件，经中共农业部党组批准：徐一行同志任果树所所长、时国卿、张万镒、蒲富慎、王兴意、陈策、费开伟同志任副所长，王庆山同志任果树所顾问。根据（79）果研科字第006号文件，果树研究所（在兴城）建立以白梨为主的原始材料圃。

11月9日，根据（79）果研办字第90号文件，果树所成立学术委员会。

12月18—22日，果树所组织召开了"提高外销苹果品种质量专题协作总结会"。

1980 年

3月，果树所组织召开了"苹果腐烂病防治研究""苹果、梨食心虫、叶螨测报技术及综合防治研究"和"落叶果树害虫及天敌调查"3个研究课题的协作会。

5月4—26日，果树所举办了果树叶分析技术学习班，学员来自全国19个省（市、区）38个果树科研、教学和生产单位41人。

9月3—7日，接待美国果树育种专家郝夫教授夫妇。

9月11—13日，接待日中农交果树技术交流团一行4人来访。

9月16—17日，接待澳大利亚园艺考察组一行5人。

1981 年

3月27日至4月3日，在四川省重庆市召开了《中国果树志》编写座谈会。会上成立了《中国果树志》编委会，编委会设在果树所。

1982 年

3月11—15日，全国苹果密植栽培研讨会在果树所召开，出席会议的有来自全国20个省（市、自治区）的果树科研、生产、教学和技术推广等单位代表58名，中国园艺学会和中国科学院植物研究所北京植物园也应邀莅临了会议。

4月10日，农业部（82）农业（计）字第49号文件，批准在果树所修建老干部休养用房 1 500 米²。

1983 年

11月16—22日，由果树所主持的全国梨树科技会议在辽宁省兴城市召开，来自全国25个省、市、自治区79名代表参加了会议。

1984 年

8月9日，所长办公会议通过了科研处提出的八五年国家攻关项目计划。

8月9日至9月1日，中国农业科学院组织果树考察组赴日本农林水产省果树试验场考察，果树所陈策、贾敬贤、刘福昌同志参加。

9月18日，新西兰果树育种、矮化栽培专家麦肯齐博士和德斯包若夫先生来果树所考察交流。

1985 年

5月24日，中国农业科学院（85）农科院（科）字第173号"关于下达院属各单位方向任务的通知"。

果树所以仁果类果树为主要研究对象。面向全国，以应用研究为主，有重点地开展应用基础研究，着重研究解决苹果、梨生产中重大科技问题，以及种质资源评价利用、营养生理方面的理论问题。同时，大力加强开发研究，综合运用科技成果，建成苹果、梨研究中心。

3月12—14日，果树所主持召开了"果树锌肥和果树化学除草座谈会"。

7月7日，果树所董启凤、方成泉参加了国际植物遗传资源委员会委托美国加州大学果树系在加州举办的温带果树种质资源圃建立和管理培训班。

8月1—15日，中国农业科学院在果树所举办"科研成果管理研讨班"和"院所长研讨班"。

9月20日，波兰凯尔涅维茨园艺花卉研究所格里博士和斯莫拉什博士一行2人来果树所考察。

11月18—20日，果树研究所主持召开了短枝型新红星、金矮生苹果鉴评会，来自27个果树生产、科研单位的专家对23个样品进行了多方位的评比，果树所引种美国的'新红星'得分最高（兴城果树所1974年从美国、波兰等国家引进'新红星''金矮生'）。

12月27日，中国园艺学会果树专业委员会成立。

1986 年

3月，果树所蒲富慎同志被农牧渔业部聘为全国果树专家顾问组成员。

4月5日，果树所成立果树学术委员会。

1987 年

6月1—3日，波兰凯尔涅维茨园艺花卉研究所来·奥尔沙克博士来果树所考察。

11月4日，经中国园艺学会第五届第十一次京津常务理事会研究决定，将中国园艺学会果树专业委员会挂靠在辽宁省兴城中国农业科学院果树所。

1988 年

3 月，果树所调整研究室设置。

5 月 11—13 日，果树所主持召开了"果树强力树干注射技术研究座谈会"。

6 月 11—12 日，果树所接待了民主德国农科院副院长吕布卡（Rybka）教授一行 4 人来所考察。

9 月 10 日，保加利亚农业科学院果树专家组来果树所访问，签定了 1988—1989 年开展果树组织培养合作研究的具体工作计划，商讨 1990—1991 年继续合作的可能性。

12 月 5—10 日，中国园艺学会与果树所联合举办"果树品种改良研讨会"。

1989 年

3 月 27 日，果树所主持召开了"苹果苗木去病毒，快速繁殖技术研究及栽培示范"协作组会议，来自辽宁、河北、山东、江苏、山西、青海、甘肃等省植保站及有关单位共 29 名代表参加了会议。

1990 年

2 月，果树所组织申报 1990 度农业部科技进步奖 4 项。

7 月 17 日，中国农业科学院基建工作会议在果树所召开，陈万金副院长到果树所检查工作。

9 月 3 日，经所务会研究决定：果树所成立科技开发领导小组，组建科技开发办公室。

1991 年

根据（91）农科院（科）字第 331 号文件，果树所新一届学术委员会成立。

6 月 4—7 日，农业部全国植保总站和果树所在兰州共同组织召开了"苹果无病毒种苗新技术协作总结会"。

7 月 29 日，由于连续不断的大雨造成河堤决口，凌晨 3 时，果树所家属院内发生了水灾，平房住户进水深度达 1.2 米，桥北果园受损严重，全所职工和家属自发地进行抗洪抢险。

11 月 17—19 日，果树所接待了法国农业科学院昂热果树站的两位来访者。

1992 年

1 月 23 日，（92）农科（人干）字第 5 号文件，同意果树所成立科技开发处，为所职能部门。

7 月 8 日，成立果树研究所高新技术服务部。

8 月 18 日，新一届党委纪委通过选举产生，孙秉钧同志为党委书记、郑世平同志为党委副书记、邢长伦同志为纪委副书记。

10 月 14—16 日，果树所与山东省果树研究所共同主持召开了《苹果志》编写会议。

1993 年

8 月 2 日，（93）农科字第 32 号文件，经院党组研究决定：董启凤同志任果树研究所所长、王国平同志任副所长、孙秉钧同志兼副所长、李宝海同志任副所长。

12 月 4 日，选举王国平、唐国玉、窦连登 3 名同志为新增补的党委委员。

1994 年

1 月 15 日，根据国科通（1994）5 号文件，国家科委同意果树所创办《果树实用技术与信息》。

1 月 20 日，（94）农科院（科）字第 35 号文件，同意果树所学术委员会调整方案。

8 月，《果树实用技术与信息》创刊。

1995 年

3 月 1 日至 5 月 16 日，中国农科院工作组一行 4 人（组长：李永革，组员：魏炳全、高伟东、吕春生）来所进行调研。

4 月 9 日至 4 月 12 日，中国农业科学院院长吕飞杰、副院长章力建等来果树所检查工作。

5 月 1—17 日，王国平副所长参加联合国开发计划署援华项目西北果树考察团赴西北考察。

5 月 4—10 日，院党组副书记朱秀岩、干部处副处长秦亚平到果树所考核领导班子。

5 月 22—31 日，董启凤所长参加由农业部组织的中国农业科技代表团，赴乌拉圭东岸共和国全国农牧研究所访问。

7 月 11—12 日，日本农林水产省技术会议局研究调查官松田长生博士和全安基准专门官米村信先生来所进行学术交流。

8 月 4 日，院党组副书记朱秀岩来所宣布院党组任命，史贵文任所党委书记，王国平副所长主持全所工作，冯明祥任副所长，原党委书记孙秉钧、所长董启凤改任所级调研员。

9 月 27—29 日，农业部主办的第二届中国农业博览会水果评优会在果树所举行。果树所苹果及苗木质量监督检验测试中心负责对样品分析测定，收到来自 17 个省、市、自治区 162 个样品。

1996 年

5 月 23 日，葫芦岛市委书记吴登庸、副市长常海及市委副秘书长、科委主任等有关部门负责人来所洽谈联合成立葫芦岛市园艺研究所事宜。

6 月 5 日，（96）农科发字第 26 号文件，经院党组研究，原则同意葫芦岛市园艺研究所设在果树研究所。

7 月 11 日，院党组副书记朱秀岩与农业部科技司质量标准处谢燕谋处长来果树所检查苹果及苗木质量监督检验测试中心筹建工作。

7 月 12 日，意大利地中海作物病毒研究中心 Savino 教授到所进行为期二周的合作研究工作。

8 月 11 日，王韧副院长来所检查指导工作。

9 月 5 日，葫芦岛市市长张东生、副书记王守义及市委副秘书长刘世耕、市政府副秘书长陈怀庆等来所，协商成立葫芦岛市园艺研究所有关事宜。

9 月 17 日，中国农科院副院长朱德蔚、院人事局副局长宋田之来所，对所领导班子进行中期考核。同时，朱德蔚还陪同农业部科技司质量标准司宋家丰副司长检查指导果树所苹果及苗木质量监督检验测试中心验收准备工作。

1997 年

1 月 31 日，葫政〔1997〕4 号文件，经市政府常务会议决定，同意成立葫芦岛市园艺研究所。

1 月 31 日，果树所召开葫芦岛市园艺研究所正式成立大会，中国农业科学院党组副书记高历生、国产局副局长杜宝善、人事局副局长李向东、蔬菜所柳士森、辽宁省科委副主任林仁堂、葫芦岛市市长张东生、副市长常海、副市长刘之良、市人大主任庄树民、副主任董启凤、兴城市市长张竞强等前来参加祝贺。

3 月 5—7 日，农业部科技与质量标准司组织专家评审组一行 12 人前来果树所验收"苹果及苗木质量监督检验测试中心"。

3 月 26 日，许越先副院长、杜宝善副局长前来果树所检查指导工作。

4 月 10—11 日，院计财局副局长李文革等有关领导来所，察看了碰子山试验农场房屋受灾情况，并代表院表示慰问。

7 月 9—15 日，意大利两位专家（Martelli 和 Prota）来所考察。

7 月 11—12 日，日本佐腾株式会社佐腾诚一行 3 人来所商谈果袋销售等事宜。

7月25日，国家科委农村司综合处杭三八、星火计划办贾敬效、辽宁省科委副主任魏文峰、农村处处长万毅成、葫芦岛市科委副主任周磊等领导前来果树所视察。

8月31日，由院监察局局长魏元福、机关党委副书记陆庆光等3人组成的检查小组，来所检查贯彻院年中工作会议精神和反腐倡廉情况。

9月16日，朱德蔚副院长等6人来所，对所领导班子进行中期考核。

11月17日，朱德蔚副院长率院科技局、计财局、产业局等领导到果树所检查指导工作。

11月18日，院人事局副局长李向东宣布院党组（97）59号文件，决定窦连登副所长主持果树所全面工作，李宝海副所长兼党委副书记主持所党委工作、任金领任副所长。

1998 年

2月16日，农科院副院长朱德蔚一行3人来果树所指导工作。

2月15—17日，组织参加了中国农业科学院在锦州主办的第二届"98中国北方农业新品种、新技术展销会"。

3月初，中国农业科学院直属机关党委宣传处处长卢绍荣同志来所挂职锻炼，任所长助理。

3月5—19日，所级调研员董启凤同志作为第九届全国人大代表出席了在京举行的全国九届一次会议。

5月26日至6月2日，德国联邦栽培作物育种中心果树育种研究所Monika Hofer博士来所访问及学术交流。

10月，苹果晚熟新品种'华红'通过鉴定。

1999 年

3月18日，农科党组〔1999〕13号文，任命任金领为党委副书记，免去副所长职务，刘凤之、唐国玉为副所长。

6月，意大利国家研究委员会两位专家来所考察。

6月8日，中国农业科学院副院长朱德蔚等3人来所检查指导工作。

6月24日，根据中国农业科学院与意大利研究委员会（CNR）农业科技合作计划，意大利撒丁岛大学R.Garau教授和巴里大学D.Boscia博士来所进行了为期两周的果树病毒合作研究。

8月，中国农业科学院副书记高历生来所检查指导工作。

9月16—18日，中国农业科学院纪检监察工作东北协作组第七次会议在果树所召开，农科院监察局局长魏元福及东北四所主管纪检监察工作的所领导和纪检监察干部等16人参加会议。

9月，新建10 000米²（四栋）家属住宅楼竣工。

10月，果树所和园艺学会联合主办的"全国落叶果树病虫害防治研讨会"在河南夏邑召开，共有20个省市220名代表参加了会议。

11月，由果树所选育的梨新品种'华酥'和矮化中间砧'中矮1号'通过辽宁省农作物品种审定委员会审定。

11月11日，中国农业科学院直属机关党委常务副书记陈贵亭等人来所检查工作。

12月，组织召开果树所首届职代会暨第四次工会会员代表大会。

2000 年

3月5日，全国人大代表董启凤同志参加九届三次会议。

6月19日，农业部农计函〔2000〕035号文件批复，由果树所筹建"国家落叶果树苗木脱毒中心"。

7月15日，中国农业科学院副院长张奉伦、计财局副局长邓庆海、基建处副处长王玉红等4人来所检查指导工作。

10 月，接待日本农林水产省果树试验场栗研究室室长和茨城大学教授来所考察梨资源与育种情况。

11 月 9—11 日，中国农业科学院章力建副院长、司洪文局长等 5 人来所检查指导工作。

12 月 26 日，农科院党组发〔2000〕63 号文件，李建国任果树所副所长兼党委副书记（主持全面工作），刘凤之、唐国玉、陆致成任果树所副所长，免去窦连登果树所副所长职务，免去任金领果树所党委副书记职务。

2001 年

12 月 6 日，果树所被兴城市政府评为卫生模范单位。

12 月 31 日，农科人干字〔2001〕110 号文件，同意李建国兼任农业部果品及苗木质量监督检验测试中心主任、陆致成兼任农业部果品及苗木质量监督检验测试中心副主任兼质量保证员、丛佩华任农业部果品及苗木质量监督检验测试中心常务副主任兼技术负责人。

2002 年

5 月，李建国任所长兼党委书记。

6 月，开始建设国家落叶果树脱毒中心。

10 月 15 日，国科发政字〔2002〕356 号，科学技术部、财政部、中编办文件《关于农业部等九个部门所属科研机构改革方案的批复》，果树所转为科技型企业，由中国农业科学院管理。

12 月 12 日，农科果字〔2002〕23 号文件，成立果树研究所改革领导小组。组长李建国（所长兼党委书记），副组长：刘凤之（副所长）、唐国玉（副所长）、陆致成（副所长），成员：郑世平（党委委员、所长助理）、刘景祥（党委委员、党办、所办主任）、方成泉（党委委员、育种室副主任）。

2003 年

3 月 17 日，农科院人〔2003〕76 号文件，中国农科院首批三级岗位杰出人才，果树所有：方成泉、丛佩华、曹玉芬、孙希生、董雅凤。

6 月 17 日，农科院学术〔2003〕188 号文件，经院学术委员会决定，同意果树所第四届学术委员会由 16 位委员组成。

7 月 31 日，农科人干〔2003〕52 号文件，同意果树所内设机构调整：党委办公室与所长办公室合并成立办公室（党委办公室），人事处更名为人力资源部，科研处与科技开发处合并成立研究发展部，成立财务部。

12 月 29 日，农科院办〔2003〕447 号文件，同意果树所成立"中国农业科学院苹果、梨工程技术研究中心"。

2004 年

7 月 15 日，农计函〔2004〕42 号文件，农业部批复：同意中国农业科学院果树研究所新建综合科研实验楼项目立项。

12 月 31 日，农科院产业〔2004〕479 号文件，同意果树所成立绿安果业科技发展部。

2005 年

3 月 24 日，农科院人〔2005〕72 号文件，果树所刘凤之、程存刚评选为农科院 2004 年度三级岗位杰出人才并备案。

9 月 28 日，农科院计财〔2005〕300 号文件，将农业部农办计〔2005〕56 号文件《关于中国农业科学院果树研究所综合实验大楼项目及设计方案的批复》转发果树所。

9月30日，果树所“国家苹果育种中心”“国家落叶果树脱毒中心”“苹果、梨种质资源保护与开发利用”3项农业基本建设项目竣工并通过中国农科院验收。

10月19日，农任字〔2005〕60号文件，经农业部党组2005年9月30日会议研究，并征得中共葫芦岛市委同意，决定：沈贵银任中国农科院果树研究所所长，免去李建国所长职务，保留副局级待遇。农党组发〔2005〕68号文，免去李建国党委书记职务。

10月24日，农科党组发〔2005〕43号文，沈贵银兼任所党委副书记，免去陆致成党委委员、纪委委员。

10月24日，农业部任字〔2005〕14号文，任命丛佩华为副所长，免去唐国玉、陆致成副所长职务，保留副所级待遇。

10月，农业农村部兴城北方落叶果树资源重点野外科学观测试验站获批。

11月21日，果树所成立离退休职工工作领导小组。组长：沈贵银；副组长：刘凤之。

12月1日，果树所学术委员会进行调整。

12月20日，农科院人〔2005〕387号文件，公布中国农业科学院2005年度农业部有突出贡献的中青年专家名单，果树所米文广当选。

2006年

2月18日，“国家苹果育种中心建设研讨会”在北京召开，科技部、农业部、中国农业科学院的有关领导、专家参加了会议。

3月1日，中国农业科学院副院长刘旭、科技局副局长袁学志同志来所调研。

4月15日，丛佩华副所长在刘景祥、唐国玉、谭守德、李承大等同志的陪同下与元台子乡西砬子山村村主任及书记商谈土地地界问题，经协商，确定了果树所砬子山试验场西侧的地界。

5月17日，农科院〔2006〕186号文，果树所聂继云、王文辉当选2005年度三级岗位杰出人才并备案。

5月22日，召开中国农业科学院果树研究所第五届学术委员会第一次会议。

5月23日，人事部人部发〔2006〕53号文，批准果树所可以设立博士后科研工作站。

6月5日，中国农业科学院党组副书记罗炳文及机关党委卢绍荣处长等一行4人来所检查指导工作。

6月30日，召开纪念中国共产党成立85周年大会。

7月25日，全国农作物种质资源野外观测研究圃（网）现场考察会在果树所召开。

7月26日，果树研究所举行综合试验楼奠基典礼。

7月6日，所长沈贵银参加全国农业科技创新大会。

7月14日，中国农业科学院国际合作局张陆彪局长、杨修处长来所调研。

8月5日，召开全国苹果育种协作组工作会，果树所丛佩华副所长当选为协作组组长。

8月29日，所长沈贵银、副所长丛佩华、所长助理郑世平陪同中国农业科学院计财局付静彬副局长到砬子山试验场察看职工住房及水库情况。

8月30日，中国园艺学会副理事长、中国农业大学韩振海教授等一行5人来果树所参观考察。

9月1日，由果树所果品采后技术中心与北京市园林绿化局果树产业处共同承担的2008北京奥运水果“樱桃贮藏保鲜关键技术研究与示范”和“鲜杏贮藏保鲜关键技术研究与示范”2个项目在北京通过了由北京市财政局组织的专家鉴定。

9月2日，农业部果品质量安全研讨会在果树所召开。

9月2日，梨矮化砧‘中矮2号’通过辽宁省农作物品种审定委员会组织的专家鉴定。

9月24—25日，东北片纪检监察审计工作协作组会议在果树所召开。

10月9日，所长沈贵银、副所长刘凤之、丛佩华参加农业部组织召开的苹果产业高层论坛（大连）。

10月11—13日，韩国果树专家金大一博士来所考察

11月2日，中国农业科学院副院长雷茂良等一行3人来果树所调研。

11月28日，果树所副所长刘凤之当选为"九三学社"第四届葫芦岛市委主委。

12月27日，农科人干函〔2006〕124号文，同意果树所内设机构变更，撤销原育种与资源研究室、栽培研究室、植物保护研究室、果品贮藏保鲜技术中心和情报资料研究室，成立果树资源与育种研究中心、果树应用技术研究中心、果树植物保护技术研究中心、果品采后技术研究中心、果品经济与信息技术研究中心5个研究机构。

12月30日，农科院计财〔2006〕455号，转发农计函〔2006〕197号《果树研究所所区基础设施改造项目可行性研究报告的批复》。

2007 年

1月15日，院党组成员、人事局局长贾连奇一行来所宣布院党组决定，任命项伯纯同志为中国农业科学院果树研究所党委委员、党委副书记。

2月4日，由果树研究所主持完成的"苹果无公害优质生产关键技术研究与示范"项目，通过农业部科技教育司组织的专家组鉴定。

3月5日，农科人干函〔2007〕13号，同意果树所内设机构调整意见，行政办公室与党委办公室合并为综合办公室，离退休工作领导小组办公室、国家安全工作领导小组办公室挂靠综合办公室，研究发展部更名为科技管理处，人力资源部更名为人事处，财务部更名为计划财务处，成立后勤服务中心。调整后内设机构为，职能部门4个、研究中心5个、服务性机构1个，原院下达中层干部职数不变。

3月14—16日，果树所组织参加中国（锦州）北方第十一届农业新品种、新技术展销会。

6月20—22日，刘凤之同志当选为九三学社辽宁省第六届委员会常委。

6月29日，果树研究所召开纪念中国共产党成立86周年大会。

7月8日，由中国农业科学院茶叶研究所组织有关专家，对果树所承担的国家自然科技资源共享平台"梨、苹果资源标准化整理、整合及共享试点"课题进行现场检查评议。

8月1—2日，FAO朝鲜农业部国家项目协调员林松铁先生率园艺考察团一行4人，在农业部国际交流服务中心林罗庚的陪同下到果树研究所参观考察。

8月10日，中国农业科学院章力建副院长到果树所调研指导。

8月12日，加拿大农业与食品部圭尔夫食品研究中心李秀珍研究员（博士）在葫芦岛市政府外国专家局袁玉龙同志的陪同下到果树所参观考察。

8月2日，中国农业科学院兴城农村实用技术培训中心成立。

9月14日，果树所与北京汇源饮料食品集团有限公司共建果品技术研发中心。

9月26日，辽宁省农作物品种审定委员会组织专家，对果树所选育的苹果新品种'华兴'进行现场审定与品种登记备案。

9月27日，农业部科技教育司组织有关专家，对果树研究所主持的"果、茶、桑种质资源创新利用研究"课题进行了验收。

10月9日，农业部同意果树所在辽宁省兴城市元台子乡碰子山试验场内建立兴城北方落叶果树资源重点野外科学观测试验站。

10月20日，受农业部市场与经济司委托，农业部种植业管理司组织有关专家，在兴城对由果树所农业部果品及苗木质量监督检验测试中心负责制定的《水果中辛硫磷残留量的测定》《水果中总膳食纤维的测定》和《水果、蔬菜及制品中单宁含量的测定》3项农业行业标准进行了审定。

10 月 27 日，中国农业科学院人事局和监察与审计局组成的人事人才工作检查组来果树所检查工作。

10 月 20—23 日，果树所主持召开了"全国分子生物学技术在果树上应用学术研讨会"。

11 月 16—19 日，果树所 4 名专家随同由翟虎渠院长率领的中国农业科学院参展团赴江苏省南京市参加中国江苏首届产学研合作成果展示洽谈会。

11 月 21 日，果树所所长沈贵银研究员与南京农业大学副校长曲福田教授在南京农业大学就双方联合培养研究生项目举行揭牌仪式并签署了协议。

12 月 21 日，由北京市大兴区科学技术委员会和大兴区果品产销协会组织专家对果树所承担的"大兴梨产业优化升级关键技术研究"项目中的"盆栽梨产业化体系建设及关键技术研究"和"大兴区鲜梨贮运保鲜关键技术研究与示范"等二级课题完成情况进行了验收。

2008 年

1 月 18 日，农业部果品及苗木质量监督检验测试中心机构审查认可和计量认证第二次 5 年到期复查评审。

1 月 25 日，果树所副所长刘凤之研究员当选为中国人民政治协商会议第十一届全国委员会委员。

3 月 4—14 日，果树所副所长刘凤之研究员参加全国政协十一届一次会议。

3 月 27 日，中国农业科学院屈冬玉副院长一行到果树研究所进行调研并指导工作。

4 月 18 日，由中国农业科学院兴城农村实用技术培训中心承办的"辽宁省农民技术员培训工程"开学典礼在果树所召开。

3 月 31 日，成立果树研究所建所 50 周年庆典活动领导小组，下设办公室、外联组、材料组、保障组。

4 月 15 日，果树所召开全所职工大会，全国政协委员、葫芦岛市九三学社主委、果树研究所副所长刘凤之研究员对全国"两会"精神进行了传达。

4 月 30 日，调整研究机构，在农业部果品及苗木质量监督检验测试中心（兴城）基础上成立果品质量安全研究中心。

5 月 5 日，农科果〔2008〕34 号文，调整所学术委员会成员。

6 月 25—27 日，辽宁省农民科技经纪人培训班在果树所举办。

6 月 30 日，果树所召开纪念中国共产党成立 87 周年大会。

7 月 7—19 日，果树所特邀请意大利巴里大学 Giovanni Martelli 教授和意大利 CNR 的 Pierfederico La Notte 与 Pasquale Saldarelli 博士来所访问和讲学。

7 月 9—10 日，辽宁省科技特派团检查组到绥中县检查果树所科技特派团项目。

8 月 27 日，兴城果研科技咨询服务有限责任公司成立。

9 月初，梨新品种'华金'通过辽宁省种子管理局品种备案鉴定。

9 月 11 日，刘凤之同志任果树所所长，试用期 1 年。

9 月 23 日，程存刚同志任果树所副所长，试用期 1 年。

2009 年

2 月 20 日，葫芦岛市中农果业科技开发有限责任公司成立。

2 月 28 日，果树所荣获北京市大兴区人民政府颁发的"突出贡献集体"称号。

3 月 19—20 日，院党组成员、副院长雷茂良等一行 4 人到果树所开展调研。

5 月 15 日，程存刚副所长被科技部授予"全国优秀科技特派员"荣誉称号。

5 月 24—26 日，中国园艺学会果树专业委员会主办、南京农业大学园艺学院和江苏省农业科学院园艺研究所共同承办的"第二届全国果树分子生物学学术研讨会"在南京农业大学召开。

6月18日，科技部农村司郭志伟副司长、辽宁省科技厅张强副厅长等一行到果树所调研。

7月1日，果树所召开庆祝中国共产党成立88周年大会。

7月3日，由葫芦岛市民族事务委员会和果树所合作共建的少数民族培训基地开班仪式在果树所举行。

7月中旬，王昆同志被授予"全国野外科技工作先进个人"称号。

10月1日前后，果树所党委和工会共同组织了庆祝中华人民共和国成立60周年等系列活动。

11月中旬，果树所副所长、研究员程存刚被辽宁省人民政府授予"民族团结进步模范个人"荣誉称号。

12月18日，果树所工会召开第五次会员代表大会，选举产生了新一届工会委员会和经费审查委员会。

2010 年

3月10日，中国农业科学院副院长唐华俊到果树所调研、指导工作。

5月4日，果树所再次被中共葫芦岛市委、葫芦岛市人民政府授予"文明单位"称号。

8月9—10日，"2010中日果树分子生物学学术研讨会"在辽宁兴城召开。

8月16—18日，由中国园艺学会果树专业委员会主办的"第四届全国果树种质资源研究与开发利用学术研讨会"在黑龙江省牡丹江召开。

9月15—16日，翟虎渠院长，院党组成员、人事局贾连奇局长，院办公室汪学军副主任等到果树所宣布新任所领导任职决定，并检查指导工作。自9月15日起，郝志强开始任果树所党委书记、副所长，陆致成开始任果树所党委委员、工会主席、副所长，项伯纯不再担任果树所党委副书记及在果树所的其他职务。

9月25—26日，全国人大常委、中国工程院院士、华中农业大学校长、国家现代农业（柑橘）产业技术体系首席科学家邓秀新院士到果树所参观。

10月27日，葫芦岛市副市长胡克梅、民委主任鲁秀红、副主任孙文辉等到果树所检查少数民族培训基地建设。

12月9日，果树所召开青年工作委员会成立大会，选举产生了第一届青年工作委员会。

12月11—12日，果树所主持召开了"砬山试验基地综合开发利用规划研讨会"。

12月20日，果树所所长刘凤之同志在"九三学社建社65周年大会"上，被九三学社中央委员会授予"优秀社员"荣誉称号。

12月29日，王海波同志被授予"葫芦岛市劳动模范"。

2011 年

1月10日，王文辉同志被评为2009—2010年度中国农业科学院文明职工标兵。

3月6日，砬山试验基地因附近农村山火，蔓延至基地界内。所领导带领职工积极组织救火。在果树所职工和当地消防官兵、森林武警的合力扑救下，于当日下午扑灭明火。此次火灾造成该基地过火面积达350亩，经济损失达400余万元。

3月22日，中国农业科学院副院长王韧一行到果树所调研、指导工作，并为"中国农业科学院干部培训中心（兴城）"揭牌。

4月12日，果树所召开党员大会，选举产生了新一届党委会、纪律检查委员会。

4月27—30日，由院国际合作局主办，果树所承办的中国农业科学院第四期外事培训班在辽宁省葫芦岛市召开。

5月18日，郝志强同志当选为中国共产党葫芦岛市第四次代表大会代表，任期5年。

5月，农业农村部园艺作物种质资源利用重点实验室获批建立。

6月28日，谭守德、杜长江在葫芦岛市庆祝中国共产党成立90周年暨"一先两优"表彰大会上，分别被授予"优秀共产党员""优秀党务工作者"称号。

7月10—15日，果树所北疆果蔬公司研发中心成立并揭牌。

7月，获批建立农业部作物基因资源与种质创制辽宁科学观测实验站。

8月20—22日，果树所组织召开了砬山试验基地综合高效开发利用规划专家论证会。

8月22日，果树所召开了第六届学术委员会第一次会议。

10月15日，中国农业科学院国际合作局张陆彪局长等一行6人到果树所调研。

11月9日，辽宁省经纪人协会果业经纪人专业委员会揭牌仪式在果树所举行。

11月22—25日，美国康奈尔大学农业和生命科学院园艺系采后专家 Christopher Brian Watkins 教授到果树所进行学术交流。

2012 年

3月27—28日，农业部副部长、中国农业科学院院长李家洋到果树所调研。

5月14日，农业部召开青年联合会成立大会，郝志强书记代表果树所参加会议，并当选为农业部青联会第一届委员会常务委员和农村经济界别委员。

6月7日，兴城市市委书记、市长于学利一行到果树所检查指导工作。

6月27日，"葫芦岛市红领巾科技小社团集结大会暨全国青少年农业科普示范基地"揭牌仪式在果树所举行。果树所调整内设机构。

6月30日，果树所与辽宁省绥中县前所果树农场举行场所共建科研帮扶合作框架协议签字仪式。

6月底，果树所对创先争优工作进行总结。科研第一党支部被授予中国农业科学院2010—2011年度"先进基层党组织"称号；姜淑苓、郝志强两位同志分别被授予中国农业科学院2010—2011年度"优秀共产党员""优秀党务工作者"称号；李敏同志被授予葫芦岛市2010—2012年创先争优"优秀共产党员"称号；果树应用技术中心葡萄课题组被中国农业科学院团委授予2008—2011年度"青年文明号"称号。

7月13日，中国农业科学院与意大利巴里大学联合建立的"中－意果树科学联合实验室"在辽宁省葫芦岛市举行了揭牌仪式。

7月21—31日，果树所举办了为期11天的"节本、优质、高效、安全、生态设施果树生产技术国际培训班"。

8月1—3日，农业部财务司邓庆海巡视员一行到果树所调研指导工作。

8月3—4日，受台风"达维"影响，葫芦岛地区普降大暴雨，所领导亲临一线协调指挥，全所职积极投入，确保了防汛抗洪工作的高效有序进行。

8月16—18日，农业部农村经济研究中心沈贵银副主任等一行19人到果树研究所调研。

8月26—28日，由中国园艺学会果树专业委员会、果树所、山东农业大学主办的"首届全国果园农机研发与应用现场观摩会"在山东省高密市召开。束怀瑞院士给大会发来贺信，汪懋华院士做了题为《创新驱动　加快推进果园农机研发与机械化发展》学术报告。

9月6日，大连市农村经济委员会果业管理处姜旭生处长，大连市农业现代化园区管委会主任、登沙河街道党工委书记洪江等一行6人到果树所参观考察，双方达成了科技合作框架协议。

9月23日，国家苹果产业技术体系首席专家韩明玉教授等一行3人到果树所参观考察。

9月23—26日，由中国园艺学会果树专业委员会、果树所、郑果所主办，果树所承办的"第五届全国落叶果树病虫害防控技术研讨会"在辽宁省葫芦岛市举行，135名代表参加了会议。

11月6日，农业部举办了部属农业科研院校与国家现代农业示范区科技对接专项活动，果树所参加了活动并展览了最新取得的成果。程存刚副所长代表果树所与大连瓦房店和庄河2个国家现代农业示范区签署了合作协议。

11 月 21 日，欧盟科研总司高级官员 Michele Genovese 博士（欧盟项目评审专家）来所。

12 月 18 日，果树所召开全员岗位竞聘动员大会。

2013 年

1 月 11 日，果树所召开了中层干部上岗动员会。

3 月 28 日，果树所召开了现代农业科研院所建设发展战略研究项目启动会。

4 月 8—9 日，院党组书记陈萌山，院党组成员、人事局局长魏琦，院办公室副主任姜梅林等到果树所调研，与兴城市市委书记于学利等地方有关领导座谈。

4 月 20 日，农业部果品质量安全风险评估实验室（兴城）揭牌，并组织召开了其专业技术委员会第一次会议。

5 月 2 日，果树所张彦昌获得葫芦岛市五一劳动奖章，被评为葫芦岛市劳动模范。

5 月 18 日，"农业部区域性果品及苗木质量安全监督检验中心"项目通过专家验收。

6 月 25 日，由果树所举办为期 15 天的"发展中国家果园机械和设施果树生产技术培训班"开班。

8 月 10—15 日，由人力资源和社会保障部主办、农业部承办的果品质量安全高级研修班在辽宁省兴城市召开。

8 月 14 日，吴孔明副院长到果树所调研指导工作。

8 月 21—23 日，东北四所纪检监察协作会暨教育实践活动经验交流会在果树所召开。

8 月 23—25 日，果树所、蔬菜所、郑果所在兴城联合举办"中国农业科学院园艺学科青年学术论坛暨园艺学科青年联谊会成立大会"。

9 月 12 日，果树所承建的"国家瓜果改良中心兴城分中心二期"项目顺利通过专家组验收。

9 月 15—18 日，由中国园艺学会、中国园艺学会果树专业委员会、果树所、陕西省果业管理局、西北农林科技大学联合主办，延安市有关部门承办的全国现代果业标准化示范区创建暨果树优质高效生产技术交流会在延安召开。

10 月 24—25 日，江苏省宿迁市宿豫区相关领导和企业负责人一行 9 人到果树所访问交流。

11 月初，新西兰植物与食物研究所专家 Jialong Yao 教授来所开展学术交流活动。

12 月 9 日，果树所召开青年大会，选举产生新一届青委会。

12 月 20 日，由农业部组织的"果园小型实用新型机械设备研发与应用"科技成果鉴定会在果树所召开。农业部农业机械化管理司丁翔文巡视员，中国农业科学院副院长、中国工程院院士刘旭等专家组成鉴定委员会，对该项目成果进行了鉴定。

2014 年

7 月 15—25 日，中国农业科学院巡视组到果树所进行巡视。

7 月 23—25 日，中国农业科学院考察组到果树所对所领导班子及其成员进行换届考察。

8 月 11 日，国务院法制办副主任袁曙宏等一行 13 人到果树所调研。

8 月 26—27 日，中国农业科学院科研经费管理宣讲团由李金祥副院长带队到果树所宣讲。

10 月 23 日，"梨优异矮化种质创制与矮化砧品种培育利用"获 2014 年度华耐园艺科技奖。

11 月 4 日，由果树所承担的 2010—2012 年度中央级科学事业单位修缮购置专项"所区供水、供暖、供电管路改造""温泉试验基地（南区）排涝工程""农业部果树种质资源利用重点开放实验室仪器设备购置"和"果树品质遗传实验设备购置"通过了中国农业科学院专家组的验收。

11 月初，果树所及 7 个创新团队获批进入中国农业科学院科技创新工程第 3 批试点单位。

11 月 21—24 日，果树所举办了"设施葡萄暨华葡 1 号优质高效安全生产栽培技术"培训班。来自全国各地的 150 余位学员参加了培训。

2015 年

1月24—25日，由果树所、农业部果品质量安全风险评估实验室（兴城）组织实施，农业部12个果品、农产品质量安全风险评估实验室共同承担的"2014年国家果品质量安全风险评估重大专项"在北京通过验收。

1月27日，果树所正式进入了创新工程试点实施阶段。

5月4日，兴城市市长赵家鹏等一行3人来所就果树所平房区土地遗留问题及改造和果树所周边环境治理问题进行调研。

5月13—14日，院第八督导调研组一行6人在院党组成员、人事局局长魏琦的带领下到果树所调研院所发展暨创新工程实施情况。

5月19日，新疆农业科学院陈彤院长、贡锡锋副院长等一行8人到果树所考察交流。

5月23日，由北京众果农业科技有限公司、果树所联合主办的富硒果品生产技术推广仪式暨绿色优质富硒葡萄首届采摘节在北京大兴区举办。

6月25日，果树所被中国科协确定为"2015—2019年度全国科普教育基地"。

6月25日至7月10日，由农业部主办、果树所承办的第4期发展中国家果树生产技术培训班在辽宁省兴城市举办。

8月下旬，所长刘凤之，党委书记郝志强，副所长丛佩华、程存刚分别走访慰问抗日离休老干部果树所原副所长王兴意、原工会副主席迟斌。

11月9日，葫芦岛市市长戴炜、副市长蔡井伟、市政府秘书长张贵昌、兴城市市长赵家鹏等8个有关部门负责人相关部门负责人一行12人到果树所调研。

11月10日，由果树所主办的"中国—意大利果业科技交流专家研讨会"在辽宁省葫芦岛市召开。

2016 年

1月4日，兴城市新任市长袁国相到果树所调研。

1月8日，果树所与北京禾盛绿源科贸有限公司签约转让了"含硒、锌或钙的果品叶面肥"和"一种生物发酵氨基酸葡萄叶面肥"两项发明专利，获得专利转让费100万元。

2月29日下午，中央第八巡视组专项巡视中国农业科学院党组工作动员会召开。果树所五位所领导到北京参加了动员大会。中央巡视组将在中国农业科学院工作2个月。

3月31日，在磖山试验基地不明原因发生山火，果树所积极向上级汇报、并配合当地消防官兵组织扑救。

4月28日，果树所与阜新市人民政府签署合作协议。

5月初，马志强同志被评为第六届"葫芦岛市劳动模范"。

7月18日，院党组成员、副院长李金祥，院基建局局长刘现武，基建局综合处处长于辉一行3人到果树所督导巡视整改工作和"两学一做"学习教育。

9月1日，中纪委驻农业部纪检组副局级纪律检查员叶春秀等一行5人到果树所就深化落实中央八项规定精神、纠正"四风"工作进行调研。

8月22日至9月5日，果树所举办了"亚洲发展中国家果树生产技术培训班"，来自孟加拉国、巴基斯坦、土耳其等国的16名学员参加了培训。

9月9日，国家支撑计划"果树优质高效生产关键技术研究与示范"课题主持人陆少峰巡视员等一行6人到果树所调研课题进展情况。

9月11日，新疆农业科学院副院长贡锡锋一行到果树所开展合作交流。

9月28—30日，由果树所主办、北京禾盛绿源科贸有限公司承办的"果树节本、优质、高效、安全生产技术培训班"在辽宁省兴城市召开，130余名代表参会。

10月18日，由果树所研发的"富硒果品生产技术研究与示范"成果获得2016年度华耐园艺科技奖。

10 月 18 日，葫芦岛市委组织部来所对姜淑苓推选为辽宁省党代表进行考察。

11 月 2 日，由果树所承担的 2013 年度中央级科学事业单位修缮购置专项"所区科研及辅助用房修缮""果树营养与生理仪器设备购置""现代果园省力化小型农机设备升级改造" 3 个项目通过了农业部、中国农业科学院组织的专家组的验收。

11 月 3—4 日，中国农业科学院党组成员、研究生院院长刘大群来果树所调研指导。

11 月 7—9 日，由中国园艺学会果树专业委员会、国家梨产业技术体系、中国园艺学会梨分会、葫芦岛市政府、辽宁省果蚕管理总站主办的"全国梨产业高峰论坛暨葫芦岛市果业品牌研讨会"在辽宁绥中召开。

11 月 10—11 日，辽宁省农委、葫芦岛市政府和果树所联合主办的第三届辽宁省优质水果评选暨全省果业提质增效高层论坛在辽宁省绥中县召开。

12 月 22 日，中国农业科学院党组书记陈萌山及院党组成员、人事局局长贾广东等一行 4 人到果树所宣布所级领导干部任免，并检查指导工作。丛佩华同志任中国农业科学院果树研究所党委书记，李建才同志任中国农业科学院果树研究所党委副书记、纪委书记的任职决定，郝志强不再担任果树所党委书记、副所长。

12 月底，果树所被评为中国农业科学院 2016 年度人事劳动统计工作先进单位。

2017 年

1 月初，果品经济与信息技术研究中心郝红梅在中国农业科学院第二届支撑人才岗位技能竞赛中荣获第 8 名。

2 月 26 日，果树所所长刘凤之、处长康国栋分别当选为九三学社葫芦岛市委第六届主任委员和九三学社葫芦岛市第六届委员会委员，这是刘凤之所长连续三届当选九三学社葫芦岛市委主任委员。

2 月 28 日，果树所召开全所党员大会，选举产生新一届党委会和纪律检查委员会。

4 月 17 日，华中农业大学教授、博士生导师，国家杰出青年科学基金获得者，教育部长江学者计划特聘教授郭文武等一行 3 人到果树所进行学术交流。

4 月 18 日，果树所与新疆石河子市郁茏生物科技有限公司签约转让了"一种确定果树配方肥配方的方法"的技术实施许可，获转让费用 200 万元。

4 月 24 日，果树所主持的国家重点研发计划课题"苹果化肥农药减施增效环境效应综合评价与模式优选"启动会召开。

4 月 25—26 日，果树所与安徽农业大学园艺学院签订合作协议。

5 月 9 日，刘凤之研究团队完成的"富硒功能性保健果品及其加工品生产技术研究与示范"项目获 2016 年度葫芦岛市科学技术进步一等奖；程存刚研究团队完成的"现代苹果栽培技术体系研究与构建"项目获二等奖。

5 月 22 日，果树所召开了科技创新工程创新任务执行专家组扩大会议，会议上刘凤之所长与 7 个科研团队首席签订了科技创新工程全面推进期各团队绩效任务书并部署了下一步的重点工作。

5 月 23 日，葫芦岛市委书记孙轶，市委常委、秘书长、市总工会主席张海平，副市长谭雅静一行到果树所看望慰问科技工作者。

5 月下旬，在中国农业科学院建院 60 周年成就展暨表彰大会上，由果树所作为主要完成单位的"国家农业种质资源库""系列瓜果品种""主要农产品加工与质量安全控制技术" 3 项成果获得建院 60 周年重大科技成就表彰。

6 月 6 日，葫芦岛市政协主席郑宏伟及市政协一行 20 余人到果树所开展"加强农业科技创新、促进现代农业发展"的主题考察调研。

6 月 7—8 日，"第四届全国果业（园艺）期刊研讨会"在兴城市召开。

8月1日，中国农科院党组成员、院纪检组组长李杰人带队到果树所进行"全面从严治党主体责任和科研管理放管服"宣讲。

8月3日，调整内设机构。

9月13—15日，由中国园艺学会苹果分会、国家苹果产业技术体系、全国苹果育种协作组、中国农业科学院科技创新工程主办，果树所承办的"第八届全国苹果育种协作组工作会议"在辽宁葫芦岛召开。

9月21日，碰山综合试验基地建设项目通过了中国农业科学院组织的项目竣工验收。

11月1日，果树所召开2017年岗位聘用动员会。

12月7日，果树所组织召开青年大会，审议第二届青委会工作报告，选举产生了第三届青委会委员。

12月12—13日，山东省果树研究所党委书记陶吉寒、副所长李林光等一行6人来所开展了两天的交流对接活动。

12月18—20日，"第三届全国梨贮运加工与品牌营销研讨会"在辽宁葫芦岛召开。

12月下旬，历时两个月的新一轮全员岗位竞聘工作结束，同期组织开展的中层（处级）干部选拔任用和交流轮岗也顺利完成，选拔3名副处级干部到部门正职岗位工作，选拔6名年轻干部到部门副职岗位工作。

12月底，1名管理干部（张彦昌）顺利完成在甘肃静宁挂职科技副县长的工作，6名科研干部挂职科技副乡（镇）长工作进展顺利。

2018 年

2月6日，果树所与河北省承德县人民政府签订科技合作协议。

3月初，果树所被确认为"全国名特优新农产品营养品质评价鉴定机构"和"全国农产品质量安全科普示范基地"。

4月，将现有7个党支部调整设置为11个党支部。

5月10日，由果树所承担的2014—2015年度中央级科学事业单位修缮购置专项"所区基础设施改造（2年）"（部级验收）、"果树有害生物与防控仪器设备购置项目"（院级验收）顺利通过了农业农村部、中国农业科学院组织的专家组的验收。

5月底，建成开通"中国果树"微信公众平台。

7月初，果树所被确认为"全国农产品质量安全检验检测技术培训基地"。

7月底，"昭通苹果产业研究所董雅凤专家工作站"正式成立。

8月12日，在《人民日报》上发表了以"扎根大地，做农民的好兄弟（最美农技员）"为题讲述果树所青年科研专家王海波扎根一线、科技服务三农的感人故事。

8月17—18日，果树所与崇礼区人民政府签署了"果业技术服务合作"协议。

8月27—28日，中国农业科学院纪检组组长、党组成员李杰人等一行5人到果树所开展推进管理效益年活动、深化五个领域专项整治、院人才工作会议精神落实情况3项重点工作和推进政治建设进行工作督查。

8月30日，果树所召开工会第六次会员（职工）代表大会，选举产生了果树所第六届委员会和经费审查委员会。

9月14—17日，由中国园艺学会果树专业委员会主办的"2018年果树产业振兴暨果树优质高效生产技术交流会"在大连召开。

10月，"主要落叶果树病毒快速检测及脱毒技术研究与应用"和"梨采后品质控制关键技术研发及其集成应用"获得华耐园艺科技奖。

11月11日，果树所承德苹果试验站挂牌。

12月16日，果树所组织召开了第七届学术委员会第一次全体会议、农业部园艺作物种质资源利用重点实验室学术年会和庆祝建所60周年学术报告会。

12月19日，果树所在砬山试验基地举行了党员教育基地挂牌仪式。

2019年

3月6日下午，果树所砬山试验基地周边刮起6～7级大风，基地工作人员发现砬山基地东侧的东砬子山村北侧生态林发生山火，果树所积极组织扑救。

4月2日，苹果资源与育种创新团队完成了基于苹果花培纯系高质量基因组测序的研究成果。相关研究以题"A high-quality apple genome assembly reveals the association of a retrotransposon and red fruit colour"在 *Nature Communications* 在线发表。

4月中旬，"果品质量安全风险监测与评估创新团队"在 *Food Chemistry* 在线发表了题为"Synthesis and characterization of core-shell magnetic molecularly imprinted polymers for selective recognition and determination of quercetin in apple samples"的研究论文。

4月15—17日，第三届世界苹果大会暨国际苹果产业发展技术大会在上海召开，大会开幕式由著名国际苹果专家 Kurt Werth 先生主持。

6月20日，果树所组织召开"农科果研讲坛"成立大会，第一期邀请老专家汪景彦讲述"我的果树人生"。

7月5日，曹永生同志任果树所所长、党委副书记；因任期届满，免去刘凤之同志果树所所长职务，保留正所级待遇。

7月17—18日，由果树所承担的"国家种质资源辽宁兴城梨苹果圃改扩建项目""农业部园艺作物种质资源利用重点实验室建设项目"两个基本建设项目通过了中国农业科学院组织的竣工验收。

8月2日，果树所科研人员获得世界首个野生梨的基因组图谱，相关研究发表于国际植物学领域权威期刊 *Plant Biotechnology Journal*。

8月17—18日，由中国园艺学会果树专业委员会主办的"第八届全国果树分子生物学学术研讨会"在上海召开。

8月28—30日，果树所在新疆石河子主办了以"葡萄绿色发展、助力乡村振兴"为主题的"葡萄绿色优质高效生产技术交流与现场观摩会"。

9月17日，果树所获得"2018年度辽宁省优秀科普基地"称号。

9月21日，果树所举办了以"了解果树资源，学习果树科技"为主题的科普开放日。

10月22—24日，果树所主办"第一届'一带一路'国家果树科技创新国际研讨会"。

11月5日，葫芦岛市委书记王健一行到果树所调研。

11月29日，由果树所主办的中国苹果产业高质量发展会议在栖霞市召开。开幕式上，签订了果树所栖霞苹果试验站合作协议，并为果树所果树专家工作站揭牌。

12月9日，果树所与西藏自治区农牧科学院在西藏拉萨签订共建国家苹果育种中心青藏高原分中心合作协议。

12月10日，果树所与西藏自治区林芝市科学技术局签订共建国家苹果梨种质圃青藏高原分圃合作协议。

12月27日，果树所调整内设机构：6个职能部门、7个研究中心和2个支撑部门。退休老专家汪景彦被评为农业农村部离退休干部先进个人和中国农业科学院离退休干部先进个人荣誉称号。

2020年

1月16日，果树所与蒲县人民政府在山西蒲县举行技术合作签约仪式。

1月25日，果树所根据新冠肺炎疫情发展态势和上级相关工作部署研究决定，启动果树所重大突发公共卫生事件一级响应。

3 月 23 日，果树所获"中国农业科学院 2019 年度考评优秀单位（部门）"。

3 月 26 日，果树所与山东农发（威海）果业发展有限公司举行技术合作签约仪式。

4 月初，科研人员在国内首创桃高光效省力化树形。

4 月 21 日，果树所与北京润泽鑫业生物工程技术有限公司签署科技合作协议。

4 月 21—22 日，果树所与新疆生产建设兵团第十四师 225 团签约共建"中国农业科学院果树研究所南疆果树试验站"。

5 月 14 日，院党组书记张合成主持召开果树所党组织和党员发挥作用专题调研视频会。

7 月 14 日，辽宁省政协农业农村委员会副主任李孟竹等一行 3 人到果树所调研水果业和设施农业高质量发展情况。

7 月 23 日，果树所与大连泽田农业有限公司签约共建"中国农业科学院果树研究所北方车厘子（大樱桃）试验基地"。

8 月初，果树栽培生理研究中心副主任李壮参加中国农业科学院统一组织为期 3 个月的西藏农业技术服务团。

9 月 8—9 日，中国农科院安委会第五检查组组长卓俊成等一行 3 人到果树所检查指导安全生产工作。

9 月 16 日，葫芦岛市委书记王健、市委组织部长蹇丹、兴城市委书记朱德义一行到果树所调研。

9 月 18 日，生物种质与实验材料专家组工作会议在辽宁省兴城市召开。科技部基础条件平台中心王瑞丹副主任、卢凡处长、程苹副处长，以及标委会专家参加了会议。

10 月 10 日，果树所与辽宁洪武葡萄科技开发有限责任公司举行合作签约仪式。

10 月 15—17 日，果树所主办的"2020 年中国苹果产业高质量发展大会"在山东省栖霞市召开。

10 月 20 日，果树所与辽宁省朝阳市建平县万寿街道小平房村签约共建"中国农业科学院果树研究所小平房梨试验站"合作协议。

10 月 22 日，果树所与延安向新农业科技有限公司代表签订了共建"中国农业科学院果树研究所延安苹果试验站"合作协议。

10 月 29 日，果树所获批成立"辽宁省产业技术研究院果树研究所"。

10 月下旬，果树所副所长程存刚获第十二届"辽宁省优秀科技工作者"荣誉称号。

11 月 17—18 日，果树所通过线上的形式，举办了为期 2 天的"一带一路"发展中国家果树病虫害绿色防控培训班。

11 月 17 日，果树所所区新大门建成。

11 月 19—21 日，所推荐项目及成果在"第二十四届全国发明展览会—科技助力扶贫专展"获得 6 项"发明创业奖·项目奖"科技助力扶贫专项奖。

11 月 22 日，果树所与山东省荣成市签约共建"中国农业科学院果树研究所苹果产业研究院"。

12 月 9 日，山东省栖霞市将"中国农业科学院果树研究所栖霞苹果试验站"土地证交给果树所，15 005 米^2 试验站建设用地划归果树所永久使用。

12 月 17 日，果树所与深圳市百果种业有限公司举行签约仪式。

12 月 18 日，果树所与以色列瑞沃乐斯灌溉公司、北京富特森农业科技有限公司举行签约仪式。

12 月 23—25 日，果树所的农业农村部果品及苗木质量监督检验测试中心（兴城）（以下简称"中心"），通过了农业农村部和辽宁省市场监督管理局评审组组织开展的农产品质量安全检测机构考核、机构审查认可和检验检测机构资质认定（简称"2+1"）现场评审。

附 录

附录1 中国农业科学院果树研究所章程（试行）

序 言

中国农业科学院果树研究所（以下简称"果树所"）于1958年3月29日成立。建所以来，果树所以创新科技、服务产业为已任，为我国果树及相关产业发展作出了重要贡献。

为加快建设定位清晰、职责明确、评价科学、开放有序、管理规范的世界一流学科和一流研究所，根据《中华人民共和国科学技术进步法》《中华人民共和国促进科技成果转化法》等国家有关法律法规，以及《中央级科研事业单位章程制定工作的指导意见》（国科发创〔2017〕224号）等文件精神，结合果树所实际情况，制定本章程。

本章程确立了果树所的基本制度，明确了职责使命、领导体制、组织管理等规范，是全所各项工作的基本遵循。全所职工都必须以本章程作为开展科技创新和组织管理活动的基本准则，负有履行相关职能、保证其实施的职责。

第一章 总 则

第一条 果树所是以苹果、梨、桃和葡萄等果树为研究对象的国家级科研机构，是国家果树战略科技力量。果树所举办单位为农业农村部，由中国农业科学院管理，具有独立法人资格，具有科技创新自主权和管理自主权。

第二条 果树所以习近平新时代中国特色社会主义思想为指导，认真贯彻党的基本理论、基本路线、基本方略，牢固树立"四个意识"，坚定"四个自信"，做到"两个维护"，坚持和加强党的全面领导，严格遵守宪法和法律，立足果树科研国家队职责使命与定位，发挥国家果树战略科技力量作用，深入贯彻落实创新驱动发展战略，乡村振兴战略，党中央国务院、农业农村部重大决策部署，以及中国农业科学院工作部署，合法开展科学研究和转化应用活动。

第三条 新时代果树所办所方针是，面向世界农业科技前沿、面向国家重大需求、面向现代农业建设主战场、面向人民生命健康，加快建设世界一流学科和一流研究所，认真履行果业科技创新国家队、改革排头兵、产业驱动器和决策智囊团的光荣使命，重点开展应用基础研究和应用研究，着力解决我国果树产业发展中长期性、基础性、战略性、全局性、前瞻性重大科技问题，为保障国家食物安全、食品安全、生态安全，促进乡村振兴和农民增收，推进美丽中国和健康中国建设，以及果业强国建设提供强有力的科技支撑。

第四条 果树所的主要职责任务是：

（一）果树种质资源收集、保护、评价和创新利用；

（二）果树重要基因挖掘利用；

（三）果树育种技术创新与新品种选育；

（四）果树栽培生理与植物保护研究；

（五）果品贮藏加工与质量安全研究；

（六）果树产业突发问题应急技术攻关。

第五条 果树所的业务范围：果树产业发展战略研究；种质资源、遗传育种、栽培生理、植物保护、贮藏加工、质量安全和科技信息等研究；果品质量安全风险评估和质量监督检测，国家和行业标准制修订；科技兴农；果树科技人才培养和研究生教育；果树科技国际合作与交流；中国园艺学会果树专业委员会日常工作，《中国果树》和《果树实用技术与信息》编辑出版。

第六条 果树所以"求是创新、追求卓越"为所训，坚持学风优良、宽容失败、环境和谐的创新文化，尊重科研规律，弘扬科学精神，坚持民主开放，提倡学术争鸣，信守学术道德。

第七条 果树所严格按照国家法律法规和事业单位登记管理机关的规定，真实、完整、及时地披露以下信息：

（一）依法设立登记的信息；

（二）依法年度检验的信息；

（三）依法变更登记的信息；

（四）涉及人民群众切身利益、需要社会公众知晓或参与的重大信息。

第二章　党的领导

第八条 中国共产党中国农业科学院果树研究所委员会（以下简称"果树所党委"）按照参与决策、推动发展、监督保障的要求，根据有关规定参与讨论和决定重大问题、重要事项，强化政治引领，发动党员团结带领职工保证决策事项顺利实施。果树所党委在中国共产党中国农业科学院党组和属地上级党组织的领导下，根据《中国共产党章程》等党内法规，开展各项工作。

第九条 中国共产党中国农业科学院果树研究所纪律检查委员会（简称"果树所纪委"），是果树所党内监督机构，在果树所党委和上级纪检组织的领导下开展工作，围绕中心工作，履行党章和党内法规规定的职责，保障各项事业的健康发展。

第十条 坚持把党的政治建设摆在首位，深入贯彻全面从严治党方针，加强思想政治教育和意识形态工作，严格落实党建工作责任制，推进党建与科研工作深度融合、相互促进。

第十一条 落实全面从严治党"两个责任"。果树所党委承担全面从严治党主体责任，果树所纪委履行监督专责。设立纪委办公室，建立健全纪检监察制度，统筹监督资源，形成监督合力，发挥监督保障执行作用。

第十二条 果树所党组织隶属地方上级党组织管理，接受院直属机关党委指导。果树所下设的职能处室、科研团队以及挂靠的学会协会、所办企业、期刊等，根据党员人数和工作需要设立党的基层组织，担负起直接教育、管理、监督党员和组织、宣传、凝聚、服务群众职责。

第十三条 加强党建工作保障。根据职工人数和党建工作要求设置党务工作机构，配备专兼职党务人员。党建工作经费列入年度经费预算，保障党组织工作和活动正常开展。强化党建活动阵地建设。

第三章　领导体制

第十四条 果树所在农业农村部、中国农业科学院领导下，实行所长负责制。所长为果树所法定代表人，对中国农业科学院院长负责，主持果树所全面工作。党委书记主持果树所党委全面工作。副所长、党委副书记协助所长、党委书记工作，分工负责某方面的工作或专项任务，可代表果树所进行公务活动。

第十五条 实行所务会、党委会、所长办公会等会议制度。

第十六条 所务会由所领导、职能部门和相关部门负责人组成，由所长召集和主持会议，亦可由受委托副所长主持，根据工作需要确定召开时间，安排有关人员列席，实行集体讨论基础上的所长决策制。所务会的主要任务：

（一）传达贯彻上级的重大部署，通报重大事项；

（二）讨论决定果树所重大事项；

（三）讨论审议果树所改革发展有关综合规划和专项规划、年度计划、年度经费预决算、重要规章制度等；

（四）研究果树所机构设置、职能、人员编制等事项；

（五）部署果树所重要工作；

（六）其他事项。

第十七条　党委会是果树所党委决策的一般形式，由党委委员组成，可以安排议题有关人员列席。党委会由党委书记主持，亦可由受党委书记委托的副书记主持。党委会一般1个月召开1次，遇有重要情况可以随时召开。主要任务：

（一）学习、传达、贯彻党的路线方针政策，贯彻落实党中央、农业农村部和院党组决策、部署、指示、决定等事项；

（二）研究需要向上级党组织请示报告的重要事项，下级党组织请示报告需研究决定的重要事项；

（三）研究决定重要人事任免，参与涉及果树所改革发展稳定和事关职工群众切身利益的重大决策、重大项目安排、大额度资金使用等事项决策；

（四）讨论审议果树所干部队伍建设和人才队伍建设、干部考核奖惩等事项；

（五）研究果树所基层党组织建设和党员队伍建设等方面的重要事项；

（六）研究决定意识形态工作、思想政治工作、精神文明建设、创新文化建设方面的重要事项；

（七）研究决定全面从严治党、党风廉政建设、反腐败工作方面的重要事项；

（八）研究决定统战工作、群团工作、离退休人员管理服务工作等方面需要经党委会讨论决定的重要事项；

（九）其他应当由党委讨论和决定的重大问题。

第十八条　认真落实民主集中制。坚持集体领导与个人分工负责相结合，凡属涉及果树所改革发展稳定和事关职工群众切身利益的重大决策、重大项目安排、大额度资金使用等事项，按照个别酝酿、会议决定的原则，由党委会集体讨论研究后，提交所务会研究决定。

第十九条　所长办公会是处理日常业务工作的会议，由所领导召集和主持，按所领导分管的业务范围，研究处理有关具体工作，有关部门（中心）负责人及工作人员参加。

第四章　专项工作委员会

第二十条　果树所设立所学术委员会，是果树所最高学术评议、评审、裁定和咨询机构，实施以学术委员会为核心的学术治理体系，果树所重要学术相关事项决策前，需经学术委员会研究审议。

第二十一条　所学术委员会的主要职责：

（一）审议果树所科技发展规划、评审和论证重大科技项目、讨论学科建设、科研机构设置与研究方向调整等重大问题；

（二）评价和推荐科研成果；

（三）对人才培养和创新团队建设等进行评价、建议与推荐；

（四）对涉及学术问题的重要事项进行论证和咨询、评议和裁定；

（五）审议由所长建议提交的有关国际合作与交流、全国科研协作等事项；

（六）审议其他应当审议的事项。

第二十二条　所学术委员会由所内外具有较高学术造诣的专家代表组成，经选举产生，每届任期为5年。设主任1人、副主任、秘书若干人，主任由所长担任。

第二十三条　学术委员会一般每年至少召开1次全体会议，由主任委员主持，或由主任委员委托的副主任委员主持；全体会议休会期间，主任委员可以根据需要临时召开学术委员会会议。学术委员会召开的各类表决性会议，出席委员应达到2/3以上时方能举行。

第二十四条　学术委员会会议在决议重要事项时，以无记名投票方式做出决定，须达到投票人数的2/3通过方为有效。学术评议事宜可根据情况采用"记名"或"无记名"投票的方式表决。在学术上，注意听取和保留少数委员的意见。

第二十五条 根据工作需要，设立所专门领导小组，以及所职称评审委员会、所学位评定委员会、所安全生产委员会等专门委员会，开展相关工作。

第二十六条 职称评审委员会是按照农业农村部、中国农业科学院规定设立的副高级专业技术职务任职资格评审委员会，是果树所推荐、评审、认定专业技术职务任职资格的专门机构。

第五章　职工代表大会

第二十七条 职工代表大会（以下简称"职代会"），是果树所实行民主管理的基本形式，是实现所务公开、民主办所的重要途径。

第二十八条 职代会每届任期 5 年，与果树所党委班子同步换届。职代会在果树所党委领导下开展工作，实行民主集中制。

第二十九条 职代会代表由职工按业务单元直接选举产生，应具有广泛性和代表性，中层以上管理干部一般不得超过职工代表总数的 20%。女职工、青年职工、无党派人士、民主党派等职工代表应占一定比例。职工代表实行届内常任制，可以连选、连任。

第三十条 职代会职责：

（一）听取果树所年度工作报告和财务工作报告；审议单位主要负责人任期目标和单位发展规划、重大改革方案和重要规章制度等。

（二）审议涉及果树所职工权益和福利的重大事项。

（三）会同有关部门，对果树所领导班子成员进行民主评议和监督。

（四）反映职工的意见和建议，征集、整理提案，监督提案落实。

第三十一条 职代会工作制度：

（一）职代会每年至少召开 1 次，必须有全体职工代表 2/3 以上出席。根据工作需要，经果树所党委同意可临时召开职代会。

（二）职代会开会前，应根据果树所中心工作和征集整理的提案提出会议议题，经果树所党委研究同意后，提交大会讨论。

（三）职代会进行选举和做出决议，必须经到会全体职工代表半数以上投票表决通过。

第三十二条 工会是职代会的工作机构，负责职代会的日常工作。果树所为工会承担职代会工作机构的职责提供必要的工作条件和经费保障。

第六章　组织管理

第三十三条 果树所依照国家有关法律法规，经中国农业科学院有关部门批准，设立、调整内设机构，包括职能部门、科研部门、支撑部门等。根据科技创新活动需要，积极推进组织创新，设立非法人单元，依照有关规定管理。

第三十四条 研究中心是果树所科技创新的管理单元。科研团队是科技创新的基本业务单元，由团队首席及团队成员组成，根据科技创新工作需要设立，承担科技创新具体任务落实。

第三十五条 根据工作需要，设立若干职能部门，部门负责人由果树所任免。

第三十六条 根据工作需要，设立果树所独资的所属企业，开展成果转化、对外科技服务等工作，由果树所指派法定代表人，按有关规定进行管理。

第三十七条 果树所工作人员依法公平享有以下权利：

（一）按工作职责使用果树所公共资源，享受福利待遇；

（二）获得自身发展所需的相应工作机会和条件；

（三）在品德、能力和业绩等方面获得公正评价；

（四）获得各种奖励及荣誉称号；

（五）知悉果树所改革、建设和发展等涉及切身利益的重大事项；

（六）参与民主管理，对院所工作提出意见和建议；

（七）就职称职务、福利待遇、评优评奖、纪律处分等事项表达异议和提出申诉；

（八）合同约定的权利；

（九）法律、法规、规章规定的其他权利。

第三十八条　果树所工作人员应履行下列义务：

（一）遵守果树所的规章制度；

（二）履行岗位职责，恪尽职守，勤勉工作；

（三）尊重和爱护学生，提高科研业务和服务管理水平；

（四）遵守学术规范，恪守学术道德；

（五）珍惜和维护果树所名誉，维护果树所利益；

（六）履行合同约定的义务；

（七）履行法律、法规、规章规定的其他义务。

第三十九条　坚持民主办所，实行党务公开、所务公开，保障干部职工的知情权、表决权、选择权和监督权。

工会、团委、青委会、妇委会等群众组织，在果树所党委领导下依法履行各自的职责。

果树所内各民主党派、人民团体和无党派人士依据法律、法规、规章和各自章程开展活动，在果树所党委的领导下参与果树所民主管理和监督。

第七章　科技创新与成果转化管理

第四十条　面向世界农业科技前沿、面向国家重大需求、面向现代农业建设主战场、面向人民生命健康，不断完善科技创新体系，以新理论、新思想、新方法、新种质、新基因、新品种、新技术、新产品、新模式和新服务为目标，以"优质、安全、多样、简约、高效"为主攻方向，突出科技创新重点，做到强创新、优结构、提质量、降成本、增效益。

第四十一条　围绕种质资源、遗传育种、栽培生理、植物保护、贮藏加工、质量安全和科技信息等学科方向，强化科技资源配置和科研团队建设，统筹协调和组织实施重大科技创新活动。通过创新驱动，优化产业结构和种植结构，促进一二三产融合，提升品种、品质、品味和品牌，实现绿色化、优质化、特色化、标准化、品牌化和工业化，推动我国果树产业高质量发展。

第四十二条　持续开展果树科技发展战略研究，不断凝练果业科技创新方向目标，研究制定果业科技发展战略和规划。调整优化科技创新布局、区域试验基地布局、所地合作布局，建立从云南至黑龙江的试验体系。

第四十三条　承担国家果树科技基础设施、科技平台和试验基地建设任务。依托果树科技基础设施、科技平台、试验基地，建设高效率、高质量的果树科技创新和创新服务平台体系，向全社会开放共享科技资源。

第四十四条　建立以科技创新质量、贡献和影响为导向的科技评价制度，建立成果转化收入与绩效工资挂钩的目标责任制和收益分配机制，对作出重大贡献的科研团队和个人实施奖励，积极推荐申报科技奖励。实现科研团队和科研人员自身价值，促进创新、创造、创业一体化布局、一体化支持、一体化考评，实现一体化发展。

第四十五条　积极与国内科研机构、教育机构、企业、地方政府及政府部门开展广泛合作，通过构建战略伙伴关系、共同承担相关学科领域的科研任务、联合培养人才、共建研发机构等形式，实现优势互补、资源共享、共同发展。

第四十六条　与世界各国和地区相关领域的科研机构、教育机构、国际学术组织和企业等开展形式多样的合作交流，推进建设果树科学国际联合实验室，培养国际化科技人才，提高果树所在国际产业界、科技界的竞争力和影响力。

第四十七条　构建科技创新和成果转化的双轮驱动机制，促进成果转化，积极开展技术开发、成果转让、咨询培训、科技推广、技术服务、科学普及等多种形式、多种渠道的活动，积极服务国家需求和果业主战场，加速支撑我国果业高质量发展。

第四十八条　坚持生态区域代表性、地方政府积极性、科技示范辐射性和乡村振兴带动性的原则，加强与地方政府和企业的深度合作，通过科研单位、地方政府、龙头企业、基层农户和国外专家五方协同转化科技成果模式，共建产业研究院、研发中心、试验站、专家工作站和成果示范基地等基地，创新实施果树减水、减肥、减药、减人和减树等技术体系，生产出好吃、好看、好种、好卖和好想的水果，提高科研产出率、土地产出率、劳动生产率、资本回报率和政府回报率。

第四十九条　促进科企融合发展，以科企融合推进科产融合发展。建设科企融合发展联合体，加速果树科技成果转化，支撑乡村振兴和农业农村优先发展。

第五十条　推进果树科技产业发展，构建现代果树科技产业发展新体系，谋划建设科技成果中试熟化平台，提高知识产权的有效供给，提升科技成果转化效率。强化所办企业功能，加快现代企业制度建设，提升技术服务的能力和水平。加强经营性国有资产监督管理，促进科企融合发展。

第五十一条　实施知识产权保护战略。依法加强知识产权保护和运用，着力提高我国果树科技自主创新能力和国际竞争力。

第八章　人事人才管理

第五十二条　坚持党管干部、党管人才，德才兼备、以德为先，人岗相适、群众公认，民主集中、依法依规的原则，实施人才强所战略。

第五十三条　建立健全符合人才成长规律、体现科技创新特点的人事管理机制，努力建设果树科技创新人才高地，统筹推进科研、管理、支撑和转化4支队伍建设。

第五十四条　按照《事业单位人事管理条例》实施果树所人事管理。

第五十五条　实行岗位聘用、项目聘用与流动人员相结合的用人制度，面向国内外公开招聘人才并择优录用，实行合同管理。内部岗位调整，按程序竞聘上岗或双向选择。

第五十六条　依法保障职工的合法权益，为各类人才发展提供良好环境。按照体现岗位职责、突出业绩贡献、兼顾公平和效率的原则，果树所职工享受国家规定的福利待遇，执行国家规定的工时制度和休假制度，依法享受社会保险待遇。

第五十七条　按照下放权力、激发活力、分类考核原则，依法依规对工作人员实行分类评价考核和绩效奖励。

第五十八条　果树所工作人员涉及人事争议有关问题的，依照《中华人民共和国劳动争议调解仲裁法》等有关规定处理。

第五十九条　建立健全离退休服务管理制度。依法保障离退休职工的合法权益，落实离退休职工政治待遇和生活待遇，引导支持离退休职工发挥作用，为党的事业和院所发展增添正能量。

第九章　计划财务与资产管理

第六十条　依据国家财政制度，按照创新驱动发展战略，遵循果树科技创新需求和规律，建立有利于科技创新和成果转化、有利于吸引和激励创新人才、有利于改善创新基础设施和环境的财务与资产管理制度和运行管理机制。

第六十一条　从决策、执行和监督3个方面，建立健全内部控制体系，完善财务管理和资产管理制度，实现各类资源的科学高效配置，提高资源使用效率和效益，保障可持续发展。

第六十二条　果树所实行财务统一管理，使各项经济活动有法可依，有章可循，为果树科技创新及各项事业发展提供经济保障。

第六十三条　依据果树所发展战略和规划，统筹谋划果树所条件建设布局和推动实施。科学编制条件建设相关规划，并落实有关任务，不断提升科技创新和基础保障能力。依据基本建设管理及相关制度规范，科学实施项目，确保项目依法依规高效建设，发挥效益。

第六十四条　果树所对占有、使用的国有资产，按照资产属性，实行分类管理，严格按照有关规章制度和工作程序实施。果树所投资企业中有关国有资产，由果树所依法行使出资人权利，并承担相应的保值增值责任。

第六十五条　依法接受审计监督和税务稽查。依法实行内部监督、审计制度，保障经费的分配与使用真实、合法、公平、透明、有效和资产的安全、完整。

第十章　附　则

第六十六条　果树所中文全称：中国农业科学院果树研究所，中文简称：果树所，英文全称：Institute of Pomology of CAAS，英文简称：IP，CAAS。果树所办公地址为辽宁省葫芦岛市兴城市兴海南街 98 号，网址为 http://ip.caas.cn/。

第六十七条　果树所印章为圆形，中心置五角星，外周标"中国农业科学院果树研究所"名称，自左向右环行，由中国农业科学院制发。

第六十八条　具有下列情形之一的，应当及时修改章程：

（一）章程规定的事项与国家法律法规不符或与党规党纪抵触的；

（二）章程内容与实际情况不符的；

（三）主要职责经机构编制部门调整的；

（四）农业农村部或中国农业科学院认为应当修改章程的。

第六十九条　本章程经中国农业科学院审核和农业农村部备案后发布实施，解释权属果树所所务会议。

附录 2　科研成果一览表

（一）国家及省部级奖励成果

序号	成果名称	获奖时间（年）	获奖类别	主持人（或第一完成人）	主要参加人员
1	梨新品种——早香 1、2 号	1977	辽宁省重大科技成果奖	蒲富慎	徐汉英、贾敬贤、陈欣业
2	秋白梨盛花期喷醋精对坐果率的影响	1977	辽宁省重大科技成果奖	林庆阳	
3	梨新品种'早酥''锦丰'	1978	全国科学大会奖	蒲富慎	徐汉英、贾敬贤、陈欣业、温爱理
4	果树大扒皮试验	1978	辽宁省科学大会奖	张炳祥	李发祥
5	乔砧苹果密植早期丰产栽培技术	1978	陕西省科技大会三等奖	汪景彦	
6	西维因药剂对'金冠''国光'苹果疏果的研究	1981	农牧业科技成果技术改进奖四等奖	李培华	董启凤
7	我国主要苹果产区 N、P、K 肥效适宜配比和品种及氮肥施用技术	1981	农牧业科技成果技术改进奖三等奖	周厚基	仝月澳
8	草莓花药培养获得单倍体植株	1981	农牧业科技成果技术改进奖三等奖	薛光荣	费开伟、胡军、赵惠祥
9	苹果腐烂病的发病规律和提高药剂防治效果的途径和方法	1981	农牧业科技成果技术改进奖三等奖	陈策	王金友、史秀琴、李美娜
10	苹果水心病的发生原因及防治技术	1981	农牧业科技成果技术改进奖四等奖	周厚基	唐梁楠、仝月澳、程家胜、杨万益、杨儒林、刁凤贵、张桂芬
11	苹果土窑洞贮藏技术研究	1981	农牧业科技成果技术改进奖四等奖	宋壮兴	
12	生食加工兼用的梨新品种——'锦香'	1981	农牧业科技成果技术改进奖五等奖	蒲富慎	徐汉英、陈欣业、张文仲、贾敬贤、温爱理
13	云南榅桲接中国梨取得进展	1981	农牧业科技成果技术改进奖五等奖	姜敏	蒲富慎、于洪华、贾敬贤
14	梨幼树三年结果，四、五年丰产的关键技术	1981	农牧业科技成果技术改进奖五等奖	贾敬贤	于洪华
15	板栗多头高接换种技术	1981	农牧业科技成果技术改进奖五等奖	汪景彦	吴德玲、贾定贤、朱佳满
16	喷 B9 防止'元帅'苹果采前落果提高质量技术的引进与改进	1981	农牧业科技成果技术改进奖五等奖	毕可生	徐桂兰
17	矮化砧苹果苗快速育苗技术	1981	农牧业科技成果技术改进奖五等奖	王海江	

序号	成果名称	获奖时间（年）	获奖类别	主持人（或第一完成人）	主要参加人员
18	苹果简化修剪技术	1981	农牧业科技成果技术改进奖五等奖	汪景彦	
19	苹果短枝型品种快速繁殖法	1981	农牧业科技成果技术改进奖五等奖	满书铎	林盛华、闫佐成、牛健哲
20	在我国主要果区应用硝磷钾复合肥料提高苹果产量品质及减轻病害的效果	1981	农牧业科技成果技术改进奖五等奖	刁凤贵	
21	推广聚合草、发展果园养猪，开辟果树肥源	1981	农牧业科技成果技术改进奖五等奖	唐梁楠	杨儒林、刁凤贵、王淑媛、杨树忱
22	诱发苹果种子幼苗不定芽枝的技术	1981	农牧业科技成果技术改进奖五等奖	黄善武	谭永丰
23	射线诱发苹果枝芽突变出现部位及其演变动向	1981	农牧业科技成果技术改进奖五等奖	黄善武	谭永丰
24	明确柑桔枝干"爆皮病"病原及柑桔炭疽病的侵染规律，提高了有效防治方法	1981	农牧业科技成果技术改进奖五等奖	刘福昌	王焕玉
25	苹果痘斑病的病因和预防方法	1981	农牧业科技成果技术改进奖五等奖	陈　策	王金友
26	西瓜优良品种'旭东'	1982	农牧渔业科技成果技术改进奖二等奖	邹祖绅	
27	陕西省外销优质苹果生产基地建设的研究	1982	陕西省人民政府科技成果奖二等奖		蒲富慎
28	苹果、梨气调贮藏技术研究	1983	辽宁省科技成果奖三等奖		宋壮兴、田　勇、李宝海
29	苹果矮化砧木在陕西适应性的研究	1983	陕西省人民政府科技成果奖二等奖		王海江
30	西瓜新品种——'周至红'	1983	农牧渔业科技成果技术改进奖三等奖	余文炎	
31	苹果施用氯化钾肥效鉴定	1983	农牧渔业科技成果技术改进奖四等奖	冯思坤、刁凤贵	杨儒琳、杨树忱
32	西瓜新品种——'琼酥'	1984	农牧渔业科技成果技术改进奖三等奖	余文炎	
33	龙眼葡萄早期丰产技术研究	1985	农牧渔业科技成果技术改进奖二等奖	修德仁	吴德玲、张国良、许桂兰
34	苹果树硼素营养诊断指标及缺硼的矫治技术	1985	农牧渔业科技成果技术改进奖二等奖	仝月澳	周厚基、于德江、杨儒林、张桂芬
35	应用生长调节剂调节苹果大小年结果	1985	农牧渔业科技成果技术改进奖三等奖	周学明	马焕普、王凤珍
36	我国苹果、梨种植区划研究	1985	农牧渔业科技成果技术改进奖三等奖	李世奎	朱佳满、周远明、祁国选、汪大同

序号	成果名称	获奖时间（年）	获奖类别	主持人（或第一完成人）	主要参加人员
37	提供外销苹果品种质量的研究	1986	农牧渔业部部级科技进步奖一等奖	蒲富慎	
38	苹果潜隐病毒种类鉴定及培育无病毒苗技术	1986	中国农业科学院技术改进奖二等奖	刘福昌	王焕玉
39	通过遗传分析查证苹果过氧化物酶同工酶的单基因控制遗传规律	1986	中国农业科学院技术改进奖二等奖	程家胜	邸淑艳、牛健哲、韩礼星、薛光荣
40	西瓜花粉植株首次诱导成功并获得纯系种子	1986	农牧渔业部科技进步奖三等奖	薛光荣	余文炎、费开伟
41	西瓜万亩开发获得高产、优质、高效益	1986	辽宁省科技进步奖三等奖	牟哲生	夏锡铜、刘清岩、李铁民
42	苹果小叶病防治技术	1987	河北省科技进步奖三等奖	刁凤贵	于德江、王恒志、冯随林、杜兰朝
43	苹果属、梨属、山楂属染色体数和核型鉴定	1987	农牧渔业部科技进步奖二等奖	蒲富慎、陈瑞阳	林盛华、黄礼森、宋文芹、李秀兰、李树玲、孙秉钧
44	苹果树腐烂病发生规律和防治技术	1987 1988	农业部科技进步二等奖 国家科技进步奖三等奖	陈 策	陈延熙、王金友、刘福昌、史秀琴、李美娜、邢祖芳、孙 宏、李腾友、张学伟、郭进贵
45	苹果缺铁失绿发生的诱因及对生理失调的影响	1988	中国农业科学院科技进步奖二等奖	周厚基	孙 楚、祁世骧
46	'元帅'苹果花药培养诱导单倍体植株成功	1988	农牧渔业科技成果技术改进奖三等奖	费开伟	薛光荣
47	苹果病虫害综合防治技术研究与应用	1988	辽宁省科技进步奖三等奖	张慈仁	李腾友、窦连登、张互助、于德生、佟万国、方永玮
48	紧凑型梨和无融合生殖苹果矮化砧资源的鉴定及其遗传评价	1989	农业部科技进步奖三等奖	贾敬贤、刘捍中	蒲富慎、任庆棉、陈长兰、陈欣业、纪宝生、刘立军
49	'红香蕉'苹果产地贮藏系列技术	1989	国家科技进步奖三等奖	宋壮兴、李震三、祁寿椿	田 勇、游蕴庄、沈元枫、安秀章、苏胜茂、王春生、宋述香、李子勤、李喜宏、范学通、李建华、刘 勇
50	苹果花药培养技术及八个主栽品种花粉植株培育成功	1989 1991	农业部科技进步奖三等奖 国家科技进步奖三等奖	薛光荣	牛健哲、杨振英、费开伟
51	苹果苗木 GB 9847—1988	1990	国家技术监督局科技进步四等奖	李培华	沈庆法、李子臣、马田发、曲俊瑶、李国栋、杨庆山、李 峰、赵彦卿、臧清秋、刘万春

续表

序号	成果名称	获奖时间(年)	获奖类别	主持人(或第一完成人)	主要参加人员
52	苹果新品种'秋锦'	1990	农业部科技进步奖三等奖	满书铎	牛健哲、蒲富慎、符兆臣、闫佐成、王宇霖、郭兆年、魏振东、何荣汾
53	庭院葡萄开发及配套技术	1990	中国农业科学院科技进步奖二等奖	段修庭、修德仁	周荣光、朱秋英、许桂兰、史光瑚、陈以同、叶金伟、丁小平、张贵岩、王玉珍
54	苹果产地节能贮藏技术研究	1991	中国农业工程设计研究院科技进步奖一等奖	宋壮兴	田勇、张志云、李喜宏、冯晓元、曹恩义、张书伟、姜修成、张岩松
55	强化生物控制效应的苹果病虫综合防治技术	1991	农业部科技进步奖三等奖	张乃鑫	张慈仁、姜元振、王金友、窦连登
56	'新红星'苹果技术开发	1991	农业部科技进步奖三等奖	汪景彦	刘凤之、于洪华、张克俊、李昌怀、王作江、赵敬勤、杜纪壮、冯有才、吴燕民、王有年、张同春、张国岐、朱凤才、杨津梅
57	苹果病毒脱除检测技术新进展与无病毒苗木繁育体系的建立	1991	农业部科技进步奖三等奖	刘福昌	王焕玉、王国平、洪霓、张尊平
58	苹果花芽分化激素调节机理及控制技术	1991 1992	农业部科技进步奖二等奖 国家科技进步奖三等奖	周学明	马焕普、王凤珍、孙希生、李武兴、王春茂
59	果树资源性状鉴定和优异种质筛选	1993 1995	农业部科技进步奖二等奖 国家科技进步奖二等奖	蒲富慎、贾敬贤	孔庆山、陈竹生、张加延、林国阳、林凤起、徐秀容、毕平、郭洪、张育明、王仁梓、曾异冰、周绂、王凤才、贾定贤、黄礼森、刘捍中、王云莲、林盛华、李树玲、任庆棉、米文广、陈长兰、陈素芬、张凤兰、龚欣
60	苹果原生质体再生技术	1994	农业部科技进步奖三等奖	丁爱萍	曹玉芬、王洪范
61	苹果脱病毒、病毒鉴定及繁殖技术	1995	辽宁省科技进步奖二等奖	王国平、洪霓、刘福昌	王焕玉、张尊平、薛光荣、杨振英、户士昌、董雅凤

序号	成果名称	获奖时间（年）	获奖类别	主持人（或第一完成人）	主要参加人员
62	梨品种'锦丰'花药培养首次获得矮化花粉植株	1996	农业部科技进步奖三等奖	薛光荣	杨振英、史永忠、方成泉、贾敬贤
63	我国主栽梨树病毒种类鉴定及脱毒技术	1998	中国农业科学院科技进步奖二等奖	王国平	洪霓、张尊平、薛光荣、董雅凤、王焕玉、张少瑜、于继民、姜修凤、户士昌
64	李属、杏属、树莓属植物染色体研究	2000	中国农业科学院科技进步奖二等奖	林盛华	张加延、方成泉、张冰冰、孟褚源
65	中国主要植物染色体研究	2003	国家自然科学奖二等奖		陈瑞阳、宋文芹、李秀兰、李懋学、林盛华、梁国鲁
66	黄金、丰水梨贮藏保鲜技术	2006	中国农业科学院科学技术成果奖二等奖	王文辉	王志华、孙希生、姜修成、张志云等
67	苹果新品种选育及无公害优质生产关键技术研究与示范	2007	中国农业科学院科学技术成果奖一等奖	程存刚	刘凤之、丛佩华、康国栋、魏长存、仇贵生、聂继云、王强、董丽梅、李成志、马树环、赵旭伟、杨玲、李敏、徐锴
68	苹果新品种选育及无公害生产关键技术研究与推广	2008	辽宁省科技进步奖三等奖 辽宁省成果转化奖三等奖	程存刚	刘凤之、丛佩华、康国栋、魏长存、仇贵生、聂继云、王强、董丽梅、徐广彬、李成志、杨玲、李敏、徐锴
69	梨矮化砧木选育及配套栽培技术示范推广	2008	中国农业科学院科学技术成果奖一等奖 中华农业科技奖三等奖	姜淑苓	贾敬贤、马力、丛佩华、陈长兰、冯霄汉、张红军、张子维、程存刚、张艳珍、龚欣、纪宝生、王斐、王志刚
70	苹果全程质量控制技术标准体系建立与应用	2010	中国农业科学院科学技术成果奖一等奖	聂继云	刘凤之、李莉、冯岩、董雅凤、张尊平、李静、黄毅、丛佩华、王文辉、李海飞、毋永龙、王志华、徐国锋、刘小娟

序号	成果名称	获奖时间（年）	获奖类别	主持人（或第一完成人）	主要参加人员
71	果树盆栽技术研究与产业化示范	2010	中国农业科学院科学技术成果奖二等奖	姜淑苓	丛佩华、程存刚、付占方、李振茹、马　力、张红军、李　敏、方成泉、欧春青、王　斐、王志刚、贾敬贤
72	乔砧苹果树节本省工高效生产关键技术研究与示范	2012	中国农业科学院科学技术成果奖二等奖	程存刚	李　敏、李　壮、赵德英、厉恩茂、徐　锴、张彦昌、袁继存、仇贵生、闫文涛、李成志、武雅娟、吴玉星
73	苹果集约矮化栽培技术研究与示范推广	2019	全国农牧渔业丰收奖成果奖二等奖	程存刚	
74	优质特色梨新品种选育及配套高效栽培技术创建与应用	2019	中国农业科学院科学技术成果奖杰出科技创新奖	姜淑苓	李红旭、欧春青、王　斐、赵明新、方成泉、王　玮、曹素芳、马　力、曹　刚、刘小勇、贾敬贤

（二）审定、登记、备案果树品种

序号	品种名称	树种	证书编号	发证时间	育种人
1	香红	苹果		1987	王宇霖、牛健哲、满书铎、蒲富慎、郭兆年、张顺妮、过国南、符兆臣、潘建裕、何荣汾、魏振东、闫佐成、李献华
2	秋锦	苹果		1988	满书铎、牛健哲、蒲富慎、符兆臣、闫佐成、王宇霖、郭兆年、魏振东、何荣汾
3	锦丰	梨		1969	蒲富慎、徐汉英、贾敬贤、陈欣业、温爱理
			GPD 梨（2019）210011	2019.04.29	中国农业科学院果树研究所
4	早酥	梨		1969	蒲富慎、徐汉英、贾敬贤、陈欣业、温爱理
			GPD 梨（2019）210014	2019.04.29	中国农业科学院果树研究所
5	早香 1 号	梨		1971	蒲富慎、徐汉英、贾敬贤、陈欣业
6	早香 2 号	梨		1971	蒲富慎、徐汉英、贾敬贤、陈欣业
7	兴城红	西瓜		1965	邹祖绅
8	旭东	西瓜		1965	邹祖绅
9	周至红	西瓜		1976	余文炎
10	琼酥	西瓜		1982	余文炎

续表

序 号	品种名称	树 种	证书编号	发证时间	育种人
11	石红一号	西瓜		1987	余文炎、崔海南、高春明、孙瑞星
12	石红二号	西瓜		1987	余文炎、孙瑞星、崔海南、高春明、杨彩梅、李志海
13	华红	苹果		1998	满书铎、牛健哲、丛佩华、秦贺兰、闫佐成
			GPD 苹果（2019）210013	2019.06.20	中国农业科学院果树研究所
14	华酥	梨	辽农审证字第 551 号	1999.11.10	方成泉、陈欣业、林盛华、徐汉英、蒲富慎
			国审果 2002007 号	2002.04.02	方成泉、陈欣业、林盛华、徐汉英、蒲富慎
			GPD 梨（2020）210013	2020.09.30	方成泉、陈欣业、林盛华、徐汉英、蒲富慎、米文广
15	中矮 1 号	梨砧木	辽农审证字第 552 号	1999.11.10	贾敬贤、陈长兰、龚 欣、姜淑苓、丛佩华、纪宝生、马 力
			GPD 梨（2020）210018	2020.09.30	贾敬贤、陈长兰、龚 欣、姜淑苓、马 力
16	华金	苹果	辽登字 035 号	2004.04.26	丛佩华、程存刚、满书铎、王 强、康国栋
			GPD 苹果（2020）210040	2020.09.30	中国农业科学院果树研究所
17	华富	苹果	辽登字 027 号	2004.04.26	杨振英、薛光荣、苏佳明、丛佩华
			GPD 苹果（2020）210027	2020.07.24	中国农业科学院果树研究所
18	中矮 2 号	梨砧木	辽备果［2006］118 号	2007.04.12	姜淑苓、贾敬贤、陈长兰、丛佩华、马 力、方成泉、龚 欣、魏长存、纪宝生
			GPD 梨（2020）210010	2020.07.24	姜淑苓、欧春青、王 斐、陈秋菊、马 力、李连文、贾敬贤
19	华兴	苹果	辽备果［2007］309 号	2008.03.19	丛佩华、程存刚、康国栋、杨振英、王 强、李 敏、杨 玲、张利义、田 义、李武兴、康立群、张士才
			GPD 苹果（2020）210040	2020.09.30	中国农业科学院果树研究所
20	华金	梨	辽备果［2008］323 号	2008.07.23	方成泉、陈欣业、林盛华、徐汉英、李连文、王 斐、王志刚
			GPD 梨（2020）210004	2020.07.24	方成泉、林盛华、李连文、陈欣业、徐汉英、姜淑苓、王 斐、王志刚、樊 丽、董星光
21	早金香	梨	辽备果［2009］325 号	2009.08.25	姜淑苓、贾敬贤、马 力、丛佩华、方成泉、陈长兰、龚 欣、欧春青、王 斐、冯霄汉、王志刚、张艳珍、王西成、宣利利
			京 S-SV-PC-003—2017	2018.02.12	姜淑苓、欧春青、王 斐、马 力、贾敬贤、李振茹、付占国、李 艳、张文江、仇学建、李 刚、佟汉林
			GPD 梨（2020）210014	2020.09.30	姜淑苓、贾敬贤、马 力、丛佩华、方成泉、陈长兰、欧春青、王 斐、冯霄汉、龚 欣、纪宝生、王西成、宣利利

序　号	品种名称	树　种	证书编号	发证时间	育种人
22	华脆	苹果	辽备果〔2009〕322 号	2009.10.15	丛佩华、康国栋、程存刚、王　强、满书铎、杨振英、杨　玲、张利义、田　义、张彩霞、张　宁、李武兴、康立群、张士才
			GPD 苹果（2020）210026	2020.07.24	中国农业科学院果树研究所
23	华月	苹果	辽备果〔2009〕323 号	2009.10.15	杨振英、丛佩华、王　强、薛光荣、张利义、康国栋、杨　玲、田　义、张彩霞、李武兴、康立群、张士才
			GPD 苹果（2019）210012	2019.06.20	中国农业科学院果树研究所
24	华幸	梨	辽备果〔2010〕344 号	2011.03.28	方成泉、姜淑苓、林盛华、王　斐、王志刚、李连文、欧春青、马　力、宣利利、程飞飞
			GPD 梨（2020）210009	2020.07.24	方成泉、姜淑苓、林盛华、王　斐、王志刚、李连文、欧春青、马　力、宣利利、程飞飞
25	中矮 3 号	梨砧木	辽备果〔2010〕345 号	2011.03.28	姜淑苓、贾敬贤、丛佩华、陈长兰、马　力、欧春青、王　斐、王志刚、龚　欣、纪宝生、宣利利、程飞飞
			GPD 梨（2020）210011	2020.09.30	姜淑苓、贾敬贤、欧春青、王　斐、马　力、张艳杰、方　明
26	华葡 1 号	葡萄	辽备果〔2011〕359 号	2012.03.13	刘凤之、王海波、修德仁、王宝亮、王孝娣、何锦兴、魏长存、刘万春、郑晓翠
27	一品丹枫	李	吉登果〔2014〕006 号	2014.01.17	陆致成、李　锋、张艳波、张静茹、赵晨辉、曹希俊、付立中、白　旭、宋宏伟、梁英海、卢明艳、蒋宏伟、李海英
28	华苹	苹果	辽备果〔2013〕001 号	2014.03.13	丛佩华、程存刚、康国栋、王　强、满书铎、杨　玲、张彩霞、张利义、田　义、李武兴、张士才、康立群
			GPD 苹果（2019）210011	2019.06.20	中国农业科学院果树研究所
29	中矮 4 号	梨砧木	辽备果〔2014〕010	2015.03.27	姜淑苓、欧春青、王　斐、贾敬贤、陈长兰、马　力、李连文、李　军、杜天凤、刘丽丹
			GPD 梨（2020）210016	2020.09.30	姜淑苓、欧春青、王　斐、贾敬贤、陈长兰、马　力、张艳杰、方　明、高艳华、秦少春
30	中矮 5 号	梨砧木	辽备果〔2014〕011	2015.03.27	姜淑苓、欧春青、王　斐、贾敬贤、陈长兰、马　力、李连文、李　军、杜天凤、刘丽丹
			GPD 梨（2020）210017	2020.09.30	姜淑苓、欧春青、王　斐、贾敬贤、陈长兰、马　力、张艳杰、方　明、高艳华、秦少春
31	中农寒桃 1 号	桃	辽备果〔2015〕002	2016.04.21	王孝娣、王海波、刘凤之、史祥宾、魏长存、何锦兴、郑晓翠、王宝亮、吴玉星、王志强、刘万春
32	中矮红梨	梨	辽备果〔2015〕008	2016.04.21	姜淑苓、欧春青、王　斐、贾敬贤、陈长兰、马　力、李连文、陈秋菊、吕国华、郝宁宁
			GPD 梨（2020）210008	2020.07.24	姜淑苓、欧春青、王　斐、贾敬贤、马　力、李连文、陈秋菊、吕国华、郝宁宁、陈长兰

序号	品种名称	树种	证书编号	发证时间	育种人
33	中加1号	梨	辽备果〔2015〕009	2016.04.21	姜淑苓、欧春青、王斐、贾敬贤、陈长兰、马力、李连文、陈秋菊、吕国华、郝宁宁
			GPD梨（2020）210015	2020.09.30	姜淑苓、欧春青、王斐、贾敬贤、马力、李连文、陈秋菊、吕国华、郝宁宁、陈长兰
34	华庆	苹果	GPD苹果（2017）210006	2017.12.20	丛佩华、王强、康国栋、张彩霞、张利义、田义、杨玲、韩晓蕾、佟兆国、李武兴、康立群、张士才
35	华香酥	梨	GPD梨（2018）210005	2018.08.30	曹玉芬、田路明、张莹、董星光、霍宏亮、李树玲、黄礼森、赵德英、齐丹、徐家玉、闫帅、王立东
36	华香脆	梨	GPD梨（2019）210006	2019.03.29	曹玉芬、田路明、张莹、董星光、霍宏亮、李树玲、黄礼森、赵德英、齐丹、徐家玉、闫帅、王立东
37	锦香	梨	GPD梨（2019）210010	2019.04.29	中国农业科学院果树研究所
38	五九香	梨	GPD梨（2019）210012	2019.04.29	中国农业科学院果树研究所
39	矮香	梨	GPD梨（2019）210013	2019.04.29	姜淑苓、欧春青、王斐、马力、贾敬贤、陈长兰、秦少春
40	中农寒桃2号	桃	GPD桃（2019）210007	2019.03.29	王孝娣、郑晓翠、王海波、刘凤之、王莹莹、冀晓昊、宋杨、王志强
41	中农寒桃3号	桃	GPD桃〔2019〕210008	2019.03.29	王孝娣、郑晓翠、王海波、刘凤之、王莹莹、冀晓昊、宋杨、王志强
42	中农晚珍珠	桃	GPD桃（2019）210011	2019.04.23	王孝娣、刘立常、郑晓翠、王莹莹、刘志伍、杨科家、许传波
43	中农早珍珠	桃	GPD桃（2019）210012	2019.04.23	王孝娣、刘立常、王莹莹、郑晓翠、刘志伍、杨科家、许传波
44	华葡玫瑰	葡萄	GPD葡萄（2019）210026	2019.03.29	刘凤之、王海波、王宝亮、冀晓昊、王孝娣、史祥宾、郑晓翠、王志强、王小龙、魏长存
45	华葡黑峰	葡萄	GPD葡萄（2019）210027	2019.03.29	刘凤之、王海波、王宝亮、冀晓昊、王孝娣、史祥宾、郑晓翠、王志强、王小龙、魏长存
46	华葡翠玉	葡萄	GPD葡萄（2019）210028	2019.03.29	刘凤之、王海波、王宝亮、冀晓昊、王孝娣、史祥宾、郑晓翠、王志强、王小龙、魏长存
47	华葡紫峰	葡萄	GPD葡萄（2019）210029	2019.03.29	刘凤之、王海波、王宝亮、冀晓昊、王孝娣、史祥宾、郑晓翠、王志强、王小龙、魏长存
48	华妃	苹果	GPD苹果（2020）210021	2020.07.24	王强、丛佩华、张彩霞、张利义、杨玲、韩晓蕾、李武兴、田义、康立群、张士才
49	华蜜	苹果	GPD苹果（2020）210022	2020.07.24	王强、丛佩华、张彩霞、张利义、杨玲、韩晓蕾、李武兴、田义、康立群、张士才
50	华红2号	苹果	GPD苹果（2020）210028	2020.07.24	王强、丛佩华、张彩霞、张利义、杨玲、韩晓蕾、李武兴、田义、康立群、张士才
51	紫珀	苹果	GPD苹果（2020）210029	2020.07.24	王昆、高源、王大江、刘立军、李连文、朴继成
52	紫丰	苹果	GPD苹果（2020）210034	2020.07.24	王昆、高源、王大江、刘立军、李连文、朴继成

序 号	品种名称	树 种	证书编号	发证时间	育种人
53	紫丽	苹果	GPD 苹果（2020）210035	2020.07.24	王 昆、高 源、王大江、刘立军、李连文、朴继成
54	紫艳	苹果	GPD 苹果（2020）210036	2020.07.24	王 昆、高 源、王大江、刘立军、李连文、朴继成
55	绮簇山梨	梨	GPD 梨（2020）210001	2020.04.09	张 莹、曹玉芬、田路明、董星光、霍宏亮、齐 丹、徐家玉、刘 超、王立东
56	繁花山梨	梨	GPD 梨（2020）210002	2020.04.09	曹玉芬、张 莹、田路明、董星光、霍宏亮、齐 丹、徐家玉、刘 超、王立东
57	晚脆香	梨	GPD 梨（2020）210005	2020.07.24	姜淑苓、王 斐、欧春青、马 力、张艳杰、方 明、贾敬贤
58	华艳	梨	GPD 梨（2020）210006	2020.07.24	王 斐、姜淑苓、方成泉、欧春青、马 力、张艳杰、方 明、李连文
59	华蜜	梨	GPD 梨（2020）210007	2020.07.24	王 斐、姜淑苓、方成泉、欧春青、马 力、张艳杰、方 明、李连文
60	锦矮1号	梨	GPD 梨（2020）210020	2020.09.30	姜淑苓、欧春青、王 斐、张艳杰、方 明、马 力、王德元
61	锦酥脆	梨	GPD 梨（2020）210019	2020.09.30	姜淑苓、王 斐、欧春青、张艳杰、方 明、马 力、王德元
62	华秋	梨	GPD 梨（2020）210012	2020.09.30	姜淑苓、王 斐、欧春青、马 力、张艳杰、方 明
63	中农寒桃9号	桃	GPD 桃（2020）210006	2020.09.30	王莹莹、王孝娣、王志强、张艺灿、宋 杨
64	中农寒桃7号	桃	GPD 桃（2020）210007	2020.09.30	王孝娣、王莹莹、史祥宾、冀晓昊、刘红弟
65	中农寒桃6号	桃	GPD 桃（2020）210008	2020.09.30	王孝娣、王莹莹、王宝亮、王小龙、张艺灿
66	中农寒桃4号	桃	GPD 桃（2020）210009	2020.09.30	王莹莹、王孝娣、冀晓昊、宋杨、王志强
67	中农寒香蜜	桃	GPD 桃（2020）210010	2020.09.30	王孝娣、王莹莹、王海波、刘凤之、史祥宾
68	中农寒蜜	桃	GPD 桃（2020）210011	2020.09.30	王莹莹、王孝娣、王海波、刘凤之、史祥宾
69	华葡瑰香	葡萄	GPD 葡萄（2020）210044	2020.09.30	刘凤之、王海波、王宝亮、冀晓昊、王孝娣、史祥宾、王志强、王小龙
70	华葡黄玉	葡萄	GPD 葡萄（2020）210043	2020.09.30	刘凤之、王海波、王宝亮、冀晓昊、王孝娣、史祥宾、王志强、王小龙
71	华葡早玉	葡萄	GPD 葡萄（2020）210045	2020.09.30	刘凤之、王海波、王宝亮、冀晓昊、王孝娣、史祥宾、王志强、王小龙
72	玉翠香	梨	GPD 梨（2020）210037	2020.11.12	曹玉芬、董星光、张 莹、田路明、霍宏亮、赵德英、齐 丹、徐家玉、刘 超、闫 帅、王立东
73	中香2号	梨	GPD 梨（2020）210033	2020.11.12	曹玉芬、张 莹、田路明、董星光、霍宏亮、赵德英、齐 丹、徐家玉、刘 超、闫 帅、王立东

续表

序　号	品种名称	树　种	证书编号	发证时间	育种人
74	中香1号	梨	GPD 梨（2020）210036	2020.11.12	曹玉芬、田路明、张　莹、董星光、霍宏亮、赵德英、齐　丹、徐家玉、刘　超、闫　帅、王立东
75	桔蜜	梨	GPD 梨（2020）210028	2020.11.12	中国农业科学院果树研究所
76	早香2号	梨	GPD 梨（2020）210030	2020.11.12	中国农业科学院果树研究所
77	早香1号	梨	GPD 梨（2020）210031	2020.11.12	中国农业科学院果树研究所
78	柠檬黄	梨	GPD 梨（2020）210032	2020.11.12	中国农业科学院果树研究所
79	锦缎山梨	梨	GPD 梨（2020）210034	2020.11.12	张　莹、曹玉芬、田路明、董星光、霍宏亮、赵德英、齐　丹、徐家玉、刘　超、王立东
80	蓓蕾山梨	梨	GPD 梨（2020）210035	2020.11.12	曹玉芬、张　莹、田路明、董星光、霍宏亮、赵德英、齐　丹、徐家玉、刘　超、王立东
81	脆丰	梨	GPD 梨（2020）210029	2020.11.12	中国农业科学院果树研究所
82	紫巍	苹果	GPD 苹果（2020）210056	2020.11.12	王　昆、肖艳宏、高　源、王大江、李连文
83	紫辰	苹果	GPD 苹果（2020）210055	2020.11.12	王　昆、肖艳宏、高　源、王大江、李连文
84	兴宝	苹果	GPD 苹果（2020）210041	2020.11.12	王大江、王　昆、高源、刘立军、李连文、朴继成
85	兴翠	苹果	GPD 苹果（2020）210042	2020.11.12	王大江、高　源、刘亭亭、王　昆、刘立军、李连文、朴继成
86	兴蜜	苹果	GPD 苹果（2020）210043	2020.11.12	王大江、高　源、刘亭亭、王　昆、刘立军、李连文、朴继成
87	兴霞	苹果	GPD 苹果（2020）210057	2020.11.12	王大江、王　昆、高　源、刘立军、李连文、朴继成
88	兴艳	苹果	GPD 苹果（2020）210044	2020.11.12	王大江、高　源、刘亭亭、王　昆、刘立军、李连文、朴继成
89	金香玉	苹果	GPD 苹果（2020）210045	2020.11.12	高　源、王　昆、王大江、刘立军、李连文、朴继成
90	金晚蜜	苹果	GPD 苹果（2020）210046	2020.11.12	高　源、王　昆、王大江、刘立军、李连文、朴继成
91	金紫	苹果	GPD 苹果（2020）210047	2020.11.12	高　源、王　昆、王大江、刘立军、李连文、朴继成
92	金丹	苹果	GPD 苹果（2020）210048	2020.11.12	高　源、王　昆、王大江、刘立军、李连文、朴继成
93	金翠	苹果	GPD 苹果（2020）210049	2020.11.12	高　源、王　昆、王大江、刘立军、李连文、朴继成
94	金艳	苹果	GPD 苹果（2020）210050	2020.11.12	高　源、王　昆、王大江、刘立军、李连文、朴继成

续表

序　号	品种名称	树　种	证书编号	发证时间	育种人
95	金铃	苹果	GPD 苹果（2020）210053	2020.11.12	高　源、王　昆、王大江、刘立军、李连文、朴继成
96	向红艳	苹果	GPD 苹果（2020）210054	2020.11.12	高　源、王　昆、王大江、刘立军、李连文、朴继成
97	兴早红	苹果	GPD 苹果（2020）210051	2020.11.12	王大江、王　昆、高　源、刘立军、李连文、朴继成
98	兴丽	苹果	GPD 苹果（2020）210052	2020.11.12	王大江、王　昆、高　源、刘立军、李连文、朴继成

（三）发明专利

序　号	专利名称	专利号	公告日期	专利权人	主要完成人
1	'寒富'苹果花药培养植株的方法	ZL200710158913.6	2011.05.04	中国农业科学院果树研究所	杨振英、丛佩华、王　强、薛光荣、张利义、李武兴、康国栋、田　义、杨　玲
2	桃带叶强迫休眠栽培方法	ZL200910220557.8	2012.05.30	中国农业科学院果树研究所	王海波、刘凤之、王孝娣、王宝亮、程存刚、魏长存、何锦兴、刘万春
3	含硒、锌或钙的果品叶面肥	ZL201010199145.0	2013.03.20	中国农业科学院果树研究所	王海波、刘凤之、王孝娣、王宝亮、程存刚、魏长存、何锦兴、刘万春
4	一种苹果种质资源条形码标识的制备方法	ZL201210094690.2	2014.04.23	中国农业科学院果树研究所	高　源、王　昆、龚　欣、刘立军、王大江、刘凤之
5	开沟施肥搅拌回填机	ZL201210339145.5	2014.09.24	中国农业科学院果树研究所、高密益丰机械有限公司	王海波、郝志强、刘凤之、王孝娣、张敬国、徐翠云、张成福、徐　勇
6	一种生物发酵氨基酸葡萄叶面肥	ZL201310608398.2	2015.03.04	中国农业科学院果树研究所	王海波、刘凤之、王孝娣、王宝亮、魏长存、何锦兴、刘万春
7	一种提取苹果属植物树皮组织全蛋白的方法	ZL201310088899.2	2016.05.25	中国农业科学院果树研究所	张彩霞、丛佩华、张利义、康国栋、田　义、王　强、杨　玲
8	一种利用双层平棚架栽植斜干水平龙干形葡萄的方法	ZL201510291308.0	2017.05.24	中国农业科学院果树研究所	王海波、刘凤之、史祥宾、王孝娣、魏长存、王宝亮
9	一种基于嵌入式物联网网关的农业大棚室内环境监控系统	ZL201510917661.5	2018.10.16	中国农业科学院果树研究所清华大学	赵千川、侯　琛、王海波、刘凤之、史祥宾
10	一种高干 Y 形双主干树形栽培桃的方法	ZL201810030603.4	2019.09.07	中国农业科学院果树研究所	王孝娣、王海波、刘凤之、郑晓翠、宋　杨
11	一种利用倾斜或水平龙干树形配合 V 形叶幕设施葡萄的栽植方法	ZL201610299845.4	2019.10.08	中国农业科学院果树研究所	王海波、刘凤之、史祥宾、王孝娣、魏长存、王宝亮

续表

序　号	专利名称	专利号	公告日期	专利权人	主要完成人
12	一种苹果抗重茬病的栽植方法	ZL201611100293.6	2019.11.01	中国农业科学院果树研究所、北京禾盛绿源科贸有限公司	王海波、刘凤之、王孝娣、施恢刚、史祥宾、程存刚、王宝亮、郑晓翠、冀晓昊
13	一种简化的蓝莓果实总 DNA 提取方法	ZL201711105958.7	2020.05.12	中国农业科学院果树研究所	宋　杨、刘凤之、张红军、王海波、刘红弟
14	一种确定果树配方肥配方的方法	ZL201710052213.2	2020.06.05	中国农业科学院果树研究所	王海波、刘凤之、王孝娣、史祥宾、冀晓昊、王宝亮、王志强、郑晓翠、魏长存、何锦兴、刘万春
15	拮抗梨果病害的解淀粉芽孢杆菌 L-1 及其应用	ZL201710632072.1	2020.09.01	中国农业科学院果树研究所	孙平平、崔建潮、贾晓辉、王文辉

（四）植物新品种权

序　号	品种名称	树　种	品种权号	品种权授权日	培育人
1	华酥	梨	CNA20020025.9	2003.07.01	方成泉、陈欣业、林盛华　徐汉英、蒲富慎
2	华金	梨	CNA20020026.7	2003.07.01	方成泉、陈欣业、林盛华、徐汉英、李连文
3	锦香	梨	CNA20020029.1	2003.07.01	蒲富慎、方成泉、陈欣业、贾敬贤、徐汉英
4	中矮 1 号	梨砧木	CNA20020027.5	2003.07.01	贾敬贤、陈长兰、龚　欣、姜淑苓、马　力
5	苹优 1 号	苹果	CNA20150526.4	2017.05.01	张彩霞、田　义、康国栋、丛佩华、张利义、王　强、杨　玲、李武兴、康立群、张士才
6	中矮 2 号	梨砧木	CNA20151965.0	2018.04.23	姜淑苓、欧春青、王　斐、陈秋菊、马　力、李连文、贾敬贤
7	早金香	梨	CNA20151964.1	2018.04.23	姜淑苓、王　斐、欧春青、陈秋菊、马　力、李连文、贾敬贤
8	中矮红梨	梨	CNA20182602.4	2020.7.27	姜淑苓、欧春青、王　斐、马　力、张艳杰、贾敬贤
9	中加 1 号	梨	CNA20182586.4	2020.7.27	姜淑苓、欧春青、王　斐、马　力、张艳杰、贾敬贤

（五）标准

序　号	标准名称	标准类别	标准编号	主要起草人
1	桃小食心虫的防治标准	国家标准	GB 8288—1987	姜元振
2	苹果无病毒苗木繁育规程	农业行业标准	NY/T 328—1997	王国平、马宝焜、史光瑚、孔庆信、孙守友、洪　霓
3	苹果无病毒苗木	农业行业标准	NY 329—1997	王国平、马宝焜、史光瑚、孔庆信、孙守友、洪　霓
4	梨生产技术规程	农业行业标准	NY/T 442—2001	窦连登、张红军、聂继云、张桂芬、李明强、杨振锋、刘凤之

序　号	标准名称	标准类别	标准编号	主要起草人
5	苹果生产技术规程	农业行业标准	NY/T 441—2001	聂继云、李　静、窦连登、李明强、马智勇、康艳玲、刘凤之
6	无公害食品　苹果	农业行业标准	NY 5011—2001	聂继云、陆致成、丛佩华、刘凤之、杨振锋、张桂芬、孔庆信、冯建国
7	无公害食品　苹果生产技术规程	农业行业标准	NY/T 5012—2002	刘凤之、王伟东、程存刚、聂继云、周宗山、仇贵生、孔庆信、苏桂林、冯明祥
8	无公害食品　梨生产技术规程	农业行业标准	NY/T 5012—2002	丛佩华、刘凤之、方成泉、程存刚、仇贵生、康国栋、洪玉梅、翟　衡、杨洪强
9	无公害食品　梨	农业行业标准	NY 5100—2002	聂继云、李建国、李　静、杨振锋、张红军、段小娜、曹玉芬、方金豹、俞　宏
10	苹果苗木	国家标准	GB 9847—2003	聂继云、陆致成、丛佩华、窦连登、李　静、刘凤之、马智勇、张红军、段小娜
11	无公害食品　柿	农业行业标准	NY 5241—2004	丛佩华、聂继云、杨振锋、李　静、董雅凤、张红军、孙希生、马智勇、康艳玲
12	植物新品种特异性、一致性和稳定性测试指南　李	国家标准	GB/T 19557.8—2004	张静茹、王汝锋、陆致成、陈如明、巩文红、李志强、郁香荷、李　莹、刘　宁
13	苹果贮运技术规范	农业行业标准	NY/T 983—2006	孙希生、乔　东、王文辉、邓　勇、王志华、李志强、徐培湖
14	无公害食品　仁果类水果	农业行业标准	NY 5011—2006	丛佩华、聂继云、杨振锋、李　静、王孝娣、李海飞、张红军
15	加工用苹果	农业行业标准	NY/T 1072—2006	聂继云、丛佩华、刘凤之、李　静、张红军、董雅凤、李明强、张桂芬
16	苹果苗木繁育技术规程	农业行业标准	NY/T 1085—2006	聂继云、丛佩华、刘凤之、杨振锋、李　静、李明强、张桂芬、马智勇、康艳玲
17	苹果无病毒母本树和苗木	农业行业标准	NY 329—2006	张尊平、董雅凤、丛佩华、聂继云、周宗山、杨俊玲、何　峻、张少瑜
18	苹果采摘技术规范	农业行业标准	NY/T 1086—2006	孙希生、丛佩华、王志华、王文辉、聂继云、李　静、刘凤之、李江阔、佟　伟
19	苹果采摘技术规范	农业行业标准	NY/T 1086—2006	孙希生、丛佩华、王志华、王文辉、聂继云、李　静、刘凤之、李江阔、佟　伟
20	梨贮运技术规范	农业行业标准	NY/T 1198—2006	孙希生、乔　东、王文辉、邓　勇、李志强、王志华、王之佐、徐培湖
21	农作物种质资源鉴定技术规程　苹果	农业行业标准	NY/T 1318—2007	刘凤之、王　昆、曹玉芬、张冰冰、宋宏伟、仇贵生、龚　欣、马智勇、刘立军、吴玉星
22	农作物种质资源鉴定技术规程　梨	农业行业标准	NY/T 1307—2007	曹玉芬、刘凤之、胡红菊、王　昆、仇贵生、马智勇、高　源、钱永忠
23	梨果肉中石细胞含量的测定　重量法	农业行业标准	NY/T 1388—2007	聂继云、丛佩华、杨振锋、李　静、张红军、李海飞、王孝娣、曹玉芬、李明强
24	苹果无病毒母本树和苗木检疫规程	国家标准	GB/T 12943—2007	董雅凤、张尊平、刘凤之、王福祥、周宗山、杨俊玲、蔡　明、吴立峰、何　峻

序　号	标准名称	标准类别	标准编号	主要起草人
25	水果、蔬菜及其制品中单宁含量的测定　分光光度法	农业行业标准	NY/T 1600—2008	聂继云、李　静、沈贵银、杨振锋、王孝娣、李海飞、王祯旭
26	水果中辛硫磷残留量的测定　气相色谱法	农业行业标准	NY/T 1601—2008	聂继云、李　静、沈贵银、徐国锋、李海飞、毋永龙、王祯旭
27	水果中总膳食纤维的测定　非酶-重量法	农业行业标准	NY/T 1594—2008	聂继云、王孝娣、沈贵银、毋永龙、杨振锋、李　静、徐国锋
28	葡萄无病毒母本树和苗木	农业行业标准	NY/T 1843—2010	张尊平、董雅凤、丛佩华、聂继云、周宗山、杨俊玲、何　峻、张少瑜
29	草莓等级规格	农业行业标准	NY/T 1789—2009	聂继云、董雅凤、李　静、王孝娣、毋永龙、李海飞、徐国锋
30	新鲜水果包装标识　通则	农业行业标准	NY/T 1778—2009	聂继云、毋永龙、李　静、王孝娣、徐国锋、李海飞
31	仁果类水果良好农业规范	农业行业标准	NY/T 1995—2011	聂继云、李海飞、李　静、徐国锋、毋永龙、李志霞、覃　兴
32	农作物优异种质资源评价规范　梨	农业行业标准	NY/T 2032—2011	曹玉芬、胡红菊、江用文、田路明、田　瑞、董星光、杨晓平、熊兴平
33	农作物优异种质资源评价规范　苹果	农业行业标准	NY/T 2029—2011	王　昆、刘凤之、江用文、张冰冰、熊兴平、高　源、宋宏伟、龚　欣、刘立军
34	梨主要病虫害防治技术规程	农业行业标准	NY/T 2157—2012	仇贵生、张怀江、周宗山、吴玉星、董雅凤、闫文涛、迟福梅、徐成楠、岳　强
35	苹果病毒检测技术规范	农业行业标准	NY/T 2281—2012	董雅凤、张尊平、范旭东、任　芳、聂继云
36	梨无病毒母本树和苗木	农业行业标准	NY/T 2282—2012	张尊平、董雅凤、范旭东、任　芳、聂继云
37	苹果高接换种技术规范	农业行业标准	NY/T 2305—2013	聂继云、宣景宏、李志霞、崔野韩、李海飞、李　静、徐国锋、闫　震、王　艳、李　军、周先学
38	苹果品质指标评价规范	农业行业标准	NY/T 2316—2013	聂继云、毕金峰、崔野韩、王　艳、王　昆、李志霞、徐国锋、毋永龙、李海飞、李　静、吴　锡、刘　璇
39	葡萄苗木繁育技术规程	农业行业标准	NY/T 2379—2013	李　静、聂继云、毋永龙、李海飞、徐国锋、李志霞
40	苹果主要病虫害防治技术规程	农业行业标准	NY/T 2384—2013	聂继云、李海飞、毋永龙、宣景宏、李　静、徐国峰、李志霞
41	加工用苹果	农业行业标准	NY/T 1072—2013	聂继云、张尊平、毕金峰、崔野韩、毋永龙、李海飞、徐国锋、李志霞、李　静、闫　震、覃　兴、刘　璇
42	梨生产技术规程	农业行业标准	NY/T 442—2013	聂继云、李志霞、毋永龙、徐国锋、李　静、李海飞、覃　兴
43	苹果生产技术规程	农业行业标准	NY/T 441—2013	聂继云、崔野韩、李　静、李海飞、李志霞、宣景宏、王　艳、徐国锋、毋永龙、覃　兴、孙喜臣

序 号	标准名称	标准类别	标准编号	主要起草人
44	葡萄苗木脱毒技术规范	农业行业标准	NY/T 2378—2013	董雅凤、张尊平、范旭东、任 芳、刘凤之、聂继云
45	葡萄病毒检测技术规范	农业行业标准	NY/T 2377—2013	董雅凤、张尊平、范旭东、任 芳、刘凤之、聂继云
46	水果和蔬菜可溶性固形物含量的测定 折射仪法	农业行业标准	NY/T 2637—2014	聂继云、李 静、徐国锋、李海飞、毋永龙、李志霞、闫 震、匡立学
47	温带水果分类和编码	农业行业标准	NY/T 2636—2014	聂继云、李志霞、李 静、毋永龙、李海飞、闫 震、宣景宏
48	仁果类水果中类黄酮的测定 液相色谱法	农业行业标准	NY/T 2741—2015	李 静、聂继云、李志霞、李海飞、徐国锋、闫 震、匡立学、毋永龙
49	水果及制品中可溶性糖的测定 3,5 二硝基水杨酸比色法	农业行业标准	NY/T 2742—2015	聂继云、李志霞、匡立学、李 静、李海飞、徐国锋、闫 震
50	苹果苗木脱毒技术规范	农业行业标准	NY/T 2719—2015	董雅凤、张尊平、胡国君、范旭东、任 芳、宣景宏、周 俊
51	梨苗木繁育技术规程	农业行业标准	NY/T 2681—2015	姜淑苓、王 斐、欧春青、李 静、马 力、李连文
52	葡萄埋藤机质量评价技术规范	农业行业标准	NY/T 2904—2016	郝志强、王海波、刘凤之、王志强、翟 衡、王孝娣、张敬国
53	梨高接换种技术规程	农业行业标准	NY/T3028—2016	李志霞、聂继云、宋国柱、宣景宏、闫 震、李 静、匡立学
54	苹果种质资源描述规范	农业行业标准	NY/T2921—2016	王 昆、高 源、江用文、熊兴平、王大江、龚 欣、刘立军、赵继荣、刘凤之
55	梨种质资源描述规范	行业标准	NY/T 2922—2016	曹玉芬、田路明、熊兴平、董星光、江用文、张 莹、齐 丹、霍宏亮
56	现代果园土壤培肥技术规程	地方标准	DB21/T 2799—2017	赵德英
57	梨乔砧密植栽培技术规程	地方标准	DB21/T 2798—2017	徐 锴
58	矮化中间砧苹果密植栽培技术规程	地方标准	DB21/T 2797—2017	袁继存
59	水果、蔬菜及其制品中叶绿素含量的测定 分光光度法	行业标准	NY/T 3082—2017	聂继云、闫 震、程 杨、关棣锴、李志霞
60	梨冷冻贮藏技术规程	地方标准	DB21/T 3023—2018	贾晓辉
61	花盖梨贮运技术规程	地方标准	DB21/T 3022—2018	贾晓辉
62	加工用梨	行业标准	NY/T 3289—2018	李志霞、聂继云、闫 震、李 静、程 杨、匡立学、沈友明、李银萍
63	水果、蔬菜及其制品中酚酸含量的测定 液质联用法	行业标准	NY/T 3290—2018	聂继云、李 静、冯晓元、王 蒙、闫 震、高 媛、李志霞、李海飞、匡立学、王 瑶

续表

序号	标准名称	标准类别	标准编号	主要起草人
64	葡萄无病毒苗木繁育技术规范	行业标准	NY/T 3303—2018	董雅凤、范旭东、张尊平、任 芳、胡国君、李正男
65	植物品种特异性、一致性和稳定性测试指南 梨	国家标准	GB/T 19557.30—2018	王 斐、方成泉、王凤华、姜淑苓、欧春青、林盛华、周海涛、郝彩环、徐 岩、唐 浩、陈秋菊、马 力
66	苹果腐烂病抗性鉴定技术规程	行业标准	NY/T3344—2019	周宗山、徐成楠、冀志蕊、迟福梅、张俊祥、王 娜、乔 壮
67	梨黑星病抗性鉴定技术规程	行业标准	NY/T 3345—2019	董星光、曹玉芬、周宗山、田路明、张 莹、齐 丹、霍宏亮、徐家玉
68	苹果树主要害虫调查方法	行业标准	NY/T 3417—2019	仇贵生、张怀江、闫文涛、岳 强、陈汉杰、张金勇、涂洪涛、孙丽娜、李艳艳、杨清坡
69	葡萄病虫害防治技术规程	行业标准	NY/T 3413—2019	张怀江、仇贵生、闫文涛、周宗山、王忠跃、岳 强、孙丽娜、李艳艳、杨清坡
70	设施葡萄栽培技术规程	行业标准	NY/T 3628—2020	刘凤之、王海波、王孝娣、王 强、史祥宾、赵学平、冀晓昊、王宝亮、王志强、王小龙、徐明飞、魏灵珠、杨桂玲
71	秋子梨品质评价规范	地方标准	DB21/T 3248—2020	董星光、曹玉芬、张 莹、田路明、周腰华、齐 丹、霍宏亮、徐家玉
72	设施蓝莓栽培技术规程	地方标准	DB21/T 3249—2020	宋 杨、高建华、高 鲲、迟福梅、刘 成、张红军、刘红弟、芦维丰、姜厚智、王 珍、李锦霞、卢秉文、曲远富、李素军、韩 冰
73	鲜食葡萄轻简化生产技术规程	地方标准	DB21/T 3246—2020	王海波、刘凤之、王孝娣、史祥宾、冀晓昊、王小龙、王志强、王宝亮、王 静
74	锦丰梨生产技术规程	地方标准	DB21/T 3247—2020	姜淑苓、王 斐、欧春青、张艳杰、方 明、马 力、毋永龙、刘振杰、张 娜、陶姝宇
75	乔木类果树有机肥施用技术规程	地方标准	DB21/T 3263—2020	李 壮、程存刚、李燕青、刘布春、刘 园、张红艳、杜 岩、厉恩茂、陈艳辉、周江涛
76	葡萄扇叶病毒的定性检测 实时荧光 PCR 法	行业标准	NY/T 3785—2020	范旭东、董雅凤、张尊平、任 芳、胡国君
77	水果中黄酮醇的测定 液相色谱 - 质谱联用法	行业标准	NY/T 3548—2020	聂继云、李 静、张海平、张建一、闫 震、李银萍

（六）著作

序号	著作名称	出版社	出版年	主 编
1	苹果锈果病	科学出版社	1957	刘福昌、陈汝芬、陈延熙
2	东北农作物病虫害防治工作手册	辽宁人民出版社	1958	
3	苹果、梨、葡萄病虫害及其防治	农业出版社	1959	中国农业科学院果树研究所
4	中国果树病虫志	农业出版社	1960	中国农业科学院果树研究所
5	东北的梨	上海科技出版社	1961	蒲富慎、王宇霖
6	中国果树志 梨（第三卷）	上海科学技术出版社	1963	中国农业科学院果树研究所

续表

序　号	著作名称	出版社	出版年	主　编
7	苹果树的整形修剪	科学出版社	1972	汪景彦
8	苹果梨病虫害防治	农业出版社	1975	陕西省果树所
9	苹果的芽变选种	陕西人民出版社	1977	陕西省果树所贾定贤执笔
10	中国农作物病虫害防治（上下册）——落叶果树病虫害	中国农业出版社	1979	姜元振
11	乔砧苹果密植栽培	陕西人民出版社	1979	汪景彦
12	果树整形修剪	陕西科学技术出版社	1980	汪景彦
13	苹果、梨育种进展	农业出版社	1981	蒲富慎
14	苹果集约栽培基础	农业出版社	1981	蒲富慎
15	果树三百题	陕西科学技术出版社	1981	汪景彦
16	果树营养诊断法	农业出版社	1982	仝月澳、周厚基
17	西瓜	辽宁科学技术出版社	1984	牟哲生、夏锡桐
18	中国农作物病虫图谱，第十分册：落叶果树病虫	农业出版社	1986	中国农业科学院果树研究所
19	北方果树修剪技术问答	农业出版社	1987	汪景彦
20	新红星苹果	农业出版社	1987	汪景彦
21	果树顾问	陕西科学技术出版社	1987	汪景彦
22	苹果短枝型研究	中国农业科技出版社	1988	汪景彦
23	苹果矮化密植	中国农业科技出版社	1988	汪景彦
24	瓜类栽培技术	辽宁科学技术出版社	1988	牟哲生、邬树桐、赵耀秋
25	果树树形及整形技术	农业出版社	1989	汪景彦
26	苹果和梨优质高产栽培技术	金盾出版社	1989	李培华
27	梨品种	农业出版社	1989	蒲富慎、黄礼森、孙秉钧、李树玲
28	果树种质资源描述符	农业出版社	1990	蒲富慎等
29	苹果短枝型品种与丰产栽培技术	农业出版社	1990	汪景彦
30	苹果、梨、桃、葡萄病虫害防治手册	金盾出版社	1990	王金友、姜元振
31	苹果梨桃葡萄栽培管理十二个月	农业出版社	1991	董启凤
32	密植果树修剪技术	农业出版社	1991	[苏]切列巴斯　著、汪景彦　译
33	果园霜冻	农业出版社	1991	[苏]康斯坦丁诺夫　著、汪景彦　译
34	近暖地苹果栽培	农业出版社	1991	周厚基
35	果品食疗	科学普及出版社	1991	汪景彦
36	实用果树整形修剪系列图解——苹果	陕西科学技术出版社	1991	汪景彦
37	苹果生产技术知识集锦	农业出版社	1992	汪景彦

续表

序 号	著作名称	出版社	出版年	主 编
38	中国果树病虫志（第二版）	中国农业出版社	1992	中国农业科学院果树研究所、中国农业科学院柑桔研究所
39	苹果病虫害防治	金盾出版社	1992	王金友
40	苹果新品种及其栽培要点	陕西科学技术出版社	1992	汪景彦
41	苹果栽培与病虫害防治	农业出版社	1992	汪景彦
42	西瓜栽培	辽宁科学技术出版社	1992	牟哲生
43	苹果、梨、桃、葡萄、草莓优良新品种	农业出版社	1992	贾定贤
44	苹果葡萄草莓病毒病与无病毒栽培	农业出版社	1993	王国平等
45	中国农业百科全书（果树卷）之《果品贮藏和加工》	农业出版社	1993	
46	果树种质资源目录　第一集	中国农业出版社	1993	贾敬贤
47	苹果、梨整形修剪	上海科学技术出版社	1993	汪景彦
48	苹果优质丰产技术问答	科学普及出版社	1993	董启凤
49	实用苹果整形修剪技术图解	农业出版社	1993	汪景彦
50	苹果树合理整形修剪图集	金盾出版社	1993	汪景彦
51	现代苹果整形修剪技术图解	中国林业出版社	1993	汪景彦
52	苹果优良品种及其丰产优质栽培技术	中国林业出版社	1993	汪景彦
53	苹果优质丰产栽培技术	农业出版社	1993	汪景彦
54	红富士苹果高产栽培	金盾出版社	1993	汪景彦
55	果园农药使用指南	金盾出版社	1993	姜元振、王金友
56	梨树病虫害防治	金盾出版社	1993	王金友、姜元振
57	中国农业百科全书·果树卷	农业出版社	1993	蒲富慎等
58	果树生产新技术	山西科学技术出版社	1994	汪景彦
59	苹果病毒病防治	金盾出版社	1994	王国平
60	落叶果树病害原色图谱	金盾出版社	1994	王金友、李知行
61	落叶果树害虫原色图谱	金盾出版社	1994	冯明祥、窦连登
62	实用果树整形修剪系列图解——梨、山楂、桃、葡萄	陕西科学技术出版社	1994	汪景彦
63	红富士苹果规范化栽培技术	气象出版社	1994	汪景彦
64	梨树主要害虫防治	辽宁科学技术出版社	1995	周玉书、刘 兵
65	梨树矮化密植栽培	金盾出版社	1995	贾敬贤
66	苹果主要害虫防治	辽宁科学技术出版社	1995	刘 兵、朴春树
67	果农生产技术咨询 800 问	中国农业出版社	1995	汪景彦
68	果品食疗与健康	中国农业出版社	1995	汪景彦
69	苹果生产上存在的问题及对策	中国林业出版社	1996	汪景彦
70	苹果看图治虫	中国农业出版社	1996	汪景彦

序　号	著作名称	出版社	出版年	主　编
71	红富士苹果生产关键技术	金盾出版社	1996	汪景彦
72	短枝型红富士苹果高产栽培	陕西科学技术出版社	1997	汪景彦
73	果树育种方法	中国林业出版社	1997	沈　隽、蒲富慎
74	果树种质资源目录　第二集	中国农业出版社	1998	贾敬贤
75	苹果产地贮藏保鲜与加工技术	中原农民出版社	1998	田　勇
76	中国果树实用新技术大全·落叶果树卷	中国农业科技出版社	1998	董启凤等
77	中国果树志·苹果卷	中国农业科技出版社、中国林业出版社	1999	陆秋农、贾定贤
78	西瓜甜瓜高产栽培技术	沈阳出版社	1999	牟哲生等
79	北方果树早熟品种与丰产栽培技术	中国农业出版社	1999	汪景彦
80	图说红富士苹果整形修剪技术	中国农业出版社	1999	汪景彦
81	果树新品种新技术	中国林业出版社	2000	汪景彦
82	棚室果树生产技术	中国劳动社会保障出版社	2000	汪景彦
83	梨优质高效栽培技术	中国农业科技出版社	2001	贾敬贤、曹玉芬、姜淑苓
84	蔬菜嫁接栽培新技术	江西科学技术出版社	2001	牟哲生等
85	中国果树病毒病原色图谱	金盾出版社	2001	王国平
86	红地球葡萄优质栽培与贮运保鲜	中原农民出版社	2001	田　勇
87	各类苹果园管理技术	中国林业出版社	2001	汪景彦
88	苹果优质高产栽培技术	中国农业科技出版社	2001	刘凤之
89	苹果优质生产入门到精通	中国农业出版社	2001	汪景彦
90	走进园艺世界	山东友谊出版社	2001	贾定贤、祝　旅等
91	现代果业生产与营销	中国书籍出版社	2001	汪景彦
92	优质红富士苹果栽培与贮运技术	中国农业出版社	2002	汪景彦
93	葡萄优质高效栽培	金盾出版社	2002	刘捍中、刘凤之
94	果树无病毒苗木繁育与栽培	金盾出版社	2002	王国平、刘福昌
95	观赏果树及实用栽培技术	金盾出版社	2003	贾敬贤
96	果品采后处理及贮运保鲜	金盾出版社	2003	王文辉、许步前
97	仁果类（苹果、梨）名特优新果品产销指南	中国农业出版社	2003	汪景彦
98	苹果无公害生产技术	中国农业出版社	2003	汪景彦
99	果园新农药 300 种	中国农业出版社	2003	王金友
100	梨树病虫害防治	金盾出版社	2003	王金友、姜元振
101	果品标准化生产手册	中国标准出版社	2003	聂继云
102	梨无公害生产技术	中国农业出版社	2003	曹玉芬、聂继云
103	苹果树整形修剪图说	中国农业出版社	2004	汪景彦

序 号	著作名称	出版社	出版年	主 编
104	梨优良品种及无公害栽培技术	中国农业出版社	2004	王迎涛、方成泉、刘国胜、李 晓
105	葡萄优良品种高效栽培	中国农业出版社	2004	刘捍中
106	葡萄无公害高效栽培	金盾出版社	2004	刘捍中、刘凤之
107	苹果无公害高效栽培	金盾出版社	2004	刘凤之、聂继云
108	优质梨新品种高效栽培	金盾出版社	2005	贾敬贤
109	苹果种质资源描述规范和数据标准	中国农业出版社	2005	王 昆、刘凤之、曹玉芬
110	中国果树实用新技术大全（落叶果树卷）	中国农业科技出版社	2005	董启凤
111	梨树良种引种指导	金盾出版社	2005	方成泉、王迎涛
112	苹果种质资源描述规范和数据标准	中国农业出版社	2005	王 昆、刘凤之、曹玉芬
113	葡萄生产技术手册	上海科学技术出版社	2005	刘捍中、程存刚
114	红富士苹果无公害高效栽培	金盾出版社	2005	汪景彦
115	新编梨树病虫害防治技术	金盾出版社	2005	王金友、冯明祥
116	梨种质资源描述规范和数据标准	中国农业出版社	2006	曹玉芬
117	葡萄栽培技术	金盾出版社	2006	刘捍中
118	怎样提高葡萄栽培效益	金盾出版社	2006	刘捍中、程存刚
119	怎样提高苹果栽培效益	金盾出版社	2006	聂继云、汪景彦、董雅凤
120	中国作物及其野生近缘植物（果树卷）	中国农业出版社	2006	贾敬贤、贾定贤、任庆棉
121	梨树高产栽培（修订版）	金盾出版社	2006	姜淑苓、贾敬贤
122	苹果树合理整形修剪图解	金盾出版社	2008	汪景彦
123	苹果树整形修剪新技术	中原农民出版社	2008	程存刚
124	优质苹果无公害生产关键技术	中国林业出版社	2008	汪景彦
125	苹果树腐烂病及其防治	金盾出版社	2008	王金友
126	农产品质量安全检测手册·果蔬及制品卷	中国标准出版社	2008	王富华、王 敏、聂继云
127	果树盆栽实用技术	金盾出版社	2009	姜淑苓、贾敬贤
128	21世纪果树优良新品种	中国林业出版社	2010	赵进春
129	设施葡萄促早栽培实用技术手册	中国农业出版社	2011	刘凤之、王海波
130	设施桃栽培实用技术手册	金盾出版社	2012	王孝娣、王海波
131	北方果树苗木繁育技术	化学工业出版社	2012	赵进春、郝红梅、胡成志
132	苹果良种引种指导	金盾出版社	2013	王 昆
133	当代苹果	中原农民出版社	2013	丛佩华
134	苹果病虫防治第一书	中国农业出版社	2013	窦连登
135	苹果树简化省工修剪法	金盾出版社	2013	李 敏、李 壮
136	寒富苹果生理基础	中国农业出版社	2013	赵德英
137	果树园艺工培训读本	辽宁科学技术出版社	2013	赵德英
138	甜樱桃标准园生产技术	辽宁科学技术出版社	2013	赵德英

续表

序　号	著作名称	出版社	出版年	主　编
139	葡萄生产配套技术手册	中国农业出版社	2013	刘凤之、段长青
140	中国梨品种	中国农业出版社	2014	曹玉芬
141	苹果病虫害诊断与防治原色图鉴	化学工业出版社	2014	仇贵生
142	梨病虫害诊断与防治原色图鉴	化学工业出版社	2014	仇贵生
143	葡萄病虫害诊断与防治原色图鉴	化学工业出版社	2014	仇贵生
144	果品质量安全标准与评价指标	中国农业出版社	2014	聂继云
145	中国苹果品种	中国农业出版社	2015	丛佩华
146	当代梨	中原农民出版社	2016	曹玉芬、赵德英
147	苹果安全生产技术手册	金盾出版社	2015	聂继云
148	图说苹果病虫害诊断与防治	机械工业出版社	2015	孙丽娜
149	葡萄实用栽培技术	中国科学技术出版社	2016	聂继云
150	农产品质量安全·果品卷	中国农业科学技术出版社	2016	聂继云
151	图解设施葡萄早熟栽培技术	中国农业出版社	2017	王海波、刘凤之
152	苹果病虫害高效防控	中国农业出版社	2017	张怀江、闫文涛
153	果品及其制品质量安全检测·营养品质和功能成分	中国质检出版社 中国标准出版社	2017	聂继云、闫　震、李志霞
154	果品及其制品质量安全检测·农药残留（上）	中国质检出版社 中国标准出版社	2017	聂继云
155	果品及其制品质量安全检测·农药残留（下）	中国质检出版社 中国标准出版社	2017	聂继云
156	果品及其制品质量安全检测　元素、添加剂和污染物	中国质检出版社 中国标准出版社	2018	聂继云、匡立学、程　杨
157	果品及其制品质量安全检测　真菌毒素、致病菌和果品成分	中国质检出版社 中国标准出版社	2018	聂继云、李志霞、李银萍
158	中国早酥梨	中国农业科学技术出版社	2018	姜淑苓
159	苹果速丰安全高效生产关键技术	中原农民出版社	2018	汪景彦、隋秀奇
160	中外果树树形展示与塑造	中原农民出版社	2018	汪景彦、隋秀奇
161	苹果优质高效施肥	中国农业出版社	2018	李　壮、杨晓竹、程存刚
162	苹果省力化整形修剪7日通	中国农业出版社	2018	赵德英、程存刚
163	鲜食葡萄标准化高效生产技术大全	中国农业出版社	2018	王海波、刘凤之
164	现代落叶果树病虫害诊断与防控原色图鉴	化学工业出版社	2018	仇贵生、王江柱、王勤英
165	梨速丰安全高效生产关键技术	中原农民出版社	2019	赵德英
166	画说果树修剪与嫁接	中国农业科学技术出版社	2019	王海波、刘凤之
167	桃速丰安全高效生产关键技术	中原农民出版社	2019	王孝娣、王海波
168	葡萄速丰安全高效生产关键技术	中原农民出版社	2019	王海波、刘凤之

序 号	著作名称	出版社	出版年	主 编
169	果品质量安全学	中国质量标准出版传媒有限公司	2019	聂继云
170	世界苹果农药残留限量研究	中国质量标准出版传媒有限公司	2019	聂继云
171	果品绿色生产与营养健康知识问答	中国农业科学技术出版社	2019	聂继云
172	中国梨遗传资源	中国农业出版社	2020	曹玉芬、张绍铃
173	苹果化肥农药减量增效绿色生产技术	中国农业出版社	2020	仇贵生、姜远茂、葛顺峰
174	中国设施葡萄栽培理论与实践	中国农业出版社	2020	王海波、刘凤之
175	苹果病虫害绿色防控彩色图谱	中国农业出版社	2020	闫文涛、仇贵生
176	葡萄病虫害绿色防控彩色图谱	中国农业出版社	2020	张怀江
177	樱桃病虫害绿色防控彩色图谱	中国农业出版社	2020	张怀江

（七）论文

中国农业科学院果树研究所 1959—2020 年发表论文统计

序号	篇 名	第一作者/通信作者	刊 名	年/期
1	通过高接辅导获得的优良苹果新品种	蒲富慎	中国果树	1959/01
2	苹果当年出圃保温青苗中的几个关键问题		中国果树	1959/01
3	苹果树的山楂红蜘蛛及其防治		中国果树	1959/01
4	关于 666 地面撒粉防治桃小问题	舒宗泉	中国果树	1959/02
5	鸭梨生物学特性研究（第二报）	崔致学	中国果树	1959/02
6	1958 年葡萄高产的基本经验		中国果树	1959/02
7	1958 年梨树高产的基本经验		中国果树	1959/02
8	1958 年苹果丰产的基本经验		中国果树	1959/02
9	梨树黑星病的发病及防治研究	李知行	植物病理学报	1959/02
10	葡萄抗寒育种	杨晶辉	中国果树	1959/03
11	苹果的丰产树形	张金厚	中国果树	1959/04
12	试谈辽宁西部地区梨树大小年问题	陈群英	中国果树	1959/04
13	苹果当年播种、当年嫁接、当年出圃育苗技术	翁心桐	中国果树	1959/05
14	胡敏酸的提制及其对苹果砧苗生长发育的影响	仝月澳	中国果树	1959/05
15	为生产出更多更好的西瓜、甜瓜而奋斗——全国西瓜、甜瓜研究工作座谈会总结	张子明	中国果树	1959/05
16	黄河故道——我国果树生产新基地		中国果树	1959/05
17	果树科学研究十年成就		中国果树	1959/05

序号	篇　名	第一作者/通讯作者	刊　名	年/期
18	鼓足干劲　跃进再跃进　把我国的果树事业推向更新的高峰——学习八届八中全会公报和决议后的认识和体会	沈　隽	中国果树	1959/05
19	关于苹果、梨贮藏期中的接穗生根	蒲富慎	中国果树	1959/06
20	保花保果在果树丰产中的意义	崔致学	中国果树	1959/06
21	苹果年年高产试验报告	何荣汾	中国果树	1959/06
22	锌铜石灰液在果树病害防治上的应用		农　药	1959/11
23	黄河故道地区苹果幼树提早结果调查	魏振东	中国果树	1960/01
24	快速育苗中砧干处理对嫁接苗的影响	翁心桐	中国果树	
25	温室试栽厚皮甜瓜初步成功		中国果树	
26	广泛开展群众性的品种选育工作		中国果树	
27	在米丘林学说指导下，创造和培育我国的果树新品种	蒲富慎	生物学通报	1960/04
28	柑桔的氮素营养	唐振尧	园艺学报	1962/Z1
29	浙江的西瓜	尹文山	浙江农业科学	1962/05
30	玫瑰香葡萄多次结果研究初报	崔致学	园艺学报	1963/01
31	梨大食心虫发生规律及防治研究	郑瑞亭	植物保护学报	1963/03
32	在等高撩壕条件下幼年苹果树根系的分布	沈　隽	园艺学报	1963/03
33	乐果、三硫磷等杀虫药剂对苹果害虫的防治效果	张领耘	植物保护学报	1964/01
34	萝卜蝇成虫、卵的消长与防治适期的研究	张慈仁	植物保护学报	1964/02
35	2,4,5-T 对于不同类型番茄品种刺激效应的研究	王　坚	园艺学报	1964/03
36	渤海湾西部丘陵山地果园绿肥问题初步探讨	唐梁楠	中国农业科学	1964/04
37	桃小食心虫（*Carposina niponensis* Wal.）成虫交配及产卵习性观察	张领耘	昆虫知识	1964/06
38	666 土壤处理防治桃小食心虫的研究	舒宗泉	中国农业科学	1965/03
39	黄河故道地区顶梢卷叶虫生活史及其防治初步研究	姜元振	昆虫知识	1965/03
40	关于苹果连年丰产修剪技术问题	李世奎	园艺学报	1965/04
41	黄河故道地区苹果整形修剪技术调查报告	陈明珠	园艺学报	1965/04
42	黄河故道地区果园绿肥的栽培利用经验	周厚基	园艺学报	1965/04
43	有机磷剂与波尔多液混用或间隔使用的药效比较	郑建楠	植物保护	1965/05
44	石灰硫磺合剂对山楂红叶螨的药效	邱同铎	昆虫知识	1966/01
45	苹果园的化学防治措施对苹果红蜘蛛及其天敌数量的影响	张慈仁	园艺学报	1966/01
46	塑料薄膜带防治枣步曲		昆虫知识	1974/02
47	梨的一些性状的遗传	蒲富慎	遗　传	1979/01
48	必须加强我国果品贮藏技术的研究		中国果树	1979/S1
49	按经济规律办事　向农业现代化前进——记栽培苹果给孙李沟带来的变化	冯思坤	中国果树	1979/S1
50	苹果投产三年　山村面貌变样	周厚基	中国果树	1979/S1

序号	篇　名	第一作者/通讯作者	刊　名	年/期
51	乔砧苹果密植丰产研究初报	汪景彦	中国农业科学	1979/02
52	苹果树简化修剪	汪景彦	中国果树	1979/02
53	我国梨的种质资源和梨的育种	蒲富慎	园艺学报	1979/02
54	苹果窑洞贮藏库	宋壮兴	中国果树	1979/02
55	应用B9减轻元帅系苹果水心病	程家胜	中国果树	1979/02
56	粉红肉猕猴桃	刘效义	中国果树	1979/02
57	苹果树腐烂病菌（*Valsa mali* Miyabe et Yamada）潜伏侵染研究	刘福昌	植物保护学报	1979/03
58	生草法和覆盖法——介绍两种果园土壤管理方法	唐梁楠	土壤通报	1979/04
59	草莓花药培养获得单倍体植株简报	薛光荣	中国果树	1980/01
60	辛硫磷防治西瓜种蛆	余文炎	中国果树	1980/01
61	果树营养诊断的初步探索	仝月澳	中国果树	1980/01
62	以预防为先，改进和加强苹果树腐烂病的防治	陈策	中国果树	1980/02
63	异皮环接对梨树矮化丰产作用的探讨	贾敬贤	中国果树	1980/02
64	新杀螨剂阿米特拉兹和三唑磷的药效	张慈仁	中国果树	1980/02
65	果树营养诊断讲座（一）	仝月澳	中国果树	1980/02
66	果树营养诊断讲座（二）	仝月澳	中国果树	1980/03
67	病原菌的分离、培养和人工接种		中国果树	1980/03
68	辽宁西部地区苹果树腐烂病发生发展过程观察和药剂防治试验	陈策	中国果树	1980/04
69	苹果树腐烂病菌致病因素——果胶酶的初步探讨	刘福昌	中国果树	1980/04
70	果树营养诊断讲座（三）	仝月澳	中国果树	1980/04
71	西瓜新品种——琼酥	余文炎	中国果树	1980/04
72	梨杂种后代苗期黑星病抗性遗传倾向研究	徐汉英	中国果树	1980/04
73	国外果树育种进展和趋势	蒲富慎	中国果树	1980/S1
74	国外对于苹果树腐烂病、桃树腐烂病以及其他同类病害的研究近况	陈策	中国果树	1980/S1
75	苹果病毒及病毒病害简述	刘福昌	中国果树	1980/S1
76	桃小食心虫生产防治和科研动态	张乃鑫	中国果树	1980/S1
77	果树螨类研究工作简介	张慈仁	中国果树	1980/S1
78	果树花芽分化机理研究概述	程家胜	中国果树	1980/S1
79	国外温带落叶果树组织培养研究综述	费开伟	中国果树	1980/S1
80	果树营养与施肥研究的进展	周厚基	中国果树	1980/S1
81	苹果叶面积快速测定法	汪景彦	中国果树	1981/01
82	苹果树腐烂病的发病过程和药剂防治研究	陈策	植物保护学报	1981/01
83	草莓花药离体培养获得单倍体植株	薛光荣	园艺学报	1981/01
84	果树营养诊断讲座（四）	仝月澳	中国果树	1981/01
85	苹果品种（品系）酯酶、过氧化物酶同工酶比较研究初报	程家胜	中国果树	1981/01

序号	篇　名	第一作者/通讯作者	刊　名	年/期
86	"元帅"苹果花药培养形成植株简报	薛光荣	中国果树	1981/01
87	梨黑星病防治试验	张慈仁	中国果树	1981/01
88	反光薄膜对提高苹果品质的效应	唐梁楠	中国果树	1981/01
89	新农药溴氰菊酯对桃小食心虫的药效试验		中国果树	1981/01
90	果树营养诊断讲座（五）——六、果树铁、锌、锰、铜的仪器分析法	仝月澳	中国果树	1981/02
91	苹果树光合作用的测定方法——改进干重法的研究初报	杨万镒	中国果树	1981/02
92	苹果花培单倍体植株诱导成功	薛光荣	中国果树	1981/02
93	桃小食心虫性外激素应用研究	张乃鑫	中国果树	1981/02
94	葡萄的"无龙爪"更新修剪经验总结	修德仁	中国果树	1981/02
95	果树营养诊断讲座（六）	仝月澳	中国果树	1981/03
96	辽宁梨树的主要病虫害及其防治	张慈仁	中国果树	1981/03
97	优良鲜食葡萄引种研究初报	吴德玲	中国果树	1981/03
98	苹果花期预报探讨	孟秀美	中国果树	1981/03
99	果树营养诊断讲座（七）	仝月澳	中国果树	1981/04
100	果园化学除草剂的应用	唐梁楠	中国果树	1981/04
101	"元帅"苹果花培单倍体植株的诱导	费开伟	中国农业科学	1981/04
102	秦岭山地果园元帅苹果水心病的防治	周厚基	园艺学报	1981/04
103	国光苹果树缺锌的临界指标与不同锌肥新品种的肥效	周厚基	中国农业科学	1981/06
104	苹果花芽分化时期的预测	程家胜	农业科技通讯	1981/06
105	苹果树对腐烂病抗病因素初探：树皮愈伤能力与抗扩展关系的研究	陈　策	植物病理学报	1982/01
106	苹果花芽的外部形态与花粉发育时期的相关观察	费开伟	中国果树	1982/01
107	秦岭山地果园苹果盛花期喷硼和花粉混合液的效果	周厚基	中国果树	1982/01
108	皮下接留"备用芽"好	王海江	中国果树	1982/01
109	苹果的过氧化物酶同工酶研究——新梢前期生长过程中过氧化物酶同工酶的表达	程家胜	园艺学报	1982/02
110	西瓜花药培养获得花粉植株简报	薛光荣	中国果树	1982/02
111	我国各地发生苹果绿皱果病简报	刘福昌	中国果树	1982/03
112	试谈苹果园害虫的综合防治	张慈仁	植物保护	1982/04
113	苹果园害螨的重要天敌小黑花蝽研究初报	张慈仁	昆虫知识	1982/04
114	辽宁南部地区苹果树腐烂病病情调查	陈　策	中国果树	1982/04
115	梨茎尖离体培养	赵惠祥	*Journal of Integrative Plant Biology*	1982/04
116	苹果的过氧化物酶同工酶研究——几种植物激素对过氧化物酶同工酶的影响	程家胜	植物生理学通讯	1982/06

序号	篇 名	第一作者/通讯作者	刊 名	年/期
117	介绍一种野生绿肥——小叶野决明	唐梁楠	土壤通报	1982/06
118	苹果花药培养研究又获进展	薛光荣	中国果树	1983/01
119	辽西地区1981—1982年苹果冻害剖析	张炳祥	中国果树	1983/01
120	短枝型金矮生和普通型金冠苹果树叶片光合效率的比较	杨万镒	中国果树	1983/01
121	苹果病毒病的研究和防治	刘福昌	中国果树	1983/02
122	新农药敌虫菊酯对桃小食心虫的药效试验	姜元振	中国果树	1983/03
123	我国苹果生产的现状和展望	蒲富慎	中国果树	1983/04
124	苹果花期预报方法的研究	孟秀美	园艺学报	1983/03
125	西瓜花药离体培养获得花粉植株	薛光荣	植物生理学通讯	1983/04
126	辽西坡地果园苹果增施复合肥料对产量、品质及树体生长发育的影响	刁凤贵	土壤通报	1983/04
127	凉山山地苹果园缺素症的初步研究	仝月澳	中国农业科学	1983/06
128	日本苹果生产的技术特点	蒲富慎	世界农业	1983/09
129	苹果树锌营养的磷锌比指标	仝月澳	中国果树	1984/01
130	龙眼葡萄早期丰产经验总结	修德仁	中国果树	1984/01
131	我国梨树生产现状和展望	蒲富慎	中国果树	1984/01
132	苹果轮纹病的防治	刘福昌	中国果树	1984/01
133	近几年我国梨树科学研究的进展	林庆阳	中国果树	1984/02
134	凉山州大力推广苹果施硼经济效益显著	于得江	中国果树	1984/02
135	苹果品种间杂交后代过氧化物酶同工酶分析	程家胜	园艺学报	1984/02
136	诱导苹果花粉植株的研究	薛光荣	园艺学报	1984/03
137	三十五年来我国果树科学研究成就	蒲富慎	中国果树	1984/03
138	龙眼葡萄密植早期获高产	修德仁	农业科技通讯	1984/03
139	几种化学药剂对'国光''金冠'苹果树的疏花疏果效应	李培华	园艺学报	1984/04
140	广谱高效的杀螨剂克螨特和双甲脒	逄树春	中国果树	1984/04
141	苹果园地面覆盖银色反光薄膜的效应	唐梁楠	中国农业科学	1984/05
142	苹果锈果病与梨树的关系	刘福昌	中国果树	1985/01
143	梨的矮化种质资源	蒲富慎	中国果树	1985/01
144	我国大苹果经济栽培北界的探讨	周远明	中国果树	1985/01
145	凉山山地果园金冠苹果树硼营养诊断指标的研究	仝月澳	园艺学报	1985/01
146	两种不同诱捕器诱蛾效果比较	张树丰	中国果树	1985/02
147	谈加强苹果园桃小食心虫地面防治问题	张慈仁	植物保护	1985/02
148	苹果树腐烂病病疤重犯原因的研究	王金友	中国果树	1985/03
149	半地下式通风库的改造技术及其贮藏苹果的效应	宋壮兴	中国果树	1985/03
150	特异遗传资源——矮生梨	贾敬贤	中国种业	1985/03
151	紧凑型梨的生长、解剖和生化特性研究	贾敬贤	园艺学报	1985/04

续表

序号	篇 名	第一作者/通讯作者	刊 名	年/期
152	龙眼葡萄可溶性固形物与产量、果梢比的相关性	修德仁	园艺学报	1985/04
153	苹果贮藏期主要病害发生条件及其防治试验	宋壮兴	中国果树	1985/04
154	苹果树腐烂病疤重犯的防治技术研究	王金友	中国果树	1986/01
155	低乙烯气调贮藏方法简介	杨克钦	中国果树	1986/01
156	关于苹果属果树亲缘关系的初步探索——过氧化物酶同工酶分析	程家胜	园艺学报	1986/01
157	旱坡地乔砧苹果密植丰产试验总结	汪景彦	中国果树	1986/02
158	美国果树种质库种质收集保存评价利用方法简介	方成泉	中国果树	1986/02
159	谈苹果病毒的危害性	刘福昌	中国果树	1986/02
160	苹果园桃小食心虫的防治	张慈仁	农业科技通讯	1986/02
161	中国梨属植物核型研究Ⅱ	蒲富慎	园艺学报	1986/02
162	山楂叶螨的发生与天敌的自然控制	冯明祥	果树学报	1986/02
163	苹果树腐烂病药剂防治的施药时期研究	陈 策	中国果树	1986/03
164	苏联梨的生产概况	刘伟芹	北方园艺	1986/03
165	用回归方法早期鉴定梨的紧凑型	贾敬贤	中国果树	1986/04
166	热处理脱毒法培育苹果无病毒母本树研究初报	刘福昌	中国果树	1986/04
167	灭扫利防治苹果主要害虫的药效试验	姜元振	中国果树	1986/04
168	苹果树缺硼的矫治技术	仝月澳	中国农业科学	1986/04
169	发展草莓的几个栽培技术问题	唐梁楠	农业科技通讯	1986/05
170	改良式半地下通风贮藏库贮藏苹果技术	宋壮兴	农业科技通讯	1986/08
171	近年来苹果腐烂病大发生的原因分析及防治意见	王金友	农业科技通讯	1986/12
172	世界主要果品生产及销售动态	于振忠	中国果树	1987/01
173	苹果果实轮纹病药剂防治试验	王金友	中国果树	1987/01
174	利用电解质渗出率方法测定梨的耐寒性	孙秉钧	中国果树	1987/01
175	金冠苹果贮藏保鲜和防腐技术研究	宋壮兴	中国果树	1987/01
176	果树花芽分化与激素的关系	马焕普	植物生理学通讯	1987/01
177	果园抗药性捕食螨的研究与应用（综述）	冯明祥	果树学报	1987/01
178	我国山楂一些种和品种的染色体数目观察	蒲富慎	中国果树	1987/02
179	果树光合作用的测定方法（一）	杨万镒	中国果树	1987/02
180	介绍一种快速确定苹果负载量的方法	汪景彦	中国果树	1987/02
181	盛果期秋白梨氮肥追肥时期研究	林庆阳	中国果树	1987/02
182	生长调节剂对梨实生苗童期影响的研究	陈欣业	中国果树	1987/02
183	制罐用桃加工前保鲜技术试验初报	宋壮兴	中国果树	1987/02
184	密植梨树快成形早结果整枝方式	张 力	北方园艺	1987/02
185	葡萄病毒鉴定及其病害的诊断	刘福昌	植物检疫	1987/02
186	苹果树缺铁失绿研究的进展——Ⅰ.生态因子对缺铁失绿的影响	周厚基	中国农业科学	1987/03
187	国际果树生物技术研究现状	蒲富慎	中国果树	1987/03

序号	篇　名	第一作者/通讯作者	刊　名	年/期
188	果树光合作用的测定方法（二）	杨万镒	中国果树	1987/03
189	龙眼葡萄苗木茎粗与早期生长结果的关系	修德仁	中国果树	1987/03
190	铲除枝干病源是防治苹果果实轮纹病的一项重要措施	李美娜	中国果树	1987/03
191	草莓病毒病的防治	刘福昌	中国果树	1987/03
192	防治苹果树腐烂病的新药剂——腐必清	王金友	中国果树	1987/03
193	苹果小叶病防治技术研究	刁凤贵	中国果树	1987/03
194	涿鹿果树场苹果、梨树失绿诱因的初步探讨	仝月澳	中国果树	1987/04
195	环境因子对葡萄试管苗移栽成活率影响的观察	丁爱萍	中国果树	1987/04
196	辽西坡地苹果园钾肥施用技术研究初报	冯思坤	中国果树	1987/04
197	金冠苹果防锈试验初报	郭佩芬	中国果树	1987/04
198	"榅桲＋哈代"砧嫁接中国梨的生育表现	姜敏	中国果树	1987/04
199	提高秋白梨外销果外观质量和品质试验初报	林庆阳	中国果树	1987/04
200	苹果潜隐病毒的温室鉴定	王焕玉	中国果树	1987/04
201	李属杏属植物的染色体数目观察	蒲富慎	中国果树	1987/04
202	果树害虫抗药性及对策	冯明祥	昆虫知识	1987/05
203	加拿大的苹果育种	杨有龙	世界农业	1987/11
204	草莓病毒及病毒病害	王焕玉	果树学报	1988/01
205	密植苹果树光合速率的研究	杨万镒	园艺学报	1988/01
206	果树光合作用的测定方法（三）	杨万镒	中国果树	1988/01
207	苹果花期积温与日较差	孟秀美	中国果树	1988/01
208	梨种质资源及其研究	蒲富慎	中国果树	1988/02
209	果树光合作用的测定方法（四）	杨万镒	中国果树	1988/02
210	新农药天王星防治桃小食心虫苹果叶螨的药效试验	姜元振	中国果树	1988/02
211	拟除虫菊酯杀虫剂对果园节肢动物的影响	冯明祥	果树学报	1988/02
212	草莓地膜复盖技术	唐梁楠	北方园艺	1988/02
213	国外对矮化中间砧研究和使用	刘伟芹	北方园艺	1988/02
214	果树强力树干注射技术	周厚基	中国果树	1988/03
215	苹果树腐烂病侵染源周年形成的调查研究	王金友	中国果树	1988/03
216	梨属中间砧矮化鉴定	贾敬贤	中国果树	1988/03
217	西瓜新品种——石红2号	余文炎	中国果树	1988/03
218	苹果新品种——香红的选育	蒲富慎	农业科技通讯	1988/03
219	梨嫩叶花青甙含量与果肉脆、软相关性研究	陈欣业	园艺学报	1988/03
220	行星式实验室用玛瑙球磨机对苹果叶片磨碎效果的探讨	杨儒琳	中国果树	1988/04
221	对我国新红星苹果栽植区划的初步意见	朱佳满	中国果树	1988/04
222	草莓花药组织培养苗病毒鉴定简报	王焕玉	中国果树	1988/04

序号	篇　名	第一作者/通讯作者	刊　名	年/期
223	苹果树缺铁失绿研究的进展——Ⅱ.铁逆境对树体形态及生理生化作用的影响	周厚基	中国农业科学	1988/04
224	山楂叶螨对三氯杀螨醇抗性研究初报	冯明祥	昆虫知识	1988/04
225	苹果无病毒苗木的培育	王焕玉	农业科技通讯	1988/04
226	元帅系苹果产地贮藏系列技术	宋壮兴	中国农业科学	1988/04
227	新西兰的主要果树分布及品种组成	杨有龙	中国果树	1989/01
228	果树光合作用的测定方法（五）	杨万镒	中国果树	1989/01
229	西维因、萘乙酸混喷对"金矮生"苹果树疏果和果实贮藏的效应	李培华	中国果树	1989/01
230	桔林掩映忆勉师——曾勉先生逝世周年纪念	蒲富慎	中国南方果树	1989/01
231	无融合生殖苹果属植物的某些特性	刘捍中	园艺学报	1989/01
232	葡萄上普遍存在类似于类病毒的 RNAs	王国平	植物检疫	1989/01
233	优良草莓品种引种报告	朱秋英	北方园艺	1989/01
234	苹果树腐烂病流行因素研究：果园内病原体密度与侵染发病关系	王金友	植物病理学报	1989/01
235	生物农药"腐必清"防治苹果树腐烂病重犯试验	王金友	中国果树	1989/02
236	葡萄柱座式栽培技术	张贵岩	中国果树	1989/02
237	无融合生殖实生矮化砧木	任庆棉	北方园艺	1989/02
238	梨杂种后代株型和株高的遗传分析	贾敬贤	果树学报	1989/02
239	昆虫生长调节剂防治梨小食心虫田间药效试验	冯明祥	果树学报	1989/02
240	短枝型苹果品种鉴别指标的可靠性	贾定贤	中国果树	1989/03
241	苹果园桃小食心虫卵的分布型	朴春树	中国果树	1989/03
242	早酥、锦丰梨乔砧密植早结果早丰产技术研究	林庆阳	中国果树	1989/03
243	我国苹果科研的进展与成就	董启凤	中国果树	1989/03
244	苏南草莓生产情况调查	朱秋英	中国果树	1989/03
245	巨峰葡萄二次果简易贮藏保鲜技术试验	田　勇	中国果树	1989/03
246	苹果苗木国家标准的质量指标	李培华	中国果树	1989/04
247	苹果长期贮藏的适宜采收成熟度及其测试模式指标	毕可生	中国果树	1989/04
248	苹果属植物不同倍性的杂种后代染色体数目观察	林　盛	中国果树	1989/04
249	草莓病毒病及其防治措施	王国平	农业科技通讯	1989/04
250	苹果潜隐病毒（Latent virus）研究——Ⅱ.苹果品种和矮生砧木潜隐病毒鉴定	刘福昌	植物病理学报	1989/04
251	多效唑对苹果幼树生育和 ^{15}N 吸收分配运转的影响	周学明	核农学通报	1989/06
252	我国果树生产发展应把提高单产和质量放在首位	潘建裕	中国果树	1990/01
253	苹果病虫害综合防治技术研究与应用	张慈仁	植物保护学报	1990/01
254	苹果组织培养中的玻璃苗问题（简报）	程家胜	植物生理学通讯	1990/01
255	草莓病毒病的诊断及防止传播措施	王国平	植物检疫	1990/01
256	关于细长纺锤形整形技术的探讨	汪景彦	中国果树	1990/02

续表

序号	篇　名	第一作者/通讯作者	刊　名	年/期
257	苹果无融合生殖型砧木对潜隐病毒的抗性鉴定	王焕玉	中国果树	1990/02
258	富士苹果密植园施用硝磷复肥和氯化钾的适宜用量试验	杨树忱	中国果树	1990/02
259	苹果属种质资源抗腐烂病性状鉴定研究	刘捍中	果树学报	1990/02
260	梨树茶翅蝽的生物学及防治	冯明祥	植物保护	1990/02
261	梨多倍体与二倍体性状比较	黄礼森	中国果树	1990/03
262	新杀螨剂尼索朗、卡死克等对苹果树叶螨的防治效果	逄树春	中国果树	1990/03
263	苹果苗木国家标准的可行性及其效益	李培华	中国果树	1990/04
264	草莓病毒种类鉴定及培育无病毒种苗的技术研究	王国平	中国农业科学	1990/04
265	桃小食心虫对苹果的为害及其防治指标的制订	姜元振	植物保护学报	1990/04
266	美国红星和宝罗红苹果光合作用的比较	杨有龙	植物生理学通讯	1990/05
267	德国果树病毒病研究及防治考察	王国平	中国果树	1991/01
268	梨中间砧 PDR54 的矮化效应及其矮化机制的探讨	贾敬贤	中国果树	1991/01
269	苹果品种果实糖、酸含量的分级标准与风味的关系	贾定贤	园艺学报	1991/01
270	我国草莓主栽区病毒种类的鉴定	王国平	植物病理学报	1991/01
271	苹果树腐烂病的侵染及发病因素研究	王金友	中国果树	1991/02
272	李属植物染色体数目观察	林盛华	中国果树	1991/02
273	促花生长调节剂（Ethrel、PP333）和夏剪成花机理的初步研究	周学明	核农学报	1991/02
274	龙眼葡萄的营养系变异	修德仁	园艺学报	1991/02
275	生长调节剂（乙烯利 PP333）和夏剪对苹果花芽分化和内源乙烯含量的影响	周学明	中国农业科学	1991/03
276	棉褐带卷蛾生物学观察	冯明祥	昆虫知识	1991/03
277	梨矮化砧木的快速繁殖	史永忠	植物生理学通讯	1991/03
278	新杀螨剂阿波罗防治苹果叶螨药效试验	逄树春	中国果树	1991/03
279	庭院葡萄配套栽培技术	修德仁	中国果树	1991/04
280	强力树干注射铁肥对缺铁失绿梨树产量的效应	孙　楚	中国果树	1991/04
281	苹果母本树脱除病毒的研究	王焕玉	中国果树	1991/04
282	梨不同种和品种的光合速率比较研究	杨万镒	中国果树	1991/04
283	非砷制剂农药防治苹果树腐烂病研究	王金友	植物保护	1991/05
284	近期发现的果树类病毒及其检测方法	王国平	植物检疫	1991/06
285	1980—1990 年美国育出的桃和油桃新品种	杨有龙	中国果树	1992/01
286	A 蛋白酶联法检测苹果褪绿叶斑病毒和茎沟病毒的研究	洪　霓	中国果树	1992/01
287	桃贮运保鲜技术研究及应用	田　勇	中国果树	1992/01
288	2,4-滴丙酸对苹果树采前落果的控制与果实贮藏的效应	李培华	果树学报	1992/01
289	桃小食心虫的人工合成饲料及其饲养方法	姜元振	昆虫学报	1992/01
290	法国苹果和梨的生产及科研概况	孙秉钧	中国果树	1992/02
291	苹果密植园早期投资与收益关系初探	汪景彦	中国果树	1992/02

序号	篇　名	第一作者／通讯作者	刊　名	年／期
292	苹果斑点落叶病侵染及发生规律研究	王金友	中国果树	1992/02
293	缺铁失绿梨树强力树干注射铁肥的效果Ⅱ·对树体中各种营养元素消长的影响	周厚基	果树学报	1992/02
294	农螨丹防治苹果叶螨和桃小食心虫田间药效试验	姜元振	中国果树	1992/02
295	梨冬芽及其生长点超低温保存试验	米文广	中国果树	1992/03
296	国外苹果优良新品种介绍	李树玲	中国果树	1992/03
297	苹果品种对果实轮纹病的抗性鉴定	孙　楚	果树学报	1993/03
298	苹果胚性细胞原生质体培养获得再生新梢	丁爱萍	植物生理学通讯	1992/03
299	新红星苹果原生质体再生绿苗	丁爱萍	园艺学报	1992/03
300	1990 年世界主要水果进出口概况	李　莹	中国果树	1992/04
301	潜隐病毒对苹果树生长及结果影响的研究近况	翁维义	中国果树	1992/04
302	国家果树种质资源数据库的建立	杨克钦	中国果树	1992/04
303	要警惕果树几种危险性害虫在我国的传播	冯明祥	植物检疫	1992/04
304	梨花药培养获得胚状体	史永忠	遗　传	1992/04
305	苹果"元帅"品种花培植株已开花结果	薛光荣	遗　传	1992/05
306	我国的梨品种资源概况	李树玲	中国果树	1993/01
307	梨树病毒田间指示植物鉴定初报	王国平	中国果树	1993/01
308	新红星苹果贮藏前期高 CO_2 处理的极限值	李喜宏	中国果树	1993/01
309	我国苹果矮化砧木选育工作进展与发展前景	任庆棉	北方园艺	1993/01
310	近 20 年来世界果品生产概况	杨有龙	中国果树	1993/02
311	巨峰葡萄营养诊断取样时期及部位的探讨	杨儒琳	中国果树	1993/02
312	螨死净防治苹果树叶螨田间药效试验和生产防治示范	姜元振	中国果树	1993/02
313	苹果全爪螨越冬卵发育起点和有效积温的测定及其应用	窦连登	中国果树	1993/02
314	芬兰育成的抗寒苹果新品种	贾定贤	北方园艺	1993/02
315	梨品种始果年龄调查	李树玲	果树学报	1993/03
316	南方巨峰葡萄低产原因与增产技术	修德仁	中国果树	1993/03
317	苹果培养茎尖超低温保存试验研究	米文广	中国种业	1993/04
318	葡萄对干旱的适应性	张开春	果树学报	1993/04
319	新红星苹果双相变动气调贮藏研究	李喜宏	果树学报	1993/04
320	苹果原生质体培养获得再生植株	丁爱萍	中国农业科学	1993/05
321	农业科技档案的维系作用与经济效益	苑亚利	兰台世界	1993/05
322	果树种质资源抗逆性研究进展与鉴定方法	任庆棉	北方园艺	1993/06
323	记述科技档案的语言规范	苑亚利	兰台世界	1993/10
324	梨树病毒及其类似病害概述	王国平	果树学报	1993/S1
325	韩国果树生产和科研概况	董启凤	中国果树	1994/01
326	两种混合酸消化测定苹果叶片和果实全磷含量方法比较	李明强	中国果树	1994/01

序号	篇　名	第一作者／通讯作者	刊　名	年／期
327	部分苹果品种的自花结实力观察	牛健哲	中国果树	1994/01
328	苹果斑点落叶病药剂防治技术研究	王金友	中国果树	1994/01
329	不同种内梨品种果实维生素 C 含量	李树玲	园艺学报	1994/01
330	矮化苹果砧木选育	孙　楚	世界农业	1994/01
331	应用花药培养技术培育苹果新类型	牛健哲	果树学报	1994/01
332	梨不同品种田间锈病抗性调查	李树玲	中国果树	1994/02
333	扫螨净对苹果树叶螨的防治试验和示范	姜元振	中国果树	1994/02
334	国光苹果氯化钾施用技术效果研究	杨儒琳	中国果树	1994/02
335	我国北方梨产区主栽品种病毒种类的鉴定研究	王国平	中国果树	1994/02
336	普洛马林在新红星苹果上的应用效果	刘凤之	中国果树	1994/03
337	苹果斑点落叶病菌酯酶同工酶研究	朱　虹	中国果树	1994/03
338	塑料薄膜在果树生产上的应用	唐梁楠	中国果树	1994/03
339	近 10 年来世界果品进出口概况	杨有龙	中国果树	1994/03
340	中国树莓属 8 个种染色体数目与核型	林盛华	园艺学报	1994/04
341	适宜我国发展的几个油桃优良品种	李　莹	北方园艺	1994/04
342	苹果原生质体培养及植株再生	丁爱萍	植物学报	1994/04
343	锦丰梨花药培养获得小植株	杨振英	植物生理学通讯	1994/04
344	苹果全爪螨对尼索朗抗药性研究初报	周玉书	中国果树	1994/04
345	苹果花叶病血清学快速诊断技术研究	洪　霓	中国果树	1994/04
346	果虫敌防治苹果和梨主要害虫的药效试验	姜元振	中国果树	1995/02
347	草莓花药愈伤组织原生质体培养再生多细胞团	史永忠	华中农业大学学报	1995/02
348	苹果受精着果机理研究初报	周学明	核农学报	1995/02
349	苹果新品种（系）——华金的选育	满书铎	农业科技通讯	1995/02
350	提高苹果外观质量新技术	汪景彦	果树学报	1995/03
351	除虫脲防治桃蛀果蛾及金纹细蛾试验	窦连登	中国果树	1995/03
352	富士系苹果的贮藏保鲜实用技术	田　勇	中国果树	1995/03
353	不同种内梨品种果实糖、酸含量分析比较	李树玲	中国果树	1995/03
354	梨黑星病防治技术研究	李美娜	中国果树	1995/03
355	我国苹果新品种选育进展	满书铎	果树学报	1995/04
356	梨病毒脱除技术研究	洪　霓	中国果树	1995/04
357	关于辽南苹果区桃小食心虫的年世代数探讨	窦连登	昆虫知识	1995/06
358	梨茎尖培养的研究进展	聂继云	农业科技通讯	1995/08
359	苹果晚熟配套新品种（系）	满书铎	农业科技通讯	1995/09
360	我国落叶果树病虫害防治技术的进展与展望	赵凤玉	中国果树	1996/01
361	适于梨矮化密植的新树形	于洪华	山西果树	1996/01

序号	篇　名	第一作者/通讯作者	刊　名	年/期
362	用 GC-MS 检测苹果种子层积过程中内源 MeJA、GA_3、GA_4 和 GA_7 的变化	马焕普	植物生理学报	1996/01
363	锦丰梨花粉植株的诱导	薛光荣	园艺学报	1996/02
364	乌拉圭果树生产和科研概况	董启凤	中国果树	1996/03
365	梨中间砧早期丰产及矮化性能试验	陈长蓝	中国果树	1996/03
366	苹果变动气调贮藏中生理生化的研究	冯晓元	中国果树	1996/03
367	茎尖培养等处理脱除梨病毒的技术研究	薛光荣	中国果树	1996/03
368	GA_1 和 GA_3 在樱桃幼果及枝条中的代谢	马焕普	植物生理学报	1996/03
369	苹果无病毒母本树的培育技术研究	王国平	中国农业科学	1996/03
370	"梨新品种选育及配套栽培技术研究"专题的进展	方成泉	中国果树	1996/04
371	提高富士苹果贮藏效果的有关问题	孙希生	中国果树	1996/04
372	1994—1995 年国内外苹果生产与市场状况	汪景彦	中国果树	1996/04
373	辽宁、山东葡萄与核果病毒病的田间调查	王国平	中国果树	1996/04
374	影响苹果离体培养叶片分化不定芽的因素	丁爱萍	中国果树	1996/04
375	梨树野生砧木的抗盐性和抗旱性鉴定初报	陈长兰	中国种业	1996/04
376	警惕二斑叶螨在北方果区为害蔓延	周玉书	植物保护	1996/05
377	落叶果树害虫的综合治理	冯明祥	中国果树	1997/01
378	苹果斑点落叶病专用药剂用药适期试验	王金友	中国果树	1997/01
379	苹果和梨果实内质的测定分析	杨儒琳	中国果树	1997/01
380	苹果树皮组织结构衰老变化与腐烂病的关系及调控效应研究	王金友	植物病理学报	1997/02
381	植保器械亟待发展	孙　楚	植物保护	1997/02
382	世界梨产销现状	李　莹	中国果树	1997/02
383	苹果枝干轮纹病防治技术研究	李美娜	中国果树	1997/02
384	澳大利亚苹果选育种及主要品种简介	杨克钦	中国果树	1997/03
385	我国落叶果树的病毒病及其研究现状	王国平	中国果树	1997/03
386	意大利落叶果树病毒病研究及防治考察	洪　霓	中国果树	1997/04
387	果树二斑叶螨的研究进展	聂继云	中国果树	1997/04
388	东北高寒地区的李资源	张静茹	中国果树	1997/04
389	苹果和梨套袋存在问题及解决方法	汪景彦	中国果树	1997/04
390	保得乳油防治苹果桃小食心虫药效试验	周玉书	中国果树	1997/04
391	苹果茎沟病毒的分离纯化及血清学检测	洪　霓	中国农业科学	1997/05
392	果树种质资源研究进展与发展趋势	任庆棉	北方园艺	1997/06
393	辽宁西部地区苹果树皮含钾量与腐烂病发生的关系和矫治效果	王金友	植物保护学报	1998/01
394	我国极抗寒李种质资源	张静茹	中国种业	1998/01
395	富士苹果花粉植株果实主要性状评价	薛光荣	中国果树	1998/02
396	果形剂对增进新红星苹果高桩的试验	周学明	中国果树	1998/02

续表

序号	篇　名	第一作者／通讯作者	刊　名	年／期
397	苹果新品种——寿阳短伏	刁凤贵	中国果树	1998/02
398	梨病毒温室鉴定技术研究	王国平	中国果树	1998/02
399	日本果树遗传资源的收集评价和利用	杨克钦	中国种业	1998/02
400	中国果树种质资源信息系统及其应用	杨克钦	果树科学	1998/02
401	35%轮纹病铲除剂防治苹果枝干轮纹病田间药效试验	李美娜	河北农业大学学报	1998/02
402	温度和气体成分对苹果采后致腐真菌生长的影响	冯晓元	果树科学	1998/03
403	乔纳金苹果变动气调贮藏试验	孙希生	中国果树	1998/04
404	梨树苹果茎沟病毒的脱毒技术研究	董雅凤	中国果树	1998/04
405	2n配子的发生及在果树育种中的应用	丛佩华	果树科学	1998/04
406	农业昆虫学论文中常见不规范用语辨析	邸淑艳	昆虫知识	1998/05
407	1997年世界苹果生产情况	曹玉芬	中国果树	1999/01
408	当前我国苹果生产的特点	汪景彦	中国果树	1999/01
409	台湾落叶果树生产概况	窦连登	中国果树	1999/01
410	晚熟葡萄品种'红意大利'的特性及栽培技术	刘凤之	中国果树	1999/01
411	苹果褪绿叶斑病毒提纯及抗血清制备技术研究	洪霓	中国果树	1999/01
412	苹果晚熟新品种'华红'的选育	满书铎	中国果树	1999/01
413	苹果褪绿叶斑病毒生物学及生化特性研究	洪霓	植物病理学报	1999/01
414	梅染色体研究	林盛华	北京林业大学学报	1999/02
415	我国果品产销形势、问题及对策	潘建裕	果树科学	1999/02
416	螨即死防治苹果树2种叶螨的药效试验	朴春树	中国果树	1999/02
417	梨品种果实对轮纹病的抗性鉴定	曹玉芬	果树学报	1999/03
418	国外落叶果树化学疏除剂种类及应用	孙希生	北方园艺	1999/03
419	国外梨优良新品种简介	曹玉芬	中国果树	1999/03
420	红色梨品种八月红的特性及配套栽培技术	程存刚	中国果树	1999/03
421	杀菌剂对苹果轮纹烂果病菌菌丝抑制力的测定	李美娜	中国果树	1999/03
422	秋李贮藏保鲜技术试验	王文辉	中国果树	1999/03
423	果形剂提高苹果果形指数试验	窦连登	中国果树	1999/03
424	我国苹果和梨的生产成就	窦连登	中国果树	1999/03
425	我国主要果树科研成就与进展	窦连登	中国果树	1999/04
426	早酥梨栽培适应性及育种利用价值	姜淑苓	中国果树	1999/04
427	意大利果树生产概况	王国平	中国果树	1999/04
428	常用杀螨剂对二斑叶螨敏感种群毒力测定	朴春树	植物保护	1999/05
429	优质苹果生产配套技术规程	刘凤之	农业科技通讯	1999/07
430	几种新杀螨剂对山楂叶螨的毒力测定	周玉书	农药	1999/07
431	农业科技文献题名信息要素及其表达	翁维义	中国科技期刊研究	1999/11
432	桃潜隐花叶类病毒的鉴定	张少瑜	中国果树	2000/01

序号	篇 名	第一作者/通讯作者	刊 名	年/期
433	苹果轮纹烂果病防治的技术关键	王金友	中国果树	2000/02
434	梨新品种——华酥	方成泉	园艺学报	2000/03
435	在西部开发中发展果业应注意的问题	汪景彦	中国果树	2000/03
436	苹果轮纹烂果病药剂防治技术研究	李美娜	中国果树	2000/03
437	梨矮化砧木——中矮1号	姜淑苓	中国果树	2000/03
438	厚皮甜瓜品种特性的研究	牟哲生	中国果树	2000/04
439	锦香梨气调贮藏试验	孙希生	中国果树	2000/04
440	二斑叶螨滞育特性的初步研究	朴春树	昆虫知识	2000/04
441	八月红梨贮藏试验初报	王文辉	中国果树	2001/01
442	果品维生素C含量测定中的几个问题	聂继云	中国南方果树	2001/01
443	乔纳金苹果不同塑料包装贮藏效果	孙希生	北方园艺	2001/01
444	德国的2个早熟西洋梨品种	曹玉芬	中国果树	2001/02
445	不同培养条件对苹果轮纹烂果病病菌的影响	洪玉梅	中国果树	2001/02
446	果康宝防治苹果主要病害及提高果品质量示范	冯明祥	中国果树	2001/02
447	落叶果树生产中农药的安全使用	聂继云	中国果树	2001/04
448	辽西地区富士苹果主要病虫害防治技术	程存刚	中国果树	2001/04
449	橡皮树的组织培养及快速繁殖	杨振英	植物生理学通讯	2001/04
450	果园主要杀螨剂对苹果全爪螨的毒力测定	朴春树	农 药	2001/04
451	我国梨种质资源研究概况及优良种质的综合评价	曹玉芬	中国果树	2000/04
452	6个草莓品种花药培养试验	杨振英	中国果树	2001/05
453	苹果轮纹烂果病菌的侵染时期及影响因素	李美娜	中国果树	2001/05
454	喷钙对乔纳金苹果贮藏性的影响	孙希生	中国果树	2001/05
455	苹果不同品种斑点落叶病发病情况调查	赵进春	中国南方果树	2001/06
456	柑桔生产中农药的安全使用	董雅凤	中国南方果树	2001/06
457	意大利的葡萄生产简况	董雅凤	中国果树	2001/06
458	草甘膦异丙胺盐水剂防除苹果园杂草试验	仇贵生	中国果树	2001/06
459	Production of monoclonal antibodies to *Grapevine virus D* and contribution of its aetiological role in grapevine disease	Boscia D/周宗山	*Vitis*	2001/40
460	果园重金属污染的危害与防治	聂继云	中国果树	2002/01
461	我国苹果出口问题及主要对策	刘凤之	中国果树	2002/01
462	苹果新品种华红抗寒鉴定初报	王 昆	中国果树	2002/01
463	套袋苹果果面黑点发生和防治调查	陈 策	中国果树	2002/03
464	树立果业产业化观念,增强市场经济意识	朱佳满	中国南方果树	2002/03
465	国外苹果优良新品种简介	李 莹	中国果树	2002/04
466	德国苹果抗性育种概况	孙希生	中国果树	2002/04
467	梨品种金花4号鉴定评价	曹玉芬	中国果树	2002/04

续表

序号	篇　名	第一作者/通讯作者	刊　名	年/期
468	套袋对富士苹果果皮叶绿素和花青苷含量的影响	程存刚	中国果树	2002/04
469	适于加工罐头和制汁的梨优良品种	姜淑苓	农业科技通讯	2002/05
470	1-MCP 对苹果采后生理及保鲜效果的影响	王文辉	农业科技通讯	2002/11
471	几个日本杏和梨新品种	李　莹	中国果树	2002/06
472	24% 米满悬浮剂防治苹果小卷叶蛾药效试验	朴春树	中国果树	2002/06
473	黑蜜葡萄早期丰产栽培试验	康国栋	中国果树	2002/06
474	我国梨生产现状及主要对策	方成泉	中国果树	2003/01
475	1-MCP 对红富士苹果采后保鲜的影响	孙希生	中国果树	2003/01
476	'乔纳金'苹果采后 1-MCP 处理对常温贮藏效果的影响	孙希生	园艺学报	2003/01
477	1-MCP 对苹果采后生理的影响	孙希生	果树学报	2003/01
478	世界梨产业形势及加入世界贸易组织后我国梨发展对策	王伟东	中国南方果树	2003/01
479	红地球葡萄优质高效栽培技术试验示范	刘凤之	中国果树	2003/02
480	警惕果树晚霜危害	汪景彦	中国果树	2003/02
481	寒冬暖春须加强苹果树灾害的春防工作	王金友	中国果树	2003/02
482	适于中国梨的梨属矮化砧木——中矮 2 号	姜淑苓	中国南方果树	2003/02
483	我国李和杏生产现状及发展对策	陆致成	中国果树	2003/02
484	韩国梨生产和育种简况	曹玉芬	中国果树	2003/03
485	中矮 1 号矮化中间砧梨树密植栽培技术	姜淑苓	中国果树	2003/04
486	大平顶枣采后生理特性研究	王文辉	果树学报	2003/04
487	Homobrassinolide 在葡萄上的应用试验	周玉书	中国果树	2003/05
488	梨品种果实制汁性能研究	曹玉芬	果树学报	2003/06
489	我国葡萄病毒病研究进展及发展方向	董雅凤	中国果树	2003/06
490	我国果树生产及发展建议	汪景彦	中国果树	2003/06
491	李品种资源的鉴定评价	张静茹	中国果树	2003/06
492	黄金和丰水梨贮藏保鲜研究初报	王文辉	中国果树	2003/06
493	苹果'富士 85-1'新品系的选育研究	杨振英	果树学报	2003/06
494	葡萄病毒病研究进展	董雅凤	中国南方果树	2003/06
495	1-MCP 对番茄采后生理效应的影响	孙希生	中国农业科学	2003/11
496	苹果优质新品种华富	杨振英	中国果树	2004/01
497	草莓无病毒原种试管苗田间繁殖技术	苏佳明	中国果树	2004/01
498	辽西地区主要果树硝酸盐污染研究	聂继云	中国果树	2004/01
499	1-MCP 对梨采后某些生理生化指标的影响	王文辉	植物生理学通讯	2004/02
500	不同处理条件下 1-MCP 对金冠苹果呼吸强度和品质的影响	孙希生	果树学报	2004/02
501	红富士苹果生产现状和发展趋势	汪景彦	中国果树	2004/03
502	果树二氧化硫伤害鉴定技术	王金友	中国果树	2004/04
503	红旗特早玫瑰葡萄引种试栽	王宝亮	中国果树	2004/04

序号	篇 名	第一作者／通讯作者	刊 名	年／期
504	我国和 CAC 葡萄卫生要求	聂继云	中国南方果树	2004/05
505	无公害葡萄生产中农药的选用	仇贵生	中国果树	2004/05
506	黑龙江省野生果树种质资源	张静茹	中国果树	2004/05
507	1-MCP 对新红星苹果贮藏保鲜的影响	孙希生	中国果树	2004/05
508	苹果新品种——华金	程存刚	园艺学报	2004/06
509	苹果果实主要有害元素污染调查	聂继云	中国果树	2004/06
510	我国果树生产现状与果业发展趋势	刘凤之	中国果树	2005/01
511	9 个西洋梨优良品种	方成泉	中国果树	2005/01
512	苹果新品种华富选育研究	杨振英	中国果树	2005/01
513	‘富士’花药培养选育出苹果新品种‘华富’	杨振英	园艺学报	2005/01
514	欧洲西洋梨新品种简介	曹玉芬	中国果树	2005/04
515	梨树反季节盆栽技术	姜淑苓	中国果树	2005/04
516	13% 速霸螨水乳剂防治苹果树二斑叶螨试验	仇贵生	中国果树	2005/05
517	采收期对黄金梨品质及黑心病的影响	王文辉	中国果树	2005/05
518	南方适栽的鲜食葡萄优新品种介绍	巩文红	中国南方果树	2005/05
519	梨优质安全生产技术	方成泉	中国果树	2005/06
520	葡萄卷叶病毒 3 RT-PCR 检测技术研究	董雅凤	中国果树	2005/06
521	有机栽培红富士苹果芳香成分的 GC-MS 分析	王孝娣	园艺学报	2005/06
522	套袋黄冠梨黑点病与钙素营养和果实衰老的关系	王文辉	果树学报	2005/06
523	短时间高温处理下桃芽淀粉和可溶性糖含量变化与自然休眠解除的关系	王海波	果树学报	2005/06
524	欧洲西洋梨新品种简介	曹玉芬	中国果树	2006/01
525	苹果生产中应注意的问题	汪景彦	中国果树	2006/01
526	我国水果农药最大残留限量新标准及其特点	聂继云	中国果树	2006/01
527	干旱胁迫对梨不同品种生化指标的影响	程存刚	中国果树	2006/01
528	冷冻法测定梨的石细胞含量	聂继云	果树学报	2006/01
529	落叶果树芽自然休眠诱导的研究进展	王海波	果树学报	2006/01
530	葡萄主要病虫害安全控制技术示范	刘凤之	中国果树	2006/02
531	改进苹果和梨树主要病虫害防治技术的建议（一）	王金友	中国果树	2006/02
532	改进苹果和梨树主要病虫害防治技术的建议（二）	王金友	中国果树	2006/03
533	AFLP 技术及其在果树遗传育种上的应用	方成泉／王斐	中国果树	2006/03
534	25% 阿米西达水悬浮剂防治葡萄霜霉病试验	李美娜	中国果树	2006/03
535	短时间高温对‘曙光’油桃芽自然休眠调控的研究	王海波	园艺学报	2006/03
536	短时间高温处理下桃芽酚类物质及相关酶活性与休眠解除的关系	王海波	果树学报	2006/03
537	赤霉素和脱落酸与桃芽自然休眠诱导	王海波	果树学报	2006/04

序号	篇　名	第一作者／通讯作者	刊　名	年／期
538	辽西优质苹果示范园病虫害防治技术	魏长存	中国果树	2006/04
539	梨半矮化新品系香红蜜的选育	姜淑苓	中国果树	2006/04
540	20% 吡·哒乳油防治苹果叶螨和黄蚜药效试验	仇贵生	中国果树	2006/05
541	锦丰梨不同序位果实品质的比较试验	康国栋	中国果树	2006/05
542	桃品种春捷日光温室促成栽培技术	王海波	中国果树	2006/05
543	油桃芽高温处理后酚和活性氧与休眠解除的关系	王海波	园艺学报	2006/05
544	地高辛标记 cDNA 探针检测苹果茎痘病毒	杨俊玲	植物病理学报	2006/05
545	苹果果实单宁 Folin-Denis 测定法	李　静	中国果树	2006/05
546	循环经济模式下的生态果园建设与有机果品开发探讨	沈贵银	中国果树	2006/06
547	我国苹果种质资源研究现状与展望	刘凤之	果树学报	2006/06
548	制汁用苹果品质评价体系探讨	聂继云	果树学报	2006/06
549	梨矮化砧木新品种 '中矮 2 号'	姜淑苓	园艺学报	2006/06
550	PRI 抗苹果黑星病苹果品种简介	王　昆	中国果树	2006/06
551	苹果新种质 B96-1 的选育及其抗性评价初报	杨振英	中国果树	2006/06
552	Identification of a RNA-silenciong suppressor in the genome of Grapevine virus A	周宗山	*Journal of General Virology*	2006/87
553	适宜日光温室栽培梨品种筛选	姜淑苓	中国果树	2007/01
554	梨栽培品种 SSR 鉴定及遗传多样性	曹玉芬	园艺学报	2007/02
555	落叶果树无休眠栽培的原理与技术体系	王海波	果树学报	2007/02
556	苹果属种质资源亲缘关系的 SSR 分析	高　源／刘凤之	果树学报	2007/02
557	酿酒用苹果品质评价指标浅析	聂继云	北方园艺	2007/02
558	打破落叶果树芽休眠的措施	王海波／刘凤之	中国果树	2007/02
559	8 种杀菌剂防治苹果斑点落叶病试验	吴玉星	中国果树	2007/02
560	苹果花药培养植株倍性及其纯合基因型的鉴定	张利义	园艺学报	2007/02
561	几种杀虫剂对梨木虱田间防治效果的评价	仇贵生	植物保护	2007/02
562	我国果品生产在国际标准质量认证中的策略研究	巩文红	中国南方果树	2007/03
563	苹果品质和质量安全问题与对策	聂继云	中国果树	2007/03
564	梨新品种及其亲本的 AFLP 分析	王　斐／方成泉	园艺学报	2007/04
565	我国主要果树种质资源研究的回顾与展望	贾定贤	中国果树	2007/04
566	沙地葡萄茎痘相关病毒 RT-PCR 检测	董雅凤	果树学报	2007/05
567	苹果种质资源主要描述标准比较分析	王　昆	果树学报	2007/05
568	我国苹果产业科技需求与发展对策	程存刚	中国果树	2007/05
569	苹果种质资源果实数量性状评价分析	王　昆	中国果树	2007/05
570	Folin-Ciocalteus 法测定葡萄和葡萄酒中的总多酚	李　静	中国南方果树	2007/06

序号	篇 名	第一作者/通讯作者	刊 名	年/期
571	我国主要果树育种的问题及建议	贾定贤	中国果树	2007/06
572	良好农业规范在果树生产中的应用	张红军	中国果树	2007/06
573	辽西苹果主产区无公害病虫防控技术	康国栋	中国果树	2007/06
574	梨早熟抗病新品系早金香的选育	姜淑苓	中国果树	2007/06
575	农业企业主导的农业推广服务特点与模式分析	沈贵银	中国科技论坛	2007/11
576	分散固相萃取－气相色谱法测定水果中辛硫磷农药残留量	李 静	中国果树	2008/01
577	辽宁葫芦岛保护地甜瓜丰产栽培技术	牟哲生	中国果树	2008/01
578	水分胁迫对苹果不同品种光合特性的影响	康国栋	吉林农业大学学报	2008/01
579	不同包装方式与1-MCP处理对苹果保鲜效果的影响	王志华	江苏农业科学	2008/01
580	水果中多菌灵农药残留检测方法的比较与基质效应研究	陈 莹/丛佩华	分析试验室	2008/S1
581	阿维菌素对苹果绣线菊蚜的防治作用及对果园天敌的影响	仇贵生	环境昆虫学报	2008/02
582	我国苹果多菌灵和噻菌灵的残留鉴定	陈 莹/丛佩华	中国果树	2008/02
583	苹果品种/类型的毛细管区带电泳法鉴别	田 义	安徽农业大学学报	2008/02
584	专家系统在我国果树植保中的应用评价	胡成志	中国果树	2009/01
585	落叶果树的需冷量和需热量	王海波	中国果树	2009/02
586	辽宁蓝莓病害的发生调查	窦连登	中国果树	2009/02
587	不同需冷量桃品种芽休眠诱导期间的生理变化	王海波	果树学报	2009/04
588	6个李品种的引种试验	张静茹	中国果树	2009/04
589	枯草芽孢杆菌防治果实采后病害的研究进展	张彩霞	果树学报	2009/05
590	不同温度和CO_2体积分数对丰水梨采后生理指标的影响	王志华	果树学报	2009/05
591	苹果极早熟品种春香引种初报	王 昆	中国果树	2009/05
592	7种杀菌剂防治苹果炭疽病田间药效试验	迟福梅	中国果树	2009/05
593	非酶重量法测定水果中的总膳食纤维含量	王孝娣	中国果树	2009/05
594	花粉直感对黑宝石李果实品质的影响	张静茹	果树学报	2009/06
595	越橘品种达柔在山东胶南的栽植表现	张红军	中国果树	2009/06
596	花粉直感对黑宝石李果实品质的影响	张静茹	果树学报	2009/06
597	网络硬盘在稿件处理中的应用	胡成志	中国科技期刊研究	2009/09
598	提高农学论文关键词的编辑加工质量	翁维义	编辑学报	2009/10
599	与我国果树业同步发展——《中国果树》创刊50周年回顾	赵进春	中国科技期刊研究	2009/11
600	3种苹果潜隐病毒多重RT-PCR检测体系的建立	范旭东/董雅凤	园艺学报	2009/12
601	基质分散固相萃取－高效液相色谱法测定水果中的异菌脲残留量	吴春红/聂继云	食品科学	2009/14
602	梨优良品种制汁性能研究	夏玉静/王文辉	食品科学	2009/23

续表

序号	篇　名	第一作者/通讯作者	刊　名	年/期
603	库尔勒香梨萼端黑斑病发生的原因	贾晓辉/王文辉	果树学报	2010/04
604	华红苹果贮藏适宜采收期研究	贾晓辉/王文辉	中国果树	2010/04
605	梨抗黑星病 AFLP 标记筛选	董星光/方成泉	植物病理学报	2010/05
606	苹果园 3 种害螨的种间效应研究	闫文涛	果树学报	2010/05
607	应用 TP-M13-SSR 技术鉴定苹果品种	高　源/刘凤之	果树学报	2010/05
608	苹果品种华脆果实制汁性评价研究	康国栋/丛佩华	中国果树	2010/05
609	葡萄根瘤蚜共生细菌分离与分子生物学鉴定	徐成楠/周宗山	中国果树	2010/05
610	辽西地区苹果树腐烂病调查	吴玉星/周宗山	中国果树	2010/06
611	我国葡萄产业现状与存在问题及发展对策	王海波/刘凤之	中国果树	2010/06
612	果树常见灾害及防灾减灾技术	赵德英/程存刚	中国果树	2010/06
613	梨品种果肉石细胞含量比较研究	曹玉芬	园艺学报	2010/08
614	网络时代农业技术类期刊的办刊思路	翁维义	中国科技期刊研究	2010/09
615	黄色苹果新品种'华月'	杨振英/丛佩华	园艺学报	2010/11
616	短时间高温处理下桃树活性氧代谢与桃芽自然休眠解除的关系	王孝娣/刘凤之	应用生态学报	2010/11
617	温度和乙烯对京白梨后熟进程及其品质的影响	贾晓辉/王文辉	食品科学	2010/16
618	三个梨树中间砧木对嫁接树的矮化效应	姜淑苓	中国农业科学	2010/23
619	丰水梨自发气调及近冰温贮藏保鲜试验研究	王志华/王文辉	食品科学	2010/24
620	苹果新品种'华脆'的选育	康国栋/丛佩华	果树学报	2011/01
621	梨新品种'早金香'的选育	姜淑苓	果树学报	2011/01
622	6 个梨品种在河北廊坊老梨区高接换种丰产试验	姜淑苓	中国果树	2011/01
623	树盘覆黑膜对梨树生长及矿质营养含量的影响	王　斐/姜淑苓	中国果树	2011/01
624	设施葡萄常用品种的需冷量、需热量及 2 者关系研究	王海波/刘凤之	果树学报	2011/01
625	基质效应对气相色谱法检测苹果和梨中有机磷农药的影响	徐国锋/聂继云	果树学报	2011/01

序号	篇 名	第一作者/通讯作者	刊 名	年/期
626	苹果离体叶片植株再生研究进展	郝红梅	中国果树	2011/01
627	苹果树腐烂病病菌分生孢子获取方法研究	周宗山	中国果树	2011/02
628	TP-M13-SSR 技术在梨遗传多样性研究中的应用	高 源/曹玉芬	果树学报	2011/03
629	梨矮化砧木中矮 1 号 GA20-氧化酶基因正反义表达载体的构建	宣利利/姜淑苓	中国果树	2011/03
630	设施栽培红灯樱桃的生物有机肥施用效果	王孝娣/刘凤之	中国果树	2011/03
631	葡萄病毒 A 研究进展	周宗山	中国果树	2011/03
632	我国葡萄主栽区卷叶病相关病毒种类的检测分析	董雅凤	果树学报	2011/03
633	1-MCP 结合降温方法对鸭梨采后生理和果心褐变的影响	王志华/王文辉	果树学报	2011/03
634	不同采收期澳洲青苹果实 1-MCP 贮藏保鲜效果研究	王志华/王文辉	中国食品学报	2011/03
635	利用期刊数据库提高论文参考文献编辑质量	胡成志	中国科技期刊研究	2011/03
636	日本梨树生产及育种概况	姜淑苓	中国果树	2011/04
637	梨矮化砧木中矮 1 号 GA20-氧化酶基因克隆与表达分析	宣利利/姜淑苓	果树学报	2011/05
638	葡萄喷施氨基酸硒叶面肥试验	王海波/刘凤之	中国果树	2011/05
639	欧李炭疽病病原菌鉴定	周宗山	植物病理学报	2011/05
640	我国水果农药残留限量标准	聂继云	中国果树	2011/05
641	辽西地区富士苹果质量调查分析	杨振锋	中国果树	2011/05
642	苹果属 10 个观赏种质主要性状简报	王 昆	中国果树	2011/06
643	8 个西洋梨品种在北京大兴的表现	姜淑苓	中国果树	2011/06
644	设施葡萄对硒的吸收运转及积累特性初探	王海波/刘凤之	果树学报	2011/06
645	欧李褐腐病病原菌鉴定	徐成楠/周宗山	植物病理学报	2011/06
646	8 种杀虫剂防治苹果园桃小食心虫试验	张怀江	中国果树	2011/06
647	华金苹果贮藏适宜采收期研究	佟 伟/王文辉	中国果树	2011/06
648	农学期刊应重视植物病虫害中文名的规范使用	胡成志	编辑学报	2011/06
649	2010 年获得美国专利的树莓新品种简介	郝红梅	中国果树	2011/06
650	梨品种果肉石细胞团大小对果肉质地的影响	田路明/曹玉芬	园艺学报	2011/07
651	苹果全爪螨的空间分布格局及时序动态	闫文涛	应用生态学报	2011/11

续表

序号	篇 名	第一作者/通讯作者	刊 名	年/期
652	Genetic diversity of cultivated and wild Ussurian Pear (*Pyrus ussuriensis* Maxim.) in China evaluated with M13-tailed SSR markers	曹玉芬	*Genet Resour Crop Evol*	2012
653	Identification of Chinese White Pear Cultivars using SSR markers	田路明 / 曹玉芬	*Genet Resour Crop Evol*	2012
654	辽宁绥中苹果冰雹灾害调查	赵德英	中国果树	2012/01
655	辽西地区苹果黑点病发生调查	周宗山	中国果树	2012/01
656	东北山樱根浸提液对幼苗生长和根系呼吸代谢的影响	李志霞	果树学报	2012/01
657	氨基酸硒叶面肥在梨树上的应用试验	王 斐	中国果树	2012/02
658	生草苹果园抽条原因探讨及防控技术研究	李 壮	中国果树	2012/02
659	雹灾苹果园树势和产量恢复试验	赵德英	中国果树	2012/02
660	渤海湾苹果产区主要病虫害发生动态及综合防治策略	仇贵生	中国果树	2012/02
661	苹果品种果实果胶含量及分级标准研究	闫 震 / 聂继云	中国果树	2012/02
662	Dynamic of apple tree endogenous phytohormones in the process of *in vitro* infection by *Alternaria alternate* apple pathotype	丛佩华	*Australasian Plant Pathology*	2012/03
663	苹果叶片总蛋白提取及其双向电泳分析	张彩霞 / 丛佩华	果树学报	2012/03
664	设施栽培桃喷施氨基酸系列叶面肥试验	王孝娣 / 王海波	中国果树	2012/03
665	苹果园二斑叶螨的经济为害水平	仇贵生	植物保护学报	2012/03
666	设施促早栽培适宜葡萄品种的筛选与评价	刘凤之	中国果树	2012/04
667	我国梨主产区部分品种果实可溶性固形物含量和硬度分析	王文辉	中国果树	2012/04
668	新鲜水果食品添加剂种类及使用准则	聂继云	中国果树	2012/04
669	设施葡萄品种连年丰产能力与光合生理特性关系研究	刘凤之	果树学报	2012/05
670	蓝莓枝干溃疡病病原鉴定	徐成楠 / 周宗山	植物病理学报	2012/05
671	生长期喷施氨基酸硒叶面肥对苹果树腐烂病的控制作用研究	吴玉星 / 周宗山	中国果树	2012/05
672	葡萄 4 种病毒多重 RT-PCR 检测体系的建立	范旭东 / 董雅凤	园艺学报	2012/05
673	苹果实时荧光定量 PCR 分析中内参基因的筛选	丛佩华	果树学报	2012/06
674	8 个梨品种主要性状简介	姜淑苓	中国果树	2012/06
675	辽西丘陵地区早酥梨园不同覆盖方法效应的研究	赵德英	中国果树	2012/06
676	黑龙江李种质资源抗寒性评价	张静茹	中国果树	2012/06
677	货架温度对砀山酥梨黑皮病及生理指标的影响	王志华	中国果树	2012/06
678	农业科技论文中几组气象学术语的正确表达	胡成志	编辑学报	2012/06

序号	篇 名	第一作者/通讯作者	刊 名	年/期
679	利用 SSR 荧光标记构建 92 个梨品种指纹图谱	高 源/曹玉芬	园艺学报	2012/08
680	苹果全爪螨在吉尔吉斯与金冠苹果上的实验种群两性生命表	仇贵生	昆虫学报	2012/10
681	基于 159 个品种的苹果鲜榨汁风味评价指标研究	聂继云	园艺学报	2012/10
682	酿酒与砧木兼用葡萄新品种'华葡 1 号'	王海波/刘凤之	园艺学报	2012/11
683	梨矮化砧木新品种'中矮 3 号'	姜淑苓	园艺学报	2012/12
684	苹果理化品质评价指标研究	聂继云	中国农业科学	2012/14
685	我国果园机械研发与应用概述	王海波/郝志强	果树学报	2013/01
686	我国葡萄栽培科研进展	王海波/刘凤之	中国果树	2013/01
687	葡萄试管苗热处理脱毒技术研究	张尊平/董雅凤	中国果树	2013/01
688	我国与主要贸易国苹果农药最大残留限量标准对比	李志霞/聂继云	中国果树	2013/01
689	我国苹果种质资源基础研究进展	王 昆	中国果树	2013/02
690	辽宁绥中地方梨种质的 SRAP 分析	齐 丹/曹玉芬	中国果树	2013/02
691	2011—2012 年获得美国专利的蓝莓新品种	张红军	中国果树	2013/02
692	氨基酸硒液体肥在设施桃上的应用效果	王孝娣/王海波	中国土壤与肥料	2013/02
693	补光对设施葡萄果实品质及叶片质量的影响	郑晓翠/刘凤之	中国果树	2013/02
694	越橘葡萄座腔菌枝枯病的病原菌鉴定	徐成楠/周宗山	园艺学报	2013/02
695	葡萄病毒脱除技术研究进展	胡国君/董雅凤	果树学报	2013/02
696	2011—2012 年获得美国专利的蓝莓新品种	郝红梅	中国果树	2013/02
697	不同气体组分对采后园黄梨果心褐变和品质的影响	丁丹丹	中国果树	2013/02
698	苹果果实发育期绿原酸含量分析	丛佩华	中国果树	2013/03
699	矮化中间砧对华红苹果致矮机理初探	程存刚	中国果树	2013/03
700	适于机械化生产的桃树新树形扶干主干形及其配套机械	王孝娣/王海波	中国果树	2013/03
701	1-MCP 对巨峰葡萄贮藏效果研究	王宝亮	中国果树	2013/03
702	花序整形对夏黑葡萄产量与果实品质的影响	王宝亮/刘凤之	中国果树	2013/03
703	First report of *Colletotrichum acutatum* associated with stem blight of blueberry plants in China	徐成楠/周宗山	*Plant Disease*	2013/03

序号	篇 名	第一作者/通讯作者	刊 名	年/期
704	First report of *Grapevine virus E* from China	范旭东/董雅凤	*Journal of Plant Pathology*	2013/03
705	沙地葡萄茎痘相关病毒的 RT-LAMP 检测方法	范旭东/董雅凤	植物病理学报	2013/03
706	梨轮纹病研究进展	田路明/曹玉芬	中国果树	2013/04
707	氨基酸硒叶面肥在红富士苹果上的应用试验	李 敏/程存刚	中国果树	2013/04
708	基质固相分散萃取 - 高效液相色谱法测定葡萄中赤霉素 GA3 残留量	李海飞/聂继云	中国果树	2013/04
709	梨品种制汁性能的主成分分析与综合评价	董星光/曹玉芬	中国果树	2013/05
710	梨贝壳杉烯酸氧化酶基因 *PcKAO1* 的克隆与表达分析	欧春青/姜淑苓	园艺学报	2013/05
711	苹果苗夏季贴皮芽接技术	张静茹	中国果树	2013/05
712	Age-stage two-sex life tables of *Panonychus ulmi*（Acari:Tetranychidae），on different apple varietie	仇贵生	*Journal of Economic Entomology*	2013/05
713	我国水果农药残留限量新标准及其解析	聂继云	中国果树	2013/05
714	苹果品种蜜脆在辽宁葫芦岛的引种表现	王大江/王 昆	中国果树	2013/06
715	75% 肟菌酯·戊唑醇防治苹果病害及改善果实品质作用研究	李 敏/程存刚	中国果树	2013/06
716	辽西地区苹果苗木质量调查与分析	程存刚	中国果树	2013/06
717	葡萄不同品种对设施环境的适应性	王海波/刘凤之	中国农业科学	2013/06
718	葡萄芽自然休眠期间的呼吸代谢变化	王海波/刘凤之	中国农业科学	2013/06
719	意大利鲜食葡萄栽培及优质健康果树苗木认证生产体系	王海波/刘凤之	中国果树	2013/06
720	First report of stem and leaf anthracnose on blueberry caused by *Colletotrichum gloeosporioides* in China	徐成楠/周宗山	*Plant Disease*	2013/06
721	鸭梨内膛及外围果实采后品质指标比较及其与黑心病发病率的关系	佟 伟/王文辉	果树学报	2013/06
722	落叶果树种质资源保存方法评析	米文广	中国果树	2013/06
723	苹果新品种华月	王 强/丛佩华	中国果树	2013/06
724	绣线菊蚜对苹果成熟/幼嫩叶片的选择性与适生性	仇贵生	应用生态学报	2013/07
725	苹果鲜榨汁品质评价体系构建	聂继云	中国农业科学	2013/08

序号	篇　名	第一作者 / 通讯作者	刊　名	年 / 期
726	葡萄抗病毒转基因研究进展	任　芳 / 董雅凤	园艺学报	2013/09
727	带叶休眠对休眠解除期间葡萄芽呼吸代谢的影响	王海波 / 刘凤之	园艺学报	2013/10
728	短枝型苹果赤霉素受体基因 *MdGID1a* 及其启动子克隆和表达分析	宋　杨	园艺学报	2013/11
729	几丁质触发植物免疫的研究现状与展望	田　义 / 丛佩华	中国农业科学	2013/15
730	苹果品种用于加工鲜榨汁的适宜性评价（EI 收录）	聂继云	农业工程学报	2013/17
731	Proteome analysis for antifungal effects of *Bacillus subtilis* KB-1122 on *Magnaporthe grisea* P131.	张彩霞	*World J Microbiol Biotech.*	2014
732	Genome-wide identification and analysis of the MADS-box gene family in apple.	田　义 / 丛佩华	*Gene.*	2014
733	CND 法在'富士'苹果叶营养诊断上的应用研究	范元广 / 程存刚	植物营养与肥料学报	2014
734	Efficiency of virus elimination from potted apple plants by thermotherapy coupled with shoot-tip grafting	胡国君 / 董雅凤	*Australasian Plant Pathology*	2014
735	越橘地下痕量灌溉技术初步研究	张红军	中国果树	2014/01
736	CAC 和我国果品及其制品污染物和毒素限量标准比较	聂继云	中国果树	2014/01
737	Complete nucleotide sequence of a new isolate of *Grapevine virus B* from China	胡国君 / 董雅凤	*Journal of Plant Pathology*	2014/02
738	我国部分地区沙地葡萄茎痘相关病毒分离物外壳蛋白序列变异分析	朱红娟 / 董雅凤	植物保护学报	2014/02
739	2013 年我国梨产销和收贮情况调查分析	王文辉	中国果树	2014/02
740	华红苹果树根系分布特征研究	李　壮 / 程存刚	中国果树	2014/03
741	辽西红富士苹果叶片矿质营养分析及诊断研究	范元广 / 程存刚	中国果树	2014/03
742	35% 氯虫苯甲酰胺水分散粒剂对梨木虱的防效研究	张怀江 / 仇贵生	中国果树	2014/03
743	葡萄 A 病毒外壳蛋白原核表达及抗血清制备	任　芳 / 董雅凤	植物病理学报	2014/03
744	我国育成梨品种特点分析及展望	王　斐 / 姜淑苓	中国果树	2014/04
745	植物源有机物料对果园土壤微生物群落多样性的影响	程存刚	植物营养与肥料学报	2014/04
746	限根栽培下不同栽培基质对 3 种苹果园土壤的改良效应	王鹏程 / 赵德英	中国果树	2014/04
747	苹果叶片应答斑点落叶病菌胁迫的蛋白质组学分析	张彩霞 / 丛佩华	植物病理学报	2014/04

续表

序号	篇　名	第一作者/通讯作者	刊　名	年/期
748	TPA 试验测试苹果整果质地的研究	杨　玲/丛佩华	中国果树	2014/04
749	我国南方砂梨主产区主栽品种果实品质因子分析及综合评价	董星光/曹玉芬	果树学报	2014/05
750	北方优势产区梨品种果实品质评价	田路明/曹玉芬	中国果树	2014/05
751	适宜加工用苹果品种 TP-M13-SSR 指纹图谱构建及遗传关系分析	高　源/王　昆	园艺学报	2014/05
752	质地多面分析（TPA）法测定苹果果肉质地特性	杨　玲/丛佩华	果树学报	2014/05
753	设施栽培条件下'夏黑'葡萄花芽分化规律及环境影响因子研究	赵君全/王海波	果树学报	2014/05
754	'泽西'越橘 VcDFR 基因的克隆与表达分析	宋　杨/张红军	果树学报	2014/05
755	蓝莓葡萄座腔菌枝枯病研究进展	徐成楠/周宗山	中国果树	2014/05
756	不同苹果品种对桃小食心虫生长发育和繁殖的影响	张怀江/仇贵生	植物保护学报	2014/05
757	辽西苹果园三种地面管理模式对土壤理化性状和昆虫群落的影响	闫文涛/仇贵生	果树学报	2014/05
758	葡萄病毒 E 分子检测及基因序列分析	范旭东/董雅凤	植物病理学报	2014/05
759	葡萄病毒分子检测技术研究进展	范旭东/董雅凤	园艺学报	2014/05
760	新疆库尔勒香梨贮藏保鲜情况调查	贾晓辉	中国果树	2014/05
761	我国苹果产业发展分析与建议	李志霞/聂继云	中国果树	2014/05
762	施用氨基酸硒肥对梨体内硒含量的影响	王　斐	植物营养与肥料学报	2014/06
763	抗苹果枝干轮纹病新品系 B98-48	王　强/丛佩华	中国果树	2014/06
764	设施促早栽培夏黑葡萄更新修剪萌发新梢不同节位冬芽成花规律研究	王海波/刘凤之	中国果树	2014/06
765	越橘品种资源亲缘关系的 ISSR 分析	宋　杨/张红军	中国果树	2014/06
766	苹果 MADS-box 转录因子的生物信息学及其在不同组织中的表达	董庆龙/周宗山	中国农业科学	2014/06
767	6 种杀虫剂对苹果园苹褐带卷蛾的田间防效	孙丽娜/仇贵生	植物保护	2014/06
768	苹果脱毒技术研究进展	胡国君/董雅凤	植物保护	2014/06

序号	篇　名	第一作者/通讯作者	刊　名	年/期
769	低温贮藏后出库温度对货架期酥梨果实品质及生理指标的影响	王志华/王文辉	果树学报	2014/06
770	山西砀山酥梨适宜采收成熟度研究	王志华	中国果树	2014/06
771	基于叶绿体 DNA 分析的辽宁省梨属种质遗传多样性研究	曹玉芬	园艺学报	2014/07
772	中晚熟苹果新品种"华苹"	张利义	园艺学报	2014/08
773	葡萄病毒研究最新进展	任　芳/董雅凤	园艺学报	2014/09
774	大果优质多倍体梨新品种'华幸'	王　斐	园艺学报	2014/11
775	鲜食观赏兼用李新品种'一品丹枫'	陆致成/张静茹	园艺学报	2014/12
776	相对湿度对苹小卷叶蛾实验种群的影响	孙丽娜/仇贵生	应用生态学报	2014/12
777	不同低温贮藏对砀山酥梨货架期组织褐变和品质的影响	王志华/王文辉	园艺学报	2014/12
778	苹果 *LysM* 基因家族的生物信息学及表达分析	周　喆/丛佩华	中国农业科学	2014/13
779	苹果农药残留风险评估	聂继云	中国农业科学	2014/18
780	蓝莓炭疽病病原菌鉴定及致病性测定	徐成楠/周宗山	中国农业科学	2014/20
781	基于 TPA 测试法对不同苹果品种果肉质构特性的研究	杨玲/丛佩华	食品科学	2014/21
782	新梢内源激素变化对设施葡萄花芽孕育的影响	王海波/刘凤之	中国农业科学	2014/23
783	苹果抗性相关的谷胱甘肽转移酶基因 MdGSTU1 的生物信息学和表达分析	安秀红/程存刚	中国农业科学	2014/24
784	Detection and sequence analysis of *Grapevine virus B* isolates from China	胡国君/董雅凤	*Acta Virologica*	2014/58
785	Genetic diversity of *Malus* cultivars and wild relatives in the Chinese National Repository of Apple Germplasm Resources	高　源/王　昆	*Tree Genetics & Genomes*	2015
786	Proteome analysis of pathogen-responsive proteins from apple leaves induced by the Alternaria blotch *Alternaria alternate*	张彩霞/丛佩华	*Plos One*	2015
787	An RNA-Seq analysis of the pear（*Pyrus communis* L.）transcriptome, with a focus on genes associated with dwarf	欧春青/姜淑苓	*Plant Gene*	2015
788	Molecular characterization of a ryanodine receptor gene from *Spodoptera exigua* and its upregulation by chlorantraniliprole	孙丽娜	*Pesticide Biochemistry and Physiology*	2015
789	*Bacillus amyloliquefaciens* GB1 can effectively control apple valsa canker	张俊祥/周宗山	*Biological Control*	2015
790	Species-specific PCR-based assays for identification and detection of Botryosphaeriaceae species causing stem blight on Blueberry in China	徐成楠/周宗山	*Journal of Integrative Agriculture*	2015

序号	篇　名	第一作者／通讯作者	刊　名	年／期
791	Identification and distribution of Botryosphaeriaceae species associated with blueberry stem blight in China	徐成楠／曹克强	*European Journal of Plant Pathology*	2015
792	First Report of *Grapevine Pinot gris virus* from grapevines in China	范旭东／董雅凤	*Plant Disease*	2015
793	鲜食观赏兼用李新品种——'一品丹枫'的选育	陆致成／张静茹	果树学报	2015/01
794	不同覆盖方式对梨园土壤物理性状和树体生长的影响	徐锴／赵德英	中国果树	2015/01
795	苹小卷叶蛾在四种寄主植物上的生长发育及繁殖	孙丽娜／仇贵生	昆虫学报	2015/01
796	Molecular characterizations of two grapevine rupestris stem pitting-associated virus isolates from China	胡国君／董雅凤	*Arch Virol*	2015/01
797	高渗 CO_2 和 PE 保鲜袋对冷藏及货架期'砀山酥梨'果实品质的影响	王志华／王文辉	果树学报	2015/01
798	不同覆盖方式对梨园土壤物理性状和树体生长的影响	徐锴／赵德英	中国果树	2015/01
799	糖酸组分及其对水果风味影响研究进展	郑丽静／聂继云	果树学报	2015/02
800	皮诺瓦苹果在辽宁葫芦岛的表现及栽培技术要点	王大江／王昆	中国果树	2015/02
801	苹果中晚熟新品种华苹的选育	张彩霞／丛佩华	中国果树	2015/02
802	适合转录组测序的苹果果实 RNA 提取方法的筛选	宋成／丛佩华	中国果树	2015/02
803	中国 3 个主要梨砧木资源木质部导管分子结构及分布比较	董星光／曹玉芬	植物学报	2015/02
804	辽西'富士'苹果 CND 法营养诊断研究	范元广／程存刚	植物营养与肥料学报	2015/02
805	施硒和 6-BA 对葡萄叶片衰老与活性氧代谢的影响	王帅／王海波	果树学报	2015/02
806	蓝莓枝枯病菌 *Botryosphaeria dothidea* 的寄主范围研究	徐成楠／周宗山	中国果树	2015/02
807	Virus elimination from *in vitro* apple by thermotherapy combined with chemotherapy	胡国君／董雅凤	*Plant Cell, Tissue and Organ Culture* (*PCTOC*)	2015/02
808	新型 1-MCP 缓释粉剂对新红星苹果贮藏效果研究	佟伟／王文辉	中国果树	2015/02
809	苹果枝条表皮应答轮纹病菌侵染的蛋白质组学分析	张彩霞／丛佩华	植物病理学报	2015/03
810	苹果果肉总蛋白提取及双向电泳分析	张彩霞／丛佩华	中国果树	2015/03

序号	篇 名	第一作者 / 通讯作者	刊 名	年 / 期
811	红地球葡萄果实生长期叶片和叶柄的养分动态变化	毋永龙 / 聂继云	中国果树	2015/03
812	4 个日本苹果优良品种主要性状	米文广 / 程存刚	中国果树	2015/03
813	苹果中晚熟新品系 B98-50 的选育	王 强 / 丛佩华	中国果树	2015/04
814	梨矮化砧木'中矮 1 号'生长素氢转运体基因 PcAHS 及其启动子的克隆与表达分析	汤常永 / 姜淑苓	园艺学报	2015/04
815	寒富苹果化学药剂疏花疏果试验	厉恩茂 / 程存刚	中国果树	2015/04
816	酵母 pac1 基因介导对葡萄 B 病毒的抗性	任 芳 / 董雅凤	植物保护学报	2015/04
817	'库尔勒香梨'花萼端不同形状果实的矿质元素和内源激素含量比较 .	贾晓辉 / 王文辉	园艺学报	2015/04
818	采收期对红香酥梨果实贮藏品质的影响	王志华	中国果树	2015/04
819	QuEChERS 方法联合高效液相色谱法测定测定水果中 5 种农药残留研究	李海飞 / 聂继云	中国果树	2015/04
820	苹果地方品种资源苹果斑点落叶病抗性调查与评价	王 昆	中国果树	2015/05
821	寒富苹果花药培养植株的获得及鉴定	田 义 / 丛佩华	中国果树	2015/05
822	中国野生山梨叶片形态及光合特性	董星光 / 曹玉芬	应用生态学报	2015/05
823	不同中间砧木对早酥梨的矮化效应研究	欧春青 / 姜淑苓	中国果树	2015/05
824	不同改造方式对苹果树冠微气候和产量品质的影响	李 敏 / 李 壮	中国果树	2015/05
825	氨基酸硒对桃设施栽培环境适应性的影响	王孝娣 / 王海波	中国土壤与肥料	2015/05
826	越橘建园过程中的关键控制点分析	张红军	中国果树	2015/05
827	苹果可溶性糖组分及其含量特性的研究	郑丽静 / 聂继云	园艺学报	2015/05
828	苹果属植物树皮组织总蛋白提取及分离方法的建立	张彩霞 / 丛佩华	植物学报	2015/06
829	苹果属植物寄主应答病原菌胁迫的蛋白质组学研究进展	张彩霞 / 丛佩华	植物保护	2015/06
830	梨叶片中 9 种多酚类物质的 UPLC 测定方法	郑迎春 / 曹玉芬	果树学报	2015/06
831	有机物料对土壤肥力因子及苹果幼树生长发育的影响	赵德英 / 程存刚	中国果树	2015/06
832	酿酒葡萄品种贵人香合理负载量研究	史祥宾 / 刘凤之	中国果树	2015/06

序号	篇　名	第一作者/通讯作者	刊　名	年/期
833	红光和蓝光对葡萄叶片衰老与活性氧代谢的影响	王　帅/刘凤之	园艺学报	2015/06
834	基于文献计量学的桃小食心虫研究动态分析	孙丽娜/仇贵生	果树学报	2015/06
835	7 种阿维菌素复配剂对苹果全爪螨的田间防效评价	闫文涛/仇贵生	中国果树	2015/06
836	Ectopic expression of subunit A of Vacuolar H⁺-ATPase from apple enhances salt tolerance in Tobacco Plants	董庆龙/姚玉新	*Russion Journal of Plant Physiology*	2015/06
837	自然生草对华红苹果采后品质及耐贮性的影响	贾晓辉/王文辉	中国果树	2015/06
838	'春雪'桃膨大期喷施多效唑对果实品质的影响	闫　震/聂继云	中国果树	2015/06
839	Genetic diversity and recombination analysis of grapevine leafroll-associated virus 1 from China	范旭东/王国平	*Archives of Virology*	2015/07
840	桃小食心虫鱼尼丁受体基因克隆及表达模式分析	孙丽娜/仇贵生	中国农业科学	2015/10
841	Food consumption and utilization of *Hippodamia variegata*（Coleoptera: Coccinellidae）is related to host plant species of its prey, *Aphis gossypii*	李艳艳	昆虫学报	2015/10
842	碳水化合物、矿质元素及活性氧代谢对富士苹果水心的影响	杜艳民/王文辉	园艺学报	2015/10
843	苹果 MdMYB9、MdMYB11 表达及其蛋白互作分析	安秀红/程存刚	中国农业科学	2015/11
844	Risk assessment and ranking of pesticide residues in Chinese pears	李志霞/聂继云		2015/11
845	超高效液相色谱-串联质谱法测定水果中乙撑硫脲残留	叶孟亮/聂继云	分析测试学报	2015/11
846	Detection and Sequence Analysis of *Grapevine Leafroll-Associated Virus 2* Isolates from China	范旭东/董雅凤	*Journal of Phytopathology*	2015/11-12
847	越橘果实转录组及 R2R3-MYB 转录因子分析	宋　杨/张红军	园艺学报	2015/12
848	'华红'苹果果肉的流变特性及其主成分分析	杨　玲/丛佩华	中国农业科学	2015/12
849	葡萄休眠的自然诱导因子及其对休眠诱导期冬芽呼吸代谢的调控	王海波/刘凤之	应用生态学报	2015/12
850	不同叶幕形对设施葡萄叶幕微环境、叶片质量及果实品质的影响	史祥宾/王海波	应用生态学报	2015/12
851	QuEChERS 净化 GC/ECD 测定苹果和柑橘中 4 种常用杀螨剂的残留	徐国锋/聂继云	分析测试学报	2015/12

序号	篇 名	第一作者/通讯作者	刊 名	年/期
852	QuEChERS 样品前处理方法联合在线 GPC-GC/MS 测定水果中 15 种三唑类农药残留量方法评估	李海飞/聂继云	分析测试学报	2015/12
853	苹果风味评价指标的筛选研究	郑丽静/聂继云	中国农业科学	2015/14
854	中国主要落叶果树果实硒含量及其膳食暴露评估	聂继云	中国农业科学	2015/15
855	葡萄冬芽自然休眠诱导期间的呼吸代谢变化	王海波/刘凤之	中国农业科学	2015/16
856	苹果 WRKY 基因家族生物信息学及表达分析	谷彦冰/周宗山	中国农业科学	2015/16
857	Detection and genetic variation analysis of *Grapevine fanleaf virus*（GFLV）isolates in China	周 俊/董雅凤	*Arch Virol*	2015/11
858	苹果部分种质资源分子身份证的构建	高 源/王 昆	中国农业科学	2015/19
859	瑞都香玉葡萄果实挥发性成分在果实发育过程中的变化	张克坤/刘凤之	中国农业科学	2015/19
860	梨叶多酚提取的正交试验优化及其成分测定	郑迎春/曹玉芬	食品科学	2015/20
861	Comparative proteomic analysis of apple branches susceptible and resistant to ring rot disease	张彩霞/丛佩华	*European Journal of Plant Pathology*	2016
862	Comparative analysis of flower proteomes of two apple genotypes selected by their different resistance to alternaria alternate	张彩霞/丛佩华	*Current Proteomics*	2016
863	Effects of residue coverage on the characteristics of soil carbon pools in orchards	赵德英/程存刚	*Archives of Agronomy and Soil Science*	2016
864	Selection of morphological,physiological and biochemical indices: evaluating dwarfing apple interstocks in cold climate zones	赵德英/程存刚	*New Zealand Journal of Crop and Horticultural Science*	2016
865	Identification of Conidiogenesis-Associated Genes in *Colletotrichum gloeosporioides* by *Agrobacterium tumefaciens*-Mediated Transformation	吴建圆/张俊祥	*Curr Microbiol*	2016
866	Sublethal concentration of beta-cypermethrin influences fecundity and mating behavior of *carposina sasakii*（lepidoptera: carposinidae）adults	全林发/仇贵生	*Journal of Economic Entomology*	2016
867	Complete nucleotide sequence of a new variant of grapevine fanleaf virus from northeastern China	周 俊/董雅凤	*Archives of Virology*	2016
868	Occurrence and genetic diversity of grapevine berry inner necrosis virus from grapevines in china	范旭东/董雅凤	*Plant Disease*	2016
869	Cumulative risk assessment of the exposure to pyrethroids through fruits consumption in China-Based on a 3-year investigation	李志霞/聂继云	*Food and Chemical Toxicology*	2016
870	Characterization of the ryanodine receptor gene with a unique 3'-UTR and alternative splice site from the Oriental Fruit Moth	孙丽娜/仇贵生	*Joournal of Insect Science*	2016/01

续表

序号	篇 名	第一作者/通讯作者	刊 名	年/期
871	辽西李属坏死环斑病毒检测及其多样性分析	李正男/董雅凤	植物病理学报	2016/01
872	1-MCP 对常温贮藏'红香酥'梨保鲜效果的影响	王志华/王文辉	中国果树	2016/01
873	苹果中乙撑硫脲膳食摄入风险的非参数概率评估	叶孟亮/聂继云	农业工程学报	2016/01
874	超高效液相色谱—串联质谱法检测水果中 6 种植物生长调节剂	闫 震/聂继云	园艺学报	2016/01
875	世界梨主产国产销概况及发展趋势分析	赵德英/程存刚	中国果树	2016/02
876	'意大利'葡萄设施延迟栽培挂树贮藏期间果实质地变化规律研究	张克坤/刘凤之	中国果树	2016/02
877	Red and blue lights significantly affect photosynthetic properties and ultrastructure of mesophyll cells in senescing grape leaves	王 帅/刘凤之	Horticultural Plant Journal（园艺学报英文版）	2016/02
878	自然生草对'贵人香'葡萄产量、品质与枝条抗寒性的影响	史祥宾/王海波	中国果树	2016/02
879	7 种杀虫剂对苹果园金纹细蛾的田间防效评价	闫文涛/仇贵生	中国果树	2016/02
880	梨矮化砧木新品种'中矮 5 号'	欧春青/姜淑苓	园艺学报	2016/03
881	近 10 年来国内外苹果产销分析	赵德英/程存刚	中国果树	2016/03
882	Species-specific PCR-based assays for identification and detection of Botryosphaeriaceae species causing stem blight on blueberry in China	徐成楠/周宗山	Journal of Integrative Agriculture	2016/03
883	桃 WRKY 基因家族全基因组鉴定和表达分析	谷彦冰/周宗山	遗传	2016/03
884	5 种杀菌剂对蓝莓枝枯病菌 Neofusicoccum parvum 的毒力测定及对病害的防效研究	徐成楠/周宗山	中国果树	2016/03
885	Effects of tetracycline and rifampicin treatments on the fecundity of the Wolbachia-Infected host, Tribolium confusum（Coleoptera: Tenebrionidae）	李艳艳	Journal of Economic Entomology	2016/03
886	葡萄扇叶病毒实时荧光定量 RT-PCR 检测方法的建立及应用	周 俊/董雅凤	园艺学报	2016/03
887	世界苹果、葡萄和梨产量、市场及贸易情况	孙平平/王文辉	中国果树	2016/03
888	6 个我国原产梨品种光合特性研究	董星光/曹玉芬	中国果树	2016/04
889	植物 TGA 转录因子研究进展	田 义/丛佩华	中国农业科学	2016/04

序号	篇　名	第一作者 / 通讯作者	刊　名	年 / 期
890	不同矮化中间砧嘎啦苹果幼树形态与不同径级根系养分累积分布特征	赵德英 / 程存刚	华北农学报	2016/04
891	不同矮化中间砧对苹果幼树根系形态及养分质量分数的影响	袁继存 / 赵德英	西北农业学报	2016/04
892	巨峰葡萄对硒元素的吸收运转规律	郑晓翠 / 刘凤之	中国土壤与肥料	2016/04
893	绿肥对'春雪'桃叶片质量及果实品质的影响	王孝娣 / 王海波	中国果树	2016/04
894	破眠剂 1 号对葡萄冬芽休眠解除及萌芽过程中呼吸代谢的影响	王海波 / 刘凤之	中国果树	2016/04
895	设施促早栽培下耐弱光能力不同的葡萄品种冬芽的花芽分化	王海波 / 刘凤之	园艺学报	2016/04
896	Health risks of consuming apples with carbendazim, imidacloprid, and thiophanatemethyl in the Chinese population: Risk assessment based on a nonparametric probabilistic evaluation model	叶孟亮 / 聂继云	*Human and Ecological Risk Assessment*	2016/04
897	砀山酥梨和秋白梨酚类物质 UPLC-PDA-MS/MS-ESI 分析	李　静 / 聂继云	园艺学报	2016/04
898	梨矮化中间砧新品种'中矮 4 号'的选育	姜淑苓	果树学报	2016/05
899	苹果和梨树培养茎尖抑制生长保存试验	米文广	中国果树	2016/05
900	'意大利'葡萄延迟栽培挂树贮藏期间果实品质的变化	张克坤 / 刘凤之	园艺学报	2016/05
901	印棟素乳油对梨小食心虫的防控效果研究	张怀江 / 刘小侠	应用昆虫学报	2016/05
902	Analysis of virus structure variants in before-and after-thermotherapy-treated apple plants	胡国君 / 董雅凤	*The Journal of Horticultural Science and Biotechnology*	2016/05
903	采收成熟度对'玉露香'梨果实品质和耐贮性的影响	贾晓辉 / 王文辉	果树学报	2016/05
904	不同矮化中间砧对'蜜脆'苹果植株生长及果实功能性成分含量影响的综合评价	王大江 / 王　昆	果树学报	2016/06
905	苹果叶片叶绿体分离及其蛋白提取、双向电泳方法的优化	肖　龙 / 丛佩华	果树学报	2016/06
906	苹果中晚熟新品系 B98-63 的选育	王　强 / 丛佩华	中国果树	2016/06
907	动态气调贮藏对甜樱桃果实品质的影响	佟　伟 / 王文辉	中国果树	2016/06
908	利用 TP-M13-SSR 标记构建苹果栽培品种的分子身份证	高　源 / 王　昆	园艺学报	2016/07
909	基于花表型性状的梨种质资源多样性研究	张　莹 / 曹玉芬	园艺学报	2016/07

续表

序号	篇 名	第一作者/通讯作者	刊 名	年/期
910	矮化红色梨新品种'中矮红梨'	姜淑苓	园艺学报	2016/07
911	Identification of a divergent variant of grapevine berry inner necrosis virus in grapevines showing chlorotic mottling and ring spot symptoms	范旭东/董雅凤	*Archives of Virology*	2016/07
912	苹果中4种常用农药残留及其膳食暴露评估	叶孟亮/聂继云	中国农业科学	2016/07
913	脆肉梨果实成熟过程中质地性状的变化	王 斐/姜淑苓	果树学报	2016/08
914	QuEChERS/气相色谱法测定水果中31种有机磷农药残留	徐国锋/聂继云	分析测试学报	2016/08
915	First report of Prunus necrotic ringspot virus infection of apple in China	胡国君/董雅凤	*Plant Disease*	2016/09
916	Assessing the concentration and potential health risk of heavy metals in China's main deciduous fruits	聂继云	*Journal of Integrative Agriculture*	2016/10
917	响应面法对3,5-二硝基水杨酸法测定水果中还原糖含量条件的优化	李志霞/聂继云	分析测试学报	2016/10
918	不同苹果品种采后果实质构的变化	杨 玲/丛佩华	果树学报	2016/11
919	苹果叶片应答轮纹病菌胁迫的叶绿体蛋白质组学分析	肖 龙/丛佩华	果树学报	2016/11
920	葡萄病毒B外壳蛋白原核表达及抗血清制备	任 芳/董雅凤	园艺学报	2016/11
921	First Report of *Grapevine redglobe virus*（GRGV）in Grapevines in China	范旭东/董雅凤	*Plant Disease*	2016/11
922	野生樱桃李果实多酚多样性分析	张静茹/陆致成	果树学报	2016/12
923	Determination of triazole fungicide residues in fruits by QuEChERS combined with ionic liquid-based dispersive liquid-liquid microextraction: optimization using response surface methodology	张耀海/聂继云	*Food Analytical Methods*	2016/12
924	苹果MdJAZ1基因表达及蛋白互作分析	安秀红	中国农业科学	2016/13
925	High-throughput sequencing of highbush blueberry transcriptome and analysis of basic helix-loop-helix transcription factors	宋 杨/刘凤之	*Journal of Integrative Agriculture*	2016/15
926	辽宁省4种主要水果矿质元素含量及其膳食暴露评估	匡立学/聂继云	中国农业科学	2016/20
927	不同颜色果袋对葡萄花青苷合成的调控	冀晓昊/刘凤之	中国农业科学	2016/22
928	自发气调包装对库尔勒香梨采后生理及贮藏品质的影响	贾晓辉/王文辉	中国农业科学	2016/24

序号	篇 名	第一作者/通讯作者	刊 名	年/期
929	不同贮藏温度对'玉露香'梨果实保绿效果和品质维持的影响	贾晓辉/王文辉	果树学报	2016/增刊
930	1-MCP 处理对几种脆肉梨果实贮藏品质及采后生理的影响	王 阳/王文辉	果树学报	2016 增刊
931	Using RNA-seq data to select reference genes for normalizing gene expression in apple roots	周 喆/丛佩华	*Plos One*	2017
932	Study on chloroplast DNA diversity of cultivated and wild pears (*Pyrus* L.) in Northern China	常耀军/曹玉芬	*Tree Genetics & Genomes*	2017
933	Comparative study on microbial community structure across orchard soil, cropland soil, and unused soil	程存刚/赵德英	*Soil and Water Research*	2017
934	Effects of residue coverage on the characteristics of soil carbon pools in orchards	赵德英/程存刚	*Archives of Agronomy and Soil Science*	2017
935	ABC protein CgABCF2 is required for asexual and sexual development, appressorial formation and plant infection in Colletotrichum gloeosporioides	周宗山/张俊祥	*Microbial Pathogenesis*	2017
936	Occurrence and genetic diversity analysis of apple stem pitting virus isolated from apples in China	胡国君/董雅凤	*Archives of Virology*	2017
937	Elimination of *Grapevine rupestris stem pitting-associated virus* from *Vitis vinifera* 'Kyoho' by an antiviral agent combined with shoot tip culture	胡国君/董雅凤	*Scientia Horticulturae*	2017
938	Isolation and characterization of *Bacillus amyloliquefaciens* L-1 for biocontrol of pear ring rot	孙平平/王文辉	*Horticulture Plant Journal*	2017
939	Complete genome sequence of *Bacillus velezensis* L-1, which has antagonistic activity against pear diseases	孙平平/王文辉	*Genome Announcements*	2017
940	Determination of mancozeb residue in fruit by derivatization and a modified QuEChERS method using ultraperformance liquid chromatography–tandem mass spectrometry	徐国锋/聂继云	*Analytical and Bioanalytical Chemistry*	2017
941	Variation and correlation analysis of polyphenolic compounds in Malus germplasm	王大江/王 昆	*The Journal of Horticultural Science and Biotechnology*	2017
942	'华月'苹果果实酸度、可溶性固形物含量与果实质构性状相关性分析	杨 玲/丛佩华	中国果树	2017/01
943	不同预冷方式对货架期甜樱桃果实品质的影响	崔建潮/王文辉	中国果树	2017/01
944	黄肉苹果转色期前后类胡萝卜素合成相关差异表达基因鉴定	宋成秀/张利义	园艺学报	2017/02
945	抗苹果斑点落叶病基因 Mal d 1 的克隆及功能鉴定	宗泽冉/张彩霞	园艺学报	2017/02
946	'华月'苹果花器官蛋白提取及表达谱分析	张彩霞/丛佩华	中国果树	2017/02

序号	篇　名	第一作者／通讯作者	刊　名	年／期
947	不同草种和生草方式对'春雪'桃果实品质的影响	王孝娣／王海波	中国果树	2017/02
948	富硒黄豆和绿豆芽苗菜生产工艺研究	史祥宾／王海波	食品科技	2017/02
949	2015 年辽宁省苹果园农药使用情况调查与分析	徐成楠／周宗山	中国果树	2017/02
950	植物类病毒脱除技术进展	胡国君／董雅凤	植物保护学报	2017/02
951	2016/2017 年世界苹果、梨、葡萄、桃及樱桃产量、市场及贸易情况	孙平平／王文辉	中国果树	2017/02
952	果品主要真菌毒素污染检测、风险评估与控制研究进展	李志霞／聂继云	中国农业科学	2017/02
953	衍生化结合分散固相萃取 –UPLC–MS/MS 法测定果品中 EBDCs 类农药残留	徐国锋／聂继云	园艺学报	2017/02
954	'早酥'和'南果梨'16 个部位多酚物质组成及含量分析	张小双／曹玉芬	中国农业科学	2017/03
955	'富士'苹果幼树叶片内源激素与矿质营养年动态变化分析	张晨光／赵德英	果树学报	2017/03
956	T337 自根砧富士苹果幼树氮含量与积累量年周期变化	张晨光／赵德英	中国果树	2017/03
957	副梢简化修剪对'巨峰'葡萄果实品质与香气成分的影响	郑晓翠／王海波	中国果树	2017/03
958	我国主要苹果病毒及其研究进展	胡国君／董雅凤	中国果树	2017/03
959	不同气调贮藏方式对水蜜桃保鲜效果的影响	佟　伟	中国果树	2017/03
960	我国果品农药残留限量新变化	聂继云	中国果树	2017/03
961	20 份苹果属野生资源果实多酚含量特性研究	王大江／王　昆	中国果树	2017/04
962	不同颜色果袋对'巨峰'葡萄果实中挥发性成分的影响	王海波／刘凤之	应用生态学报	2017/04
963	呼吸代谢变化对设施冬促早栽培葡萄冬芽花芽分化的影响	王海波／刘凤之	中国果树	2017/04
964	液相色谱 – 质谱联用技术在果品质量安全风险研究中的应用进展	李志霞／聂继云	中国果树	2017/04
965	UPLC-MS/MS 同时检测苹果及其制品中的 7 种真菌毒素	张晓男／聂继云	分析测试学报	2017/05
966	梨'中矮 1 号'LUE1 基因的克隆及功能分析	郝宁宁／姜淑苓	园艺学报	2017/05
967	'中矮红梨'在北京大兴的引种表现及栽培技术	欧春青／姜淑苓	中国果树	2017/05

续表

序号	篇　名	第一作者/通讯作者	刊　名	年/期
968	野生樱桃李（*Prunus cerasifera*）果实多酚多样性分析	张静茹/陆致成	果树学报	2017/05
969	2007—2016 年获得美国专利的越橘新品种及其主要特征	刘红弟/张红军	中国果树	2017/05
970	设施葡萄无土栽培研究初报	史祥宾/王海波	中国果树	2017/05
971	First Report of Grapevine fabavirus in Grapevines in China	范旭东/董雅凤	*Plant Disease*	2017/05
972	拮抗梨灰霉病藤黄灰链霉菌 Pear-2 的分离、筛选及生防机制	孙平平/王文辉	植物保护学报	2017/05
973	从国内外甜樱桃生产现状看国内甜樱桃产业存在的问题及发展对策	崔建潮/王文辉	果树学报	2017/05
974	'金川雪梨' 采后黑心病发生机理研究	杜艳民/王文辉	中国果树	2017/05
975	Simultaneous determination of plant growth regulators in fruit by ultra-performance liquid chromatography- tandem mass spectrometry coupled with modified QuEChERS procedure	闫　震/聂继云	*Chinese Journsl of Analytical Chemistry*	2017/05
976	3 个苹果新品系的选育	王　强/丛佩华	中国果树	2017/06
977	花粉直感效应对欧洲李果实品质的影响	张静茹/陆致成	中国果树	2017/06
978	套餐肥对 '寒富' 苹果产量和品质影响的研究	赵德英/程存刚	中国果树	2017/06
979	辽宁省苹果主产区果园施肥状况调查与评价	李燕青/李　壮	中国果树	2017/06
980	Efficacy of virus elimination from apple by thermotherapy coupled with *in vivo* shoot- tip grafting and *in vitro* meristem culture	胡国君/董雅凤	*Journal of Phytopathology*	2017/06
981	高效氯氰菊酯亚致死浓度对桃小食心虫生物学特性的影响	全林发/张怀江	昆虫学报	2017/07
982	First report of grapevine geminivirus A from grapevines in China	范旭东/董雅凤	*Plant Disease*	2017/07
983	苹果炭疽叶枯病菌 GcAP1 复合体 β 亚基基因的克隆及功能分析	吴建圆/张俊祥	中国农业科学	2017/08
984	气力雾化风送式果园静电弥雾机的研制与试验	王志强/王海波	果树学报	2017/09
985	3 种综合评价法在葡萄砧穗组合环境适应性中的应用	韩　晓/王海波	果树学报	2017/10
986	基于 4 种光响应模型模拟不同砧木对夏黑葡萄耐弱光能力的影响	韩　晓/刘凤之	应用生态学报	2017/10
987	超高效液相色谱－串联质谱法同时检测干果中 16 种真菌毒素	王玉娇/聂继云	分析化学	2017/10

续表

序号	篇 名	第一作者 / 通讯作者	刊 名	年 / 期
988	加工梨新品种'中加1号'	欧春青 / 姜淑苓	园艺学报	2017/11
989	6-BA 及氨基酸硒对葡萄叶片衰老的影响	王海波 / 刘凤之	果树学报	2017/11
990	光质对设施葡萄叶片衰老与内源激素含量的影响	王海波 / 刘凤之	应用生态学报	2017/11
991	李属坏死环斑病毒辽宁桃树分离物基因组分析	李正男 / 董雅凤	园艺学报	2017/12
992	不同苹果品种果实矿质元素含量的因子分析和聚类分析	匡立学 / 聂继云	中国农业科学	2017/14
993	葡萄需冷量和需热量估算模型及设施促早栽培品种筛选	王海波 / 刘凤之	农业工程学报	2017/17
994	梨不同品种果实冻藏品质性状分析及适宜品种筛选	王 阳 / 王文辉	中国农业科学	2017/17
995	果品及其制品展青霉素污染的发生、防控与检测	聂继云	中国农业科学	2017/18
996	A molecularly imprinted polymer synthesized using β-cyclodextrin as the monomer for the efficient recognition of forchlorfenuron in fruits	程 杨 / 聂继云	*Analytical and Bioanalytical Chemistry*	2017/21
997	不同果肉类型梨发育过程中果实性状的变化	王 斐 / 姜淑苓	中国果树	2017/S1
998	从品种角度谈'南果梨'生产可持续发展	姜淑苓	中国果树	2017/S1
999	梨抗黑星病研究进展	张艳杰 / 姜淑苓	中国果树	2017/S1
1000	梨组织培养及遗传转化研究进展	闫 帅 / 赵德英	中国果树	2017/S1
1001	抗寒优质桃新品种'中农寒桃1号'	王孝娣 / 王海波	园艺学报	2017/S2
1002	Molecularly imprinted polymers' application in pesticide residue detection	Saqib Farooq / 聂继云	*Analyst*	2018
1003	Antennal transcriptome analysis of the chemosensory gene families in *Carposina sasakii*（Lepidoptera: Carposinidae）	田志强 / 仇贵生	*BMC Genomics*	2018
1004	Occurrence and co-occurrence of mycotoxins in nuts and dried fruits from China	王玉娇 / 聂继云	*Food Control*	2018
1005	First Report of *Colletotrichum truncatum* Causing Anthracnose on the Berry Stalk and the Rachis of Kyoho Grape（*Vitis labruscana* × *V. vinifera*）Clusters in Hebei, China	张艳杰 / 姜淑苓	*Plant Disease*	2018
1006	Overexpression of the wheat expansin gene *TaEXPA2* improves oxidative stress tolerance in transgenic *Arabidopsis* plants	陈艳辉	*Plant Physiology and Biochemistry*	2018
1007	Wheat expansin gene *TaEXPA2* is involved in conferring plant tolerance to Cd toxicity	陈艳辉	*Plant Science*	2018

序号	篇 名	第一作者 / 通讯作者	刊 名	年 / 期
1008	Structural and functional analyses of genes encoding VQ proteins in apple	董庆龙 / 周宗山	*Plant Science*	2018
1009	Functional characterization of an apple (*Malus x domestica*) LysM domain receptor encoding gene for its role in defense response	周 喆 / 丛佩华	*Plant Science*	2018
1010	Compositional shifts in the surface fungal communities of apple fruits during cold storage	沈友明 / 聂继云	*Postharvest Biology and Technology*	2018
1011	A monitoring survey and dietary risk assessment for pesticide residues on peaches in China	李志霞 / 聂继云	*Regulatory Toxicology and Pharmacology*	2018
1012	Detection and distribution of Grapevine rupestris stem pitting-associated virus in grapevine	胡国君 / 董雅凤	*Scientia Horticulturae*	2018
1013	Differentiated surface fungal communities at point of harvest on apple fruits from rural and peri-urban orchards	沈友明 / 聂继云	*Scientific Reports*	2018
1014	The effects of fruit bagging on residue behavior and dietary risk for four pesticides in apple	徐国锋	*Scientific Reports*	2018
1015	Cloning and characterization of *MdGST1* from red apple leaves	韩晓蕾	*Canadian Journal of Plant Science*	2018
1016	Comparative transcriptome analysis reveals significant differences in gene expression between appressoria and hyphae in *Colletotrichum gloeosporioides*	王美玉 / 张俊祥	*Gene*	2018
1017	Multi-mycotoxin exposure and risk assessment for Chinese consumption of nuts and dried fruits	王玉娇 / 聂继云	*Journal of Integrative Agriculture*	2018
1018	Evaluation indices of sour flavor for apple fruit and grading standards	闫 震 / 聂继云	*Journal of Integrative Agriculture*	2018
1019	Effects of different color fruit bags on aroma development of Kyoho grape berries	冀晓昊 / 王海波	*Journal of Integrative Agriculture*	2018
1020	桃小食心虫研究进展	孙丽娜 / 仇贵生	中国果树	2018/01
1021	我国设施葡萄促早栽培标准化生产技术	王海波 / 刘凤之	中国果树	2018/01
1022	2017/2018 年世界苹果、梨、葡萄、桃及樱桃产量、市场与贸易情况	孙平平 / 王文辉	中国果树	2018/02
1023	特色小果型油桃新品种'秋红珠'改良式高干 Y 形双主干栽培技术	王孝娣 / 王海波	中国果树	2018/02
1024	水果、蔬菜及其制品中叶绿素含量的测定	闫 震 / 聂继云	中国果树	2018/02
1025	梨全基因组生长素反应因子（ARF）基因家族鉴定及表达分析	欧春青 / 姜淑苓	中国农业科学	2018/02

序号	篇　名	第一作者／通讯作者	刊　名	年／期
1026	葡萄浆果内坏死病毒变种类型 1 分离物全长基因组序列分析	范旭东／董雅凤	植物病理学报	2018/03
1027	Optimal storage temperature and 1-MCP treatment combinations for different marketing times of Korla Xiang pears	贾晓辉／王文辉	*Journal of Integrative Agriculture*	2018/03
1028	我国果树上禁用、撤销或停止受理登记的农药及其原因分析	聂继云	中国果树	2018/03
1029	河北省'鸭梨'采后虎皮病发生原因调查与防控措施	杜艳民／王文辉	中国果树	2018/03
1030	利用流式细胞仪鉴定梨种质资源染色体倍性	田路明／曹玉芬	中国果树	2018/03
1031	主梢修剪对'巨峰'葡萄果实品质与香气成分的影响	郑晓翠／王海波	中国果树	2018/03
1032	设施葡萄不同新梢间距处理对冠层光环境及果实品质的影响	史祥宾／王海波	园艺学报	2018/03
1033	葡萄病毒 B CP 基因植物表达载体构建及烟草遗传转化	任　芳／董雅凤	植物保护	2018/03
1034	我国灰比诺葡萄病毒分离物检测及基因序列分析	范旭东／董雅凤	植物病理学报	2018/04
1035	Evaluation of phenolic composition and content of pear varieties in leaves from China	董星光／曹玉芬	*Erwerbs-Obstbau*	2018/04
1036	我国果品及其制品致病菌和污染物限量	聂继云	中国果树	2018/04
1037	新疆产区'克瑞森无核'葡萄轻简化生产关键技术	邱　毅／王海波	中国果树	2018/04
1038	苹果茎沟病毒吉林沙果分离物全基因组序列分析	李正男／董雅凤	园艺学报	2018/04
1039	苹果炭疽叶枯病菌对 3 种杀菌剂的敏感性分析	王美玉／张俊祥	果树学报	2018/04
1040	桃小食心虫成虫 GOBPs 与 PBPs 的基因克隆及表达谱分析	田志强／仇贵生	植物保护	2018/04
1041	土壤管理制度对果园土壤水热、微生物及养分的影响研究进展	李燕青／李　壮	中国果树	2018/05
1042	采收期对'高平大黄梨'果实生理特性及组织褐变的影响	贾晓辉／王文辉	中国果树	2018/05
1043	'新梨 7 号'在新疆等地生产、销售及品质调查	王文辉	中国果树	2018/05
1044	苹果中晚熟新品种'华庆'的选育	王　强／丛佩华	中国果树	2018/05
1045	越橘矿质营养元素缺乏症及矫治措施研究进展	刘红弟／张红军	中国果树	2018/05
1046	烯效唑对'夏黑'葡萄新梢生长和果实品质的影响	王宝亮／王海波	中国果树	2018/05

序号	篇　名	第一作者 / 通讯作者	刊　名	年 / 期
1047	苹果褪绿叶斑病毒辽宁分离物生物学和基因组研究	张双纳 / 董雅凤	植物病理学报	2018/05
1048	辽宁梨树间座壳菌枝枯病的病原鉴定	徐成楠 / 周宗山	植物病理学报	2018/05
1049	'GM310'矮化中间砧'蜜脆'苹果早果丰产性试验	张少瑜 / 赵德英	中国果树	2018/06
1050	'巨峰'葡萄必需矿质元素年需求规律研究	史祥宾 / 王海波	中国果树	2018/06
1051	我国苹果育种研究现状及展望	丛佩华	中国果树	2018/06
1052	越橘果实花色苷含量及其抗氧化能力研究	宋　杨 / 刘凤之	中国果树	2018/06
1053	美国苹果砧木育种历史、现状及其商业化砧木特性	王大江 / 王　昆	中国果树	2018/06
1054	苹果炭疽叶枯病菌致病相关基因 $CgNVF1$ 的功能初步分析	张俊祥 / 周宗山	植物病理学报	2018/06
1055	基于 iTRAQ 定量蛋白质组技术筛选'华月'苹果斑点落叶病抗性相关蛋白	张彩霞 / 丛佩华	植物病理学报	2018/06
1056	'三季梨'果实后熟过程中的生理生化变化及其相关性分析	马凤丽 / 王文辉	果树学报	2018/06
1057	硒叶面肥对'南果梨'幼树叶片光合、叶绿素荧光参数及组织结构的影响	闫　帅 / 赵德英	中国果树	2018/07
1058	Effect of pre-culture on virus elimination from *in vitro* apple by thermotherapy coupled with shoot tip culture	胡国君 / 董雅凤	*Journal of Integrative Agriculture*	2018/09
1059	品中真菌毒素的污染、毒性、生物合成及影响因素研究进展	沈友明 / 聂继云	食品科学	2018/09
1060	主要果树病毒实时荧光定量 PCR 检测技术研究进展	任　芳 / 董雅凤	园艺学报	2018/09
1061	中晚熟苹果新品种'华庆'	王　强 / 丛佩华	园艺学报	2018/09
1062	苹果褪绿叶斑病毒 RT-LAMP 检测方法的建立	张双纳 / 董雅凤	中国农业科学	2018/09
1063	不同钙制剂对'寒富'苹果果实硬度及相关细胞壁代谢物质的影响	裴健翔 / 李　壮	果树学报	2018/09
1064	葡萄修剪机的研制与试验	王志强 / 王海波	果树学报	2018/09
1065	不同砧木对'87-1'葡萄光合特性及荧光特性的影响	韩　晓 / 刘凤之	中国农业科学	2018/10
1066	桃小食心虫和梨小食心虫幼虫肠道细菌多样性	李艳艳 / 仇贵生	应用生态学报	2018/10

序号	篇 名	第一作者／通讯作者	刊 名	年／期
1067	不同可溶性固形物含量'鸭梨'耐贮性差异比较	杜艳民／王文辉	果树学报	2018/10
1068	中国和 UPOV 梨品种 DUS 测试指南比较分析	王斐／姜淑苓	果树学报	2018/10
1069	First report of Athelia bombacina causing postharvest fruit rot on pear	贾晓辉	Journal of Integrative Agriculture	2018/11
1070	葡萄病毒 A 实时荧光定量 RT-PCR 检测技术的建立及应用	任芳／董雅凤	园艺学报	2018/11
1071	基于 MaxEnt 模型不同气候变化情景下的豆梨潜在地理分布	刘超／曹玉芬	应用生态学报	2018/11
1072	桃冷处理响应基因 PdClbHLH 的克隆和功能鉴定	王孝娣／宋杨／刘凤之	园艺学报	2018/12
1073	葡萄叶片衰老过程中不同光质对其光合和叶绿体超微结构的影响	王海波／刘凤之	园艺学报	2018/12
1074	基于叶绿体 DNA 信息的南方梨属种质的遗传多样性和演化分析	齐丹／曹玉芬	园艺学报	2018/12
1075	梨 F₁ 代群体果实性状的遗传分析及相关性研究	赵亚楠／姜淑苓	西北农业学报	2018/12
1076	李果实酚类物质及其生物活性研究进展	孙海龙／张静茹	果树学报	2018/12
1077	氯虫苯甲酰胺干扰桃小食心虫交配的转录组分析	孙丽娜／仇贵生	中国农业科学	2018/15
1078	基于枝条和叶片表型性状的梨种质资源多样性	张莹／曹玉芬	中国农业科学	2018/17
1079	7 个来源地区山荆子的遗传多样性与群体结构分析	高源／丛佩华	中国农业科学	2018/19
1080	Enantioselective monitoring of chiral fungicide famoxadone enantiomers in tomato, apple, and grape by chiral liquid chromatography with tandem mass spectrometry	徐国锋	Journal of Separation science	2018/20
1081	Postharvest metabolomic changes in Pyrus ussuriensis Maxim. wild accession 'Zaoshu Shanli'	徐家玉／曹玉芬	Journal of Separation Science	2018/21
1082	Synthesis and characterization of core–shell magnetic molecularly imprinted polymers for selective recognition and determination of quercetin in apple samples	程杨／聂继云	Food Chemistry	2019
1083	Geographical origin of Chinese apples based on multiple element analysis	张建一／聂继云	Journal of The Science of Food and Agriculture	2019
1084	Molecular characterization and functional analysis of pheromone binding proteins and general odorant binding proteins from Carposina sasakii Matsumura（Lepidoptera: Carposinidae）	田志强／孙丽娜	Pest Management Science	2019

序号	篇 名	第一作者 / 通讯作者	刊 名	年 / 期
1085	Elimination of Apple necrosis mosaic virus from potted apple plants by thermotherapy combined with shoot-tip grafting	胡国君 / 董雅凤	*Scientia Horticulturae*	2019
1086	A de novo genome assembly of the dwarfng pear rootstock Zhongai 1	欧春青 / 姜淑苓	*Scientific Data*	2019
1087	新形势下我国苹果产业的发展定位与趋势	程存刚 / 赵德英	中国果树	2019/01
1088	采收期对'新梨 7 号'梨果实品质及采后生理的影响	崔建潮 / 王文辉	中国果树	2019/01
1089	葡萄卷叶相关病毒 13 在我国葡萄上的首次报道	范旭东 / 董雅凤	植物病理学报	2019/01
1090	1-MCP 对'玉露香'梨果实采后叶绿素降解及品质维持的影响	马凤丽 / 王文辉	园艺学报	2019/01
1091	A high-quality apple genome assembly reveals the association of a retrotransposon and red fruit colour	张利义 / 丛佩华	*Nature Communications*	2019/01
1092	Effects of different color paper bags on aroma development of Kyoho grape berries	冀晓昊 / 王海波	*Journal of Integrative Agriculture*	2019/01
1093	我国梨品种改良研究进展	田路明 / 曹玉芬	中国果树	2019/02
1094	中国农业科学院果树研究所梨育种工作回顾与展望	姜淑苓	中国果树	2019/02
1095	5 个越橘品种光合作用特性比较研究	宋 杨 / 刘凤之	中国果树	2019/02
1096	不同货架温度对'南果梨'果实软化及果皮颜色的影响	王 阳 / 王文辉	中国果树	2019/02
1097	葡萄叶片衰老过程中不同光质对其光合和叶绿体超微结构的影响	王海波 / 刘凤之	园艺学报	2019/02
1098	Elimination of *Apple stem pitting virus* from in vitro-cultured pear by an antiviral agent combined with thermotherapy	胡国君 / 王国平	*Australasian Plant Pathology*	2019/02
1099	新西兰苹果生产现状和新品种简介	王大江 / 王 昆	中国果树	2019/03
1100	梨供给侧结构性改革如何助力乡村振兴	赵德英	中国果树	2019/03
1101	不同灌水条件对设施葡萄果实品质的影响	庞国成 / 刘凤之	中国果树	2019/03
1102	不同采收期对蓝莓果实贮运品质的影响	佟 伟 / 王文辉	中国果树	2019/03
1103	我国果品农药最大残留限量标准沿革与现状	聂继云	中国果树	2019/03
1104	越橘低温响应因子 VcICE1 的克隆和功能鉴定	宋 杨 / 刘凤之	华北农学报	2019/03
1105	苹果茎痘病毒双重 RT-PCR 检测体系的建立及应用	胡国君 / 董雅凤	植物病理学报	2019/03

序号	篇 名	第一作者/通讯作者	刊 名	年/期
1106	桃冷处理响应基因 PdCIbHLH 的克隆和功能鉴定	王孝娣 宋 杨/刘凤之	园艺学报	2019/03
1107	越橘 VcNAC072 克隆及其促进花青素积累的功能分析	宋 杨/刘凤之	中国农业科学	2019/03
1108	杜梨组培生根过程中多胺、内源激素及相关氧化酶活性的变化	闫 帅/赵德英	果树学报	2019/03
1109	Comparative transcriptome analysis between ornamental apple species provides insights into mechanism of double flowering	张利义/丛佩华	Agronomy-Basel	2019/03
1110	Enantioselective behavior of chiral difenoconazole in apple and field soil	常维霞/聂继云	Bulletin of Environmental Contamination and Toxicology	2019/03
1111	Functional identification of apple MdGLK1 which regulates chlorophyll biosynthesis in Arabidopsis.	安秀红/程存刚	Journal of Plant Growth Regulation	2019/03
1112	Molecular characterization of apple necrotic mosaic virus identified in crabapple（Malus spp.）tree of China	胡国君/董雅凤	Journal of Integrative Agriculture	2019/03
1113	果园地面覆盖对苹果果实品质和矿质营养的影响	周江涛/赵德英	中国果树	2019/04
1114	辽宁省梨黑点炭疽病的病原鉴定及致病性研究	徐成楠/周宗山	中国果树	2019/04
1115	'砀山酥'梨黑皮病影响因素分析及监测预警和防控措施	王志华	中国果树	2019/04
1116	新形势下我国梨产业的发展现状与几点思考	王文辉	中国果树	2019/04
1117	套袋与不套袋对苹果食用安全性的影响	李海飞/聂继云	中国果树	2019/04
1118	葡萄 NCED 基因家族进化及表达分析	王小龙/王海波	植物学报	2019/04
1119	应用实时荧光定量 RT-PCR 高效检测葡萄病毒 B	任 芳/董雅凤	植物病理学报	2019/04
1120	基于巢式反转录－聚合酶链式反应技术检测葡萄病毒 A 和葡萄病毒 B	胡国君/董雅凤	植物保护学报	2019/04
1121	苹果晚熟新品系 03-2 的选育	王 强/丛佩华	中国果树	2019/05
1122	南美洲梨生产与研究概况	田路明/曹玉芬	中国果树	2019/05
1123	密切结合国情，建设中国特色苹果生产强国	汪景彦/程存刚	中国果树	2019/05
1124	不同砧木对 87-1 和'夏黑'设施葡萄品种需冷量的影响研究	王海波/刘凤之	中国果树	2019/05

序号	篇　名	第一作者／通讯作者	刊　名	年／期
1125	新疆阿克苏地区'富士'苹果贮藏保鲜情况调查	姜云斌／王文辉	中国果树	2019/05
1126	Word 排版 +InDesign 组版在科技期刊中的应用与优势分析	岳　英／胡成志	编辑学报	2019/05
1127	不同有机肥对葡萄根系生长和土壤养分状况的影响	王小龙／王海波	华北农学报	2019/05
1128	苹果褪绿叶斑病毒双引物对 PCR 检测体系的建立及应用	胡国君／董雅凤	植物保护学报	2019/05
1129	秋子梨野生资源部分表型性状遗传多样性评价及观赏优异资源的筛选	张　莹／曹玉芬	中国果树	2019/06
1130	法国梨主栽品种和砧木利用现状	王　斐／姜淑苓	中国果树	2019/06
1131	不同矮化中间砧'嘎啦'苹果适宜负载量研究	厉恩茂／程存刚	中国果树	2019/06
1132	氨基酸硒和 6-BA 对葡萄叶片衰老和叶绿体超微结构的影响	王孝娣／王海波	中国果树	2019/06
1133	甲氨基阿维菌素苯甲酸盐对苹果树苹小卷叶蛾的田间防治效果	岳　强／仇贵生	中国果树	2019/06
1134	中国南方豆梨形态多样性研究	刘　超／曹玉芬	果树学报	2019/06
1135	中国山荆子和楸子种质资源遗传多样性和遗传结构的荧光 SSR 分析	高　源／王　昆	园艺学报	2019/07
1136	越橘花青苷合成相关基因 VcTTG1 的克隆与功能鉴定	宋　杨／刘凤之	园艺学报	2019/07
1137	架式和新梢间距对'巨峰'葡萄果实品质的影响	冀晓昊／王海波	中国农业科学	2019/07
1138	自发气调包装和乙烯吸收剂对'玉露香'梨果实品质及耐贮性的影响	刘佰霖／贾晓辉	果树学报	2019/07
1139	成熟度结合 1-MCP 处理与不同低温贮藏对塞外红苹果的保鲜效果	王志华	食品科技	2019/09
1140	两个'黄冠梨'杂交 F1 代对白粉病抗性的遗传倾向	张艳杰／姜淑苓	西北农业学报	2019/09
1141	UPOV 果树 DUS 测试指南综述及对我国果树指南研制的建议	王　斐／姜淑苓	果树学报	2019/09
1142	不同有机肥与化肥配施对氮素利用率和土壤肥力的影响	李燕青	植物营养与肥料学报	2019/10
1143	新中国果树科学研究 70 年——梨	王文辉／张玉星	果树学报	2019/10
1144	不同有机肥与化肥配施对作物产量及农田氮肥气态损失的影响	李燕青	植物营养与肥料学报	2019/11

序号	篇 名	第一作者/ 通讯作者	刊 名	年/期
1145	中国冻梨加工品质评价体系构建	王 阳/ 王文辉	中国农业科学	2019/12
1146	越橘品质指标评价	张 佳/ 聂继云	中国农业科学	2019/12
1147	Synthesis of core-shell magnetic molecularly imprinted polymer for the selective determination of imidacloprid in apple samples	Saqib Farooq/ 聂继云	*Journal of Separation Science*	2019/14
1148	'巨峰'葡萄不同生育期植株矿质元素需求规律	史祥宾/ 王海波	中国农业科学	2019/15
1149	An integrated transcriptome and proteome analysis reveals new insights into russeting of bagging and non-Bagging "Golden Delicious" apple	袁高鹏/ 丛佩华	*International Journnal of Molecular Sciences*（46/172）	2019/18
1150	苹果 U6 启动子的克隆及功能分析	卞书迅/ 丛佩华	中国农业科学	2019/23
1151	苹果 LIM 基因家族生物信息学及表达分析	袁高鹏/ 丛佩华	中国农业科学	2019/23
1152	Parallel bud mutation sequencing reveals that fruit sugar and acid metabolism potentially influence stress in malus	赵继荣/ 王 昆	*International Journal of Molecular Sciences*	2019/23
1153	Systemic stereoselectivity study of etoxazole: stereoselective bioactivity, acute toxicity, and environmental behavior in fruits and soils	常维霞/ 聂继云	*Journal of Agricultural and Food Chemistry*	2019/24
1154	不同葡萄品种设施环境适应性评价方法研究	王海波/ 刘凤之	华北农学报	2019/34
1155	中早熟抗寒桃新品种'中农寒桃 2 号'	王孝娣	园艺学报	2019/S2
1156	晚熟抗寒桃新品种'中农寒桃 3 号'	王莹莹/ 王孝娣	园艺学报	2019/S3
1157	早熟鲜食葡萄新品种'华葡紫峰'	王海波/ 刘凤之	园艺学报	2019/S2
1158	RNA-Seq profiling reveals the plant hormones and molecular mechanisms stimulating the early ripening in apple	张彩霞/ 丛佩华	*Genomics*	2020
1159	First report of glomerella leaf spot of apple caused by *Colletotrichum asianum*	张俊祥	*Plant Disease*	2020
1160	First report of stem rot of huangjing（*Polygonatum sibiricum*）caused by *Sclerotium rolfsii*	王 娜	*Plant Disease*	2020
1161	DNA sequencing, genomes and genetic markers of microbes on fruits and vegetables	沈友明/ 聂继云	*Microbial Biotechnology*	2020
1162	Enantioselective behavior analysis of chiral fungicide tetraconazole in apples with UPLC-MS/MS	李 也/ 聂继云	*Food Control*	2020

序号	篇 名	第一作者/通讯作者	刊 名	年/期
1163	Evaluation of sugar and organic acid composition and their levels in highbush blueberries from two regions of China	张 佳 / 聂继云	*Journal of Integrative Agriculture*	2020
1164	Occurrence and co-occurrence of mycotoxins in apple and apple products from China	李银萍 / 聂继云	*Food Control*	2020
1165	Synthesis and characterization of magnetic molecularly imprinted polymers for effective extraction and determination of kaempferol from apple samples	程 杨 / 聂继云	*Journal of Chromatography A*	2020
1166	Origin and dissemination route of pear accessions from Western China to abroad based on combined analysis of SSR and cpDNA markers	Wahocho, S.A./ 曹玉芬	*Genetic Resources and Crop Evolution*	2020
1167	Genome-wide identification and expression analysis of major late protein（MLP）family genes in the apple（*Malus domestica* Borkh.）genome	袁高鹏 / 张彩霞	*Gene*	2020
1168	A SET domain-containing protein involved in cell wall integrity signaling and peroxisome biogenesis is essential for appressorium formation and pathogenicity of *Colletotrichum gloeosporioides*	张俊祥	*Fungal Genetics and Biology*	2020
1169	Carbamoyl phosphate synthetase subunit Cpa1 interacting with Dut1, controls development, arginine biosynthesis, and pathogenicity of *Colletotrichum gloeosporioides*	张俊祥	*Fungal Biology*	2020
1170	Enantioselective fate of mandipropamid in grape and during processing of grape wine	徐国锋	*Environmental Science and Pollution Research*	2020
1171	Analysis of genetic diversity and structure across a wide range of germplasm reveals genetic relationships among seventeen species of Malus *Mill.* native to China	高 源 / 王 昆、丛佩华	*Journal of Integrative Agriculture*	2020
1172	Differences of aroma development and metabolic pathway gene expression between Kyoho and 87-1 grapes	冀晓昊 / 王海波	*Journal of Integrative Agriculture*	2020
1173	浙江云和雪梨生产与采后贮藏现状及发展建议	杜艳民 / 王文辉	中国果树	2020/01
1174	非洲梨生产与研究概况	田路明 / 曹玉芬	中国果树	2020/01
1175	苹果炭疽叶枯病菌 *CgCMK1* 基因的克隆与功能分析	张俊祥	植物病理学报	2020/01
1176	葡萄蚕豆萎蔫病毒实时荧光定量 RT-PCR 检测方法及应用	张梦妍 / 董雅凤、范旭东	园艺学报	2020/01
1177	桃小食心虫成虫化学感受蛋白 CSPs 的基因克隆及表达谱分析	刘孝贺 / 仇贵生	中国果树	2020/02
1178	梨和苹果种质对阿太菌果腐病菌的抗性评价及其防治药剂筛选	贾晓辉 / 王文辉、傅俊范	植物保护学报	2020/02

序号	篇 名	第一作者/通讯作者	刊 名	年/期
1179	'黄冠'梨贮藏期阿太菌果腐病的发生及综合防控技术	贾晓辉/王文辉、傅俊范	中国果树	2020/02
1180	基于cpDNA变异对中国梨野生资源的遗传多样性研究	詹俊宇/曹玉芬	中国果树	2020/02
1181	根际溶磷微生物促生机制研究进展	张艺灿/王海波	中国土壤与肥料	2020/02
1182	De novo assembly of a wild pear (*Pyrus betuleafolia*) genome	董星光/曹玉芬	*Plant Biotechnology Journal*	2020/02
1183	基于叶绿体DNA变异的山荆子种质遗传多样性和系统演化	高源/王昆、丛佩华	中国农业科学	2020/03
1184	秋促早栽培鲜食葡萄元旦、春节成熟上市技术	王海波/刘凤之	中国果树	2020/03
1185	苹果晚熟新品系B98-2的选育	王强	中国果树	2020/03
1186	6种中间砧对'华红'苹果花、幼果和成熟果实矿质元素含量及果实品质的影响	周江涛/程存刚	中国果树	2020/03
1187	1-MCP对不同后熟程度'南果梨'贮藏品质和果皮褐变的影响	王阳/王文辉	中国果树	2020/03
1188	Prevalence and genetic diversity of grapevine fabavirus isolates from different grapevine cultivars and regions in China	范旭东/董雅凤	*Journal of Integrative Agriculture*	2020/03
1189	辽西苹果园土壤肥力变化及施肥建议	李燕青/李壮	中国果树	2020/04
1190	叶面肥添加微量元素对设施葡萄生长发育的影响	史祥宾/王海波	中国果树	2020/04
1191	基于转录组的苹小卷叶蛾杀虫剂靶标及解毒代谢相关基因分析	孙丽娜/仇贵生	昆虫学报	2020/04
1192	辽宁省'南果梨'园土壤、叶片营养状况调查及施肥建议	闫帅/赵德英	中国果树	2020/04
1193	不同抗性苹果品种应答轮纹病菌胁迫的差异蛋白质组分析	张彩霞/丛佩华	植物学报	2020/04
1194	美国樱桃产业概况和轻简化栽培模式	赵德英	中国果树	2020/04
1195	发展园林果业的探讨——充分发挥果业在景观园林方面的作用,助力美丽乡村建设	李建才	中国果树	2020/04
1196	基于叶绿体DNA分析的楸子种质遗传多样性研究	高源/王昆、丛佩华	园艺学报	2020/05
1197	自发气调包装对'新梨7号'果实品质及耐贮性的影响	刘佰霖/王文辉	果树学报	2020/05

序号	篇 名	第一作者/通讯作者	刊 名	年/期
1198	近10年获得美国专利的树莓新品种及其主要特征分析	刘红弟/张红军	中国果树	2020/05
1199	有机无机肥配施对'巨峰'葡萄果实品质的影响	孙海高/刘凤之	中国果树	2020/05
1200	微波炉法在果园土壤相对含水量测定中的应用	王小龙/王海波	中国果树	2020/05
1201	不同贮藏温度对'红香酥'梨果实品质和相关生理指标的影响	王志华	中国果树	2020/05
1202	苹果园农药精准高效使用技术	闫文涛/仇贵生	中国果树	2020/05
1203	三倍体梨新品种'华香酥'	张 莹/曹玉芬	园艺学报	2020/05
1204	Major latex protein *MdMLP423* negatively regulates defense against fungal infections in apple	何闪闪/张彩霞	*International Journal of Molecular Sciences*	2020/05
1205	基于叶绿体片段序列的苹果属植物遗传多样性研究	高 源/王 昆	华北农学报	2020/06
1206	不同O_2、CO_2体积分数气调贮藏对'砀山酥'梨货架期生理病害和相关指标的影响	贾朝爽/王志华	中国果树	2020/06
1207	中国不同地区'富士'苹果品质评价	匡立学	中国农业科学	2020/06
1208	21份李种质果肉总酚含量与抗氧化活性分析	孙海龙	中国果树	2020/06
1209	葡萄炭疽病菌对4种杀菌剂的敏感性分析	徐 杰/周宗山	果树学报	2020/06
1210	覆盖对梨园土壤微生物、梨树生长及果实品质的影响	徐 锴	中国果树	2020/06
1211	苹果病虫害发生特征与防治策略	岳 强/仇贵生	中国果树	2020/06
1212	梨采后阿太菌果腐病菌生物学特性及寄主范围测定	贾晓辉/王文辉、傅俊范	园艺学报	2020/07
1213	不同采收期对苹果常温贮藏品质和衰老的影响	王志华	农业工程学报	2020/07
1214	A 14 nucleotide deletion mutation in the coding region of the *PpBBX24* gene is associated with the red skin of "Zaosu Red" pear（Pyrus pyrifolia White Pear Group）: a deletion in the *PpBBX24* gene is associated with the red skin of pear	欧春青/姜淑苓	*Horticulture Research*	2020/07
1215	Transcription profiles reveal sugar and hormone signaling pathways mediating tree branch architecture in apple（*Malus domestica* Borkh.）grafted on different rootstocks	陈艳辉/程存刚	*Plos One*	2020/07
1216	A sensitive SYBR Green RT-qPCR method for Grapevine virus E and its application for virus detection in different grapevine sample types	任 芳/董雅凤	*Journal of Integrative Agriculture*	2020/07
1217	Efficiency of chemotherapy combined with thermotherapy for eliminating grapevine leafroll-associated virus 3（GLRaV-3）	胡国君/董雅凤	*Scientia Horticulturae*	2020/08

续表

序号	篇　名	第一作者 / 通讯作者	刊　名	年 / 期
1218	基于 SLAF-seq 技术的苹果属植物种质遗传多样性分析	高　源 / 王　昆、丛佩华	园艺学报	2020/10
1219	CO_2 体积分数对气调贮藏'红香酥'梨果实货架期相关生理指标的影响	王志华	果树学报	2020/10
1220	Efficiency of potassium-solubilizing *Paenibacillus mucilaginosus* for the growth of apple seedling	陈艳辉 / 程存刚	*Journal of Integrative Agriculture*	2020/10
1221	Development of Full-length Infectious cDNA Clone of Grapevine berry inner necrosis virus	范旭东 / 董雅凤	*Plants*	2020/10
1222	基于荧光 SSR 分析中国原产苹果属植物 17 个种的遗传多样性和遗传结构	高　源 / 王　昆、丛佩华	果树学报	2020/11
1223	设施葡萄植株不同生育阶段矿质营养需求特性研究	王海波 / 刘凤之	园艺学报	2020/11
1224	不同钾镁配比对'早酥'梨果实品质的影响	张海棠 / 赵德英	果树学报	2020/11
1225	前期低氧处理对梨虎皮病的防控及乙烯释放的影响	杜艳民 / 王文辉	园艺学报	2020/12
1226	不同气候情景下木梨潜在地理分布格局变化的预测	刘　超 / 曹玉芬	应用生态学报	2020/12
1227	1-MCP 对'玉露香'梨采后果实品质和叶绿素保持的影响	马凤丽 / 贾晓辉、王文辉	园艺学报	2020/12
1228	中熟鲜食葡萄新品种'华葡玫瑰'	王宝亮 / 王海波	园艺学报	2020/12
1229	晚熟鲜食葡萄新品种'华葡翠玉'	王宝亮 / 王海波	园艺学报	2020/12
1230	'早酥'梨及其芽变果实品质、酚类组分及色素合成基因表达分析	张鑫楠 / 王文辉	果树学报	2020/12
1231	低温贮藏对'金红'苹果能量代谢和品质的影响	王志华 / 贾朝爽	园艺学报	2020/12
1232	中熟红皮梨新品种'华蜜'的选育	王　斐 / 姜淑苓	果树学报	2020/12
1233	基于高密度 SNP 标记的苹果属 15 种植物资源的亲缘关系与遗传结构分析	高　源 / 王　昆、丛佩华	中国农业科学	2020/16
1234	不同 O_2 浓度对鸭梨采后生理代谢及贮藏品质的影响	杜艳民 / 王文辉	中国农业科学	2020/23

　　注：2008 年及以前以《中国农业科学院果树研究所 50 年回顾（1958—2008）》为准；2009—2017 年论文包括全部 SCI、中文核心（北大 2014 版）排名前 25%、中国果树；2018—2020 年论文包括全部 SCI、中文核心（北大 2017 版）排名前 25%、中国果树。

附录 3　科研项目一览表

序号	项目名称	类别	执行年限	主持人（负责人）
1	苹果节能气调贮藏理论及其应用研究	农业部重点科研项目	1978—1990	宋壮兴、田　勇
2	果树资源的收集、保存、建圃	农业部	1979—1985	蒲富慎
3	苹果、梨、山楂资源研究	农牧渔业部	1982—1985	蒲富慎
4	果园土壤管理制度研究	农业部专项	1982—1985	唐梁楠
5	国外草莓引种和开发研究	农业部专项合同项目	1984—1985	唐梁楠
6	果品产地节能贮藏技术研究	"七五"国家科技攻关项目专题	1986	宋壮兴
7	果品病害防治技术研究	"七五"国家科技攻关项目专题	1986	宋壮兴
8	果树种质资源主要性状鉴定评价	国家"七五"科技攻关专题	1986—1990	蒲富慎
9	苹果新品种选育	农牧渔业部重点项目	1986—1990	牛健哲
10	苹果花药培养技术研究	农业部高新技术重点课题	1986—1990	薛光荣、程家胜
11	果树新品种选育	农牧渔业部重点科技项目	1986—1990	蒲富慎
12	梨新品种选育	农牧渔业部重点科技项目	1986—1990	蒲富慎
13	中熟鲜食加工兼用梨新品种选育	农牧渔业部重点科技项目	1986—1990	陈欣业
14	梨果实商品质量标准	农牧渔业部	1986—1990	陈欣业
15	中国果树志	国家自然科学基金项目	1986—1990	蒲富慎
16	苹果、梨和草莓园杂草化学防治技术研究	农业部专项合同项目	1986—1988	唐梁楠
17	渤海湾地区以生防为主的苹果病虫害综合防治研究	国家科技攻关项目子专题	1986—1990	姜元振、王金友
18	苹果树腐烂病发生规律和防治技术	农牧渔业部科技攻关项目	1986—1990	陈　策
19	我国草莓病毒种类鉴定及培养无病毒种苗的技术	"七五"国家重点科技攻关项目	1986—1989	刘福昌
20	苹果病毒脱除、检测技术新进展与无病毒苗木繁育体系的建立	"七五"国家重点科技攻关项目	1986—1990	刘福昌
21	非肿制剂防治腐烂病技术开发	辽宁省农牧业厅项目	1988—1990	王金友
22	苹果脱病毒、病毒鉴定及繁殖技术	辽宁省科技攻关项目	1990—1993	王国平
23	果树种质资源收集、保存和鉴定评价研究	"八五"科技攻关专题	1991—1995	贾敬贤
24	苹果高产、优质晚熟新品种选育与配套技术研究	农业部重点项目	1991—1995	牛健哲、满书铎
25	果树花药培养技术研究	农业部高新技术重点课题	1991—1995	薛光荣、程家胜
26	梨新品种选育及其配套栽培技术研究	农业部重点科技项目	1991—1995	潘建裕、方成泉、王云莲
27	早熟、晚熟抗病梨新品种选育及其配套栽培技术研究	农业部重点科技项目	1991—1995	方成泉、王云莲
28	中国果树志	国家自然科学基金延续项目	1991—1995	蒲富慎

序号	项目名称	类别	执行年限	主持人（负责人）
29	渤海湾地区苹果病虫害综合防治技术研究	农业部重点项目	1991—1995	王金友、窦连登
30	辽西地区苹果病虫害优化配套防治技术研究	辽宁省科技攻关项目	1991—1993	姜元振、王金友
31	我国主栽梨树病毒种类鉴定及脱毒技术	"八五"国家攻关"生物技术实用化研究"项目	1991—1995	王国平
32	苹果病毒的调查分析及防治对策	国家科委经农业部科学事业政策性支持调节费资助项目	1991—1994	王国平
33	苹果脱毒、病毒检测及无病毒原种快繁技术研究	农业部"八五"生物技术研究项目	1992—1995	王国平、洪 霓
34	苹果轮纹病发生规律及综合防治研究	辽宁省科技攻关项目	1994—1996	李美娜
35	苹果、柑橘主要病虫害综合防治技术研究	农业部重点项目	1995—2000	王金友、朴春树
36	果树优良种质资源评价与利用研究	"九五"科技攻关计划	1996—2000	任庆棉、薛光荣
37	多年生种质资源收集、保存与繁种项目——苹果和梨种质资源圃	科技部	1996—2000	薛光荣、丛佩华、刘凤之
38	苹果新品种选育及配套栽培技术研究	农业部重点科研计划	1996—2000	满书铎
39	梨新品种选育及其配套栽培技术研究	农业部重点科技项目	1996—2000	方成泉
40	早熟优质抗病梨新品种（系）选育及其配套栽培技术研究	农业部重点科技项目	1996—1998	方成泉
41	中国果树志	国家自然科学基金延续项目	1996—2000	蒲富慎
42	新老果园建设技术研究与开发	辽宁省科技攻关计划项目	1996—2000	刘凤之
43	苹果脱毒苗快速繁殖技术与产业化研究	农业部重点科研计划	1996—1997	王国平
44	梨树病毒血清学及分子生物学快速检测技术研究	辽宁省自然科学基金项目	1997—1999	王国平、洪 霓
45	苹果园二斑叶螨灾变机理研究	辽宁省自然科学基金项目	1998—2000	周玉书
46	葡萄品种选育及庭园葡萄、草莓开发研究	国家重点技术开发项目	1998	修德仁、朱秋英
47	梨种间杂交、自交亲和性育种技术及新品种培育	国家高技术研究发展计划（863计划）	2000—2005	方成泉
48	苹果、梨新品种选育、引进及优质生产配套技术研究与开发	辽宁省科技攻关计划	2004—2005	方成泉
49	植物新品种 DUS 测试指南 梨	国家标准	2000—2005	方成泉
50	中国果树志	国家自然科学基金延续项目	2000—2005	董启凤
51	梨、苹果种质资源收集、整理与保存、共享试点建设、标准化整理、整合及共享试点	科技部	2001—2005	刘凤之、曹玉芬

序号	项目名称	类别	执行年限	主持人（负责人）
52	"国家果树种质兴城梨、苹果圃更新和鉴定数据库建设""国家苹果种质更新移址""梨、苹果种质资源更新复壮与利用"	农业部农作物种质资源保护项目	2001—2005	刘凤之、曹玉芬
53	苹果高效育种技术研究和优质抗病、专用新品种培育	国家高技术研究发展计划	2001—2005	杨振英
54	主要仁果类果树新品种选育及优质栽培技术研究	国家"十五"科技攻关项目	2001—2005	程存刚
55	果茶桑种质资源创新与利用研究	国家"十五"科技攻关项目	2001—2005	丛佩华
56	植物新品种特异性、一致性和稳定性测试指南 苹果	国家标准制订	2001—2002	丛佩华
57	优质林木果树育种及高效利用技术研究	国家攻关项目	2001—2005	杨振英
58	果、茶、桑种质资源创新与利用研究	国家攻关项目	2001—2005	杨振英
59	梨种质资源创新利用研究	国家攻关子课题	2001—2005	姜淑苓
60	梨抗寒矮化砧木的选育及矮化性状相关分子标记的研究	国家自然科学基金项目	2001—2005	姜淑苓
61	日光温室梨高效栽培模式建立	辽宁省自然科学基金	2001—2005	姜淑苓
62	主要果品增值技术研究与开发示范	辽宁省重大科技计划项目	2001—2002	刘凤之、程存刚
63	主要果树新品种脱毒苗高效快繁技术研究	国家"863"现代农业子课题	2001—2005	张尊平
64	我国苹果农药残留研究	科技部社会公益研究专项	2001—2005	丛佩华、聂继云
65	苹果新品种（系）选育及高效管理关键技术研究	农业部农业结构调整重大技术研究专项	2002—2004	李建国、丛佩华、杨朝选
66	国外果树优新品种示范基地建设及推广	国家外国专家局引进国外技术、管理人才成果示范推广项目	2002—2005	刘凤之
67	主要果树无病毒苗木快繁、示范及果品深加工	辽宁省科技攻关课题	2002—2004	孙希生
68	苹果新品种（系）选育及高效管理关键技术研究	农业部产业结构调整专项	2002—2004	李建国、丛佩华
69	李新品种 DUS 测试技术研究	农业部重点项目	2002	张静茹
70	苹果新品种选育及繁育技术研究	国家高技术研究发展计划	2003—2005	程存刚
71	渤海湾地区优质苹果生产技术配套及示范推广	农业部优势农产品重大技术示范推广专项资金项目	2003—2005	刘凤之
72	葡萄无害化生产过程技术研究	科技部公益专项	2003—2004	仇贵生
73	苹果质量安全普查	农业部无公害农产品质量安全普查专项	2003—2006	聂继云、丛佩华
74	苹果、梨新品种引进、选育研究	辽宁省科技攻关项目	2004—2005	程存刚
75	果树抗旱品种筛选及抗旱机理研究	国家高技术研究发展计划（863计划）	2004—2005	程存刚

续表

序号	项目名称	类别	执行年限	主持人（负责人）
76	葡萄病毒 PCR 检测技术研究	辽宁省自然科学基金课题	2004—2006	董雅凤
77	果品生产与销售全程质量控制体系的研究与示范	国家科技攻关专题	2004—2005	聂继云、孙希生
78	辽西鲜枣保鲜技术研究与产业化	辽宁省科技攻关课题	2004—2006	孙希生
79	野生果树种质资源收集、保存、评价和创新利用研究	农业部农业生物资源保护与利用项目	2005—2005	刘凤之
80	梨、苹果种质资源标准化整理、整合及共享试点	国家科技基础条件平台工作子项目	2005—2007	刘凤之、曹玉芬
81	苹果、梨、葡萄病害无公害控制共性技术研究	科技部公益专项	2005—2006	仇贵生
82	苹果 GAP 技术规范	农业部"948"专题	2005—2006	丛佩华、聂继云
83	苹果加工特性研究及品质评价指标体系的构建	国家攻关子课题	2005—2006	聂继云
84	朝阳县大枣产业化技术开发	国家级星火计划	2005—2006	王文辉、孙希生
85	设施果树病虫害无公害控制共性技术研究	公益性研究专项	2005—2007	仇贵生
86	东北、华北地区主要野生果树资源调查与多样性评价	农业部农业野生植物保护示范区（点）项目	2006—2008	刘凤之
87	优质多抗果树分子育种技术与品种创制	国家高技术研究发展计划	2006—2010	丛佩华
88	高产优质苹果、梨新品种选育	国家"十一五"科技支撑计划	2006	丛佩华
89	园艺作物基因资源挖掘与种质创新利用研究	国家"十一五"科技支撑计划	2006	丛佩华
90	优质多抗梨分子与细胞品种创制	国家高技术研究发展计划（863计划）	2006—2008	方成泉
91	梨树基因资源挖掘与种质创新利用研究	国家科技支撑计划	2006—2008	方成泉
92	优质高产苹果、梨新品种选育	国家科技支撑计划	2006—2008	方成泉
93	梨新品种引进、筛选及配套技术研究与示范	辽宁省科学技术计划重大项目	2006	方成泉
94	优质、专用梨矮化砧新品种中试与示范	国家科技成果转化项目	2006—2008	姜淑苓、丛佩华
95	辽西地区优质出口苹果生产技术引进与示范	农业部 948 农产品专项	2006—2007	刘凤之
96	苹果、梨无公害综合生产技术集成与示范	辽宁省科技攻关项目	2006	刘凤之
97	新型保鲜剂的研发和应用技术	国家"十一五"科技支撑课题	2006—2010	王文辉
98	农产品产后综合储藏保鲜技术研究	国家科技支撑课题	2006—2010	王文辉
99	新型保鲜剂 1-MCP 生产工艺及应用技术	农业部引智项目	2006—2010	刘凤之、王文辉
100	苹果、梨物流保鲜关键技术研究与示范	辽宁省重大项目子课题	2006—2007	王文辉

续表

序号	项目名称	类别	执行年限	主持人（负责人）
101	北方梨种质资源 SSR 标记遗传多样性研究	辽宁省科学技术基金	2007—2009	曹玉芬、刘凤之
102	梨优异种质挖掘、评价及贮藏保鲜技术研究	公益性行业（农业）科研专项	2007—2010	曹玉芬
103	梨"高改"及高效生产技术研究	公益性行业（农业）科研专项	2007—2010	方成泉
104	梨优质安全高效生产技术研发、示范推广及加工基地建设	农业部 948 重点项目	2007—2010	方成泉
105	苹果砧穗组合筛选及果园树形改造技术及栽培模式研究	公益性行业（农业）科研专项经费项目	2007—2010	刘凤之
106	绥中优质高效苹果、梨生产技术集成与示范	辽宁省科技产业化项目	2007—2009	程存刚
107	新型农民科技培训工程项目		2007—2010	程存刚
108	南果梨优质丰产栽培技术	农业部公益性行业科研专项经费项目	2007—2010	程存刚
109	优势产区优质葡萄发展方案及现代栽培与技术研究	公益性行业（农业）科研专项经费项目	2007—2010	刘凤之
110	叶螨种群分子遗传结构、繁殖机理及其寄生菌的分布扩散规律研究	农业部公益性行业（农业）科研专项	2007—2010	仇贵生
111	葡萄无病毒母本树和苗木	农业行业标准制定项目	2007—2008	董雅凤、张尊平
112	葡萄种植加工质量管理技术规范	农业部"948"专题	2007—2008	聂继云
113	鲜食葡萄质量安全普查	农业部无公害农产品质量安全普查专项	2007	聂继云
114	梨贮藏保鲜技术研发与示范推广	公益性行业（农业）专项	2007—2010	王文辉
115	核果类和葡萄病毒检测技术及良繁体系建设专家引进	国家外专局人才引进项目	2008	周宗山
116	国家现代苹果产业技术体系葫芦岛苹果综合试验站	国家现代农业产业技术体系	2008—2011	程存刚
117	苹果优质高效生产关键技术集成与产业化示范	农业科技跨越计划项目	2008—2009	程存刚
118	葡萄无病毒优系和抗性砧木及其产业化核心技术引进与推广	农业部"948"专题	2008—2010	周宗山
119	虫害防控——二斑叶螨综合控制技术研究	国家现代农业产业技术体系	2008—2010	仇贵生
120	葡萄现代产业体系研究与建立	国家现代农业产业技术体系	2008—2010	董雅凤、张尊平
121	鲜梨质量安全普查	农业部无公害农产品质量安全普查专项	2008	聂继云
122	苹果优质高效生产关键技术集成与产业化示范	农业科技跨越计划项目	2008—2009	王文辉
123	国家葡萄产业技术体系工程研究室设施栽培岗位	国家现代农业产业技术体系	2008—2010	刘凤之
124	北方果树食心虫监测和防控新技术研究与示范	公益性行业（农业）科研专项	2008—2010	仇贵生

序号	项目名称	类别	执行年限	主持人（负责人）
125	我国葡萄根瘤蚜生态型对葡萄资源的为害及其互作机制研究	国家自然科学基金	2009—2011	王海波
126	果树遗传改良与控制技术研究及其应用	公益性行业（农业）科研专项	2009—2013	程存刚
127	鲜食梨质量安全普查	农业部其他专项	2009	聂继云
128	大宗农产品加工特性研究与品质评价技术价技术	公益性行业（农业）科研专项	2009—2013	聂继云
129	野生苹果、梨种质资源优异性状鉴定评价	农业部保种专项	2009	刘凤之
130	梨、苹果种质资源更新复壮与利用	农业部保种专项	2009	刘凤之、曹玉芬
131	苹果病毒检测技术规范	农业部行业标准	2009	董雅凤
132	葡萄苗木脱毒技术规范	农业部行业标准	2009	董雅凤
133	葡萄病毒检测技术规范	农业部行业标准	2009	董雅凤
134	仁果类水果良好农业规范	农业部行业标准	2010	聂继云
135	水果中辛硫磷残留量的测定　气相色谱法	农业部行业标准	2010	聂继云
136	农产品地理标志产品登记参照标准制定	农业部行业标准	2010	聂继云
137	农产品加工业国际标准跟踪与公共服务平台建设	农业部行业标准	2010	聂继云
138	国际组织和主要贸易国农产品质量安全标准体系研究	农业部行业标准	2010	聂继云
139	水果及其制品中总黄酮的测定　分光光度法	农业部行业标准	2010	李　静
140	苹果、梨野生资源调查、抢救性收集、保存及鉴定评价	农业部保种专项	2010	刘凤之
141	梨、苹果种质资源更新复壮与利用	农业部保种专项	2010	刘凤之、曹玉芬
142	保加利亚果树育种及优良品种栽培技术专家引进	农业部其他专项	2010	丛佩华、周宗山
143	梨标准园节本增效栽培技术研究	农业部其他专项	2010	程存刚
144	2010 年水果质量安全普查	农业部其他专项	2010	聂继云
145	苹果有害生物种类和危害特点研究	公益性行业（农业）项目	2010—2012	周宗山
146	苹果斑点落叶病菌与其宿主互作机制的蛋白质组学解析	国家自然科学基金	2010—2012	张彩霞
147	苹果省力化高效栽培关键技术引进、创新与示范	农业部"948"项目	2010	程存刚
148	设施葡萄生产关键技术及机械引进与产业化	农业部"948"项目	2010	刘凤之
149	梨无病毒母本树和苗木	农业部行业标准	2010—2010	张尊平
150	寒地李新品种选育及优质栽培关键技术研究与示范	公益性行业（农业）项目	2010—2014	张静茹

序号	项目名称	类别	执行年限	主持人（负责人）
151	早果抗病优质梨新品种早金香中试与示范	科技部农业科技成果转化资金项目	2011—2013	姜淑苓
152	国家葡萄产业技术体系栽培研究室东北区栽培岗位	国家现代农业产业技术体系	2011—2015	刘凤之
153	种质资源评价岗位	国家现代农业产业技术体系	2011—2015	曹玉芬
154	现代苹果产业技术体系建设项目	国家现代农业产业技术体系	2011—2015	丛佩华
155	国家葡萄产业技术体系病毒病防控岗位	国家现代农业产业技术体系	2011—2015	董雅凤
156	国家梨产业技术体系	国家现代农业产业技术体系	2011—2015	王文辉
157	苹果产业技术体系综合试验站	国家现代农业产业技术体系	2011—2015	程存刚
158	国家苹果产业技术体系—虫害防控	国家现代农业产业技术体系	2011—2015	仇贵生
159	资源平台运行补助	国家农作物种质资源平台	2011	刘凤之
160	鲜食葡萄新品种及设施化生产技术引进与创新应用	农业部"948"项目	2011—2016	刘凤之
161	小浆果产业技术研究与试验示范	公益性行业（农业）科研专项	2011—2015	张红军
162	辽西果园绿肥作物生产利用技术研究及示范	公益性行业（农业）科研专项	2011—2015	王海波
163	作物叶螨综合防控技术研究与示范推广	公益性行业（农业）科研专项	2011—2015	仇贵生
164	北方果树食心虫综合防控技术研究与示范推广	公益性行业（农业）科研专项	2011—2015	仇贵生
165	农业行业标准制定—梨病虫害防治技术规程	农业行业标准制定和修订项目	2011	仇贵生
166	加工用苹果	农业行业标准制定和修订项目	2011	聂继云
167	苹果生产技术规程	农业行业标准制定和修订项目	2011	聂继云
168	苹果品质评价技术规范	农业行业标准制定和修订项目	2011	聂继云
169	苹果高接换种技术规范	农业行业标准制定和修订项目	2011	聂继云
170	2011 年新鲜水果质量安全普查	农业部财政专项	2011	聂继云
171	苹果野生资源调查、抢救性收集、保存及检定评价	农业部保种专项	2011	刘凤之
172	苹果种质资源收集、编目与利用	农业部保种专项	2011	曹玉芬、王　昆
173	植物新品种保护项目	农业部保种专项	2011	康国栋
174	水果中外源性生长激素及潜在危害因子摸底排查评估	农业部农产品质量安全风险评估专项	2011	聂继云
175	东北地区适应的果树新品种、新技术示范推广	农技推广与体系建设专项	2011	仇贵生
176	北方果树食心虫综合防控技术研究与示范推广	公益性行业（农业）科研专项	2011—2013	仇贵生
177	意大利农业发展管理和果树植保专家引进	国家外专局引智项目	2012	周宗山

续表

序号	项目名称	类别	执行年限	主持人（负责人）
178	'中矮1号'梨IAA氧化酶基因分离与致矮作用研究	国家自然科学基金	2012—2014	姜淑苓
179	基于能值理论的我国北方地区葡萄设施栽培可持续性评价	国家自然科学基金	2012—2014	王海波
180	苹果、梨资源圃平台后补助项目	国家科技基础条件平台项目	2012	刘凤之
181	晚熟优质抗逆苹果新品种华月中试与示范	科技部农业科技成果转化资金项目	2012—2014	康国栋
182	引进国际先进农业科学技术——果树种质资源收集与创新利用平台建设	农业部"948"项目	2012	曹玉芬
183	苹果园精准高效灌溉施肥技术引进、创新与示范	农业部"948"项目	2012	赵德英
184	梨桃葡萄苹果砧木收集、评价与筛选	公益性行业（农业）科研专项	2012—2016	姜淑苓
185	果树腐烂病防控技术研究与示范	公益性行业（农业）科研专项	2012—2016	周宗山
186	水果分类和名称	农业行业标准制定和修订	2012	聂继云
187	苹果主要病虫害防治技术规程	农业行业标准制定和修订	2012	聂继云
188	梨生产技术规程	农业行业标准制定和修订	2012	聂继云
189	主要贸易国与国际组织农产品质量安全标准比对研究	农业行业标准制定和修订	2012	聂继云
190	农产品加工国际标准跟踪	农业行业标准制定和修订	2012	聂继云
191	葡萄苗木繁育技术规程	农业行业标准制定和修订	2012	李 静
192	野生苹果、李资源抢救性收集保存和鉴定评价	农业部保种专项	2012	刘凤之
193	梨、苹果种质资源收集、编目与利用	农业部保种专项	2012	曹玉芬、王 昆
194	植物新品种保护项目	农业部其他专项	2012	康国栋
195	发展中国家节本、优质、高效、安全、生态设施果树生产技术培训班	农业部农业国际交流与合作项目	2012	周宗山
196	果品产地质量安全风险隐患摸底排查与专项评估	农业部其他专项	2012	聂继云
197	水果质量安全普查	农业部其他专项	2012	聂继云
198	基于亲缘关系的梨种质群系统构建及遗传结构分析	国家自然科学基金	2013—2016	曹玉芬
199	苹果转录因子MdTGA2.1的抗病功能及对PR基因的调控作用	国家自然科学基金	2013—2015	田 义
200	果树生产管理模型构建与应用	科技部"863"项目	2013—2017	李 壮
201	主要仁果类果树新品种选育	科技部国家科技支撑计划	2013—2017	姜淑苓 康国栋
202	苹果和梨种质资源发掘与创新利用	科技部国家科技支撑计划	2013—2017	姜淑苓
203	苹果、梨资源圃平台后补助项目	国家科技基础条件平台项目	2013	刘凤之
204	北方果树、园林病害菌种资源的收集和鉴定	国家科技基础条件平台项目	2013	周宗山

序号	项目名称	类别	执行年限	主持人（负责人）
205	发展中国家果园机械和设施果树生产技术培训班	农业部国际与合作交流专项	2013	周宗山
206	乔砧苹果树节本省工高效生产关键技术示范与转化	科技部农业科技成果转化资金项目	2013—2014	程存刚
207	抗寒抗病酿酒与砧木兼用葡萄新品种华葡1号中试与示范	科技部农业科技成果转化资金项目	2013—2015	王海波
208	华北山区苹果、梨、杏、李种质资源收集和保存	科技部科技基础性工作专项	2013—2018	姜淑苓
209	我国重要野生果树资源的收集、评价与优异种质创新利用技术研究与示范	公益性行业（农业）科研专项	2013—2017	王　昆
210	西北特色水果贮运保鲜技术集成与示范	公益性行业（农业）科研专项	2013—2017	王志华
211	梨苗木繁育技术规程	农业行业标准制定和修订	2013	姜淑苓
212	蔬菜水果可溶性固形物含量检测技术规范	农业行业标准制定和修订	2013	聂继云
213	主要贸易国农产品质量安全标准比对研究	农业行业标准制定和修订	2013	聂继云
214	果实套袋在苹果标准化生产中的作用及其安全性评价研究	农业行业标准制定和修订	2013	李　静
215	野生苹果、李资源抢救性收集保存和鉴定评价	农业部保种专项	2013	刘凤之
216	梨、苹果种质资源收集、编目与利用	农业部保种专项	2013	曹玉芬
217	植物新品种保护项目	农业部其他专项	2013	康国栋
218	水果质量安全普查专项	农业部其他专项	2013	聂继云
219	生鲜果品质量安全风险评估	农业部其他专项	2013	聂继云
220	水果质量安全专项国家监督抽查	其他专项	2013	聂继云
221	果树产业技术体系辽宁创新团队	辽宁省项目	2013—2017	仇贵生
222	苹果病虫害监测与防控	辽宁省项目	2014—2015	仇贵生
223	优质抗寒鲜食与观赏绿化兼用李新品种‘一品丹枫’中试与示范	辽宁省农业科技成果转化	2014—2016	陆致成
224	茉莉酸响应基因VcJAZ调控越橘花青苷合成的分子机制研究	国家自然科学基金	2014—2016	宋　杨
225	中国蓝莓枝枯病的病原种类及分子检测研究	国家自然科学基金	2014—2016	徐成楠
226	野生苹果、李资源抢救性收集保存和鉴定评价	农业部保种专项	2014	刘凤之
227	现代果园病虫害综合防控专家引进	国家外专局引智项目	2014	周宗山
228	梨、苹果种质资源收集、编目与利用	农业部保种专项	2014	曹玉芬
229	发展中国家果园机械和设施果树生产技术培训班	农业部国际与合作交流专项	2013	周宗山
230	植物新品种保护项目	农业部其他专项	2014	王　强

序号	项目名称	类别	执行年限	主持人（负责人）
231	茉莉酸响应基因 VcJAZ 调控越橘花青苷合成的分子机制研究	国家自然科学基金	2014—2016	宋 杨
232	葡萄埋藤机　质量评价技术规范	农业行业标准制定和修订	2014	郝志强
233	北方果树食心虫综合防控技术研究与示范推广	公益性行业（农业）科研专项	2014	张怀江
234	苹果树两种主要害虫鱼尼丁受体基因结构初步研究	辽宁省博士启动基金	2014—2016	孙丽娜
235	冷激处理对梨采后轮纹病菌致病力影响及其诱导抗性机制研究	辽宁省自然基金	2014—2016	王文辉
236	果品质量安全风险评估项目	农业部其他专项	2014	聂继云
237	果品质量安全监督抽查项目	农业部其他专项	2014	聂继云
238	水果及其制品可溶性糖的测定　3,5-二硝基水杨酸比色法	农业行业标准制定与修订	2014	聂继云
239	仁果类水果中类黄酮的测定　液相色谱法	农业行业标准制定与修订	2014	李 静
240	苹果转录因子 Mdwrky 与 Mdvq 相互作用抗炭疽叶枯病的分子机理	国家自然科学基金	2015—2017	董庆龙
241	国家苹果、梨种质资源平台	科技基础条件平台项目	2015	刘凤之
242	梨、苹果种质资源收集、编目与利用	农业部保种专项	2015	曹玉芬、王 昆
243	植物新品种保护项目	农业部其他专项	2015	王 强
244	辽宁省三区人才项目	辽宁省项目	2015	姜淑苓
245	苹果茉莉酸信号途径阻遏因子基因 JAZ 表达及功能鉴定	辽宁省博士科研启动基金	2015—2017	安秀红
246	发展中国家果树生产技术培训班总结	农业部国际与合作交流专项	2015	周宗山
247	省科技特派团建设项目	辽宁省科技项目	2015—2016	程存刚
248	辽宁省三区人才项目	辽宁省项目	2015	程存刚
249	主要果树花果管理关键技术研究与示范	辽宁省科技项目	2015—2017	赵德英
250	苹果套餐肥研发及施用技术集成与示范	农业部开放基金项目	2015—2016	赵德英
251	辽宁省三区人才项目	辽宁省项目	2015	刘凤之
252	苹果病虫害科学数据采集与加工	科技基础条件平台项目	2015	闫文涛
253	果品未知危害因子识别与已知危害因子安全性评估	农业部其他专项	2015	聂继云
254	果品质量标准研究	农业行业标准	2015	聂继云
255	梨高接换种技术规范	农业行业标准	2015	李志霞
256	矮生梨新种质创制及其矮生机制研究	辽宁省农业领域青年科技创新人才培养计划项目	2015—2018	欧春青
257	梨树体矿质营养吸收运转规律研究	辽宁省农业领域青年科技创新人才培养计划项目	2015—2018	袁继存

序号	项目名称	类别	执行年限	主持人（负责人）
258	苹果花芽分化与果实重要性状调控机理研究	辽宁省农业领域青年科技创新人才培养计划项目	2015—2018	厉恩茂
259	茉莉酸与脱落酸调节越橘花青苷代谢的分子机制与调控网络	辽宁省农业领域青年科技创新人才培养计划项目	2015—2018	宋　杨
260	苹果炭疽叶枯病菌致病相关基因 GCVIR1 的鉴定及其致病变异位点分析	国家自然科学基金	2016—2018	张俊祥
261	亚洲发展中国家果树生产技术培训班	农业部亚洲区域合作专项	2016	冀志蕊
262	国家苹果、梨种质资源平台	国家科技基础条件平台项目	2016	王　昆
263	现代农业（梨）产业技术体系建 - 种质资源评价岗位	现代农业产业技术体系	2016—2020	曹玉芬
264	梨、苹果种质资源收集、编目与利用	农业部保种专项	2016	曹玉芬
265	梨品种黑星病抗性鉴定与评价技术规程	农业标准制修订	2016	曹玉芬
266	苹果产业技术体系建设项目	现代农业产业技术体系	2016—2020	丛佩华
267	植物新品种 DUS 测试	农业部其他项目	2016	王　强
268	梨品种鉴定标准 SSR 分子标记法	农业标准制修订	2016	王　斐
269	现代苹果产业技术体系葫芦岛综合试验站	现代农业产业技术体系	2016—2020	程存刚
270	辽宁苹果化肥减施增效技术集成研究与示范	国家重点研发计划	2016—2020	李　壮
271	葡萄产业技术体系栽培与土肥研究室养分管理岗位	现代农业产业技术体系	2016—2020	刘凤之
272	辽宁苹果农药减施增效技术集成研究与示范	国家重点研发计划	2016—2020	周宗山
273	苹果园精准施药技术研发与集成	国家重点研发计划	2016—2020	仇贵生
274	葡萄病虫害防治技术规程	农业标准制修订	2016	张怀江
275	国家葡萄产业技术体系病毒病防控岗位	现代农业产业技术体系	2016—2020	董雅凤
276	葡萄无病毒苗木繁育技术规范	农业标准制修订	2016	董雅凤
277	国家梨产业技术体系	现代农业产业技术体系	2016—2020	王文辉
278	北方大宗水果（梨）采后质量与品质提升关键控制技术研发	国家重点研发计划	2016—2020	王文辉
279	梨冷冻贮藏技术规程	辽宁省地方标准项目	2016—2017	贾晓辉
280	苹果农药化肥减施增效环境效应综合评价与模式优选	国家重点研发计划	2016—2020	聂继云
281	果品未知危害因子识别与已知危害因子安全性评估	农业部其他专项	2016	聂继云
282	水果、蔬菜及其制品中叶绿素含量的测定　分光光度法	农业部其他专项	2016	聂继云
283	"草原海棠" MiGR15 启动子片段插入参与调控果实绿熟的分子机制研究	国家自然科学基金	2017—2020	田　义

序号	项目名称	类别	执行年限	主持人（负责人）
284	氯虫苯甲酰胺干扰桃小食心虫交配的作用机制研究	国家自然科学基金	2017—2019	孙丽娜
285	国家苹果、梨种质资源平台	国家科技基础条件平台项目	2017	王 昆
286	野生苹果、梨、李、杏抢救性收集、保存与优异资源筛选	农业财政项目 物种保护专项	2017	王 昆
287	植物新品种保护项目	农业部其他财政专项	2017	王 强
288	梨、苹果种质资源收集、编目与利用	农业财政项目 保种专项	2017	曹玉芬、王 昆
289	制定《植物新品种 DUS 测试 梨砧木》标准	农业行业标准制修订项目	2017	姜淑苓
290	制定《苹果树腐烂病抗性评价技术规程》标准	农业行业标准制修订项目	2017	周宗山
291	化学农药对靶高效传递与沉积机制及调控	国家重点研发计划	2017—2020	孙丽娜
292	天敌昆虫防控技术及产品研发	国家重点研发计划	2017—2020	李艳艳、岳 强
293	解淀粉芽孢杆菌生物杀菌剂的研制与应用	国家重点研发计划	2017—2020	王 娜
294	苹果树主要害虫调查方法	农业行业标准制修订项目	2017	仇贵生
295	果品质量安全风险隐患摸底排查与关键控制点评估	农业部其他财政专项	2017	聂继云
296	国家苹果产业技术体系质量安全与营养品质评价	现代农业产业技术体系	2017—2020	聂继云
297	水果、蔬菜及其制品中酚酸含量的测定 液质联用法	农业行业标准制修订项目	2017	聂继云
298	加工用梨	农业行业标准制修订项目	2017	李志霞
299	苹果 MdHCT17.2 优异等位基因发掘及其调控果实绿原酸的功能分析	国家自然科学基金	2018—2020	赵继荣
300	MdBT2 通过 MdTCA1 调控苹果氮素利用效率的分子机制研究	国家自然科学基金	2018—2020	安秀红
301	国家苹果、梨种质资源平台后补助项目	国家科技基础条件平台项目	2018	王 昆
302	野生苹果、梨、李、杏抢救性收集、保存与优异资源筛选	农业部物种保护项目	2018	王 昆
303	苹果登记品种分子数据库的建立和完善	农业部农产品质量安全监管	2018—2021	高 源
304	植物新品种保护项目	农业部其他项目	2018	王 强
305	苹果类黄酮调节脂肪变性细胞模型中脂质沉淀的作用机理	辽宁省博士科研启动基金	2018—2020	韩晓蕾
306	梨、苹果种质资源收集、编目与利用	农业部物种保护项目	2018	曹玉芬
307	秋子梨品质评价技术规范	辽宁省地方标准项目	2018—2019	董星光
308	农产品质量安全 锦丰梨生产技术规程	辽宁省地方标准项目	2018—2019	姜淑苓
309	梨登记品种分子数据库的建立和完善	农业部农产品质量安全监管	2018—2021	王 斐

序号	项目名称	类别	执行年限	主持人（负责人）
310	渤海湾苹果主产区水旱灾害综合防御技术集成与示范	国家重点研发计划	2018—2021	李　敏
311	黄土高原苹果主产区水旱灾害综合防御技术集成与示范	国家重点研发计划	2018—2021	周江涛
312	现代果园节本提质增效简化管理技术专家引进	辽宁省外专局项目	2018	陈艳辉
313	梨树和桃树肥药减施增效技术推广应用与服务体系构建	国家重点研发计划	2018—2020	康国栋
314	MdBT2 通过 MdTGA1 调控苹果氮素利用效率的分子机制研究	国家自然科学基金	2018—2020	安秀红
315	苹果花青素调控基因发掘以及环境因子和植物激素对色泽的调控机理研究	国家重点研发计划	2018—2022	安秀红
316	葡萄化肥农药减施增效基础及关键技术研发	国家重点研发计划	2018—2020	刘凤之
317	设施葡萄栽培技术规程	农业行业标准制修订	2018	刘凤之
318	鲜食葡萄轻简化生产技术规程	辽宁省地方标准项目	2018—2019	王海波
319	农产品质量安全　设施蓝莓栽培技术规程	辽宁省地方标准项目	2018—2019	宋　杨
320	葡萄扇叶病毒荧光定量检测技术规范	农业行业标准制修订	2018	董雅凤
321	葡萄浆果内坏死病毒与寄主植物间蛋白质互作研究	辽宁省博士科研启动基金	2018—2020	范旭东
322	葡萄采摘贮运技术规程	农业行业标准制修订	2018—2019	王志华
323	农产品质量安全监管	农业部其他项目	2018	聂继云
324	水果中黄酮醇的测定　高效液相色谱串联质谱法	农业行业标准制修订	2018	聂继云
325	浆果类水果良好农业规范	农业行业标准制修订	2018	聂继云
326	八棱海棠遗传多样性及其主要加工品质性状的关联分析	国家自然科学基金	2019—2021	高　源
327	苹果 bZIP 转录因子基因 MdFD 通过选择性剪接调控开花的分子机制研究	国家自然科学基金	2019—2022	田　义
328	修订《NY/T 2478—2013 苹果品种鉴定技术规程 SSR 分子标记法》标准	农业行业标准制修订	2019	高　源
329	制定《苹果品种纯度鉴定 SSR 分子标记法》标准	农业行业标准制修订	2019	高　源
330	植物新品种保护项目	农业部其他项目	2019	王　强
331	梨、苹果种质资源收集、编目与利用	农业部物种保护项目	2019	曹玉芬
332	果树种苗病毒检测与脱毒及果实品质安全性检测研究	云南省项目	2019—2021	程存刚
333	绥中县果树省级科技特派团	辽宁省项目	2019	赵德英

序号	项目名称	类别	执行年限	主持人（负责人）
334	南票区、连山区果树产业省级科技特派团	辽宁省项目	2019	李燕青
335	苹果化肥施用技术规程	辽宁省项目	2019	李燕青
336	制定《小浆果类苗木繁育技术规程》标准	农业行业标准制修订	2019	宋 杨
337	蓝莓脱落酸响应基因 *VcSnRK2* 与 *VcMYB1* 互作调控花青苷合成的分子机理研究	辽宁省自然科学基金项目	2019—2021	宋 杨
338	巨峰葡萄配方施肥技术规程	辽宁省地方标准项目	2019	史祥宾
339	苹果炭疽叶枯病菌效应因子 CgSP2 寄主靶蛋白 MdSP2 的功能研究	辽宁省自然科学基金项目	2019—2021	张俊祥
340	制定《梨树梨木虱防治技术规程》标准	农业行业标准制修订	2019	张怀江
341	国家天敌等昆虫资源数据中心观测监测	农业基础性长期性科技工作	2019	张怀江
342	植物保护观测监测	农业基础性长期性科技工作	2019	闫文涛
343	梨园农药精准高效使用技术规程	辽宁省地方标准项目	2019—2020	闫文涛
344	软肉梨采收与后熟处理技术规程	辽宁省地方标准项目	2019—2020	贾晓辉
345	CO_2 诱导寒富苹果果肉褐变代谢机理的研究	辽宁省博士科研启动基金项目	2019—2021	姜云斌
346	鲜枣中典型杀菌剂残留风险评估	农业部其他项目	2019	聂继云
347	农产品质量安全例行监测	农业部其他项目	2019	聂继云
348	农产品质量安全专项监测	农业部其他项目	2019	聂继云
349	制定《水果及其制品中 L- 苹果酸和 D- 苹果酸的测定　高效液相色谱法》标准	农业行业标准制修订	2019	聂继云
350	制定《水果中葡萄糖、果糖、蔗糖农业行业标准制修订糖和山梨醇的测定离子色谱法》标准	农业行业标准制修订	2019	聂继云
351	北方落叶果树种质资源整合与共享服务	国家科技基础条件平台项目	2019	马智勇
352	国家苹果、梨种质资源平台后补助项目	国家科技基础条件平台项目	2019	王 昆
353	野生苹果、梨、李、杏抢救性收集、保存与优异资源筛选	农业部物种保护项目	2019	王 昆
354	苹果优良品种筛选及配套栽培技术	国家重点研发计划	2019—2022	丛佩华
355	梨优质高效品种筛选及配套栽培技术	国家重点研发计划	2019—2022	姜淑苓
356	葡萄和草莓无病毒种苗繁育技术研发	国家重点研发计划	2019—2022	董雅凤
357	苹果和梨无病毒种苗繁育技术研发	国家重点研发计划	2019—2022	胡国君
358	葡萄优质轻简高效栽培技术集成与示范	国家重点研发计划	2020—2022	刘凤之
359	国家园艺种质兴城苹果分库	国家科技基础条件平台项目	2020	高 源
360	国家园艺种质兴城梨分库	国家科技基础条件平台项目	2020	田路明
361	科技平台标准体系优化和发展战略研究	国家科技基础条件平台项目	2020	曹永生
362	北方落叶果树资源数据整合与共享服务	国家科技基础条件平台项目	2020	马智勇
363	苹果资源数据整合与共享服务	国家科技基础条件平台项目	2020	张利义

序号	项目名称	类别	执行年限	主持人（负责人）
364	植物新品种保护项目	部门预算项目	2020	王　强
365	梨、苹果种质资源收集、鉴定、编目、繁殖与有效利用	部门预算项目	2020	曹玉芬
366	鲜枣中典型杀菌剂残留风险评估	部门预算项目	2020	聂继云
367	农产品质量安全例行监测	部门预算项目	2020	聂继云
368	农产品质量安全专项监测	部门预算项目	2020	聂继云
369	建昌县果树产业科技特派服务行动	辽宁省科技特派团项目	2020	周江涛
370	辽宁省新宾县果树科技特派团	辽宁省科技特派团项目	2020—2021	闫　帅
371	辽宁省顺城区果树科技特派团	辽宁省科技特派团项目	2020—2021	袁继存
372	辽宁省绥中县果树科技特派团	辽宁省科技特派团项目	2020—2021	赵德英
373	辽宁省中国农业科学院果树研究所特派员工作团	辽宁省科技特派员工作团项目	2020—2021	陈艳辉
374	仁果类果树安全高效栽培技术研究	辽宁省重点研发计划项目	2020—2022	赵德英
375	李苗木繁育技术规程	辽宁省标准	2020—2021	孙海龙
376	李子贮藏技术规范	辽宁省标准	2020—2021	佟　伟
377	秋白梨采收与贮藏保鲜技术规程	辽宁省标准	2020—2021	贾晓辉
378	病毒对葡萄果实香气成分的影响及关键调控基因鉴定	辽宁省自然科学基金	2020—2022	任　芳
379	苹果链格孢毒素产菌真菌的鉴定及产毒分子机制的研究	辽宁省博士基金	2020—2022	李银萍
380	*PpBBX24* 基因突变促进"早酥红"梨花青苷合成机制解析	国家自然科学基金项目	2021—2024	欧春青
381	乙烯响应因子 PbERF4 应答低氧胁迫调控梨虎皮病发生的分子机制研究	国家自然科学基金项目	2021—2023	杜艳民

附录 4　1958 年以来在所工作人员名录

附表 4-1　1958 年 3 月职工名录（按姓氏笔画排序）

年份	职工名录
1958.03 （建所初）	于井魁、于成江、于成哲、于清润、万有昌、马荣庭、马俊喜、车玉坤、王树仁、王兆瑞、王树瑞、王九奎、王子章、王云德、王玉兰、王玉合、王永海、王庆云、王宇霖、王连城、王利真、王启然、王诚义、王树元、王树生、王恩厚、王海江、王焕玉、王清林、王　喜、王漱月、王德印、乌国祥、户士昌、邓文兰、邓文然、邓素琴、邓恩然、未占德、田维新、史秀琴、冯万盈、邢长伦、邢祖芳、巩学荣、朴文林、毕桂琴、毕福荣、毕殿贞、朱庆海、朱俊勤、朱鹤梅、伍素敏、刘文福、刘广吉、刘云龙、刘长银、刘方歆、刘以仁、刘书诚、刘玉昌、刘玉霞、刘庆文、刘庆余、刘秀兰、刘沛镇、刘　良、刘青玉、刘尚恩、刘国林、刘　忠、刘贵庆、刘贵春、刘　彦、刘贺清、刘素芬、刘桂兰、刘桂春、刘敦娴、刘　瑞、刘福昌、齐永安、齐秀文、闫九华、闫九乾、闫德歧、祁国选、孙　生、孙庆德、孙明轩、牟哲生、苏万德、苏善才、杜玉森、李雁勤、李子云、李文治、李文保、李玉兰、李世奎、李东辉、李永吉、李兴义、李守田、李　忠、李知行、李贵才、李素兰、李翊远、杨文林、杨　军、杨树森、杨凤珍、杨玉华、杨忠林、杨树忱、杨晶宇、杨晶辉、杨景友、杨德清、肖俊成、肖俊茹、肖永春、吴成义、吴汉文、吴德玲、邱同铎、邱荣德、何荣汾、何洪桥、何素敏、佟德凤、邹祖绅、沈国林、沈　隽、宋汉生、宋永华、宋德仁、张文仲、张力平、张乃清、张志复、张儒懋、张力林、张子明、张日富、张凤山、张文青、张文恩、张文喜、张玉书、张加宾、张存实、张志民、张佐民、张迎青、张若抒、张　杰、张国安、张国良、张国葆、张宝霞、张树丰、张树清、张奎臣、张　彦、张　洁、张海珍、张海峰、张彩芹、张领耘、张焕荣、张慈仁、张殿清、陈新文、陈　杭、陈明珠、陈　嵬、陈　策、陈群英、武占令、武承平、武树勋、拉法耶娃、苗福林、林　衍、金世江、周学明、郑瑞亭、荣海喜、赵大鹏、赵洪恩、赵桂珍、赵福贵、赵耀秋、贾　庆、郝凤沂、郝凤玉、胡秉刚、胡洁萍、侯文章、侯振东、逄树春、姜元振、姜玉树、姜振阁、姜维汕、祖桂琴、姚　玉、聂蕙茹、栗喜禄、柴国民、钱广芝、钱旭冈、钱旭同、徐连举、徐德发、翁心桐、高文元、高本训、高升武、高德良、郭　有、郭成必、郭兆年、郭佩芬、郭　贵、黄秀媛、黄作银、曹素兰、曹喜如、戚秀文、龚秀良、常显拥、常静宜、崔致学、梁国富、梁学志、葛元瑞、董　甦、董玉华、董　诚、董绍珍、舒宗泉、靳素兰、蒲宾慎、虞德磐、蔡绍成、谭永丰、谭　林、谭巽平、熊家婉、樊　一、薛玉成、薛洪印、薛福林、魏　同、魏大钊、魏振久、魏振东

附表 4-2　1958—2020 年入职人员名录（按姓氏笔画排序）

年份	来所职工
1958—1959	刁凤贵、万众一、马长生、马相彬、王连歧、王国信、王学芝、尹文山、卢文秀、田奎明、田　勇、白玉昆、仝月澳、包理武、冯剑波、叶瑟琴、那永久、邢玉春、邢志龙、曲志恩、朱　奇、朱炳文、乔庆祺、任宝柱、刘井方、刘　付、刘　昌、刘孟付、刘　艳、刘素云、刘裕严、刘殿吉、刘　镇、祁世骧、孙发连、李永祥、李发祥、李歧昌、李桂信、李雅琴、佟成祥、杜锡山、杨树忱、杨振贵、杨德升、肖永淑、何忠全、沈万财、张　资、张　友、张玉昌、张贵岩、张炳祥、张素兰、陆佳莲、陆国珍、陈素芬、邵淑芳、金玉山、周绛香、周连元、周厚基、周素清、郑金城、逄锦田、单文贤、郎士凤、赵维喜、赵月兰、赵洪恩、赵德友、郝凤珍、胡桂芳、施恩永、姜绍华、费开伟、姚立福、党振元、徐汉英、徐德发、符兆臣、郭　友、郭进贵、郭春书、郭　贵、黄礼森、黄良炉、黄善武、戚秀文、康殿轩、梁学荣、彭淑春、董启凤、董荣海、韩英斌、韩福义、曾宪朴、满书铎、潘建裕、魏井太、魏占德
1960	牛健哲、朱　同、孙昭荣、劳美珍、李士慧、宋世杰、张志义、金东权、秦志信、贾敬贤、黄　海、韩景凤、蔡思忠

年份	来所职工
1961	于洪华、王庆山、王绍玲、冯思坤、朱佳满、向治安、杨秀媛、汪景彦、迟　斌、张乃鑫、张学玮、余旦华、苏玉成、陈欣业、郑建楠、孟秀美、顾永忠、唐梁楠、董玉清、褚天铎
1962	马连元、马金珠、王士刚、王占山、王凤珍、王玉珍、王素琴、孔祥生、龙玉环、左覃元、代之初、朱家齐、刘玉琴、闫佐成、许桂兰、许维纯、李子臣、李凤兰、李培华、李美娜、李淑芬、李德奎、杨万益、杨玉珍、杨克贤、林景春、胡寿增、余文炎、宋玉祥、张凤兰、张海川、张　敏、陈士发、陈素芬、武素琴、赵洪业、赵晓华、贾树勤、柴　森、韩林芳、韩百冬、谢宝学、程家胜、薛光荣
1963	王金友、文安全、李士仁、苏善巨、宗学普、宋壮兴、张巨贵、姜　敏、贾定贤、盛宝钦、熊孟歧
1964	白如海、毕可生、孟宪魁、汪大同、宋玉兰、张德学、张文学、张茂珍、张国英、张永财、徐桂兰、温爱理
1965	王成林、卢炳华、李世仁、李坤山、甄玉歧
1966	王兴意、王启然、汤宝库、张丽娜、周意涵
1968	朱圣法、闫庆贵、苏万来、李秉仁、陆　清、宝淑芝、姚　玉、高永杰
1969	王汝谦、王贵臣、刘效义、李昌玲、林庆阳、赵惠祥、顾乃良、顾忠福、董　蕴
1970	王志杰、王　晓、王云莲、杨儒林、张清田、赵凤玉
1971	李仰玲、吴　媛、张玉兰、张桂芬、林伯年、苑会池、郑世平、胡　军、翁维义
1973	孙卫东、杨克钦
1974	刘玉玺、刘振祥、李　莹、陆景天、张万镒、姜丽娅、韩宝善
1975	王淑媛、黄智敏
1976	王庆新、王宪增、朱秋英、刘　利、许春仙、纪宝生、苏立芝、李　英、杨宝峰、张玉成、张世海、张志云、张晓华、范立佳、徐　冰、徐英惠、赵　华、赵　建、邸淑艳、段志广、修德仁、曹　达、薛志国
1977	方成泉、石桂英、叶金伟、包金福、李成大、刘殿平、刘捍中、张继龙、余淑媛、陈　炯、郑亚茹、林盛华、姜修成、侯幸珍、韩俊英、温继祚、蔡玉民
1978	邢　堃、曲玉清、李国彬、张汉生、苑亚利、林　珂、尚协辰、郭洪儒、蒲小庄、薛恩国
1979	于润卿、于德江、马自然、马清山、尹庭业、王永林、王春华、田力岩、冯明祥、冯淑珠、朱相文、孙英林、孙秉钧、李国斌、李明强、杨冬生、杨春风、时国卿、张岩松、张　力、张玉波、张东升、张远刚、张　杰、陆启云、金长敏、金为民、周远明、赵凤忠、赵玉环、赵树卿、郝桂珍、施殿春、徐一行、郭献军、曹恩义、龚　励、韩卫国、窦连登、谭守德
1980	王迎杰、于继民、王天云、王艳玲、王跃刚、王淑贤、王德元、乌桂云、孔祥麟、邓家琪、巩宝君、朴继成、朱宝利、朱　贵、刘万春、刘　宁、刘伟芹、刘庆国、刘丽莉、闫守东、闫守军、李武兴、李宝海、李雪桂、张士友、张小兰、张玉书、张玉平、张玉华、张世友、张金泉、张宝军、张尊平、金纪秋、金彩云、袁秀兰、郭永贵、郭宝林、翟玉成、谭兴伟、魏凤君
1981—1982	丁爱萍、于秀云、于振忠、于　超、马焕普、王子双、王立明、王立新、王丽君、王洪范、朴春树、刘长青、刘文杰、刘立军、刘志民、刘春敏、刘朝明、闫桂华、米文广、孙　楚、李　艳、李树玲、杨立文、杨有龙、何宝玉、谷　城、沈长学、张士才、张书伟、张　苹、张贺臣、张惠丽、张　微、武焕森、苑晓利、周　纯、郑中秋、郑密恒、赵小燕、赵　英、赵海静、荣宝德、姚继秋、秦　财、柴长纯、钱承德、高永兴、黄启东、龚　欣、鄂方敏、梁亚岐、韩礼星、韩忠生、蔡　勇、魏长存
1983	王国平、王春海、冯丽英、朱　贺、朱宝忠、刘　英、孙秀萍、李喜宏、杨晓华、张　强、陈　丽、郑运成、洪　霓、徐尚新、郭丽娟、崔秀凤、康艳玲

年份	来所职工
1984	王耀明、任庆棉、任杰平、刘凤之、刘宁远、孙莲玉、李海航、杨振英、范学通、陈长兰、周玉书、徐禹新、姚凤珍
1985—1986	丁小平、马智勇、王玉良、王宝林、史永忠、丛佩华、邢贺江、刘春生、刘素华、孙希生、杜长江、李晓明、李瑞喆、杨彩梅、沈庆法、张立宾、陈文晓、侯桂学、姜　秋、姜修风、贾　华、唐国玉、程守彦、谭新觉
1987	马　力、王春田、冯晓元、成　浩、朱　虹、刘池林、李建红、张少瑜、陈　波
1988	刘建军、刘景祥、齐忠红、李致祥、张开春、高惠兰、曹玉芬
1989	于秀艳、王玉红、王　英、朱世宏、朱世峰、乔　壮、刘尚涛、刘艳喆、刘锦辉、李连文、何锦兴、张少伟、张东利、武焕玉、姚继良、钱凤霞、康立群
1990	马志强、王立东、王伟东、王德中、赵兴伟、胡新刚、徐树广、郭守军、魏　萍
1991	王文辉、赵进春
1992	马　会、金继艳、聂继云、柴立权、董雅凤
1993	闫守奎
1995	史贵文、陆致成、张静茹、周宗山、秦贺兰
1996	仇贵生、巩文红、李志强、冯晓云、李　静、杨振锋、姜淑苓、秦伯英、程存刚
1997	王　昆、王　强、任金领、迟福梅、洪玉梅、康国栋
1998	朱　娜、刘培培、苏佳明、张红军、段小娜
2000	王志华、王宝亮、李建国、郝红梅
2004	李江阔、杨　玲、杨俊玲、吴玉星、何　峻、佟　伟、张利义、胡成志
2005	王孝娣、李海飞、李　敏、沈贵银、张怀江、项伯纯、樊会军
2006	王志刚、王海波、王　斐、毋永龙、田路明、贾晓辉、徐国锋、徐　锴、曹瑞玲
2007	王祯旭、田　义、闫文涛、杨　娜、徐成楠、高　源
2008	厉恩茂、李　壮、张彩霞、范旭东、欧春青、孟照刚、姜云斌、魏继昌
2009	陈亚东、赵　彬、赵德英、康霞珠、董星光
2010	丁丹丹、任　芳、李志霞、何文上、张彦昌、陈竞波、郝志强、覃　兴
2011	王大江、闫　震、吴　锡、张　莹、岳　强、郑晓翠、袁继存
2012	史祥宾、付冰羽、吕　鑫、孙丽娜、杜艳民、宋　杨、岳　英、胡国君、冀志蕊
2013	王志强、匡立学、齐　丹、齐　峥、安秀红、董庆龙
2014	孙海龙、张俊祥、程少丽
2015	马庆华、王　阳、王　娜、冯　宇、刘　刚、刘红弟、闫　帅、关棣锴、孙平平、李正男、李艳艳、杨晓竹、沈友明、张建臻、陈秋菊、赵继荣、段文昌、崔建潮、程　杨、雒淑珍、霍宏亮、冀晓昊
2016	李建才、李燕青、陈艳辉、韩晓蕾
2017	王小龙、田　惠、邢义莹、许换平、李银萍、佟兆国、张艳杰、周江涛、徐家玉
2018	王莹莹、方　明、卢　杉、马仁鹏、李　菁、张艺灿、张建一、陈　平、鲁晓峰、张泽宇、张海平
2019	刘会连、刘　超、杜宜南、李孟哲、李　鹏、佟　瑶、张鑫楠、贾朝爽、高贯威、曹永生
2020	王馨竹、刘肖烽、刘　畅、许佳宁、孙思邈、杨兴旺、高振华

附录 4-3 2020 年 12 月职工名录（按姓氏笔画排序）

年份	在职职工
2020.12	马 力、马仁鹏、马 会、马志强、马智勇、王大江、王小龙、王子双、王天云、王文辉、王玉良、王立东、王立明、王 阳、王孝娣、王志华、王志强、王 昆、王宝林、王宝亮、王春田、王春海、王 娜、王莹莹、王海波、王 斐、王 强、王德元、王德中、王馨竹、仇贵生、毋永龙、厉恩茂、卢 杉、田路明、史祥宾、付冰羽、丛佩华、匡立学、邢义莹、邢贺江、巩宝君、朴继成、吕 鑫、朱世宏、朱宝忠、乔 壮、任 芳、任杰平、刘万春、刘凤之、刘 宁、刘 刚、刘会连、刘庆国、刘池林、刘红弟、刘肖烽、刘 英、刘尚涛、刘 畅、刘建军、刘春生、刘培培、刘 超、刘锦辉、齐 丹、齐忠红、齐 峥、闫文涛、闫 帅、闫守军、闫 震、许换平、孙丽娜、孙思邈、孙海龙、杜长江、杜宜南、杜艳民、李 壮、李连文、李武兴、李建才、李建红、李孟哲、李晓明、李海飞、李 菁、李银萍、李 鹏、李 静、李燕青、杨兴旺、杨 玲、杨振锋、何文上、何锦兴、佟 伟、佟 瑶、沈友明、宋 杨、迟福梅、张艺灿、张少伟、张少瑜、张东升、张东利、张立宾、张红军、张利义、张怀江、张金泉、张建一、张建臻、张俊祥、张彦昌、张贺臣、张艳杰、张 莹、张彩霞、张尊平、张 强、张鑫楠、陈 平、陈艳辉、陈竞波、武焕玉、范旭东、欧春青、岳 英、岳 强、周江涛、周宗山、周 纯、郑晓翠、孟照刚、赵兴伟、赵进春、赵 彬、赵德英、郝红梅、胡成志、胡国君、胡新刚、侯桂学、施殿春、姜云斌、姜 秋、姜修风、姜淑苓、姚继良、秦 财、袁继存、贾 华、贾晓辉、贾朝爽、柴长纯、柴立权、徐国锋、徐树广、徐家玉、徐 错、高永兴、高贯威、高振华、高 源、郭永贵、郭宝林、黄启东、曹玉芬、曹永生、曹瑞玲、康立群、康国栋、康霞珠、董星光、董雅凤、韩忠生、韩晓蕾、程少丽、程存刚、程 杨、鲁晓峰、霍宏亮、冀志蕊、冀晓昊、魏凤君、魏继昌

后　记

　　《中国农业科学院果树研究所所志（1958—2020）》（以下简称《所志》）是为了积累资料、保存文献、总结经验、指导工作，为今后进一步开展好工作提供科学依据。

　　《所志》编纂工作在所领导的直接领导下，在所属各部门、中心、团队（课题组）的大力支持下，自 2020 年 4—12 月，历时 9 个月共 56 万字的《所志》就要问世了。为做好编纂工作，所里成立了《所志》编纂工作委员会和编写工作组，通过组织召开编委会和编写工作组会议的形式，讨论形成了《所志》提纲、编纂方案和编纂要求，按照部门分管业务工作分工和各研究中心研究领域沿革进行分工负责。同志们以《中国农业科学院果树研究所 50 年回顾（1958—2008）》为基础，参考《中国农业科学院院志（1957—1997）》和部分兄弟单位所志，实录直书。初稿完成后，先请编委会审定提出修改意见，各部门、中心进行修改后，再请熟悉果树所发展变迁的贾定贤等离退休老专家对《所志》进行审稿、提出修改意见，二次修改后再提交编委会讨论。经过多次修改、校对后定稿最终成书 56 万字。《所志》的完成，是集体智慧的结晶。

　　《所志》的问世是全所上下共同努力的结果，是离退休老领导、老专家关心支持的结果。值此《所志》印刷出版之际，谨向参与编纂的工作人员和关心、支持编纂工作的同志们致以衷心的感谢！

　　这是一项科学性、规范性很强的工作。我们为编纂出版了第一部《所志》而欣慰，但由于时间跨度大，资料繁多，时间紧迫，加之编纂人员水平所限，不足之处还请读者多批评指正！

编　者

2020 年 12 月